Überprüfen Sie Ihre Lernfortschritte mit dem **Zwischentest** in der App Cornelsen Lernen.

Sichern

Sind Sie sicher? **Prüfen Sie Ihr neues Fundament** mit den **Testaufgaben**. Vergleichen Sie Ihre Ergebnisse mit den Lösungen im Anhang und schätzen Sie sich selbstständig ein.

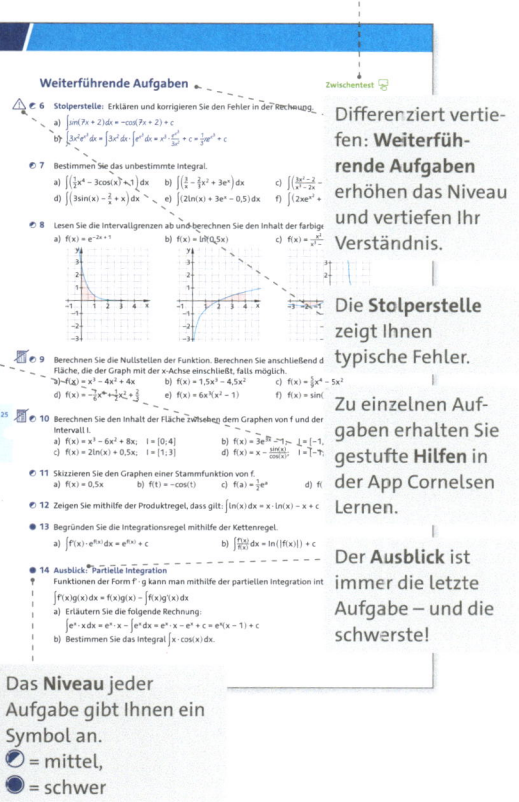

Differenziert vertiefen: **Weiterführende Aufgaben** erhöhen das Niveau und vertiefen Ihr Verständnis.

Die **Stolperstelle** zeigt Ihnen typische Fehler.

Zu einzelnen Aufgaben erhalten Sie gestufte **Hilfen** in der App Cornelsen Lernen.

Der **Ausblick** ist immer die letzte Aufgabe – und die schwerste!

Selbstständig prüfen: Die **Lösungen** zu den Aufgaben finden Sie im Anhang.

Mit der **Selbsteinschätzung** können Sie Schwächen finden und beheben.

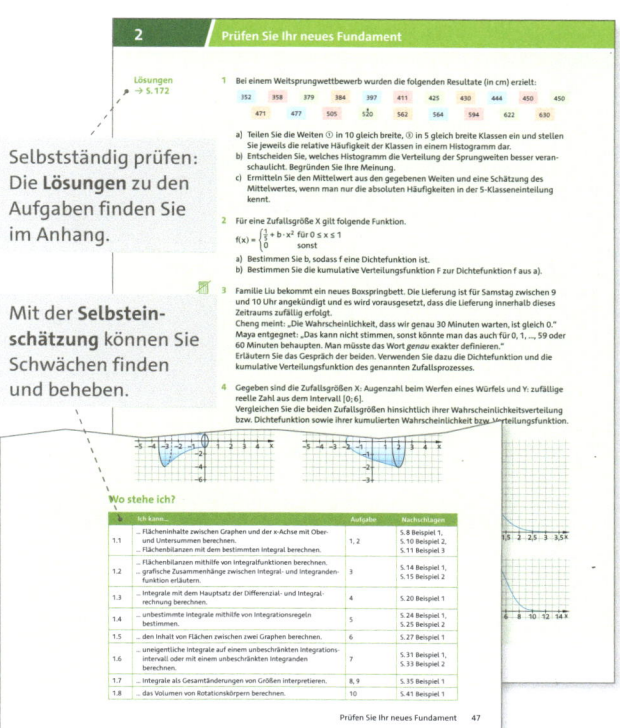

Das **Niveau** jeder Aufgabe gibt Ihnen ein Symbol an.
◐ = mittel,
● = schwer

Weitere Symbole:

▨ Aufgabe ohne Hilfsmittel
▭ Taschenrechner
TK Tabellenkalkulation
▭ Medieneinsatz
👥 Partnerarbeit
👥👥 Gruppenarbeit

Wissen kompakt

Hier ist alles Wichtige auf einer Seite zusammengefasst – ideal zum Nachschlagen.

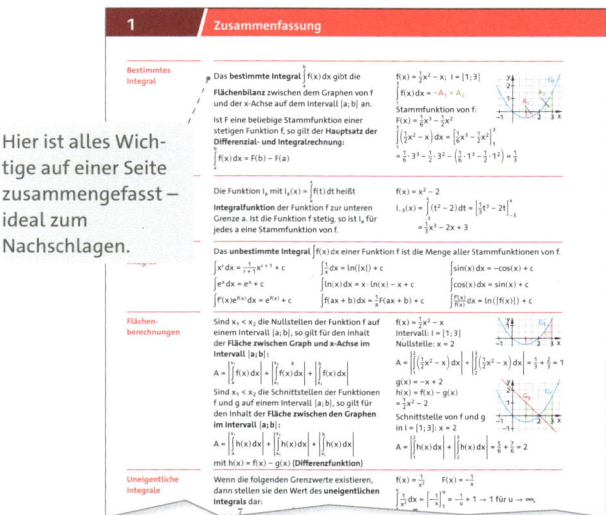

Fundamente der Mathematik 13

Gymnasium Bayern
Jahrgangsstufe 13

Herausgegeben von
Brigitte Distel, Spardorf

Erarbeitet von
Sabine Fischer, Augsburg
Carina Freytag, Ingolstadt
Marco Grees, Gars am Inn
Katharina Hammer-Schneider, München
Fritz Kammermeyer, Nürnberg
Dr. Annalisa Steinecke, Bayreuth

Dieses Schulbuch finden Sie auch in der App **Cornelsen Lernen**.
Wenn Sie eines dieser Symbole im Schulbuch sehen, finden Sie in der App …
Zwischentest **Zwischentests** zur Selbsteinschätzung,
Hilfe gestufte **Hilfen** zu ausgewählten Aufgaben.

Inhaltsverzeichnis

1 Integralrechnung — 5

	Ihr Fundament	6
1.1	Bestimmtes Integral	8
1.2	Integralfunktion	14
1.3	Hauptsatz der Differenzial- und Integralrechnung	19
1.4	Unbestimmtes Integral und Integrationsregeln	24
1.5	Flächen zwischen zwei Graphen	27
1.6	Uneigentliches Integral	31
1.7	Integrale und Änderungsraten	35
1.8	Rotationskörper	40
1.9	Klausur- und Abiturtraining	44
	Prüfen Sie Ihr neues Fundament	46
	Zusammenfassung	48

2 Normalverteilung — 49

	Ihr Fundament	50
2.1	Histogramme klassierter Daten	52
2.2	Stetige Zufallsgrößen	55
2.3	Normalverteilung	60
2.4	σ-Regeln und Prognosen	67
	Streifzug: Intervalle zu gegebenen Wahrscheinlichkeiten bestimmen	71
2.5	Klausur- und Abiturtraining	74
	Prüfen Sie Ihr neues Fundament	76
	Zusammenfassung	78

3 Geraden und Ebenen im Raum — 79

	Ihr Fundament	80
3.1	Parametergleichung einer Gerade	82
3.2	Lagebeziehungen und Schnittwinkel zwischen Geraden	87
3.3	Parametergleichung einer Ebene und lineare Abhängigkeit	93
3.4	Normalen- und Koordinatengleichung	97
3.5	Lagebeziehungen zwischen Ebene und Gerade	101
3.6	Lagebeziehungen zwischen Ebenen	105
3.7	Abstand eines Punktes von einer Ebene	111
3.8	Abstand von einer Gerade im Raum	115
3.9	Kugeln	120
3.10	Klausur- und Abiturtraining	124
	Prüfen Sie Ihr neues Fundament	126
	Zusammenfassung	128

4	**Anwendungen der Differenzial- und Integralrechnung**	**129**
	Ihr Fundament	130
4.1	Untersuchung verknüpfter Funktionen	132
4.2	Rekonstruktion von Funktionstermen	138
	Streifzug: Trassierung	144
4.3	Extremwertprobleme	146
4.4	Klausur- und Abiturtraining	152
	Prüfe Sie Ihr neues Fundament	154
	Zusammenfassung	156

5	**Abiturtraining**	**157**
5.1	Hinweise zur Abiturprüfung	158
5.2	Prüfungsteil A – hilfsmittelfrei	159
5.3	Prüfungsteil B – Hilfsmittel: Taschenrechner und Formeldokument	161

6	**Methoden**	**163**
	Karten	164

7	**Anhang**	**167**
	Lösungen	168
	Stichwortverzeichnis	184
	Bildnachweis	186
	Impressum	188

1 Integralrechnung

Nach diesem Kapitel können Sie
- → das bestimmte Integral als Flächenbilanz deuten,
- → mit Integralfunktionen umgehen,
- → den Hauptsatz der Differenzial- und Integralrechnung anwenden,
- → Terme von Stammfunktionen mithilfe von Integrationsregeln ermitteln,
- → Flächeninhalte, auch mit uneigentlichen Integralen, berechnen,
- → das Volumen von Rotationskörpern berechnen.

1 Ihr Fundament

Lösungen
→ S. 168

Funktionen, Ableitungen, Stammfunktionen

1 Bestimmen Sie die Nullstellen der Funktion f.
a) $f(x) = 2x^2 - 4x - \frac{5}{2}$
b) $f(x) = \left(x + \frac{\pi}{4}\right)(x^2 - 4x + 4)$
c) $f(a) = 3a^3 + 4a^2$
d) $f(x) = x^3 - 3x^2 + 4x$
e) $f(x) = x^4 - 5x^2 + 4$
f) $f(c) = c^4 + 5c^2 - 6$

2 Gegeben sind die Funktionen f und g durch $f(x) = -x^2 + 4x + 4$ und $g(x) = -x + 4$.
a) Berechnen Sie die Koordinaten der Schnittpunkte der Graphen von f und g.
b) Zeichnen Sie die Funktionsgraphen und schraffieren Sie die Fläche, die von den Graphen beider Funktionen eingeschlossen wird.

3 Bestimmen Sie den Term der Ableitung f' von f.
a) $f(x) = (x - 3)(x + 5)$
b) $f(x) = 2(x - 4)^2 + 5$
c) $f(x) = (5x)^2$
d) $f(x) = 2x - \frac{1}{x^{\frac{1}{2}}}$
e) $f(x) = \sqrt{x}$
f) $f(x) = x^{\frac{1}{3}}$
g) $f(u) = 2u + u^{\frac{1}{3}}$
h) $f(x) = a \cdot x^5 + \frac{a}{x^{-3}}$
i) $f(a) = a \cdot x^5 + \frac{a}{x^{-3}}$

4 Bestimmen Sie die Ableitung der Funktion. Geben Sie die maximalen Definitionsmengen der Funktion und ihrer Ableitung an.
a) $f(x) = (\sin(x))^2$
b) $g(x) = \frac{1}{3x^2 + 4}$
c) $h(x) = \frac{\cos(x)}{x}$
d) $f(t) = e^{3t + 1}$
e) $k(x) = 3\ln(x + 2)$
f) $p(x) = \sin(x) \cdot e^{\cos(x)}$

5 Ordnen Sie jeder der Funktionen $f_1, ..., f_5$ die passende Ableitungsfunktion $g_1, ..., g_5$ zu und begründen Sie Ihre Entscheidung.

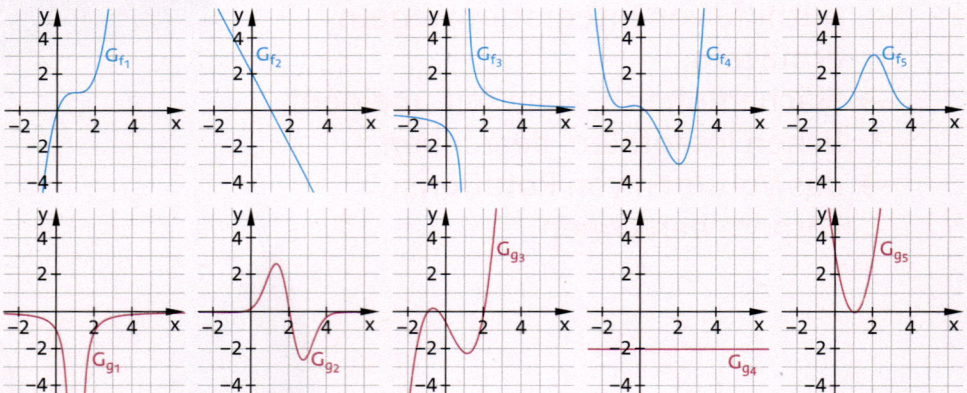

6 Eine Funktion f beschreibt das Verhalten einer Größe im Intervall $a \leq x \leq b$. Geben Sie die Bedeutung des Werts von f'(x) an, wenn
a) x die Zeit in s und f(x) die zurückgelegte Strecke in m angibt,
b) x die Zeit in s und f(x) die Geschwindigkeit in m/s angibt,
c) x die Zeit in Jahren und f(x) die Bevölkerungszahl eines Landes angibt,
d) x die Weglänge in km und f(x) den Kraftstoffinhalt in einem Pkw-Tank in ℓ angibt.

7 Weisen Sie mithilfe der h-Methode nach, dass für die Funktion $f: x \mapsto x^2$ gilt: $f'(x) = 2x$

8 Geben Sie eine Stammfunktion der Funktion f an.
a) $f(x) = 3x$
b) $f(x) = \sin(x)$
c) $f(x) = \frac{1}{x} + e^x$

9 Bestimmen Sie zur Funktion f mit $f(x) = x^3$ eine Stammfunktion mit der Nullstelle $x = 1$.

1 Integralrechnung

10 Die Tabelle zeigt gemessene Temperaturen an einem Sommertag. Der Temperaturverlauf zwischen 6 und 21 Uhr wird durch f mit $f(x) = -0{,}015x^3 + 0{,}4x^2 - 1{,}4x + 11$ modelliert (x: Zeit in Stunden seit Mitternacht; f(x): Temperatur in °C).

Uhrzeit	6:00	9:00	12:00	15:00	18:00	21:00
Temperatur	14 °C	20 °C	26 °C	30 °C	28 °C	19 °C

a) Zeichnen Sie den Graphen von f mit einem digitalen Hilfsmittel. Lesen Sie am Graphen die Temperaturen um 10 Uhr und um 20 Uhr ab.
b) Berechnen Sie für jeden dreistündigen Zeitraum der Tabelle die mittlere Temperaturänderung pro Stunde.
c) Beurteilen Sie die Modellierung, indem Sie Tabelle und Graph miteinander vergleichen.

Flächeninhalte berechnen

11 Die Abbildung zeigt den Querschnitt einer Treppe. Die Treppenstufen sind jeweils 15 cm hoch und 25 cm tief.
a) Geben Sie einen Term für den Flächeninhalt des Querschnitts dieser Treppe an.
b) Berechnen Sie diesen Flächeninhalt (in m²).

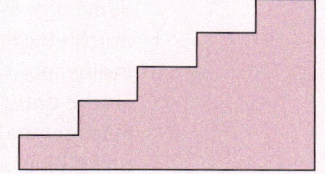

12 Die Bilder ①, ② und ③ zeigen verschiedene Möglichkeiten, den Inhalt der Fläche, die der Graph der Funktion f mit $f(x) = \frac{\pi}{2}\sin(x)$ im Intervall $[0;\pi]$ mit der x-Achse einschließt, näherungsweise zu bestimmen. Berechnen und vergleichen Sie diese Näherungswerte.

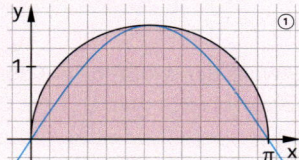 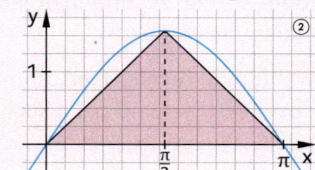 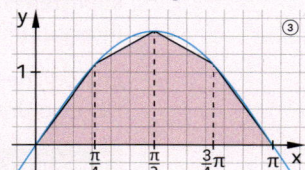

13 Berechnen Sie den Flächeninhalt des Trapezes mit a ∥ c und der Höhe h auf a.
a) a = 4 cm; c = 7 cm; h = 5 cm
b) a = 2,5 m; c = 1,5 m; h = 0,8 m

Vermischtes

14 Überprüfen Sie die Summenformel an drei eigenen Beispielen.
a) $1 + 2 + 3 + \ldots + n = \frac{n(n+1)}{2}$
b) $1^2 + 2^2 + 3^2 + \ldots + n^2 = \frac{n(n+1)(2n+1)}{6}$

15 Untersuchen Sie das Verhalten des Termwerts für $x \to \infty$ und geben Sie den Grenzwert an, falls er existiert.
a) $3 + \frac{1}{x}$
b) $\frac{4}{5} - \frac{4}{x} + \frac{2}{x^2}$
c) $\frac{1}{\sqrt{x+1}}$
d) $\sqrt{x} - \frac{1}{\sqrt{x}}$
e) $\frac{x^2 - x + 6}{2x^2}$
f) $\frac{1}{2 - \frac{1}{x}}$
g) $\frac{x(x+1)}{2}$
h) $\frac{1}{\sqrt{x + \frac{1}{x}}}$

16 Die vordere und hintere Seitenfläche des abgebildeten Bauteils sind Halbkreise. Mittig ist eine Nut ausgefräst. Berechnen Sie das Volumen dieses Bauteils.

1 LE = 1 cm

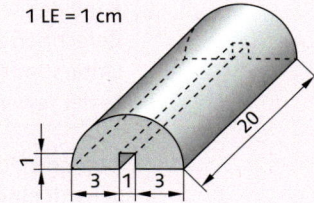

1.1 Bestimmtes Integral

Lina und Sven wollen den Flächeninhalt unter dem Graphen für $0 \leq x \leq 4$ annähern.
a) Vergleichen Sie das Vorgehen der beiden.
b) Überlegen Sie, mit welchen geometrischen Formen man die Näherung verbessern könnte. Diskutieren Sie Vor- und Nachteile der verschiedenen Methoden.

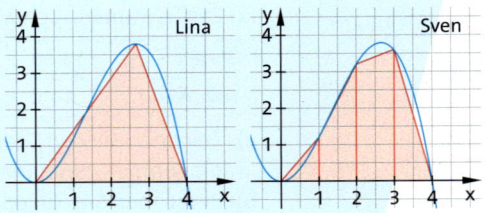

Flächen zwischen Graphen und x-Achse annähern

Die krummlinig begrenzte Fläche zwischen dem Funktionsgraphen und der x-Achse kann durch eine Folge von Rechtecken gleicher Breite angenähert werden. Der Inhalt der Fläche unter dem Graphen ist größer als der Flächeninhalt aller blauen (**Untersumme**) und kleiner als der Flächeninhalt aller roten Rechtecke zusammen (**Obersumme**).

Für die Untersumme multipliziert man für jedes Rechteck die Rechteckbreite mit dem kleinsten Funktionswert im zugehörigen Teilintervall und addiert die Produkte.

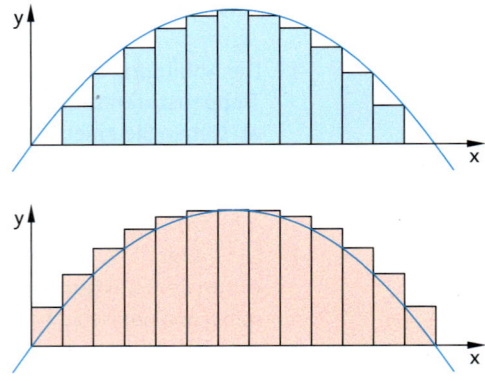

Entsprechend wählt man für die Obersumme jeweils den größten Funktionswert.
Für eine Unter- bzw. Obersumme aus n Rechtecken schreibt man U_n bzw. O_n.

> **Beispiel 1**
>
> Nähern Sie den Inhalt der Fläche zwischen dem Graphen der Funktion f mit $f(x) = -x^2 + 5$ und der x-Achse im Intervall $[0;2]$ durch vier gleich breite Rechtecke von unten und von oben an. Berechnen Sie die Untersumme U_4 und die Obersumme O_4.
>
> **Lösung:**
> Berechnen Sie die Breite der Rechtecke, indem Sie die Intervallbreite durch die Zahl der Rechtecke teilen: $2 : 4 = 0{,}5$
> Zeichnen Sie dann die Rechtecke ein. Die Höhe jedes Rechtecks von U_4 ist der kleinste Funktionswert im zugehörigen Teilintervall. Da der Graph von f streng monoton fällt, liegt dieser stets am rechten Rand des Teilintervalls.
> Umgekehrt ist die Höhe der Rechtecke von O_4 stets durch den Funktionswert am linken Rand des Teilintervalls gegeben.
> Berechnen Sie schließlich die Ober- und Untersumme als Summe der Flächeninhalte der jeweiligen Rechtecke.
>
>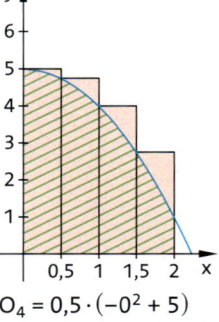
>
> $U_4 = 0{,}5 \cdot (-0{,}5^2 + 5)$
> $\quad + 0{,}5 \cdot (-1^2 + 5)$
> $\quad + 0{,}5 \cdot (-1{,}5^2 + 5)$
> $\quad + 0{,}5 \cdot (-2^2 + 5)$
> $\quad = 6{,}25$
>
> $O_4 = 0{,}5 \cdot (-0^2 + 5)$
> $\quad + 0{,}5 \cdot (-0{,}5^2 + 5)$
> $\quad + 0{,}5 \cdot (-1^2 + 5)$
> $\quad + 0{,}5 \cdot (-1{,}5^2 + 5)$
> $\quad = 8{,}25$

Ober- und Untersummen kann man z. B. mit den Befehlen „Obersumme" und „Untersumme" auch mit einer Software berechnen.

Basisaufgaben

1 Gegeben ist die Funktion f mit $f(x) = -\frac{1}{8}x^2 + 5$.
a) Berechnen Sie die in den Bildern dargestellte Unter- und Obersumme.
b) Berechnen Sie die Unter- und Obersumme im Intervall [0; 5] mit 10 gleich breiten Rechtecken.

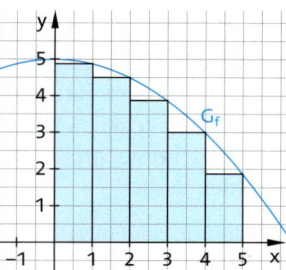
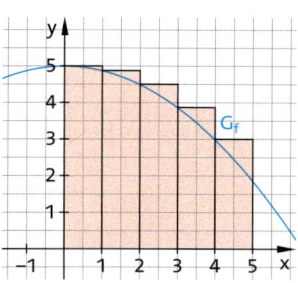

Hinweis
Wenn der kleinste Funktionswert in einem Intervall 0 ist, hat das zugehörige Rechteck der Untersumme die Höhe 0 und ist damit nicht sichtbar.

2 Zur näherungsweisen Berechnung des Inhalts der Fläche unter dem Graphen zu $f: x \mapsto \frac{1}{4}x(x-5)^2$ im Intervall [0; 5] wurden Rechtecke der Breite 1 eingezeichnet.
a) Bestimmen Sie diesen Näherungswert.
b) Begründen Sie, dass sich die Näherung verbessert, wenn man Rechtecke der Breite 0,5 einzeichnet.
c) Berechnen Sie weitere Untersummen mithilfe einer Mathematik-Software, indem Sie die Anzahl der Rechtecke erhöhen, und beschreiben Sie Ihre Beobachtung.

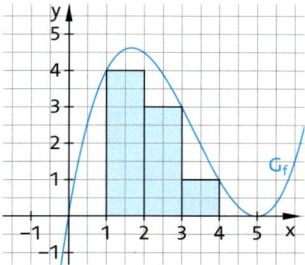

3 Betrachten Sie die Funktion $g: x \mapsto x^3$ im Intervall [0; 3].
a) Berechnen Sie die Unter- und Obersummen mit 3 (mit 6) gleich breiten Rechtecken.
b) Geben Sie mithilfe der Ergebnisse aus a) eine untere und obere Grenze für den Inhalt der Fläche zwischen dem Graphen von g und der x-Achse im Intervall [0; 3] an.

4 Annäherung durch andere Rechtecke:
William schätzt die Fläche unter dem Graphen der Funktion f mit $f(x) = 0,2x^2 + 1$ im Intervall [0; 8] mithilfe der eingezeichneten Rechtecke ab. Er berechnet den Flächeninhalt der Rechtecke mit der Formel
$2 \cdot f(1) + 2 \cdot f(3) + 2 \cdot f(5) + 2 \cdot f(7)$.
a) Berechnen Sie den Flächeninhalt. Erläutern Sie, wie William die Breiten und Höhen der Rechtecke gewählt hat.
b) Berechnen Sie die Unter- und Obersumme für vier gleich breite Rechteckstreifen im Intervall [0; 8].
c) Beurteilen Sie, welcher der Werte aus a) und b) den Inhalt A der Fläche zwischen dem Graphen von f und der x-Achse am besten annähert.
d) Erläutern Sie, welchen Vorteil es hat, den Wert von Unter- und Obersumme zu kennen. Formulieren Sie damit eine Aussage über den Flächeninhalt A.

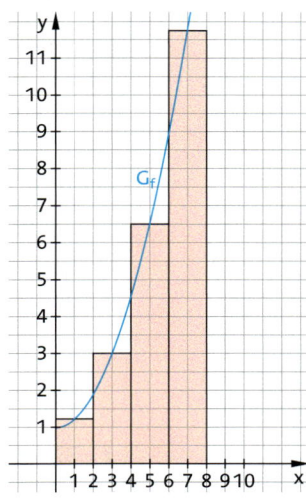

5 Die Fläche zwischen einem Graphen und der x-Achse kann man auch durch andere Formen annähern. Schätzen Sie den Inhalt der Fläche zwischen G_f und der x-Achse
a) durch Kästchenzählen,
b) mithilfe der Dreiecksfläche.

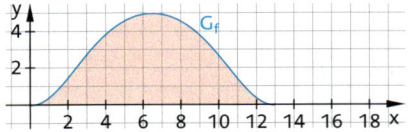
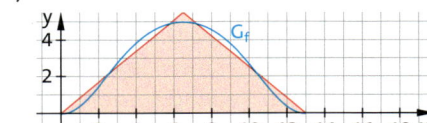

Das bestimmte Integral als Grenzwert von Ober- und Untersummen

Man kann den Inhalt der Fläche zwischen dem Funktionsgraphen und der x-Achse durch eine Annäherung mit n gleich breiten Rechtecken beliebig genau bestimmen, indem man die Anzahl n der Rechtecke immer größer und damit ihre Breite immer kleiner werden lässt.

Durch eine Verfeinerung der Einteilung wird die Obersumme O_n kleiner und die Untersumme U_n größer. Im Allgemeinen streben die Ober- und Untersumme für $n \to \infty$ gegen den gleichen Grenzwert. Dieser Grenzwert entspricht bei Funktionen mit nichtnegativen Funktionswerten dem Flächeninhalt zwischen dem Funktionsgraphen und der x-Achse.

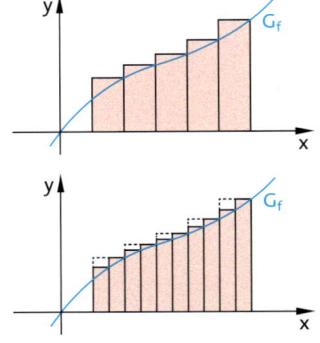

Hinweis

Es gibt Funktionen, bei denen die Grenzwerte von Ober- und Untersumme nicht übereinstimmen oder nicht existieren; siehe Aufgabe 23.

Definition Das bestimmte Integral

Eine Funktion f heißt auf dem Intervall [a; b] **integrierbar**, wenn ihre Ober- und Untersummen auf diesem Intervall den gleichen Grenzwert haben ($\lim_{n \to \infty} O_n = \lim_{n \to \infty} U_n$).
Dieser Grenzwert heißt dann **bestimmtes Integral** von f in den Grenzen von a bis b.

Schreibweise: $\int_a^b f(x)\,dx$

- obere Integrationsgrenze: b
- untere Integrationsgrenze: a
- Integrationsvariable: x
- Integrand: f(x)

Beispiel 2

Gegeben ist die Funktion f mit $f(x) = x^2$ auf dem Intervall [0; 2].
a) Berechnen Sie die Obersumme O_n und die Untersumme U_n in Abhängigkeit von n.
b) Bestimmen Sie den Grenzwert der Obersummen und Untersummen für $n \to \infty$ und stellen Sie ihn als Integral dar.

Lösung:

a) Teilen Sie das Intervall [0; 2] in n gleich große Teilintervalle ein. Bilden Sie dann jeweils n Rechtecke mit der Breite $\frac{2}{n}$. Da der Graph von f streng monoton steigend ist, entspricht die Höhe der Rechtecke für die Obersumme jeweils dem Funktionswert am rechten Rand des Teilintervalls. Formen Sie mithilfe der Summenformel aus der Randspalte um. Leiten Sie analog die Formel für U_n her.

$$O_n = \frac{2}{n} \cdot f\left(1 \cdot \frac{2}{n}\right) + \frac{2}{n} \cdot f\left(2 \cdot \frac{2}{n}\right) + \dots + \frac{2}{n} \cdot f\left(n \cdot \frac{2}{n}\right)$$
$$= \frac{2}{n} \cdot \left(1^2 \cdot \frac{2^2}{n^2} + 2^2 \cdot \frac{2^2}{n^2} + \dots + n^2 \cdot \frac{2^2}{n^2}\right)$$
$$= \frac{2}{n} \cdot \frac{2^2}{n^2} \cdot (1^2 + 2^2 + \dots + n^2)$$
$$= \frac{8}{n^3} \cdot \left(\frac{n(n+1)(2n+1)}{6}\right)$$
$$= \frac{8}{n^3} \cdot \left(\frac{2n^3}{6} + \frac{3n^2}{6} + \frac{n}{6}\right) = \frac{8}{3} + \frac{4}{n} + \frac{4}{3n^2}$$
$$U_n = \frac{2}{n} \cdot \left(f\left(0 \cdot \frac{2}{n}\right) + f\left(1 \cdot \frac{2}{n}\right) + \dots + f\left((n-1) \cdot \frac{2}{n}\right)\right)$$
$$= \dots = \frac{8}{3} - \frac{4}{n} + \frac{4}{3n^2}$$

Hinweis

Summenformel für Quadratzahlen:
$1^2 + 2^2 + \dots + n^2$
$= \frac{n \cdot (n+1) \cdot (2n+1)}{6}$

b) Bilden Sie die Grenzwerte für $n \to \infty$. Die Terme $-\frac{4}{n}, \frac{4}{n}$ und $\frac{4}{3n^2}$ nähern sich 0 an, da die Nenner gegen ∞ streben. Die Grenzwerte von O_n und U_n sind gleich und entsprechen dem bestimmten Integral.

$$\lim_{n \to \infty} O_n = \lim_{n \to \infty} \left(\frac{8}{3} + \frac{4}{n} + \frac{4}{3n^2}\right) = \frac{8}{3}$$
$$\lim_{n \to \infty} U_n = \lim_{n \to \infty} \left(\frac{8}{3} - \frac{4}{n} + \frac{4}{3n^2}\right) = \frac{8}{3}$$
$$\int_0^2 x^2\,dx = \frac{8}{3}$$

Ober- und Untersummen kann man auch mit einer Mathematik-Software berechnen. Dazu gibt man den jeweiligen Befehl und die Funktion, den Startwert, den Endwert und die Anzahl der Rechtecke – ggf. mit einem Schieberegler – ein. Damit lässt sich für sehr große Werte von n näherungsweise prüfen, ob die Grenzwerte der beiden Summen übereinstimmen.

1 Integralrechnung

Basisaufgaben

Hinweis zu 6

$1 + 2 + 3 + \ldots + n = \frac{n \cdot (n+1)}{2}$

6 Gegeben ist die Funktion f mit $f(x) = \frac{1}{3}x$.
  a) Berechnen Sie den Wert der Obersumme O_8 im Intervall [0; 4].
  b) Berechnen Sie den Wert der Obersumme O_n mit n > 0 im Intervall [0; 4].
  c) Zeigen Sie, dass der Grenzwert von O_n für n → ∞ dem Flächeninhalt der Dreiecksfläche unter dem Graphen von f entspricht.

7 Gegeben ist die Funktion f mit $f(x) = 6x^2$ im Intervall [0; 1].
  a) Berechnen Sie die Obersumme O_n und Untersumme U_n in Abhängigkeit von n (n > 0).
  b) Berechnen Sie O_n und U_n für n = 10, n = 100 und n = 1000.
  c) Ermitteln Sie den Grenzwert von O_n und U_n für n → ∞. Schreiben Sie ihn als Integral.

8 Berechnen Sie mithilfe von Ober- und Untersummen das bestimmte Integral und deuten Sie seinen Wert anhand einer Skizze.

Hinweis zu 8b
$1^3 + 2^3 + 3^3 + \ldots + n^3 = \frac{n^2(n+1)^2}{4}$

  a) $\int_0^2 (-x + 3)\,dx$
  b) $\int_0^3 x^3\,dx$
  c) $\int_0^a 3x^2\,dx$ für a > 0

Integral als Flächenbilanz

Ober- und Untersummen lassen sich auch für Funktionen berechnen, deren Graphen (teilweise) unterhalb der x-Achse verlaufen. Das Produkt aus Rechteckbreite und Funktionswert ist für negative Funktionswerte ebenfalls negativ, geht also negativ in die Ober- bzw. Untersumme ein. Das bestimmte Integral stellt daher eine Flächenbilanz dar.

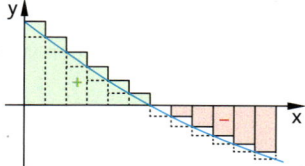

> **Satz** Das bestimmte Integral als Flächenbilanz
>
> Das **bestimmte Integral** $\int_a^b f(x)\,dx$ gibt die **Flächenbilanz** zwischen dem Graphen von f und der x-Achse auf dem Intervall [a; b] an. Die Inhalte von Flächen oberhalb der x-Achse werden positiv, die Inhalte von Flächen unterhalb der x-Achse negativ bilanziert.

> **Beispiel 3**
>
> Zeichnen Sie den Graphen der Funktion f mit $f(x) = \frac{1}{2}x - 1$ im Intervall [−1; 4] und bestimmen Sie den Wert des Integrals $\int_{-1}^{4} \left(\frac{1}{2}x - 1\right) dx$.
>
> **Lösung:**
> Teilen Sie die Fläche zwischen dem Graphen und der x-Achse in eine Fläche unterhalb (rot) und eine Fläche oberhalb (grün) der x-Achse ein.
>
> Berechnen Sie die Flächeninhalte der Teilflächen. Der Flächeninhalt des roten Dreiecks geht mit einem negativen Vorzeichen in die Flächenbilanz ein, da es unterhalb der x-Achse liegt. Der Flächeninhalt des grünen Dreiecks wird positiv bilanziert.
>
>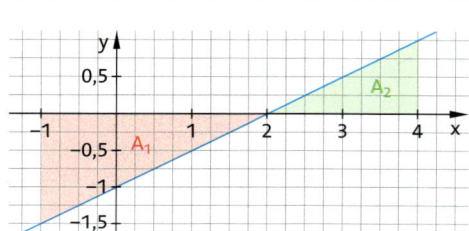
>
> $A_1 = \frac{1}{2} \cdot 3 \cdot 1{,}5 = 2{,}25$; $A_2 = \frac{1}{2} \cdot 2 \cdot 1 = 1$
>
> $\int_{-1}^{4} \left(\frac{1}{2}x - 1\right) dx = -A_1 + A_2 = -2{,}25 + 1 = -1{,}25$

1.1 Bestimmtes Integral

Basisaufgaben

9 a) Geben Sie die Flächenbilanz der farbigen Fläche in Integralschreibweise an.

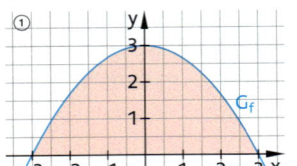 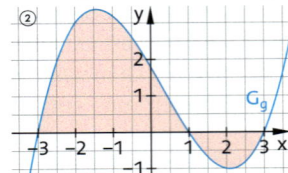 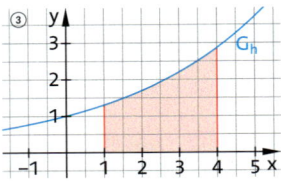

b) Erläutern Sie, in welchen Fällen das Integral aus a) gleichzeitig den gesamten Inhalt der farbigen Fläche beschreibt.

10 Für die Funktion $f: x \mapsto x^3$ gilt $\int_0^1 f(x)\,dx = 0{,}25$ und $\int_1^2 f(x)\,dx = 3{,}75$. Geben Sie mithilfe dieser Integrale den Inhalt der Fläche an, die der Graph von f mit der x-Achse zwischen den Stellen a und b einschließt.

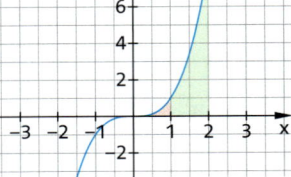

a) $a = 0;\ b = 2$
b) $a = -1;\ b = 0$
c) $a = -2;\ b = -1$
d) $a = -2;\ b = 1$

Lösungen zu 11

11 Zeichnen Sie den Graphen von f mit $f(x) = \frac{1}{3}x + 1$ im Intervall $[-6;6]$ und bestimmen Sie den Wert des Integrals.

a) $\int_{-3}^{3} f(x)\,dx$
b) $\int_{-3}^{6} f(x)\,dx$
c) $\int_{-6}^{6} f(x)\,dx$
d) $\int_{3}^{6} f(x)\,dx$

13,5   12
     7,5
5
     6

12 Skizzieren und berechnen Sie mithilfe von Dreiecks- und Rechtecksflächen.

a) $\int_0^3 \frac{1}{4}x\,dx$
b) $\int_{-1}^{2} -0{,}5\,dx$
c) $\int_0^3 \left(\frac{1}{2}x - 1\right) dx$
d) $\int_{-3}^{3} -7t\,dt$

13 Entscheiden Sie anhand des Graphenverlaufs, ob das Integral positiv, negativ oder null ist.

a) $\int_{-3}^{5} -x^2\,dx$
b) $\int_0^4 2u^3\,du$
c) $\int_{-2}^{1} 2x^3\,dx$
d) $\int_{-10}^{10} 4x^5\,dx$

Weiterführende Aufgaben

Zwischentest

14 Die Funktion f ist auf dem Intervall $[a;b]$ streng monoton steigend. Die Abbildung zeigt den Graphen von f sowie Säulen der Obersumme O_5 und der Untersumme U_5.
a) Begründen Sie mithilfe der Abbildung, dass der Unterschied zwischen der Obersumme O_n und der Untersumme U_n gleich $\frac{b-a}{n} \cdot (f(b) - f(a))$ ist und für wachsende n gegen null strebt.
b) Untersuchen Sie analog den Fall, dass f streng monoton fallend auf $[a;b]$ ist.

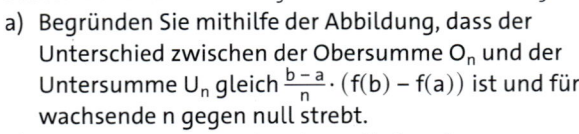

15 Ordnen Sie die bestimmten Integrale aufsteigend nach der Größe ihres Werts. Begründen Sie Ihre Wahl.

(A) $\int_{-3}^{3} f(x)\,dx$
(B) $\int_{-5}^{3} f(x)\,dx$
(C) $\int_{3}^{5} f(x)\,dx$
(D) $\int_{-5}^{-2} f(x)\,dx$

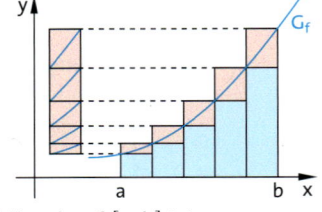
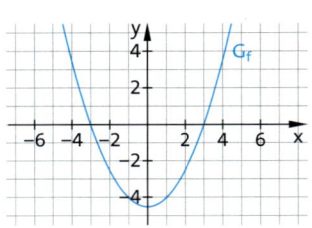

16 Stolperstelle: Anne soll die Obersumme O_2 von $f: x \mapsto -x^2 + 4$ auf dem Intervall $[0; 2]$ bilden. Erklären Sie ihren Fehler.
Für die Obersumme nimmt man den Funktionswert am rechten Rand: $O_2 = 1 \cdot f(1) + 1 \cdot f(2)$

17 Begründen Sie anschaulich anhand einer Skizze die Aussage über eine Funktion f für $a > 0$.

a) Ist der Graph von f punktsymmetrisch zum Koordinatenursprung, so gilt: $\int_{-a}^{a} f(x)\,dx = 0$

b) Ist der Graph von f achsensymmetrisch zur y-Achse, so gilt: $\int_{-a}^{a} f(x)\,dx = 2 \cdot \int_{0}^{a} f(x)\,dx$

18 Eigenschaften von Integralen: Gegeben ist eine auf $\mathbb{R}$ stetige Funktion f.

a) Begründen Sie anhand einer Skizze, dass für $a < b < c$ gilt:
$$\int_{a}^{b} f(x)\,dx + \int_{b}^{c} f(x)\,dx = \int_{a}^{c} f(x)\,dx \quad \text{(Additivität)}$$

b) Begründen Sie anschaulich, dass für alle a gilt: $\int_{a}^{a} f(x)\,dx = 0$

c) Finden Sie mithilfe einer Mathematik-Software einen Zusammenhang zwischen den Integralen $\int_{a}^{b} f(x)\,dx$ und $\int_{b}^{a} f(x)\,dx$.

19 Für $f: x \mapsto 4x - x^3$ gilt $\int_{0}^{1} f(x)\,dx = 1{,}75$ und $\int_{1}^{2} f(x)\,dx = 2{,}25$.

Geben Sie begründet den Wert des Integrals an.

a) $\int_{-1}^{0} f(x)\,dx$ b) $\int_{1}^{0} f(x)\,dx$ c) $\int_{2}^{2} f(x)\,dx$

d) $\int_{-1}^{1} f(x)\,dx$ e) $\int_{0}^{-2} f(x)\,dx$ f) $\int_{-2}^{1} f(x)\,dx$

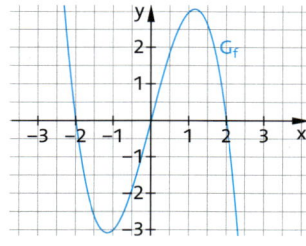

20 Es ist $v(x) = 2x - 3$. Berechnen Sie.

a) $\int_{2}^{4} v(x)\,dx$ b) $\int_{2}^{2{,}5} v(x)\,dx + \int_{2{,}5}^{4} v(x)\,dx$ c) $\int_{2}^{9} v(x)\,dx - \int_{4}^{9} v(x)\,dx$

21 Gegeben ist die Funktion f mit $f(x) = \sqrt{1 - x^2}$ auf dem Intervall $[0; 1]$.

a) Zeichnen Sie den Graphen von f mit einer Mathematik-Software und bestimmen Sie die Untersumme U_n und die Obersumme O_n für $n = 5$, $n = 15$ und $n = 50$.

b) Erklären Sie anhand des Graphen von f, warum sich die Werte aus a) mit steigendem n dem Wert $\frac{\pi}{4}$ annähern.

22 Der Graph der Funktion f ist punktsymmetrisch zum Ursprung. Geben Sie drei verschiedene mögliche Integralgrenzen $a < 0$ und $b > 0$ an, sodass gilt:

a) $\int_{a}^{b} f(x)\,dx > 0$ b) $\int_{a}^{b} f(x)\,dx < 0$ c) $\int_{a}^{b} f(x)\,dx = 0$

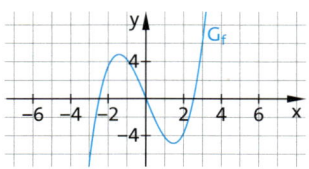

Hinweis zu 23
In jedem noch so kleinen Intervall $[a; b]$ mit $a < b$ gibt es sowohl rationale als auch irrationale Zahlen.

23 Ausblick: Es gibt Fälle, bei denen die Grenzwerte von Ober- und Untersumme existieren, aber nicht gleich sind. Betrachten Sie die Funktion f mit $f(x) = \begin{cases} 1 & \text{für } x \text{ rational} \\ 0 & \text{für } x \text{ irrational} \end{cases}$ im Intervall $[0; 1]$.

a) Berechnen Sie die Ober- und Untersumme für $n = 5$, für $n = 10$ und für beliebiges n.

b) Bilden Sie die Grenzwerte für $n \to \infty$. Erläutern Sie, was daraus für das Integral $\int_{0}^{1} f(x)\,dx$ folgt.

1.2 Integralfunktion

Die Abbildung zeigt den Graphen von f mit $f(x) = x + 1$.
a) Berechnen Sie den Inhalt der rot markierten Fläche.
b) Stellen Sie eine Formel für den Flächeninhalt zwischen dem Graphen von f und der x-Achse im Intervall $[0; x]$ für eine beliebige Zahl $x > 0$ auf.

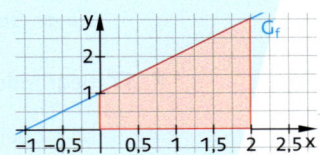

Häufig interessiert man sich nicht für ein festes bestimmtes Integral, sondern für eine Flächenbilanz ab einer unteren Intervallgrenze a. Die (variable) obere Intervallgrenze bezeichnet man mit x und verwendet als Integrationsvariable meist t. Für eine Funktion f ergibt sich damit als Flächenbilanz zwischen G_f und der x-Achse über dem Intervall $[a; x]$ der Wert $\int_a^x f(t)\,dt$. Dabei wird f als **Integrandenfunktion** bezeichnet. Der Funktionswert $I_a(x)$ gibt die Flächenbilanz ab dem festen Startwert a bis x an.

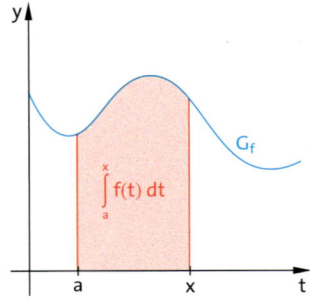

> **Definition** **Integralfunktion**
> Die Funktion I_a mit $I_a(x) = \int_a^x f(t)\,dt$ heißt **Integralfunktion** der Funktion f zur unteren Grenze a.

Für $x < a$ gibt die Integralfunktion I_a die Flächenbilanz auf dem Intervall $[x; a]$ mit umgekehrtem Vorzeichen an.

> **Beispiel 1** Gegeben ist die Integrandenfunktion $f: t \mapsto t - 1$.
> a) Stellen Sie den Funktionsterm der Integralfunktion I_1 zu f für $x > 1$ auf.
> b) Machen Sie mithilfe von a) die Funktionswerte $I_1(5)$ und $I_1(0)$ plausibel.
>
> **Lösung:**
> a) Berechnen Sie die Nullstelle von f. Die untere Grenze a entspricht der Nullstelle. Daher beschreibt die Integralfunktion für alle x eine Dreiecksfläche. Für $x > 1$ verläuft der Graph von f oberhalb der x-Achse. Geben Sie mithilfe des Flächeninhalts des gleichschenkligen rechtwinkligen Dreiecks mit der Kathetenlänge $x - 1$ das Integral an.
>
> Nullstelle von f: $t = 1$
>
>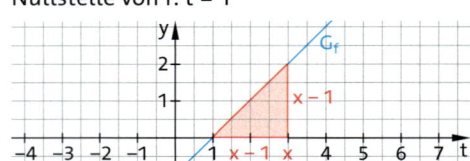
>
> Flächeninhalt des Dreiecks für $x > 1$:
> $A = \frac{1}{2}(x - 1)^2$
> $I_1(x) = \int_1^x f(t)\,dt = \frac{1}{2}(x - 1)^2$
>
> b) Setzen Sie in $I_1(x)$ die Werte $x = 5$ und $x = 0$ ein und berechnen Sie die Funktionswerte. Beschreiben Sie dann die geometrische Bedeutung des Integrals. Gehen Sie für $x = 0$ insbesondere auf das Vorzeichen des Funktionswerts ein. Beachten Sie, dass die Integralfunktion aus a) auch für $x \leq 1$ die Flächenbilanz zwischen der x-Achse und dem Graphen von f beschreibt.
>
> $I_1(5) = \frac{1}{2}(5 - 1)^2 = 8$: Das Integral beschreibt den Flächeninhalt des gleichschenkligen rechtwinkligen Dreiecks mit der Kathetenlänge 4.
> $I_1(0) = \frac{1}{2}(0 - 1)^2 = \frac{1}{2}$: Der Graph von f verläuft unterhalb der x-Achse, zugleich wird „von rechts nach links" integriert: $\int_1^0 f(t)\,dt$.
> Daher erhält man einen positiven Wert.

Basisaufgaben

1 a) Stellen Sie den Funktionsterm der Integralfunktion I_{-2} zur Integrandenfunktion
   f: $t \mapsto t + 2$ für $x > -2$ auf.
   b) Machen Sie mithilfe von a) die Funktionswerte $I_{-2}(1)$ und $I_{-2}(-4)$ plausibel.

2 Gegeben ist die Integrandenfunktion h mit h(t) = 3.
   a) Stellen Sie den Funktionsterm der Integralfunktion I_a zu h in Abhängigkeit von a auf.
   b) Berechnen Sie $I_2(5)$ und $I_3(1)$.

3 Begründen Sie, dass jede Integralfunktion I_a mit $I_a(x) = \int_a^x f(t)\,dt$ mindestens eine Nullstelle hat.

Grafische Zusammenhänge von Integral- und Integrandenfunktion

Nicht für jede Integrandenfunktion kann man einen integralfreien Term für die Integralfunktion angeben. Mithilfe der Flächenbilanz und der Nullstelle x = a der Integralfunktion I_a kann man jedoch einige Eigenschaften des Graphen der Integralfunktion herleiten.

Beispiel 2

Die Funktion f hat die Nullstellen x = −4, x = 2 und x = 5. Leiten Sie aus dem Graphen von f Eigenschaften des Graphen der Integralfunktion I_2 von f her. Skizzieren Sie dann den Graphen von I_2.

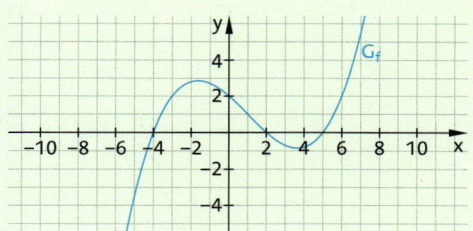

Lösung:

Starten Sie bei der unteren Integrationsgrenze.

Nullstelle: x = 2 (untere Integrationsgrenze)

Gehen Sie zunächst von der unteren Integrationsgrenze nach rechts und prüfen Sie anhand der Flächenbilanzen des Graphen von f, wo der Graph von I_2 steigt bzw. fällt. Betrachten Sie dazu die Intervalle, in denen der Graph von f ober- bzw. unterhalb der x-Achse verläuft.
Untersuchen Sie, ob dort beim Integrieren positive oder negative Flächeninhalte in die Flächenbilanz eingehen. Ermitteln Sie das Minimum als Flächeninhalt im Intervall [2; 5] durch Kästchenzählen.
Gehen Sie anschließend von x = 2 nach links und beachten Sie dabei die Integrationsrichtung.

Integration von x = 2 nach rechts: Es kommt bis zu x = 5 ein „negativer Flächeninhalt" hinzu, also fällt der Graph von I_2 und nimmt nur negative Werte an. Das Minimum von ca. −2 wird bei x = 5 erreicht. Rechts von x = 5 kommt ein positiver Flächeninhalt hinzu, also steigt der Graph von I_2 ab x = 5 immer an.

Integration von x = 2 nach links:
Es wird zwar über einen positiven Flächeninhalt, aber von rechts nach links integriert. Der Graph von I_2 verläuft also ins Negative. Das Minimum von ca. −10 liegt bei x = −4. Links von x = −4 kommt von rechts nach links ein negativer Flächeninhalt hinzu, sodass der Graph von I_2 wieder (von rechts nach links) nach oben verläuft.

1.2 Integralfunktion 15

Skizzieren Sie dann den Graphen von I_2.

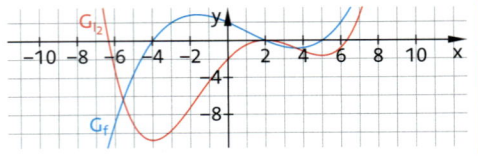

Basisaufgaben

 4 Die Funktion f hat die Nullstellen $x = -7$, $x = 0$ und $x = 7$. Leiten Sie aus dem Graphen von f Eigenschaften des Graphen der Integralfunktion I_0 von f her. Skizzieren Sie dann den Graphen von I_0.

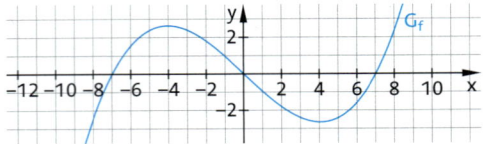

 5 Gegeben ist die Integrandenfunktion r mit $r(t) = t^2 - 1$.
a) Skizzieren Sie den Graphen von r.
b) Leiten Sie aus dem Graphen von r Eigenschaften des Graphen der Integralfunktion I_{-1} von r her und skizzieren Sie diesen.

 6 Gegeben ist der Graph der Integralfunktion I_0 zur Integrandenfunktion f. Begründen Sie, welcher der drei Graphen in der rechten Abbildung zur Funktion f gehört.

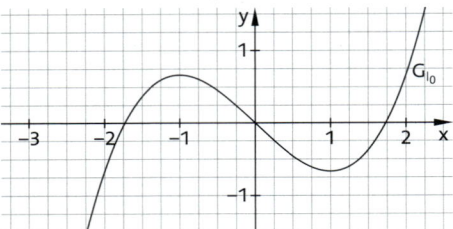
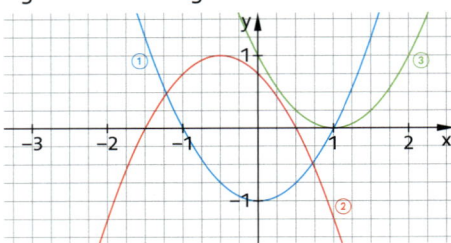

 7 Der Graph einer auf ℝ stetigen Funktion f ist punktsymmetrisch zum Ursprung. Begründen Sie anschaulich, dass der Graph der zugehörigen Integralfunktion I_0 achsensymmetrisch zur y-Achse ist.

Weiterführende Aufgaben

Zwischentest

 8 Plotten Sie den Graphen der Funktion f mit $f(x) = x^2$. Erstellen Sie einen Schieberegler a und definieren Sie das Integral $I(a) = \int_2^a f(x)\,dx$. Lassen Sie die Spur des Punktes $P_a(a \mid I(a))$ anzeigen und beschreiben Sie Ihre Beobachtung. Beziehen Sie dabei den Flächeninhalt ein, den das Integral beschreibt.

9 Die Abbildung zeigt den Graphen einer Integralfunktion I auf dem Intervall [0; 10]. Leiten Sie aus dem Graphen Eigenschaften der zugehörigen Integrandenfunktion f her. Skizzieren Sie einen möglichen Graphen von f.

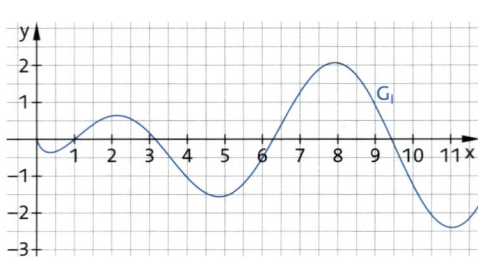

10 a) Gegeben ist die Funktion f mit $f(x) = 4x^3$. Bestimmen Sie mithilfe einer Mathematik-Software die Graphen von I_{-2} und I_2 zu f und vergleichen Sie. Plotten Sie den Graphen G_f und erklären Sie Ihre Beobachtung.
b) Gegeben ist die Funktion g mit $g(x) = 3x^2 + 4x$. Ermitteln Sie den Wert von a (mit $a \neq 0$), für den die Integralfunktion I_a von g identisch zu I_0 ist.

11 Stolperstelle: Denise hat den Graphen der Integralfunktion I_1 zu $f: x \mapsto x^2$ gezeichnet.
Nehmen Sie Stellung.

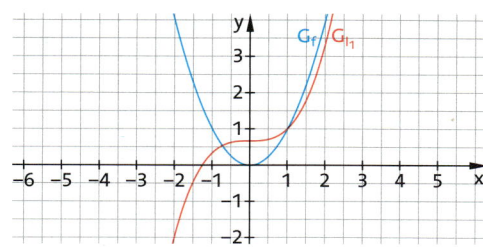

12 a) Bestimmen Sie die Terme der Integralfunktionen I_0, I_1 und I_5 zu f mit $f(x) = x$.
b) Leiten Sie die drei Integralfunktionen aus a) ab und formulieren Sie Ihre Beobachtung. Stellen Sie eine Vermutung über den allgemeinen Zusammenhang zwischen einer Integralfunktion und ihrer Integrandenfunktion auf. Vergleichen Sie zu zweit.

13 Die Abbildungen zeigen die Graphen einer Funktion f sowie die Graphen A – C der Integralfunktionen I_0, I_1 und I_2 zu f. Ordnen Sie begründet zu, welcher Graph zu welcher Integralfunktion gehört.

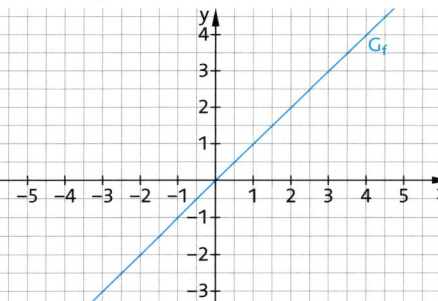 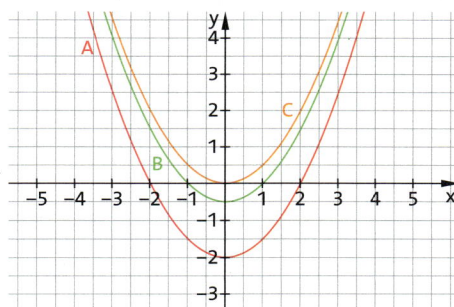

14 a) Zeichnen Sie den Graphen der Integralfunktion I_0 zur dargestellten Funktion f für $0 \leq x \leq 9$.
b) Beschreiben Sie den Verlauf des Graphen der Integralfunktion I_5 von f.
c) f(t) beschreibt die idealisierte Geschwindigkeit eines Fahrrads in Metern pro Sekunde in Abhängigkeit von der Zeit t in Sekunden.
Geben Sie die Bedeutung von $I_0(9)$ und $I_5(9)$ im Sachzusammenhang an.

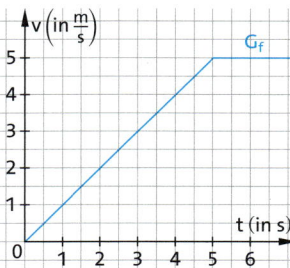

15 Gegeben ist die Funktion f mit $f(x) = \frac{1}{x}$ und $x > 0$.
Überprüfen Sie mithilfe der Abbildung die angegebene Eigenschaft der Integralfunktion I_1 von f.
a) $I_1(1) = 0$
b) $I_1(x)$ ist für $0 < x < 1$ negativ und für $x > 1$ positiv.
c) I_1 ist streng monoton steigend für $x > 0$.
d) Skizzieren Sie mithilfe Ihrer Ergebnisse aus a) – c) den Graphen von I_1.

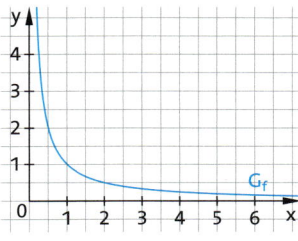

16 Die Funktion f ist eine auf ganz ℝ definierte ganzrationale Funktion dritten Grades mit ganzzahligen Nullstellen.

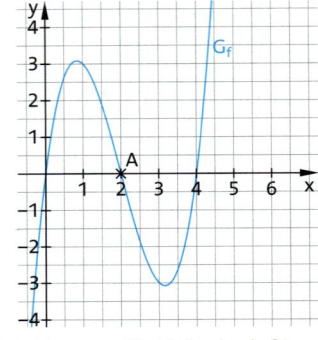

a) Ermitteln Sie mithilfe des Graphen einen faktorisierten Funktionsterm von f und zeigen Sie, dass $f(x) = x^3 - 6x^2 + 8x$ gilt.
b) Weisen Sie nach, dass A der einzige Wendepunkt des Graphen von f ist, und bestimmen Sie die Gleichung der Wendetangente.
c) Der Graph von f ist punktsymmetrisch zu A. Bestimmen Sie damit $I_0(4)$ und erläutern Sie Ihr Vorgehen.
d) Begründen Sie, welcher der folgenden Graphen zu I_0 gehört. Nennen Sie Gründe dafür, dass die anderen Graphen nicht zu I_0 gehören können.

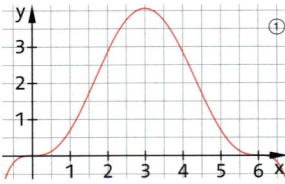 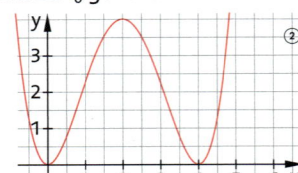 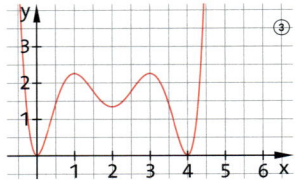

17 Die Abbildung zeigt den Graphen einer auf $\mathbb{R}_0^+$ definierten Funktion f. Entscheiden Sie begründet, welcher Graph zur Integralfunktion I_1 gehört. Geben Sie für die übrigen Graphen Gründe dafür an, dass sie nicht zu I_1 gehören können.

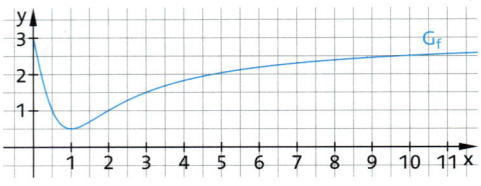

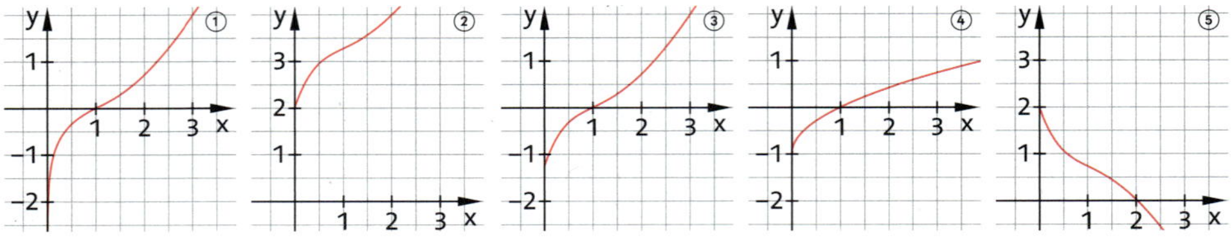

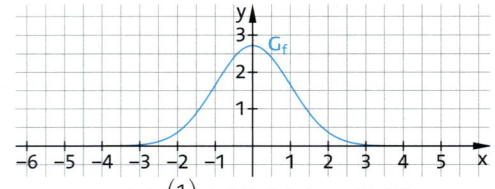

18 Die Abbildung zeigt den Graphen der Funktion f mit $f(x) = e^{1 - 0.5x^2}$.

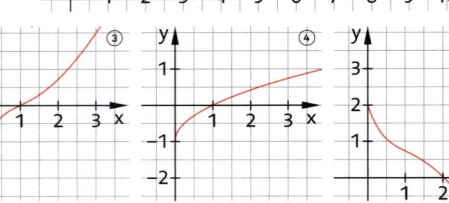

a) Schließen Sie von G_f auf das Symmetrie-, das Monotonie- und das Krümmungsverhalten des Graphen der Integralfunktion I_0 zu f.
b) Bestimmen Sie aus der Abbildung Näherungswerte für $I_0\left(\frac{1}{2}\right)$, $I_0(1)$, $I_0(2)$ und $I_0(4)$. Zeichnen Sie den Graphen von I_0 im Intervall $[-4; 4]$ so genau wie möglich. Überprüfen Sie Ihr Ergebnis mit einem Funktionenplotter.

19 Bestimmen Sie die obere Grenze b, sodass die Gleichung stimmt.

a) $\int_0^b x\,dx = 1$
b) $\int_{-1}^b x\,dx = \frac{3}{2}$
c) $\int_0^b (x+1)\,dx = 4$
d) $\int_0^b (x-2)\,dx = -1$

20 Ausblick: Die Funktion f mit
$f(x) = \begin{cases} x & \text{für } 0 \leq x \leq 2 \\ 0{,}5 & \text{für } 2 < x \leq 4 \end{cases}$ ist an der Stelle $x = 2$ nicht stetig.
Skizzieren Sie den Graphen der Integralfunktion I_0.
Beschreiben Sie seine Besonderheit an der Stelle $x = 2$.

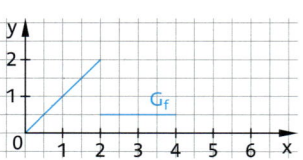

Hilfe

1.3 Hauptsatz der Differenzial- und Integralrechnung

Gegeben ist die Funktion f mit f(x) = x.
a) Der Graph von f schließt über dem Intervall [0; x] Dreiecke mit der x-Achse ein. Begründen Sie, dass für ihre Flächeninhalte $F(x) = \frac{1}{2}x^2$ gilt.
b) Zeigen Sie, dass F eine Stammfunktion von f ist.
c) Begründen Sie, dass $\int_a^b f(x)\,dx = F(b) - F(a)$ gilt.

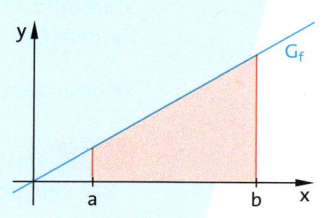

Die Integralfunktion I_a zu einer Integrandenfunktion f beschreibt die Flächenbilanz zwischen dem Graphen von f und der x-Achse im Intervall [a; x]. Wie sich diese Flächenbilanz in Abhängigkeit von x verändert, hängt von der Funktion f ab. Andererseits wird die Änderung einer Funktion durch ihre Ableitung beschrieben. Es liegt also die Vermutung nahe, dass die Ableitung I'_a der Integralfunktion wieder der Integrandenfunktion f entspricht.

> **Satz** **Hauptsatz der Differenzial- und Integralrechnung Teil 1**
> Für eine stetige Funktion f und eine reelle Zahl a mit $a \in D_f$ ist die Ableitung der Integralfunktion I_a gleich der Integrandenfunktion f:
> $$I_a(x) = \int_a^x f(t)\,dt \quad \Rightarrow \quad I'_a(x) = f(x)$$
> Umgekehrt ist jede Integralfunktion einer stetigen Funktion f eine Stammfunktion von f.

Hinweis
Zur Abgrenzung der Begriffe „Stammfunktion" und „Integralfunktion" siehe Aufgabe 10. Zum Beweis für streng monoton fallende Funktionen siehe Aufgabe 22.

Beweis:
Dieser Beweis betrachtet eine stetige, streng monoton steigende Funktion f und h > 0. Für streng monoton fallendes f oder h < 0 verläuft der Beweis analog.
Für die Integralfunktion I_a und eine feste Zahl a gilt nach Definition für alle x: $I_a(x) = \int_a^x f(t)\,dt$. Es ist zu zeigen, dass gilt:

$I'_a = f$. Dazu betrachtet man den Differenzenquotienten $\frac{I_a(x+h) - I_a(x)}{h}$.

Die Abbildung zeigt die Flächenstücke, die durch $I_a(x)$ und $I_a(x+h)$ beschrieben werden. Die Differenz $I_a(x+h) - I_a(x)$ beschreibt den Inhalt der grünen Fläche. Dieser Flächeninhalt kann durch Rechtecke der Breite h mit den Höhen f(x) und f(x+h) nach unten und oben abgeschätzt werden:

$f(x) \cdot h \leq I_a(x+h) - I_a(x) \leq f(x+h) \cdot h \quad |:h$

$f(x) \leq \frac{I_a(x+h) - I_a(x)}{h} \leq f(x+h)$

Durch den Grenzübergang $h \to 0$ ergibt sich:

$\lim\limits_{h \to 0} f(x) \leq \lim\limits_{h \to 0} \frac{I_a(x+h) - I_a(x)}{h} \leq \lim\limits_{h \to 0} f(x+h)$

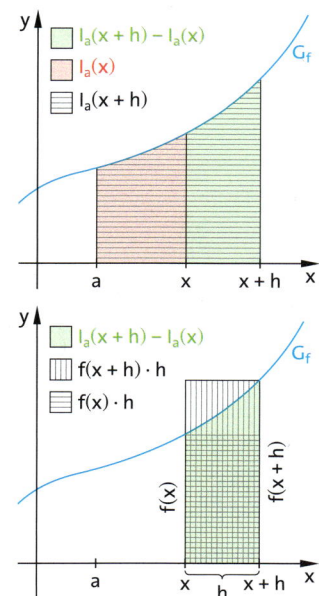

Da f stetig ist, gilt $\lim\limits_{h \to 0} f(x+h) = f(x)$. Also folgt $f(x) \leq I'_a(x) \leq f(x)$ und somit $I'_a(x) = f(x)$.

Damit ist I_a insbesondere eine Stammfunktion von f. q.e.d.

Der erste Teil des Hauptsatzes der Differenzial- und Integralrechnung besagt, dass das Integrieren die „Umkehrung" des Ableitens ist.

Berechnung von Flächenbilanzen mit Stammfunktionen

Aus dem Hauptsatz der Differenzial- und Integralrechnung (Teil 1) folgt, dass für eine beliebige Stammfunktion F einer stetigen Funktion f gilt: $I_a(x) = F(x) + c$ mit einer Konstanten c. Da außerdem $I_a(a) = F(a) + c = 0$ gilt, folgt $c = -F(a)$ und damit $I_a(x) = F(x) - F(a)$.

Insbesondere erhält man für das bestimmte Integral: $\int_a^b f(x)\,dx = I_a(b) = F(b) - F(a)$

> **Satz**   **Hauptsatz der Differenzial- und Integralrechnung Teil 2**
> Ist F eine beliebige Stammfunktion einer auf einem Intervall [a; b] stetigen Funktion f, so gilt:
> $$\int_a^b f(x)\,dx = F(b) - F(a)$$

In Rechnungen verwendet man oft die Schreibweise $[F(x)]_a^b$ für $F(b) - F(a)$.

> **Beispiel 1**   Die Abbildung zeigt den Graphen von f mit
> $f(x) = -\frac{1}{4}x^2 + \frac{3}{2}x + 1$. Berechnen Sie das Integral $\int_2^5 f(x)\,dx$
> und geben Sie den Inhalt der gefärbten Fläche an.
>
>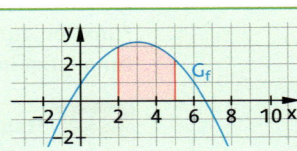
>
> **Lösung:**
> Bestimmen Sie eine Stammfunktion F zu f. Wenden Sie dann den 2. Teil des Hauptsatzes an. Setzen Sie dazu die Integrationsgrenzen in den Term der Stammfunktion ein und berechnen Sie.
>
> Begründen Sie, dass der Flächeninhalt dem Integral entspricht.
>
> $F(x) = -\frac{1}{12}x^3 + \frac{3}{4}x^2 + x$
>
> $\int_2^5 \left(-\frac{1}{4}x^2 + \frac{3}{2}x + 1\right)dx = \left[-\frac{1}{12}x^3 + \frac{3}{4}x^2 + x\right]_2^5$
>
> $= -\frac{5^3}{12} + \frac{3 \cdot 5^2}{4} + 5 - \left(-\frac{2^3}{12} + \frac{3 \cdot 2^2}{4} + 2\right) = 9$
>
> Da der Graph von f vollständig oberhalb der x-Achse verläuft, hat die rote Fläche den Inhalt A = 9 FE.

Basisaufgaben

Lösungen zu 1

18   3,5   1,2
    7
−4   13,5
    3,25
4   −22

 1 Berechnen Sie das Integral.

a) $\int_0^2 (x^3 - 4x)\,dx$ b) $\int_1^2 (x^4 - 6x^2 + 9)\,dx$ c) $\int_{-2}^4 3\,dx$ d) $\int_{-2}^0 3(x - 2x^2)\,dx$

e) $\int_1^2 \left(\frac{5}{x^2} + 11\right)dx$ f) $\int_0^1 6(x + \sqrt{x})\,dx$ g) $\int_1^9 \frac{1}{\sqrt{x}}\,dx$ h) $\int_1^2 \left(x^3 - \frac{1}{x^2}\right)dx$

2 Berechnen Sie den Flächeninhalt der markierten Fläche.

a) 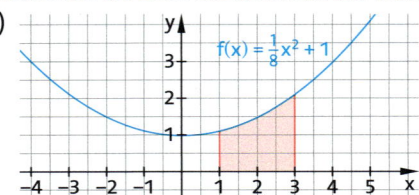   b)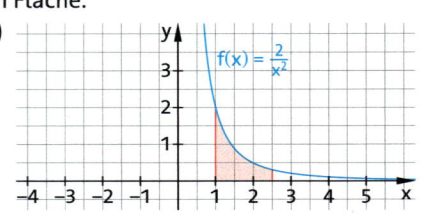

3 Berechnen Sie das Integral mit einem digitalen Hilfsmittel.

a) $\int_{-1}^1 \sqrt{1 - x^2}\,dx$ b) $\int_0^{100} 2^{-x^2}\,dx$ c) $\int_{-5}^{10} (4x - 5)^3\,dx$ d) $\int_0^{2\pi} (\sin(x) + 1)\,dx$

4 Geben Sie zwei verschiedene Stammfunktionen zu f mit f(x) = 2x − 4 an. Berechnen Sie mit jeder dieser Stammfunktionen das Integral $\int_{-5}^{2} f(x)\,dx$. Beschreiben Sie Ihre Beobachtungen und diskutieren Sie diese untereinander.

5 Gegeben ist die Funktion s mit $s(x) = -\frac{1}{2}x + 5$.
  a) Skizzieren Sie den Graphen von s und berechnen Sie elementargeometrisch den Flächeninhalt des Trapezes, das zwischen dem Graphen von s und der x-Achse über dem Intervall [2; 6] entsteht.
  b) Bestimmen Sie eine Stammfunktion S zu s und bestätigen Sie an diesem Beispiel die Aussage des Hauptsatzes (Teil 2).

6 Berechnen Sie den Term der Integralfunktion.
  a) I_{-1} zu f: t ↦ t − 2
  b) I_2 zu f: t ↦ t^2
  c) I_{-3} zu f: t ↦ −2
  d) I_0 zu f: v ↦ $2(v^3 - 3v)$

Weiterführende Aufgaben   Zwischentest

7 Berechnen Sie das Integral im markierten Bereich und erläutern Sie, warum das Integral nicht dem Flächeninhalt der gefärbten Fläche entspricht.
  a) 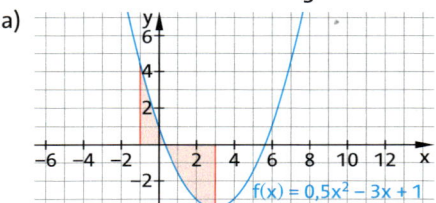 [Graph: $f(x) = 0{,}5x^2 - 3x + 1$]
  b) 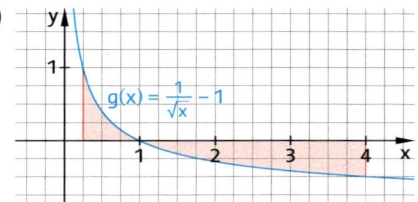 [Graph: $g(x) = \frac{1}{\sqrt{x}} - 1$]

8 Lea und Hans sollen entscheiden, ob G_g oder G_h zur Integralfunktion I_1 von f gehört. Lea: „I_1 hat die Nullstelle x = 1. Beim Integrieren nach rechts kommt ein positiver Flächeninhalt dazu ..."
Hans: „I_1 ist eine Stammfunktion von f, also gilt $I_1' = f$. Für x → ∞ gilt f(x) → 0, also muss die Steigung von I_1 ..." 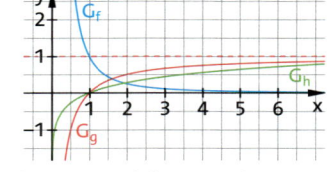
Setzen Sie die Argumentationen möglichst weit fort. Entscheiden Sie, welcher Graph zu I_1 gehört, und erläutern Sie, welche der Argumentationen zum richtigen Ergebnis führt.

9 Stolperstelle: Erklären und korrigieren Sie die Fehler in den Rechnungen.

$$\int_{-2}^{-1}\left(-\frac{3}{2}x^2 - 4x\right)dx = \left[-\frac{1}{2}x^3 - 2x^2\right]_{-2}^{-1} = \ldots$$

$\ldots = \frac{1}{2} + 2 + \frac{1}{2}\cdot 8 - 2\cdot 4$
$= -\frac{3}{2}$
$= -1{,}5$

$\ldots = -\frac{1}{2}\cdot(-1)^3 - 2\cdot(-1)^2$
$ + \frac{1}{2}\cdot(-2)^3 - 2\cdot(-2)^2$
$= -\frac{13}{2} = -6{,}5$

$\ldots = -\frac{1}{2}\cdot(-2)^3 - 2\cdot(-2)^2$
$ + \frac{1}{2}\cdot(-1)^3 + 2\cdot(-1)^2$
$= 4 - 8 - \frac{1}{2} - 2 = -6{,}5$

10 Unterschied zwischen Stammfunktion und Integralfunktion:
Gegeben sind eine stetige Funktion f und eine reelle Zahl a mit a ∈ D_f. Erläutern Sie den Unterschied zwischen der Integralfunktion I_a und einer beliebigen Stammfunktion F von f. Geben Sie dazu ein Beispiel an.

> **Wissen** — **Rechenregeln für bestimmte Integrale**
> Für Funktionen f und g und a, b, c, k ∈ ℝ gilt:
>
> ① $\int_a^b f(x)\,dx = -\int_b^a f(x)\,dx$ ② $\int_a^a f(x)\,dx = 0$ ③ $\int_a^b f(x)\,dx + \int_b^c f(x)\,dx = \int_a^c f(x)\,dx$
>
> ④ $\int_a^b k \cdot f(x)\,dx = k \cdot \int_a^b f(x)\,dx$ ⑤ $\int_a^b (f(x) + g(x))\,dx = \int_a^b f(x)\,dx + \int_a^b g(x)\,dx$

11 Weisen Sie die Rechenregeln für bestimmte Integrale mithilfe des Hauptsatzes nach.

Beispiel: ① $\int_a^b f(x)\,dx = F(b) - F(a) = -(F(a) - F(b)) = -\int_b^a f(x)\,dx$

12 Vereinfachen Sie den Ausdruck zunächst mithilfe der Rechenregeln für bestimmte Integrale und berechnen Sie anschließend seinen Wert. Geben Sie die Regeln an, die Sie verwenden.

a) $\int_{-2}^{3}(3x^2 - 2x)\,dx + \int_{3}^{4}(3x^2 - 2x)\,dx$

b) $\int_{1}^{5}(x^2 - 6x)\,dx + 1{,}5 \cdot \int_{1}^{5} 4x\,dx$

c) $\int_{0}^{2}\tfrac{1}{2}x^3\,dx + \int_{2}^{0} x^3\,dx - \tfrac{5}{2}\cdot\int_{2}^{0} x^3\,dx$

d) $2\cdot\int_{2}^{-1} x^7\,dx - 5\cdot\int_{1}^{2} x^4\,dx + \int_{-1}^{2} x^4\cdot(5 + 2x^3)\,dx$

Erinnerung
Parameter im Funktionsterm werden wie Konstanten behandelt.

13 **Integrale mit Parametern:** Bestimmen Sie eine integralfreie Darstellung des Terms.

Beispiel: $\int_1^3 ax^2\,dx = a\cdot\int_1^3 x^2\,dx = a\cdot\left[\tfrac{1}{3}x^3\right]_1^3 = a\cdot\left(\tfrac{1}{3}\cdot 3^3 - \tfrac{1}{3}\cdot 1^3\right) = a\cdot\left(9 - \tfrac{1}{3}\right) = \tfrac{26}{3}a$

a) $\int_{-1}^{1}(ax^3 - ax)\,dx$

b) $\int_{-b}^{b}(x^3 - x)\,dx$

c) $\int_{1}^{2}\tfrac{c}{x^2}\,dx$

d) $\int_{0}^{k}(kx - x^2)\,dx$

14 Bestimmen Sie eine integralfreie Darstellung des Terms.

a) $\int_{0}^{1}(x + c)\,dc$

b) $\int_{0}^{2}(at^2 + a^3 t)\,dt$

c) $\int_{0}^{2}(at^2 + a^3 t)\,da$

d) $\int_{-1}^{1}\tfrac{5k}{\sqrt{5t+2}}\,dk$

15 Bestimmen Sie einen Wert für den Parameter k, sodass die Gleichung erfüllt ist.

a) $\int_{0}^{k}(x^2 + 1)\,dx = \tfrac{4}{3}$; $k > 0$

b) $\int_{4}^{k}\tfrac{3}{\sqrt{x}}\,dx = 18$

Hilfe

16 **Eigenschaften von Integralfunktionen:**
  a) Begründen Sie mithilfe einer Skizze.
   ① Für jede zum Ursprung punktsymmetrische Funktion f gilt: $I_{-a}(a) = 0$ für alle $a > 0$.
   ② Für jede zur y-Achse achsensymmetrische Funktion f gilt:
       $I_{-a}(a) = 2 \cdot I_0(a)$ für alle $a > 0$.
   ③ Für jede Funktion f gilt: $I_a(b) + I_b(c) = I_a(c)$ für alle $a < b < c$.
  b) Beweisen Sie, dass die Aussagen in ① und ② für eine in ℝ definierte Funktion f für alle $a \in \mathbb{R}$ gelten.
  c) Formulieren Sie einen allgemeinen Zusammenhang zwischen der Punkt- und Achsensymmetrie der Graphen von f und einer Integralfunktion I zu f.

17 Zeigen Sie mithilfe einer DGS am Beispiel der Funktion f mit $f(x) = \tfrac{1}{2}x^3$, dass für jede beliebige Stammfunktion F von f $\int_a^b f(x)\,dx = F(b) - F(a)$ gilt. Verwenden Sie Schieberegler für die Grenzen a und b sowie die Konstante c in der Stammfunktion F.
Berechnen Sie $F(b) - F(a)$ und lassen Sie den Inhalt der Fläche, die der Graph von f mit der x-Achse zwischen a und b einschließt, anzeigen. Vergleichen Sie die beiden Werte.

18 Gegeben ist die Funktion f mit f(x) = 2x + 1. Die Funktion F mit F(x) = x^2 + x ist eine Stammfunktion von f. Skizzieren Sie die Graphen von f und F und begründen Sie sowohl anhand des Graphen von f als auch von F anschaulich, dass gilt: $\int_{-2}^{2} f(x)\,dx = 4$

Hilfe

Hinweis zu 19

Jede Potenzfunktion f mit f(x) = x^n ist für x ≥ 0 umkehrbar.
Die Umkehrfunktion ist f^{-1} mit $f^{-1}(x) = \sqrt[n]{x}$ (x ≥ 0).

19 Integrale bei Wurzelfunktionen:
Die Funktion f mit f(x) = x^2 ist für x ≥ 0 umkehrbar. Der Graph der Umkehrfunktion f^{-1} mit $f^{-1}(x) = \sqrt{x}$ ergibt sich aus dem Graphen von f durch Spiegelung an der Winkelhalbierenden y = x.
a) Ermitteln Sie den Wert des Integrals $\int_{0}^{1} \sqrt{x}\,dx$ mithilfe des Inhalts der gefärbten Fläche.
b) Wiederholen Sie das Vorgehen aus a) für die Integrale $\int_{0}^{1} \sqrt[3]{x}\,dx$ und $\int_{0}^{1} \sqrt[4]{x}\,dx$.
c) Formulieren Sie mithilfe Ihrer Ergebnisse eine Vermutung für den Wert des Integrals $\int_{0}^{1} \sqrt[n]{x}\,dx$ für eine beliebige natürliche Zahl n ≥ 2.
d) Überprüfen Sie Ihre Vermutung aus c), indem Sie $\int_{0}^{1} \sqrt[n]{x}\,dx$ mit dem Hauptsatz berechnen.

20 Die Funktion f beschreibt die Zuflussgeschwindigkeit beim Auffüllen eines Swimmingpools.
a) Erläutern Sie, was die Integralfunktion
I_0 mit $I_0(x) = \int_{0}^{x} f(t)\,dt$ in diesem Fall angibt.
b) Die Bestandsfunktion F gibt die Wassermenge im Pool an. Begründen Sie anschaulich, dass für F gilt:
$F(x) = F(0) + \int_{0}^{x} f(t)\,dt$
c) Wenn F differenzierbar ist, gilt F' = f. Leiten Sie die Gleichung in b) mit dem Hauptsatz der Differenzial- und Integralrechnung her.

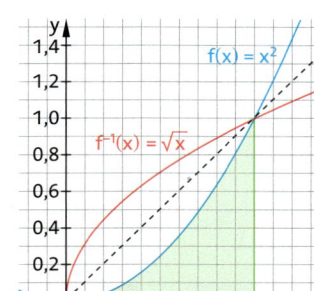

21 Integralfunktion, die keine Stammfunktion ist:
a) Zeichnen Sie für die Funktion f mit
$f(x) = \begin{cases} 2 & \text{für } x \geq 2 \\ 1 & \text{für } x < 2 \end{cases}$
den Graphen der Integralfunktion I_0.
b) Begründen Sie, dass I_0 nicht im gesamten Definitionsbereich eine Stammfunktion von f ist.

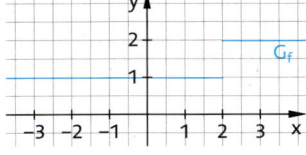

22 Beweisen Sie analog zum Beweis auf S. 19 den Hauptsatz der Differenzial- und Integralrechnung für eine streng monoton fallende Funktion f und h > 0.

23 Ausblick: Stammfunktion, die keine Integralfunktion ist
Gegeben ist die Funktion f mit f(x) = x.
a) Zeigen Sie, dass die Funktion F_c mit $F_c(x) = \frac{1}{2}x^2 + c$ für jedes c ∈ ℝ eine Stammfunktion von f ist.
b) Begründen Sie, dass die Funktion F_c für c > 0 keine Integralfunktion zu f ist.
c) Zeigen Sie, dass es für c ≤ 0 zu f mindestens eine Integralfunktion I_a mit $I_a = F_c$ gibt, und bestimmen Sie die möglichen Werte für a in Abhängigkeit von c.

1

1.4 Unbestimmtes Integral und Integrationsregeln

Tessa und Thomas berechnen das Integral $\int_0^3 x^2\,dx$. Führen Sie beide Rechnungen zu Ende und begründen Sie das Ergebnis.

Thomas: $\int_0^3 x^2\,dx = \left[\frac{1}{3}x^3\right]_0^3 = \ldots$

Tessa: $\int_0^3 x^2\,dx = \left[\frac{1}{3}x^3 + 5\right]_0^3 = \ldots$

Unbestimmtes Integral

Bestimmte Integrale einer stetigen Funktion f lassen sich mithilfe der Stammfunktionen von f berechnen. Dabei ist nicht festgelegt, welche Stammfunktion man verwendet. Man fasst deshalb die Menge aller Stammfunktionen zum **unbestimmten Integral** zusammen.

Definition

Das **unbestimmte Integral** einer stetigen Funktion f ist die Menge aller Stammfunktionen von f.
Schreibweise: $\int f(x)\,dx$

Aus den bekannten Ableitungen von Potenz-, Exponential-, Logarithmus- und trigonometrischen Funktionen ergeben sich einige unbestimmte Integrale.

Wissen — Grundintegrale

$\int x^r\,dx = \frac{1}{r+1}x^{r+1} + c$ $(r \neq -1)$

$\int \sin(x)\,dx = -\cos(x) + c$

$\int e^x\,dx = e^x + c$

$\int \frac{1}{x}\,dx = \ln|x| + c$

$\int \cos(x)\,dx = \sin(x) + c$

$\int \ln(x)\,dx = x \cdot \ln(x) - x + c$

Beispiel 1

Berechnen Sie $\int (2\sin(x) + 3e^x + x)\,dx$.

Lösung:
Wenden Sie zuerst die Regel für Summen und dann die Regel für Faktoren auf die einzelnen Summanden an.
Setzen Sie dann die Grundintegrale ein und fassen Sie die Konstanten zusammen.

$\int (2\sin(x) + 3e^x + x)\,dx$
$= \int 2\sin(x)\,dx + \int 3e^x\,dx + \int x\,dx$
$= 2\int \sin(x)\,dx + 3\int e^x\,dx + \int x\,dx$
$= 2 \cdot (-\cos(x) + c_1) + 3 \cdot (e^x + c_2) + \frac{1}{2}x^2 + c_3$
$= -2\cos(x) + 3e^x + \frac{1}{2}x^2 + c$

Hinweis

Beachten Sie die Rechenregeln für Integrale auf S. 22.

Basisaufgaben

1 Berechnen Sie $\int (-\cos(x) + 2\ln(x) + 4x^2)\,dx$.

2 Berechnen Sie das unbestimmte Integral.
a) $\int \left(\frac{3}{x} + 7x - \sin(x)\right) dx$
b) $\int (6x^3 + e^x + 1)\,dx$
c) $\int \left(-\frac{2}{x} - \ln(3x)\right) dx$
d) $\int \left(-2e^x + \frac{1}{2}\cos(x) + \frac{5}{x}\right) dx$
e) $\int (\ln(-x) + e^x - 3x^2)\,dx$
f) $\int (4x^3 + 3x^2 + 2x + 1 - x^{-1})\,dx$

3 Bestimmen Sie die Stammfunktion von f mit $f(x) = 2\sin(x)$ mit der Nullstelle $x = \pi$.

Sonderfälle von Integrationsregeln

Verknüpfte Funktionen lassen sich im Normalfall nicht einfach integrieren. In bestimmten Fällen kann man das unbestimmte Integral jedoch über die Ableitungsregeln herleiten. Ist beispielsweise F eine Stammfunktion einer Funktion f, dann gilt mit der Kettenregel:
$[F(ax+b)]' = [ax+b]' \cdot F'(ax+b) = a \cdot f(ax+b)$

Umgekehrt erhält man also: $\int f(ax+b)\,dx = \frac{1}{a}F(ax+b) + c$

Auf ähnliche Weise lassen sich auch zwei weitere Regeln herleiten (siehe Aufgabe 13).

> **Wissen**
>
> Es sei F eine Stammfunktion von f und $a \neq 0$. Dann gilt:
> 1. $\int f(ax+b)\,dx = \frac{1}{a}F(ax+b) + c$
> 2. $\int \frac{f'(x)}{f(x)}\,dx = \ln(|f(x)|) + c$
> 3. $\int f'(x) \cdot e^{f(x)}\,dx = e^{f(x)} + c$

Beispiel 2 Bestimmen Sie das unbestimmte Integral.

a) $\int (2x+1)^6\,dx$ b) $\int 2x \cdot e^{(x^2)}\,dx$ c) $\int \frac{x}{x^2+1}\,dx$

Lösung:

a) Geben Sie eine Funktion f an, für die gilt: $f(2x+1) = (2x+1)^6$. Bilden Sie eine Stammfunktion F von f. Bestimmen Sie dann das Integral mit der 1. Integrationsregel.

$f(x) = x^6; \; F(x) = \frac{1}{7}x^7$
$\int (2x+1)^6\,dx = \int f(2x+1)\,dx$
$= \frac{1}{2}F(2x+1) + c = \frac{1}{2} \cdot \frac{1}{7}(2x+1)^7 + c$
$= \frac{1}{14}(2x+1)^7 + c$

b) Geben Sie eine Funktion f an, die den Exponenten der Exponentialfunktion beschreibt. Bilden Sie ihre Ableitung. Wenden Sie die 3. Integrationsregel an.

$f(x) = x^2; \; f'(x) = 2x$
$\int 2x \cdot e^{(x^2)}\,dx = \int f'(x) \cdot e^{f(x)}\,dx = e^{f(x)} + c$
$= e^{(x^2)} + c$

c) Bilden Sie die Ableitung der Nennerfunktion f mit $f(x) = x^2+1$. Erweitern Sie den Bruch, sodass f' im Zähler steht. Ziehen Sie den Faktor $\frac{1}{2}$ vor das Integral. Wenden Sie dann die 2. Integrationsregel an.

$f'(x) = 2x$
$\int \frac{x}{x^2+1}\,dx = \int \frac{2x}{2(x^2+1)}\,dx = \int \frac{1}{2} \cdot \frac{2x}{x^2+1}\,dx$
$= \frac{1}{2} \cdot \int \frac{2x}{x^2+1}\,dx = \ln(|f(x)|) + c$
$= \ln(|x^2+1|) + c = \ln(x^2+1) + c$

Basisaufgaben

4 Bestimmen Sie das unbestimmte Integral.

a) $\int (3x+4)^5\,dx$ b) $\int \frac{2x+1}{x^2+x+1}\,dx$ c) $\int 4x \cdot e^{x^2}\,dx$

5 Bestimmen Sie das unbestimmte Integral.

a) $\int \frac{1}{(3-2x)^3}\,dx$ b) $\int \frac{8}{3-4x}\,dx$ c) $\int x \cdot e^{1-4x^2}\,dx$

d) $\int 2 \cdot \cos(\pi - 2t)\,dt$ e) $\int \sqrt{2x+3}\,dx$ f) $\int \ln(2-x)\,dx$

g) $\int \frac{x^2}{x^3-2}\,dx$ h) $\int \frac{e^x - e^{-x}}{e^x + e^{-x}}\,dx$ i) $\int \frac{\sin(x)}{\cos(x)}\,dx$

1.4 Unbestimmtes Integral und Integrationsregeln

Weiterführende Aufgaben

6 Stolperstelle: Erklären und korrigieren Sie den Fehler in der Rechnung.

a) $\int \sin(7x + 2)\,dx = -\cos(7x + 2) + c$

b) $\int 3x^2 e^{x^3}\,dx = \int 3x^2\,dx \cdot \int e^{x^3}\,dx = x^3 \cdot \frac{e^{x^3}}{3x^2} + c = \frac{1}{3}xe^{x^3} + c$

7 Bestimmen Sie das unbestimmte Integral.

a) $\int \left(\frac{1}{2}x^4 - 3\cos(x) + 1\right)dx$
b) $\int \left(\frac{3}{x} - \frac{2}{3}x^2 + 3e^x\right)dx$
c) $\int \left(\frac{3x^2 - 2}{x^3 - 2x} - \cos(x)\right)dx$
d) $\int \left(3\sin(x) - \frac{2}{x} + x\right)dx$
e) $\int (2\ln(x) + 3e^x - 0{,}5)\,dx$
f) $\int (2xe^{x^2} + 2e^x)\,dx$

8 Lesen Sie die Intervallgrenzen ab und berechnen Sie den Inhalt der farbigen Fläche.

a) $f(x) = e^{-2x + 1}$

b) $f(x) = \ln(0{,}5x)$

c) $f(x) = \frac{x^2}{x^3 - 2}$

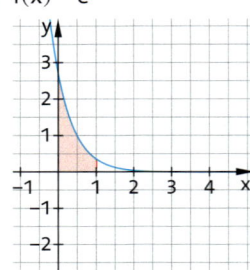
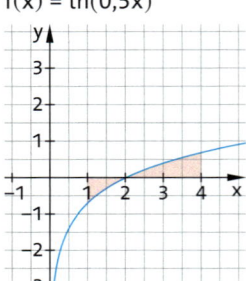
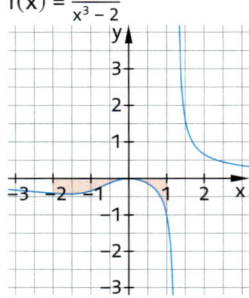

9 Berechnen Sie die Nullstellen der Funktion. Berechnen Sie anschließend den Inhalt der Fläche, die der Graph mit der x-Achse einschließt, falls möglich.

a) $f(x) = x^3 - 4x^2 + 4x$
b) $f(x) = 1{,}5x^3 - 4{,}5x^2$
c) $f(x) = \frac{5}{9}x^4 - 5x^2$
d) $f(x) = -\frac{1}{6}x^4 + \frac{1}{2}x^2 + \frac{2}{3}$
e) $f(x) = 6x^3(x^2 - 1)$
f) $f(x) = \sin(x)$

Lösungen zu 9: 36 10,125 $\frac{4}{3}$ 3,2 1 8 /

10 Berechnen Sie den Inhalt der Fläche zwischen dem Graphen von f und der x-Achse im Intervall I.

a) $f(x) = x^3 - 6x^2 + 8x$; $I = [0; 4]$
b) $f(x) = 3e^{3x} - 1$; $I = [-1{,}5; 0]$
c) $f(x) = 2\ln(x) + 0{,}5x$; $I = [1; 3]$
d) $f(x) = x - \frac{\sin(x)}{\cos(x)}$; $I = [-1; 0]$

11 Skizzieren Sie den Graphen einer Stammfunktion von f.

a) $f(x) = 0{,}5x$
b) $f(t) = -\cos(t)$
c) $f(a) = \frac{1}{2}e^a$
d) $f(z) = \frac{2}{z}$

12 Zeigen Sie mithilfe der Produktregel, dass gilt: $\int \ln(x)\,dx = x \cdot \ln(x) - x + c$

13 Begründen Sie die Integrationsregel mithilfe der Kettenregel.

a) $\int f'(x) \cdot e^{f(x)}\,dx = e^{f(x)} + c$
b) $\int \frac{f'(x)}{f(x)}\,dx = \ln(|f(x)|) + c$

14 Ausblick: Partielle Integration

Funktionen der Form $f' \cdot g$ kann man mithilfe der partiellen Integration integrieren:

$$\int f'(x)g(x)\,dx = f(x)g(x) - \int f(x)g'(x)\,dx$$

a) Erläutern Sie die folgende Rechnung:
$$\int e^x \cdot x\,dx = e^x \cdot x - \int e^x\,dx = e^x \cdot x - e^x + c = e^x(x - 1) + c$$

b) Bestimmen Sie das Integral $\int x \cdot \cos(x)\,dx$.

1.5 Flächen zwischen zwei Graphen

Die Abbildung zeigt die Graphen von f und g mit $f(x) = x^2$ und $g(x) = -x^2 + 4$. Beschreiben Sie, wie die grün markierte Fläche entsteht und wie man ihren Flächeninhalt berechnen kann.

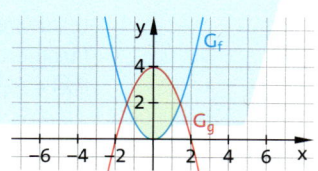

Mithilfe des Integrals können auch Flächen zwischen zwei Funktionsgraphen berechnet werden. Der einfachste Fall liegt vor, wenn beide Graphen oberhalb der x-Achse verlaufen und ein Graph überall oberhalb des anderen liegt. Man betrachtet die Flächen unter den Graphen von f und g. Von der größeren Fläche muss die kleinere subtrahiert werden.

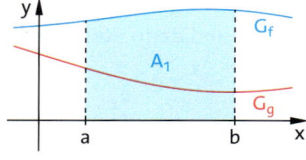 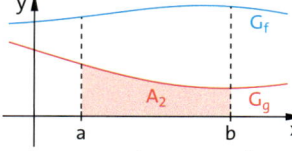 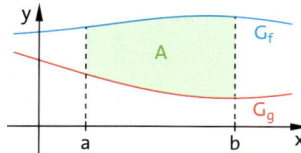

$$A = A_1 - A_2 = \int_a^b f(x)\,dx - \int_a^b g(x)\,dx = \int_a^b (f(x) - g(x))\,dx$$

Fälle, bei denen Flächen ganz oder teilweise unterhalb der x-Achse liegen, können auf diesen Fall zurückgeführt werden. Dazu verschiebt man beide Graphen so weit nach oben, dass sie oberhalb der x-Achse liegen, d. h., man addiert eine hinreichend große Konstante c:

$$A = \int_a^b (f(x) + c)\,dx - \int_a^b (g(x) + c)\,dx = \int_a^b (f(x) + c) - (g(x) + c)\,dx = \int_a^b (f(x) - g(x))\,dx$$

Der Inhalt der Fläche zwischen den Graphen von f und g ergibt sich durch Integration der **Differenzfunktion h** mit $h(x) = f(x) - g(x)$. Die Schnittstellen der Funktionen sind Nullstellen von h und teilen das betrachtete Intervall in Teilintervalle. Da die Funktion h auch negative Werte liefern kann, müssen zur Flächenberechnung Beträge gesetzt werden.

Wissen

Sind $x_1 < x_2 < \ldots < x_n$ die Schnittstellen der stetigen Funktionen f und g auf einem Intervall $[a;b]$, so gilt für den Inhalt der Fläche zwischen den Graphen über $[a;b]$:

$$A = \left| \int_a^{x_1} (f(x) - g(x))\,dx \right| + \ldots + \left| \int_{x_n}^b (f(x) - g(x))\,dx \right|$$

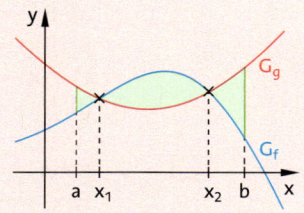

Hinweis

Die von den Graphen von f und g eingeschlossene Fläche besteht aus den Teilflächen zwischen den beiden Graphen zwischen je zwei benachbarten Schnittstellen.

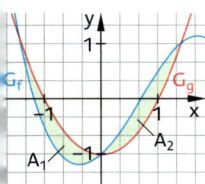

Beispiel 1

Berechnen Sie den Inhalt der Fläche, die von den Graphen von f mit $f(x) = -\frac{1}{2}x^3 + x^2 + x - 1$ und g mit $g(x) = x^2 - 1$ eingeschlossen wird.

Lösung:

Bestimmen Sie die Schnittstellen der Graphen als die Nullstellen der Differenzfunktion h mit $h(x) = f(x) - g(x)$.
Bestimmen Sie eine Stammfunktion von h.
Berechnen Sie die Integrale der Differenzfunktion zwischen den Schnittstellen von f und g.
Berechnen Sie den Flächeninhalt als Summe der Beträge der Integrale.

$h(x) = f(x) - g(x) = -\frac{1}{2}x^3 + x$
Nullstellen von h: $x_1 = -\sqrt{2}$, $x_2 = 0$, $x_3 = \sqrt{2}$
Stammfunktion von h: $H(x) = -\frac{1}{8}x^4 + \frac{1}{2}x^2$

$$\int_{-\sqrt{2}}^0 h(x)\,dx = \left[-\frac{1}{8}x^4 + \frac{1}{2}x^2 \right]_{-\sqrt{2}}^0 = -\frac{1}{2}$$

$$\int_0^{\sqrt{2}} h(x)\,dx = \left[-\frac{1}{8}x^4 + \frac{1}{2}x^2 \right]_0^{\sqrt{2}} = \frac{1}{2}$$

$$A = \left| -\frac{1}{2} \right| + \left| \frac{1}{2} \right| = 1 \,(\text{FE})$$

Basisaufgaben

1 Lesen Sie die Schnittstellen der Funktionsgraphen ab und berechnen Sie den Inhalt der farbigen Fläche zwischen den Graphen der Funktionen.
$f(x) = -\frac{1}{16}x^3 + \frac{1}{8}x^2 + \frac{3}{2}x + 1$ und $g(x) = \frac{1}{32}x^3 - \frac{1}{16}x^2 - \frac{3}{4}x + 1$

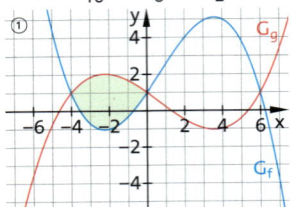 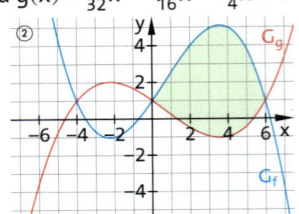 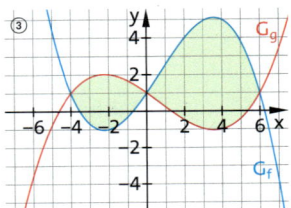

2 Berechnen Sie zuerst die Schnittstellen der Graphen und dann den Inhalt der grün markierten Fläche für $f(x) = \frac{1}{16}x^3 - \frac{3}{4}x^2 + \frac{9}{4}x$ und $g(x) = -\frac{1}{4}x^2 + \frac{3}{2}x$.

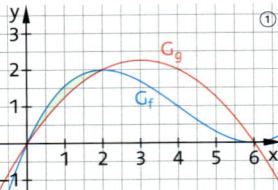 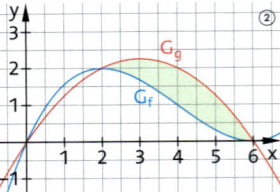 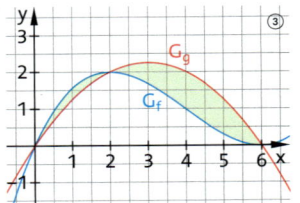

3 Berechnen Sie den Inhalt der Fläche, die von den Graphen der Funktionen f und g eingeschlossen wird.
a) $f(x) = -\frac{1}{4}x^2 + 2$; $g(x) = \frac{1}{2}x$
b) $f(x) = -0{,}5x^2 + x + 1{,}5$; $g(x) = x - 3$
c) $f(x) = \frac{1}{x}$; $g(x) = -2x + 4$
d) $f(x) = -\frac{1}{x-3} + 4$; $g(x) = x - 3$

4 Berechnen Sie den Inhalt der Fläche zwischen den Graphen der Funktionen f und g auf dem Intervall I.
a) $f(x) = x^3 - x^2 - 2$ $g(x) = x^3 - 2x^2 + x$ $I = [-2; 3]$
b) $f(x) = x^3 - 5x^2 + 7x - 3$ $g(x) = x - 3$ $I = [0; 3]$
c) $f(x) = -x^2 - 2x + 2$ $g(x) = x^2 + 4x + 2$ $I = [-2; 1]$
d) $f(x) = \sin(x + 1)$ $g(x) = \sin(0{,}5x - 2)$ $I = [0; 2]$

5 Berechnen Sie den Inhalt der Fläche, die die Graphen von v und w mit $v(x) = \ln(x) + 2$ und $w(x) = e^{x-2}$ einschließen.

6 Die Graphen der Funktionen f mit $f(x) = \frac{1}{2}x^2 - 3x + \frac{5}{2}$ und g mit $g(x) = -\frac{1}{2}x^2 + 3x - \frac{5}{2}$ formen auf dem Intervall [0; 5] die abgebildete Figur. Berechnen Sie ihren Flächeninhalt auf zwei unterschiedliche Weisen und vergleichen Sie Ihre Rechenwege.

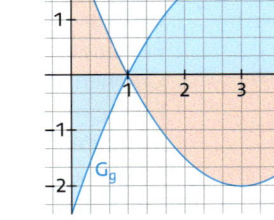

7 Gegeben sind die Funktionen f, g und h.
$f(x) = e^x$; $g(x) = 3 - 2e^{-x}$; $h(x) = 2{,}5 - e^{-x}$
Berechnen Sie den Inhalt der von den Graphen von f und g (den Graphen von f und h) eingeschlossenen Fläche.

8 Skizzieren Sie die Graphen der Funktionen $f: x \mapsto -\frac{1}{4}x^2 + 2$ und $g: x \mapsto |x| - 1$ in ein gemeinsames Koordinatensystem. Berechnen Sie den Inhalt der von den Graphen eingeschlossenen Fläche. Nutzen Sie dazu die Eigenschaften der Graphen geschickt aus.

Weiterführende Aufgaben

Zwischentest

Hinweis zu 9
Zeichnen Sie die Graphen mit einem CAS oder einer DGS, um eine bessere Vorstellung zu bekommen.

9 Berechnen Sie den Inhalt der beschriebenen Fläche A.
  a) A wird von den Graphen von f mit $f(x) = -x^2 + 4x - 1$ und g mit $g(x) = x - 1$ begrenzt.
  b) A wird im ersten Quadranten von den Graphen von s mit $s(x) = x^3 + 2x^2$ und u mit $u(x) = x + 2$ begrenzt.
  c) A wird von den Graphen von f mit $f(x) = 2 - 0,5(x - 1)^2$ und g mit $g(x) = 6 - x$, der x-Achse und der y-Achse begrenzt.
  d) A wird von den Graphen von f mit $f(t) = \sin(t)$ und g mit $g(t) = t$ und der Geraden $t = \pi$ begrenzt.
  e) A wird von den Graphen von f mit $f(x) = e^x$ und g mit $g(x) = 3 - 2e^{-x}$ begrenzt.
  f) A wird von den Graphen von h: $x \mapsto \frac{1}{x}$ und k: $x \mapsto -x + 2,5$ begrenzt.

10 Stolperstelle: Es gilt $f(x) = 0,5x^3 + 0,5x^2 - 2x + 1$ und $g(x) = -x + 1$. Gabriel soll den Inhalt der markierten Fläche bestimmen. Er beginnt: $\int_{-2}^{1} (f(x) - g(x))\,dx = \ldots$

Erläutern Sie, warum Gabriels Ergebnis kleiner ist als die tatsächliche Maßzahl, und berechnen Sie den Flächeninhalt.

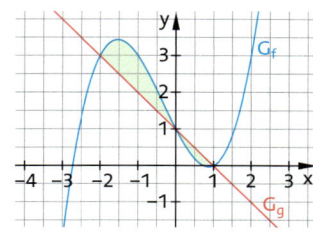

11 Zu den Funktionen f und g mit $f(x) = \frac{1}{3}x^3 - 3x^2 + 8x$ und $g(x) = \frac{1}{3}x^2$ soll die von den Graphen eingeschlossene Fläche berechnet werden.
Holger: „Ich habe die Differenzfunktion f – g von 0 bis 4 integriert und erhalte $\frac{128}{9}$ FE, also rund 14,2 FE."
Luise: „Es gibt aber noch eine Schnittstelle bei 6. Daher habe ich von 0 bis 6 integriert und erhalte 12 FE."
Emre: „Das kann gar nicht sein, denn dann hätte das größere Flächenstück den kleineren Inhalt. Stattdessen muss man ..."
Diskutieren Sie das Vorgehen der Schüler.
Vervollständigen Sie Emres Aussage und berechnen Sie den Flächeninhalt.

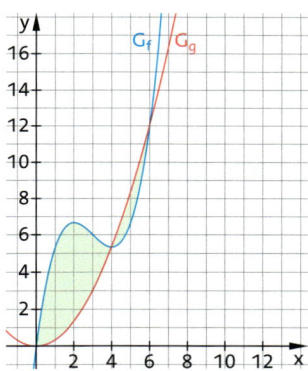

Hilfe

12 Gegeben ist die Funktion f: $x \mapsto \frac{x+1}{x}$.
  a) Geben Sie die maximale Definitionsmenge von f an und skizzieren Sie den Graphen.
  b) Berechnen Sie den Inhalt der Fläche, die vom Graphen von f, der x-Achse und den Geraden $x = 1$ und $x = 3$ eingeschlossen wird. Erläutern Sie Ihr Vorgehen.
  c) Bestimmen Sie das Verhältnis, in dem die Gerade $y = \frac{2}{3}x - \frac{2}{3}$ die Fläche aus b) teilt.

13 Die Graphen der Sinus- und der Kosinusfunktion schließen die grün markierte Fläche ein.
  a) Geben Sie die x-Koordinaten der beiden zugehörigen Schnittstellen an.
  b) Berechnen Sie den Inhalt der Fläche.

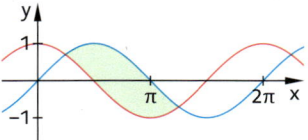

14 Ein Abschnitt eines Gehwegs muss neu gepflastert werden. In dem Abschnitt kann der Weg durch die Graphen der Funktionen f: $x \mapsto e^{-x} - 1$ und g: $x \mapsto e^{-x+1}$ beschrieben werden. Die Gerade h mit $h(x) = 5$ und die Vertikale $x = 7$ begrenzen den Abschnitt. Veranschaulichen Sie die Situation mit einer dynamischen Geometrie-Software und ermitteln Sie die Größe der neu zu pflasternden Fläche (1 Einheit entspricht 1 m).

Hilfe

15 Die nördliche und südliche Uferlinie des Baldeneysees in Essen können in einem bestimmten Bereich näherungsweise durch die Funktionen f mit
$f(x) = -0{,}55 \sin\left(x - \frac{\pi}{2}\right)$ und g mit
$g(x) = -0{,}7 \sin\left(0{,}8\left(x - \frac{5\pi}{8}\right)\right) - 0{,}7$
modelliert werden (Längeneinheit 1 km). 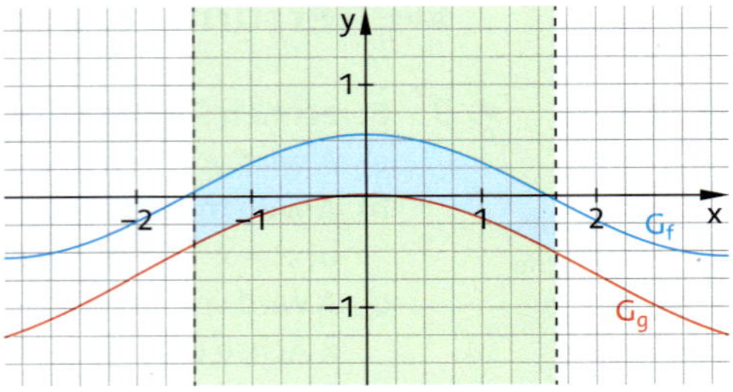
Berechnen Sie mithilfe der Funktionen f und g näherungsweise den Flächeninhalt der Wasseroberfläche des Sees im Bereich $-1{,}5 \leq x \leq 1{,}65$. Erläutern Sie Ihr Vorgehen.

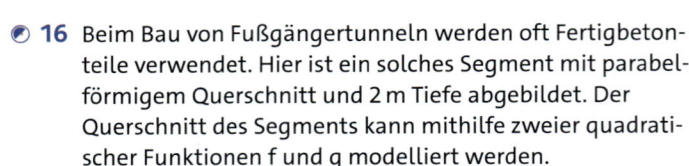

16 Beim Bau von Fußgängertunneln werden oft Fertigbetonteile verwendet. Hier ist ein solches Segment mit parabelförmigem Querschnitt und 2 m Tiefe abgebildet. Der Querschnitt des Segments kann mithilfe zweier quadratischer Funktionen f und g modelliert werden.
a) Bestimmen Sie eine Funktionsvorschrift für den inneren Parabelbogen.
b) Berechnen Sie das Luftvolumen eines Tunnels, der aus 12 Segmenten besteht.
c) Bestimmen Sie die Masse eines Fertigungssegments, wenn der Beton eine Dichte von $2{,}2 \frac{g}{cm^3}$ hat.

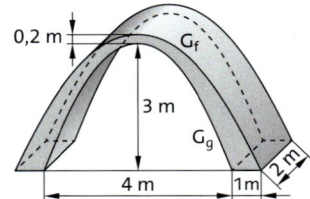

Hinweis zu 16c
Für die Masse m eines Körpers mit der Dichte ρ und einem Volumen V gilt: $m = \rho \cdot V$

17 Der Graph der Funktion p mit $p(x) = x^2 + 2$ schließt im Intervall $I = [1; 3]$ mit der x-Achse die Fläche A ein. Ermitteln Sie, für welches m die Gerade $y = mx$ die Fläche A halbiert.

18 a) Bestimmen Sie eine reelle Zahl a und eine Stammfunktion F zu f mit $f(x) = \frac{1}{2}x^2 + a$, sodass F die Nullstellen $x = -3$, $x = 0$ und $x = 3$ hat.
b) Zeigen Sie, dass die Fläche zwischen dem Graphen von f mit $f(x) = \frac{1}{2}x^2 - \frac{3}{2}$ und der x-Achse im Intervall $[0; 3]$ den Inhalt $2\sqrt{3}$ FE hat. Geben Sie ohne Integralberechnung den Inhalt der Fläche zwischen dem Graphen von f und der x-Achse im Intervall $[-3; 3]$ an.

19 Der Graph von f mit $f(x) = 2 - ax^2$ und $a > 0$ schließt mit der x-Achse eine Fläche ein. Bestimmen Sie a so, dass die Fläche $\frac{16}{3}$ FE groß ist.

20 Flächen zwischen drei Funktionsgraphen:
Die Graphen der Funktionen f mit $f(x) = -\sin(x)$, g mit $g(x) = x^2$ und h mit $h(x) = -x^2 + \pi x$ schließen auf dem Intervall $I = [0; \pi]$ die farbig dargestellte Fläche ein.
a) Geben Sie alle Schnittstellen der Funktionen im Intervall I an.
b) Zerlegen Sie die Fläche in geeignete Teilflächen und geben Sie die entsprechenden Intervalle an.
c) Berechnen Sie die Flächeninhalte der Teilflächen sowie den Gesamtflächeninhalt.

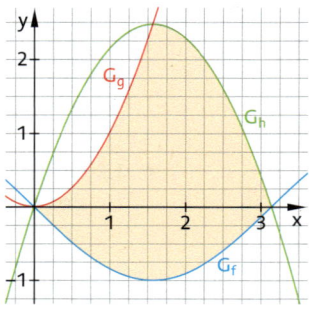

21 Ausblick: Substitution
Für Funktionen f und g gilt: $\int_a^b f(g(t)) \cdot g'(t)\, dt = \int_{g(a)}^{g(b)} f(x)\, dx$
Berechnen Sie das Integral.

a) $\int_2^5 e^{7t+3} \cdot 7\, dt$ b) $\int_0^1 (e^t - 5)^3 \cdot e^t\, dt$ c) $\int_0^\pi \sin(x)^2 \cdot \cos(x)\, dx$

1.6 Uneigentliches Integral

Es ist der Flächeninhalt A zwischen dem Graphen von f mit $f(x) = 2^{-x}$ und dem positiven Teil der x-Achse gesucht.
a) Erläutern Sie das Problem bei der Berechnung des Flächeninhalts.
b) Beschreiben Sie anhand der Abbildung eine Möglichkeit, wie man den Flächeninhalt abschätzen kann. Stellen Sie damit eine Vermutung über den Flächeninhalt auf.

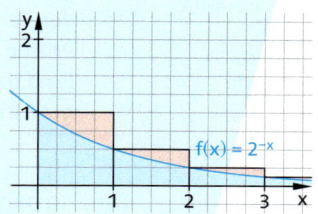

Mithilfe von bestimmten Integralen kann man Flächeninhalte über endlichen Intervallen berechnen, sofern die Integrandenfunktionen innerhalb dieser Intervalle beschränkt sind. Ist die Integrandenfunktion jedoch unbeschränkt (z. B. an einer Polstelle) oder ist eine der Integrationsgrenzen ∞ oder −∞, so kann der Flächeninhalt trotzdem endlich sein. In diesem Fall erhält man ein **uneigentliches Integral**.

Unbeschränktes Integrationsintervall

Die Fläche zwischen dem Graphen von f mit $f(x) = \frac{1}{x^3}$ für $x \geq 1$ und der x-Achse ist nach rechts unbegrenzt. Man kann ihren Flächeninhalt bestimmen, indem man den allgemeinen Term der Integralfunktion $I_1(u)$ für eine feste Zahl $u \geq 1$ aufstellt und dann den Grenzwert für $u \to \infty$ bildet.

Man erhält in diesem Beispiel einen endlichen Wert, nämlich $\frac{1}{2}$. Die Fläche hat also einen endlichen Inhalt, obwohl sie nach rechts unendlich ausgedehnt ist.

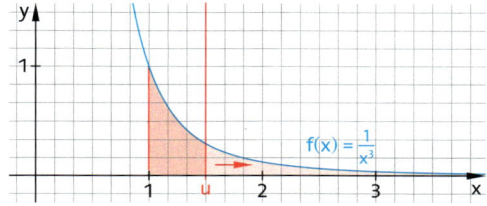

$$I_1(u) = \int_1^u \frac{1}{x^3}\,dx = \left[-\frac{1}{2x^2}\right]_1^u = -\frac{1}{2u^2} + \frac{1}{2}$$

$$\lim_{u \to \infty} I_1(u) = \frac{1}{2}$$

Hinweis

Ist die untere Integrationsgrenze −∞, so untersucht man den Grenzwert
$$\lim_{u \to -\infty} \int_u^b f(x)\,dx$$
(s. Aufgabe 8).

Definition   **Uneigentliches Integral 1. Art**

Falls für $u > a$ der Grenzwert $\lim_{u \to \infty} \int_a^u f(x)\,dx$ existiert, so heißt $\int_a^\infty f(x)\,dx$ **uneigentliches Integral 1. Art** und sein Wert entspricht dem Grenzwert.

Beispiel 1

Berechnen Sie das uneigentliche Integral, falls es existiert.

a) $\int_1^\infty \frac{1}{x^2}\,dx$ b) $\int_1^\infty \frac{1}{\sqrt{x}}\,dx$

Lösung:
a) Bilden Sie eine Stammfunktion der Integrandenfunktion und stellen Sie damit den Term der Integralfunktion I_1 auf.

$f(x) = \frac{1}{x^2}$; $F(x) = -\frac{1}{x}$
$I_1(u) = -\frac{1}{u} + 1$ (Stammfunktion mit der Nullstelle $u = 1$)

Bilden Sie den Grenzwert für $u \to \infty$. Der Grenzwert existiert. Geben Sie damit das uneigentliche Integral an.

$\lim_{u \to \infty} I_1(u) = \lim_{u \to \infty} \left(-\frac{1}{u} + 1\right) = 1$

$\int_1^\infty \frac{1}{x^2}\,dx = 1$

Hinweis

Grenzwerte sind reelle Zahlen.
∞ und −∞ sind also keine Grenzwerte.

b) Bilden Sie eine Stammfunktion der Integrandenfunktion und stellen Sie damit den Term der Integralfunktion I_1 auf. Prüfen Sie, ob der Grenzwert für $u \to \infty$ (und damit auch das uneigentliche Integral) existiert.

$f(x) = \frac{1}{\sqrt{x}}$; $F(x) = 2\sqrt{x}$
$I_1(u) = 2\sqrt{u} - 2$ (Stammfunktion mit der Nullstelle $u = 1$)
$\lim\limits_{u \to \infty} I_1(u) = \lim\limits_{u \to \infty} (2\sqrt{u} - 2) = \infty$
Das uneigentliche Integral existiert nicht.

Basisaufgaben

1 Berechnen Sie das uneigentliche Integral, falls es existiert.

a) $\int\limits_{1}^{\infty} \frac{1}{x^4} dx$ b) $\int\limits_{1}^{\infty} \frac{2}{x^2} dx$ c) $\int\limits_{0}^{\infty} 2x \, dx$ d) $\int\limits_{3}^{\infty} \frac{1}{(x-2)^5} dx$

e) $\int\limits_{-1}^{\infty} e^{-x} dx$ f) $\int\limits_{1}^{\infty} \frac{1}{\sqrt{t}} dt$ g) $\int\limits_{4}^{\infty} \frac{1}{\sqrt{x^3}} dx$ h) $\int\limits_{1}^{\infty} ae^{2-2t} dt$

2 Zeigen Sie, dass F mit $F(x) = \frac{1}{1-x^2}$ eine Stammfunktion von f mit $f(x) = \frac{2x}{(1-x^2)^2}$ ist, und berechnen Sie das Integral $\int\limits_{3}^{\infty} \frac{2x}{(1-x^2)^2} dx$.

Erinnerung

Für $x \to \infty$ gilt $e^{-x} \to 0$.

3 Der Graph der Funktion f mit $f(x) = 0{,}4e^{-2x + 1{,}5}$ schließt im ersten Quadranten mit der x-Achse im Intervall [0; u] eine Fläche ein.
Ermitteln Sie den Inhalt der Fläche für beliebiges $u > 0$. Untersuchen Sie, wie sich dieser Inhalt verhält, wenn u beliebig groß wird.

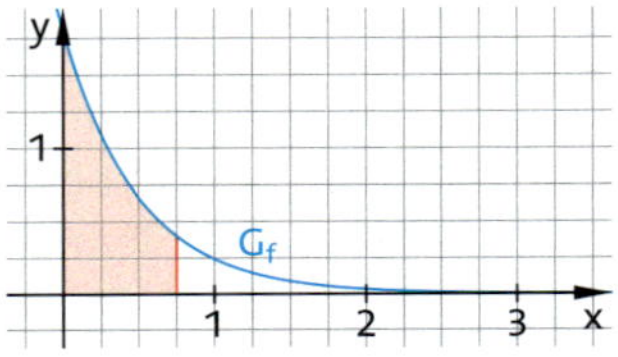

Unbeschränkter Integrand

Die Fläche zwischen dem Graphen von f mit $f(x) = \frac{1}{\sqrt{x}}$, $x > 0$, und der x-Achse ist auf dem Intervall [0; 4] unbegrenzt, da der Graph von f für $x \to 0$ nach $+\infty$ divergiert.
Man bestimmt zunächst die Integralfunktion I_u für eine beliebige Grenze $0 < u < 4$. Anschließend bildet man den Grenzwert für $u \to 0$. Man erhält in diesem Beispiel einen endlichen Wert. Die Fläche hat also einen endlichen Inhalt, obwohl sie nach oben unendlich ausgedehnt ist.

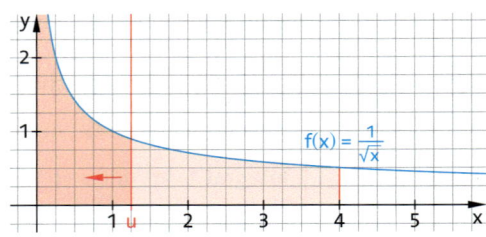

$I_u(4) = \int\limits_{u}^{4} \frac{1}{\sqrt{x}} dx = [2\sqrt{x}]_u^4 = 4 - 2\sqrt{u}$

$\lim\limits_{u \to 0} I_u(4) = 4$

Hinweis

Ist der Integrand bei der oberen Integrationsgrenze $x = b$ nicht definiert, untersucht man den Grenzwert
$\lim\limits_{u \to b} \int\limits_{a}^{u} f(x) dx$ für $u < b$
(s. Aufgabe 7).

Definition **Uneigentliches Integral 2. Art**

Sei $x = a$ eine Definitionslücke einer Funktion f. Falls für $u > a$ der Grenzwert $\lim\limits_{u \to a} \int\limits_{u}^{b} f(x) dx$ existiert, so heißt $\int\limits_{a}^{b} f(x) dx$ **uneigentliches Integral 2. Art** und sein Wert entspricht dem Grenzwert.

Über ein Intervall [c; d], das eine Definitionslücke a enthält, darf nicht integriert werden. Stattdessen müssen die uneigentlichen Integrale auf den Teilintervallen [c; a[und]a; d] betrachtet werden.

1 Integralrechnung

Beispiel 2 Berechnen Sie das uneigentliche Integral, falls es existiert.

a) $\int_1^3 \frac{1}{\sqrt{x-1}}\,dx$
b) $\int_0^2 \frac{1}{x^2}\,dx$

Lösung:

a) Bestimmen Sie die Definitionslücke der Integrandenfunktion.

Stellen Sie den Term der Integralfunktion I_u für $1 < u < 3$ auf und bestimmen Sie $I_u(3)$.

Bilden Sie den Grenzwert für $u \to 1$. Der Grenzwert existiert. Geben Sie damit das uneigentliche Integral an.

Definitionslücke: $x = 1$, also ist die untere Integrationsgrenze eine Definitionslücke.

$I_u(x) = \int_u^x \frac{1}{\sqrt{t-1}}\,dt = \left[2\sqrt{t-1}\right]_u^x$

$= 2\sqrt{x-1} - 2\sqrt{u-1}$

$I_u(3) = 2\sqrt{2} - 2\sqrt{u-1}$

$\lim_{u \to 1} I_u(3) = 2\sqrt{2}$

$\int_1^3 \frac{1}{\sqrt{x-1}}\,dx = 2\sqrt{2}$

b) Bestimmen Sie die Definitionslücke der Integrandenfunktion und mit der Integralfunktion einen Term für $I_u(2)$. Prüfen Sie, ob der Grenzwert für $u \to 0$ existiert.

Definitionslücke: $x = 0$ (untere Grenze)

$I_u(2) = \int_u^2 \frac{1}{t^2}\,dt = \left[-\frac{1}{t}\right]_u^2 = -\frac{1}{2} + \frac{1}{u}$

$\lim_{u \to 0} I_u(2) = \infty$, also existiert der Grenzwert nicht, also existiert auch das Integral nicht.

Basisaufgaben

4 Berechnen Sie das uneigentliche Integral, falls es existiert.

a) $\int_0^1 \frac{1}{\sqrt{x}}\,dx$
b) $\int_0^4 \frac{1}{x^3}\,dx$
c) $\int_1^3 \frac{1}{(x-1)^2}\,dx$
d) $\int_0^3 \frac{1}{\sqrt[3]{x}}\,dx$

e) $\int_0^2 \frac{1}{\sqrt[3]{x^2}}\,dx$
f) $\int_{-1}^1 \frac{1}{\sqrt{z+1}}\,dz$
g) $\int_2^4 \frac{1}{t-2}\,dt$
h) $\int_{-2}^0 \frac{1}{\sqrt[3]{s+2}}\,ds$

5 Der Graph der Funktion f mit $f(x) = \frac{3}{2\sqrt{x}}$ schließt mit der x-Achse über dem Intervall $[u;6]$ eine Fläche ein. Ermitteln Sie den Inhalt der Fläche für ein beliebiges u mit $0 < u < 6$. Untersuchen Sie mithilfe einer Mathematik-Software, wie sich dieser Inhalt für $u \to 0$ verhält, und begründen Sie das Ergebnis rechnerisch.

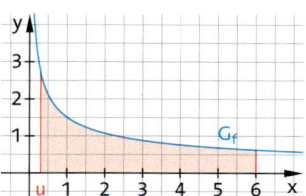

6 Prüfen Sie, ob der Inhalt der Fläche zwischen dem Graphen von $a: x \mapsto \sqrt{x} - \frac{1}{\sqrt{x}}$ über dem Intervall $I = [0;1]$ und der x-Achse endlich ist. Falls ja, berechnen Sie den Flächeninhalt.

Weiterführende Aufgaben

Zwischentest

7 Definitionslücke bei oberer Integrationsgrenze: Berechnen Sie das uneigentliche Integral, falls es existiert.

a) $\int_{-2}^0 \frac{1}{x^4}\,dx$
b) $\int_0^5 \frac{1}{\sqrt{5-x}}\,dx$
c) $\int_{-5}^{-2} \frac{1}{t+2}\,dt$
d) $\int_0^1 \frac{1}{\sqrt[5]{1-a}}\,da$

1.6 Uneigentliches Integral

8 Integrationsgrenze $-\infty$: Berechnen Sie das uneigentliche Integral, falls es existiert.

a) $\int_{-\infty}^{-1} \frac{1}{x^2} dx$ b) $\int_{-\infty}^{0} e^x dx$ c) $\int_{-\infty}^{-2} \frac{1}{\sqrt{-x}} dx$ d) $\int_{-\infty}^{2} e^{0,5x-1} dx$

9 Stolperstelle: Jan rechnet: $\int_{-2}^{2} \frac{1}{x^2} dx = \left[-\frac{1}{x}\right]_{-2}^{2} = -\frac{1}{2} - \frac{1}{2} = -1$. Erläutern Sie mithilfe des Integrals $\int_{0}^{2} \frac{1}{x^2} dx$, dass Jans Ergebnis falsch sein muss. Beschreiben Sie dann seinen Fehler.

10 Die Abbildung zeigt den Graphen der Funktion f mit $f(x) = \frac{1}{x}$ und einbeschriebene Rechtecke.
  a) Beschreiben Sie, wie die Rechtecke gebildet werden.
  b) Erläutern Sie, dass die Fläche unter dem Graphen von f größer ist als der Flächeninhalt der Rechtecke.

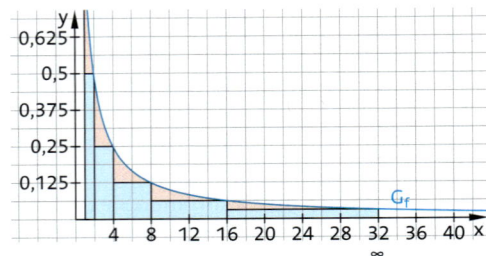

  c) Leiten Sie aus diesem Ergebnis eine Aussage über das uneigentliche Integral $\int_{1}^{\infty} \frac{1}{x} dx$ ab.
  d) Untersuchen Sie rechnerisch, ob die uneigentlichen Integrale $\int_{1}^{\infty} \frac{1}{x} dx$ und $\int_{0}^{\infty} \frac{1}{x} dx$ existieren.

11 a) Erläutern Sie anschaulich, dass sich das Integral $\int_{0}^{u} \sin(x) dx$ für wachsende u nicht auf einen bestimmten Wert stabilisiert.

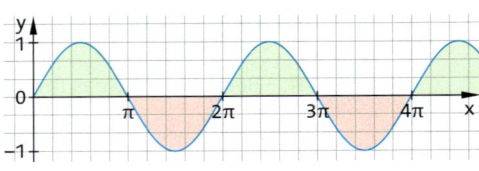

  b) Berechnen Sie die Integrale $\int_{0}^{2\pi n} \sin(x) dx$ und $\int_{0}^{\pi + 2\pi n} \sin(x) dx$ für beliebiges $n \in \mathbb{N}$. Begründen Sie damit, dass das Integral $\int_{0}^{\infty} \sin(x) dx$ nicht existiert.

Hilfe

12 Gegeben ist die Funktionenschar f_a mit $f_a(x) = \frac{1}{x^a}$ und $a > 0$. Unter dem Graphen von f_a lassen sich die abgebildeten Flächen A und B bilden. Untersuchen Sie, für welche Werte von a die Flächen A bzw. B endlich sind, und geben Sie in diesem Fall den Flächeninhalt in Abhängigkeit von a an.

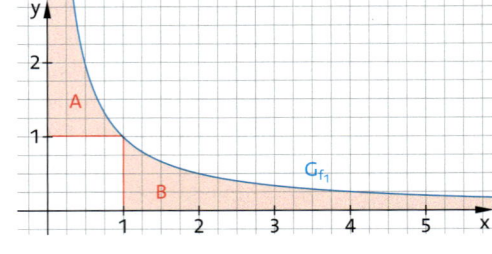

13 Ausblick: Der Graph einer stückweise linearen und für $0 \leq x < b$ mit $b \approx 1{,}39$ definierten Funktion f setzt sich aus unendlich vielen gleichschenkligen Dreiecken zusammen. Dabei hat das n-te Dreieck die Höhe n und die Breite $\frac{1}{n \cdot 2^{n-1}}$.
  a) Zeigen Sie, dass f unbeschränkt ist.
  b) Beweisen Sie anschaulich: $\frac{1}{2} + \frac{1}{4} + \frac{1}{8} + \frac{1}{16} + \ldots \leq 1$
  c) Zeigen Sie, dass das uneigentliche Integral $\int_{0}^{b} f(x) dx$ existiert.

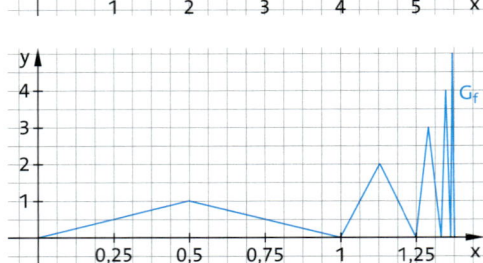

1.7 Integrale und Änderungsraten

Der Graph beschreibt die Geschwindigkeit eines Formel-1-Autos in den ersten 5 Sekunden nach dem Start. Erläutern Sie, wie man die zurückgelegte Strecke des Autos in dieser Zeit berechnen kann, indem man die Geschwindigkeit als Änderungsrate interpretiert.

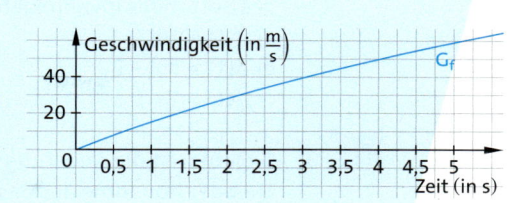

Die Ableitung f' einer Funktion f kann ihre Änderungsrate darstellen. Andererseits ist f eine Stammfunktion von f'. Die Stammfunktion einer Änderungsrate kann also das Integral sein.

Wissen
Beschreibt f(t) die momentane Änderungsrate eines Bestandes im Zeitintervall $[t_1; t_2]$, so nimmt dieser von t_1 bis t_2 um $\int_{t_1}^{t_2} f(t)\,dt$ zu bzw. ab.

Beispiel 1
Die Geschwindigkeit, mit der die Anzahl der Nutzer einer App wächst, lässt sich in der Anfangszeit durch $f(t) = t^4$ beschreiben (t in Wochen, f(t) in Nutzer pro Woche).
a) Bestimmen Sie die Zunahme der Anzahl der Nutzer von der 3. bis zur 5. Woche.
b) Bestimmen Sie, wie lange es dauert, bis die Nutzeranzahl um 1000 zugenommen hat.
c) Bestimmen Sie die Bestandsfunktion F für die Anzahl der Nutzer, wenn zu Beginn 100 Personen die App nutzen.

Lösung:

a) Die Geschwindigkeit gibt die Änderungsrate des Bestandes an. Die Bestandsänderung ergibt sich mit dem Integral von f in den Grenzen 3 bis 5.

$$\int_3^5 f(t)\,dt = \int_3^5 t^4\,dt = \left[\frac{1}{5}t^5\right]_3^5 = 576{,}4$$

Die Nutzerzahl nimmt um etwa 576 zu.

b) x sei die gesuchte Zeit in Wochen. Berechnen Sie das Integral von f in den Grenzen 0 bis x und setzen Sie das Ergebnis gleich 1000. Lösen Sie die Gleichung nach x auf.

$$\int_0^x f(t)\,dt = \left[\frac{1}{5}t^5\right]_0^x = \frac{1}{5}x^5 - 0 = \frac{1}{5}x^5 = 1000$$

$x^5 = 5000$, also $x = \sqrt[5]{5000} \approx 5{,}49$

Nach etwa 5,5 Wochen hat die Anzahl der Nutzer um 1000 zugenommen.

c) F ist eine Stammfunktion der Änderungsrate f. Bestimmen Sie alle Stammfunktionen und mithilfe des Anfangsbestandes die Konstante c.

$F(t) = \frac{1}{5}t^5 + c$
$F(0) = 0 + c = 100$, also $c = 100$
$F(t) = \frac{1}{5}t^5 + 100$

Basisaufgaben

1 a) Erläutern Sie die Situation, die durch den Graphen dargestellt wird.
① Autofahrt ② freier Fall ③ Bevölkerungswachstum ④ Benzinverbrauch

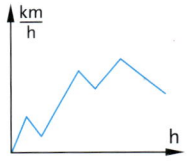

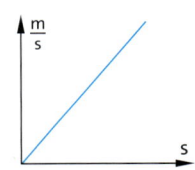

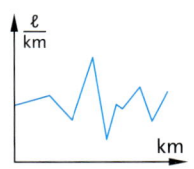

b) Bestimmen Sie die Bedeutung des Flächeninhalts zwischen Graph und x-Achse.

2 Gegeben ist die Änderungsrate f eines Bestandes. Bestimmen Sie die Zu- bzw. Abnahme des Bestandes im angegebenen Zeitraum.
   a) $f(t) = 10t$ (t in s, f(t) in m/s) Zeitraum: 2.–4. Sekunde
   b) $f(t) = 3t^2 - 2$ (t in h, f(t) in m³/h) Zeitraum: 3.–10. Stunde
   c) $f(t) = 1 - t$ (t in Tagen, f(t) in 1/Tag) Zeitraum: 6.–12. Tag

3 Gegeben ist die Änderungsrate f eines Bestandes. Ermitteln Sie die Zeit, nach der die Zu- oder Abnahme des Bestandes erreicht wird.
   a) $f(t) = 0{,}8t$ (t in min, f(t) in m/min) Zunahme um 40 m
   b) $f(t) = -100$ (t in h, f(t) in km/h) Abnahme um 50 km
   c) $f(t) = 2t + 10$ (t in Jahren, f(t) in cm/Jahr) Zunahme um 75 cm

4 Bestimmen Sie die Bestandsfunktion F zur Änderungsrate f unter der gegebenen Voraussetzung.
   a) $f(t) = -\frac{1}{8}t^2 + t$ (t in h, f(t) in °C/h) Die Anfangstemperatur beträgt 32 °C.
   b) $f(t) = -0{,}02t$ (t in s, f(t) in ℓ/s) Der Anfangsbestand beträgt 7 Liter.
   c) $f(t) = \frac{4}{\sqrt{8t}}$ (t in s, f(t) in cm/s) Nach 18 Sekunden beträgt der zurückgelegte Weg 21 cm.

5 In den letzten acht Wochen einer Grippewelle lässt sich die Änderungsrate der Anzahl der infizierten Personen durch $f(t) = \frac{1}{8}t - 1$ beschreiben (t in Wochen, f(t) in 1000 Infizierte pro Woche).
   a) Bestimmen Sie die Abnahme der Anzahl der Infizierten von der 2. bis zur 6. Woche.
   b) Bestimmen Sie, wie lange es dauert, bis die Anzahl der Infizierten um 3000 abgenommen hat.
   c) Bestimmen Sie die Bestandsfunktion F für die Anzahl der Infizierten, wenn nach 2 Wochen genau 10 000 Personen infiziert waren.

6 Die Funktion b mit $b(t) = \frac{1}{150}t^3 + \frac{1}{50}t + \frac{27}{4}$ beschreibt für $0 \leq t \leq 30$ die Anzahl an Fans, die pro Minute in ein Stadion strömen (t in Minuten). Zu Beginn der Beobachtung befinden sich bereits 500 Personen im Stadion. Geben Sie eine Funktion B an, die für $0 \leq t \leq 30$ die Personenzahl im Stadion beschreibt.

7 Beschreiben Sie die Bedeutung des Integrals $\int_0^{10} f(t)\,dt$, wenn
   a) t die Zeit in h und f(t) eine positive Geschwindigkeit in km/h angibt,
   b) t die Zeit in Jahren und f(t) ein Bevölkerungswachstum in Personen/Jahr angibt,
   c) t die Zeit in s und f(t) eine Beschleunigung in m/s² angibt.

8 Beurteilen Sie die Aussage.
   a) Ist die Änderungsrate positiv und konstant, so nimmt der Bestand gleichmäßig zu.
   b) Wechselt die Änderungsrate das Vorzeichen von + nach –, so hat der Bestand ein Minimum.
   c) Je kleiner die positive Änderungsrate ist, desto langsamer nimmt der Bestand zu.
   d) Je kleiner die negative Änderungsrate ist, desto langsamer nimmt der Bestand ab.

9 Zeichnen Sie den Graphen einer Änderungsratenfunktion mit Bestandsänderung null. Kontrollieren Sie gegenseitig Ihr Ergebnis.

Weiterführende Aufgaben

Zwischentest

10 Gegeben sind die Graphen von drei Änderungsraten f und drei Beständen F. Ordnen Sie die Graphen begründet einander zu.

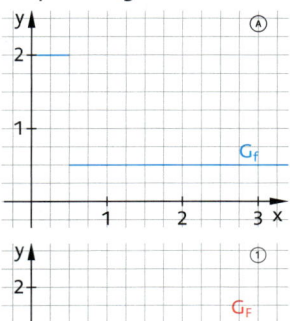

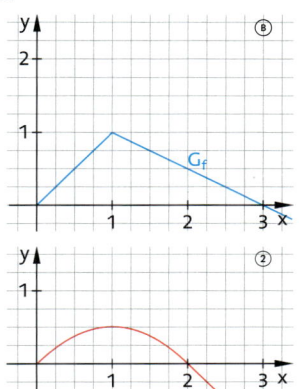

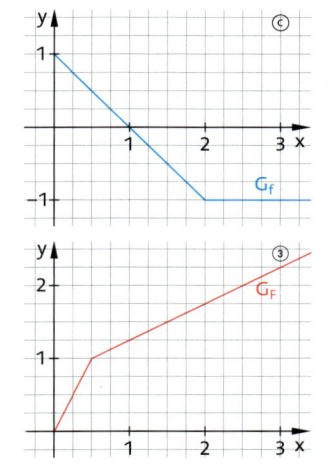

11 Eine Feuerungsanlage erzeugt durch Verbrennung von Brennstoffen Strom oder Wärme, z. B. für Heizungen. Die Abbildung zeigt den momentanen Schadstoffausstoß einer Feuerungsanlage in Abhängigkeit von der Zeit seit Beginn der Feuerung.
Schätzen Sie die Gesamtmasse des ausgetretenen Schadstoffs während der 60-minütigen Betriebsdauer ab. Erläutern Sie Ihre Überlegungen.

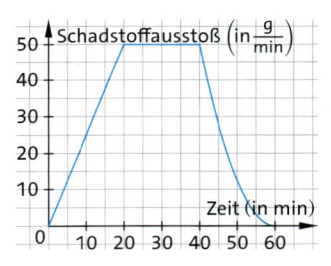

12 Der Graph beschreibt die Wachstumsgeschwindigkeit einer Pflanze, die zu Beginn 0 mm hoch ist.
  a) Skizzieren Sie den Graphen der Funktion, die die Höhe der Pflanze in Abhängigkeit der Zeit angibt.
  b) Berechnen Sie die Höhe der Pflanze nach 120 Tagen.

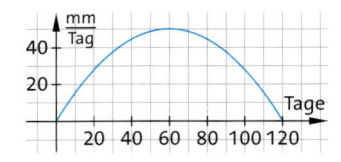

13 Auf einem Streckenflug notiert sich der Co-Pilot die Verbrauchsanzeige des Durchflussmessers in einzelnen Flugphasen. Interpretieren Sie die Flugphasen (Steigen, Sinken, Horizontalflug) und schätzen Sie den Gesamtverbrauch während des Flugs geeignet ab. Beschreiben Sie Unsicherheiten und Schwierigkeiten bei dieser Schätzung.

Zeit t in Minuten	0	5	7	8	20	23	27	30
Durchfluss in Liter/Minute	0,7	0,3	0,5	0,3	0,2	0,4	0,1	0

14 Das Diagramm zeigt das Füllen und Entleeren eines Wasserbassins.
  a) Bestimmen Sie näherungsweise, wie viel Wasser im dargestellten Zeitraum insgesamt in das Bassin hinein- und wie viel wieder hinausgeflossen ist.
  b) Stellen Sie die Gesamtänderung der Wassermenge in Liter als Integral dar.

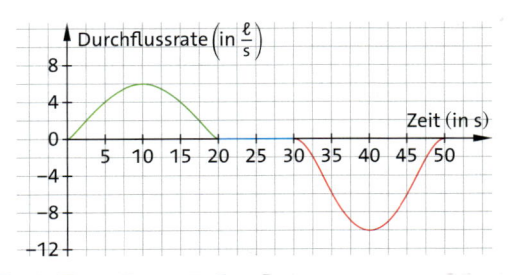

15 Stolperstelle: Eine Pflanze ist zu Beginn 21 cm hoch, ihr Wachstum in cm/Tag wird am Anfang durch w(t) = 1 + 0,2t beschrieben. Korrigieren Sie den Fehler.
   a) Tina berechnet die Höhe der Pflanze nach 10 Tagen:
   w(10) = 1 + 0,2 · 10 = 3   Nach 10 Tagen ist die Pflanze 3 cm hoch.
   b) Ahmet berechnet das durchschnittliche Höhenwachstum in den ersten 10 Tagen:
   $\frac{1}{10-0}\int_0^{10}(1+0{,}2t)\,dt = 2$ Das durchschnittliche Wachstum beträgt 2 cm in 10 Tagen.

16 Beim Öffnen eines Wehrs verändert sich die Durchflussgeschwindigkeit des Wassers. Während des Öffnungsvorgangs kann diese mit der Funktion d mit $d(t) = \frac{1}{2}t^2$ beschrieben werden (d(t) in $\frac{m^3}{s}$ und t in s). Der Öffnungsvorgang dauert insgesamt 8 s. 
   a) Berechnen Sie die Durchflussgeschwindigkeit nach 2 s, 4 s und 8 s.
   b) Schätzen Sie die während des Öffnungsvorgangs durchgeflossene Wassermenge sinnvoll ab.
   c) Berechnen Sie die exakte Menge des durchgeflossenen Wassers.

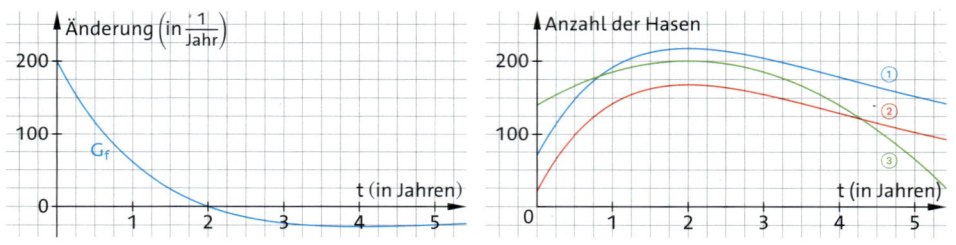

17 Die Funktion f beschreibt die Änderungsrate einer Hasenpopulation.
   a) Begründen Sie, dass die Funktion des Hasenbestandes eine Stammfunktion von f ist.
   b) Überprüfen Sie, ob die Graphen ①, ② oder ③ den Hasenbestand beschreiben könnten.

18 Eine Draisine fährt auf einem geradlinigen Gleisabschnitt. Der Geschwindigkeitsverlauf innerhalb der ersten 70 Sekunden wird durch den Graphen der Funktion v mit
v(t) = $\frac{1}{3000}t^3 - \frac{1}{30}t^2 + \frac{4}{5}t$ beschrieben. 
   a) Berechnen Sie die Entfernung der Draisine vom Startpunkt nach 40 s und nach 60 s.
   Erklären Sie mithilfe des Graphen, warum die Entfernung nach 60 s kleiner ist als nach 40 s.
   b) Berechnen Sie die Fahrstrecke, die die Draisine nach 40 s und nach 60 s gefahren ist.
   Erläutern Sie den Unterschied zu Aufgabenteil a).

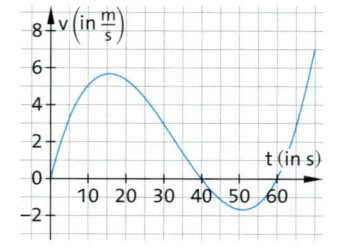

Hilfe

19 Die Funktion F beschreibt die zunehmende Anzahl an Läusen auf einer Pflanze in Abhängigkeit von der Zeit t in Wochen. Beschreiben Sie die Bedeutung des Ausdrucks im Sachzusammenhang. Es gilt f = F'.

a) F(0)   b) t mit F(t) = 1000   c) f(10)   d) $\int_0^{10} f(t)\,dt$ e) $F(0) + \int_0^9 f(t)\,dt$ f) t mit f(t) = 500

20 Bei einer Verkehrszählung an einer Bundesstraße wurden an einem Werktag ab 6 Uhr morgens die stadteinwärts fahrenden Fahrzeuge pro Minute registriert.
Der Fahrzeugstrom wird für diesen Zeitraum modellhaft durch die Funktion f mit
$f(x) = \frac{1}{10^{10}}x^5 - \frac{1}{130\,000}x^3 + \frac{1}{6}x + 6$ dargestellt. 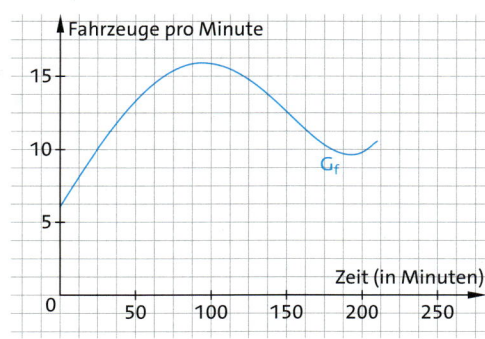
a) Geben Sie näherungsweise die Uhrzeit mit der höchsten Verkehrsdichte an.
b) Berechnen Sie die Anzahl der Fahrzeuge, die zwischen 6 Uhr und 9 Uhr den Messpunkt passieren.
c) Berechnen Sie den durchschnittlichen Fahrzeugstrom pro Minute zwischen 6 Uhr und 8 Uhr.
d) Bestimmen Sie eine Funktion für die Anzahl der gezählten Fahrzeuge.

Hinweis zu 21
Die Änderungsrate ergibt sich aus der Differenz zwischen der Anzahl täglich neuinfizierter und bereinigter Computer.

21 Ein Computervirus verbreitet sich innerhalb einiger Wochen weltweit. Durch geeignete Antivirensoftware gelingt es, die infizierten Computer zu bereinigen. Die Funktion $f: t \mapsto -\frac{1}{10\,000}t^3 + \frac{3}{250}t^2$ beschreibt die Änderungsrate der befallenen Computer. Zu Beginn ist kein Computer infiziert. 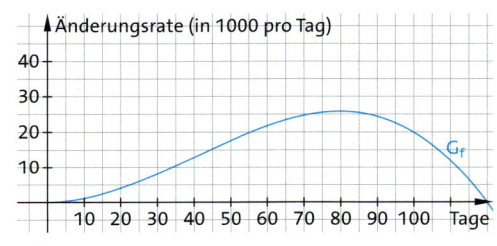
a) Interpretieren Sie den zeitlichen Verlauf der Änderungsrate.
b) Skizzieren Sie den zeitlichen Verlauf der Anzahl an infizierten Computern.
c) Bestimmen Sie eine Funktion, die die Anzahl der infizierten Computer angibt.
d) Bestimmen Sie, wann die maximale Anzahl infizierter Computer erreicht wird.
e) Geben Sie einen Zeitraum an, für den das Modell realistische Werte liefert.

22 Ein Behälter, der zu Beginn 500 Liter Flüssigkeit enthält, wird gefüllt. Dabei beschreibt die Funktion f mit $f(t) = 10 \cdot e^{-0,01t}$ die Änderungsrate der Flüssigkeit im Behälter (in Liter pro Minute) in Abhängigkeit von der Zeit t (in Minuten).
a) Beschreiben Sie, wie der Graph der Funktion f aus dem Graphen der e-Funktion hervorgeht.
b) Skizzieren Sie den Verlauf des Graphen und beschreiben Sie die Flüssigkeitszunahme im Behälter in Worten.
c) Geben Sie die Gleichung der Funktion g an, die die Flüssigkeitsmenge im Behälter zum Zeitpunkt t beschreibt.
d) Der Behälter hat ein Fassungsvermögen von 2000 Litern. Aus Sicherheitsgründen darf die Flüssigkeitsmenge höchstens 80 % des Fassungsvermögens betragen. Erläutern Sie, ob diese Vorschrift zu jeder Zeit eingehalten wird.

23 Ausblick: Die Fläche einer Holzscheibe kann durch die Fläche zwischen dem Graphen der Funktion f mit $f(x) = 0,5(x-2)^2(x+2)^2$ und der x-Achse im Intervall $[-2; 2]$ beschrieben werden.
Bestimmen Sie den maximalen Inhalt eines Rechtecks mit einer Seite auf der x-Achse, das man aus dieser Scheibe schneiden kann (1 Einheit entspricht 10 cm). Erläutern Sie Ihr Vorgehen.

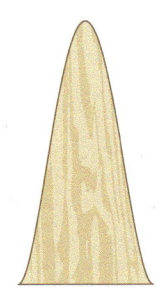

1.8 Rotationskörper

Durch die Rotation des Graphen der Funktion f mit $f(x) = \sqrt{x}$ im Intervall $[0; 4]$ um die x-Achse entsteht ein **Paraboloid**. Anna, Ben und Carlos überlegen, wie man dessen Volumen bestimmen könnte.

Anna: „Ich würde den Körper durch einen Kegel annähern und dessen Volumen berechnen."

Ben: „Ich würde den Körper in einen Zylinder und eine Halbkugel zerlegen, deren Volumina berechnen und sie dann addieren."

Carlos: „Man könnte den Körper in viele dünne Zylinderscheiben zerschneiden und deren Volumina summieren."

Veranschaulichen Sie die Überlegungen durch Skizzen und diskutieren Sie die Ideen.

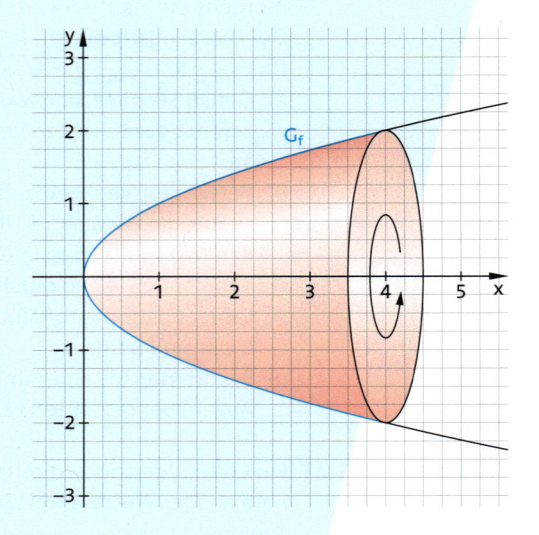

Wenn der Graph einer stetigen Funktion im Intervall $[a; b]$ um die x-Achse rotiert, dann entsteht ein rotationssymmetrischer Körper, kurz **Rotationskörper**.

Zur Bestimmung des Volumens solcher Rotationskörper nähert man – wie bei der Flächenberechnung – die Fläche unter dem Funktionsgraphen durch Rechtecke an. Bei der Rotation dieser Rechtecke entstehen Zylinderscheiben, die wiederum das Volumen des Rotationskörpers annähern.

Jede Zylinderscheibe hat eine Höhe Δx und einen von der Stelle x abhängigen Radius $f(x)$. Das Volumen des Rotationskörpers kann also durch die Summe von Zylindervolumina der Form $V_i = \pi \cdot (f(x_i))^2 \cdot \Delta x$ angenähert werden. Bei einer Unterteilung in n Zylinderscheiben ergibt sich ein Gesamtvolumen von:

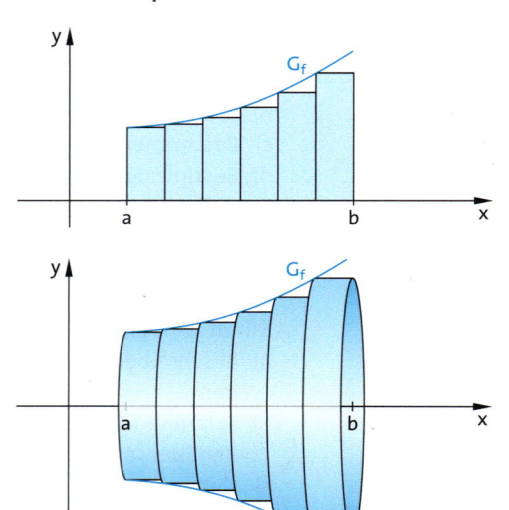

$$V = \pi \cdot (f(x_1))^2 \cdot \frac{b-a}{n} + \cdots + \pi \cdot (f(x_n))^2 \cdot \frac{b-a}{n}$$

Beim Grenzübergang $n \to \infty$ ergibt sich analog zur Flächenberechnung ein Integral, welches das Volumen des Rotationskörpers angibt.

> **Wissen**
>
> Rotiert der Graph einer stetigen Funktion f im Intervall $[a; b]$ um die x-Achse, so entsteht ein **Rotationskörper**.
> Für das Volumen dieses Körpers gilt:
> $$V = \pi \cdot \int_a^b (f(x))^2 \, dx$$

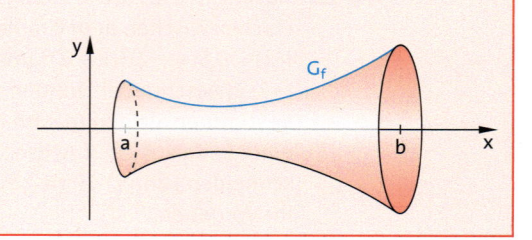

1 Integralrechnung

Beispiel 1

Berechnen Sie das Volumen des Rotationskörpers, der durch Rotation des Graphen von $f: x \mapsto \frac{1}{8}x^2 + 1$ um die x-Achse im Intervall $[-2; 2]$ entsteht.

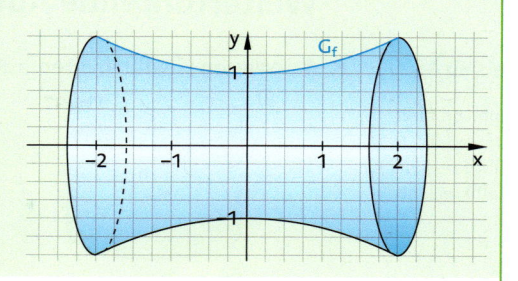

Lösung:

Berechnen Sie $g(x) = (f(x))^2$ mithilfe der 1. binomischen Formel und geben Sie eine Stammfunktion G von g an.

Berechnen Sie das Integral $\int_{-2}^{2} (f(x))^2 \, dx$.

$g(x) = (f(x))^2 = \frac{1}{64}x^4 + \frac{1}{4}x^2 + 1$

$G(x) = \frac{1}{320}x^5 + \frac{1}{12}x^3 + x$

$\int_{-2}^{2} (f(x))^2 \, dx = \left[\frac{1}{320}x^5 + \frac{1}{12}x^3 + x\right]_{-2}^{2}$

$= \frac{32}{320} + \frac{8}{12} + 2 - \left(-\frac{32}{320} - \frac{8}{12} - 2\right) = \frac{83}{15}$

Multiplizieren Sie das Ergebnis mit π.
Das Volumen beträgt rund 17,38 VE.

$V = \pi \cdot \frac{83}{15} \approx 17{,}38$

Basisaufgaben

1 Berechnen Sie für den Rotationskörper, der durch Rotation des Graphen von f um die x-Achse im Intervall I entsteht, das Volumen als Vielfaches von π.
  a) $f(x) = 2$;   I = [0; 3]
  b) $f(x) = \frac{1}{2}x$;   I = [0; 3]
  c) $f(x) = \frac{1}{2}x$;   I = [1; 3]
  d) $f(x) = x^3$;   I = [0; 1]
  e) $f(x) = e^x$;   I = [0; 1]
  f) $f(x) = \sqrt{x+1}$;   I = [−1; 2]

2 Gegeben ist eine quadratische Funktion f, die zwei Nullstellen hat. Durch Rotation des Parabelbogens von f zwischen diesen Nullstellen um die x-Achse entsteht ein Körper. Berechnen Sie sein Volumen.
  a) $f(x) = x^2 - 4$
  b) $f(x) = x^2 - x$
  c) $f(x) = x^2 - 4x + 3$
  d) $f(x) = -\frac{1}{4}x^2 + 1$

3 Bestimmen Sie das Volumen des abgebildeten Rotationskörpers.
  a) $f(x) = \sqrt{16 - x^2}$;   I = [0; 4] 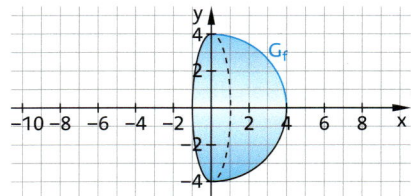
  b) $f(x) = 2x - \frac{1}{4}x^2$;   I = [0; 4] 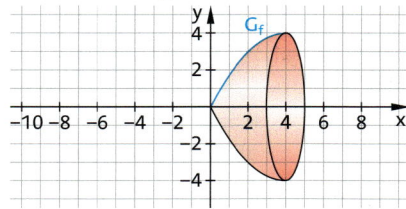
  c) $f(x) = \frac{1}{x}$;   I = [1; 4] 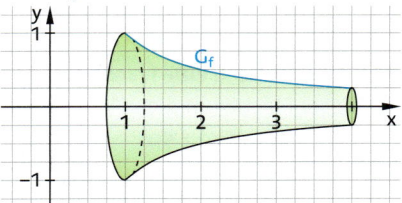
  d) $f(x) = \frac{1}{8}x^2 + 2$;   I = [−2; 2]

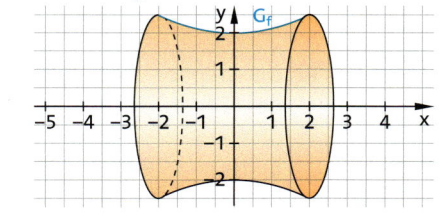

1.8 Rotationskörper

Weiterführende Aufgaben

Zwischentest

Hinweis zu 4c

Der Graph von f mit $f(x) = \sqrt{r^2 - x^2}$, $r > 0$, beschreibt für $-r \leq x \leq r$ einen Halbkreis mit Radius r.

4 Weisen Sie durch Integration die Formel zur Berechnung des Körpervolumens nach.

a) 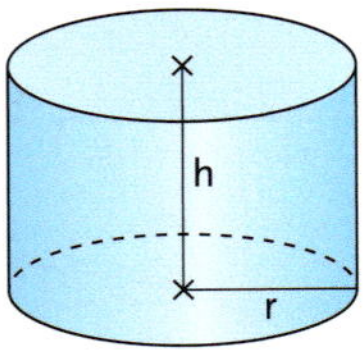 $V = \pi r^2 h$

b) 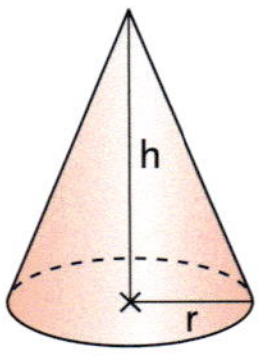 $V = \frac{1}{3}\pi r^2 h$

c) 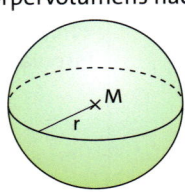 $V = \frac{4}{3}\pi r^3$

5 Stolperstelle: Elisa berechnet das Volumen des Körpers, der durch Rotation des Graphen von f mit $f(x) = \frac{1}{3}x^2 + 2$ im Intervall $[-1; 3]$ um die x-Achse entsteht:

$$V = \int_{-1}^{3} \pi \left(\frac{1}{3}x^2 + 2\right) dx = \pi \cdot \left[\frac{1}{9}x^3 + 2x\right]_{-1}^{3} = \pi \cdot \left(9 + \frac{19}{9}\right) \approx 34{,}90$$

Nehmen Sie Stellung zu Elisas Vorgehen.

6 Die Außenhülle eines Kühlturms wird durch die Rotation des Graphen von k: $x \mapsto \sqrt{0{,}05x^2 + 4x + 320}$ im Intervall $[0; 100]$ um die x-Achse modelliert. Eine Längeneinheit entspricht 1 m. Berechnen Sie das Volumen des Kühlturms.

Hilfe

7 Eine Tasse ist 10 cm hoch, ihr Durchmesser beträgt in der Mitte 9 cm und am oberen und unteren Rand jeweils 7,5 cm.
a) Bestimmen Sie die Gleichung einer quadratischen Funktion, mit deren Graphen die Tasse durch Rotation modelliert werden kann.
b) Berechnen Sie das Fassungsvermögen der Tasse.

8 Der Körper entsteht durch Rotation des Graphen von f mit $f(x) = e^{-2x} - e^{-x} + 1$ auf $[0; 4]$ um die x-Achse.
a) Berechnen Sie das Volumen des Körpers.
b) Berechnen Sie die Stelle, an der der Rotationskörper den kleinsten Durchmesser hat, und geben Sie diesen Durchmesser an.

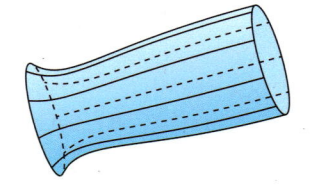

9 Die Graphen der Funktionen f und g schließen im Intervall $[a; b]$ eine Fläche ein. Durch die Rotation dieser Fläche um die x-Achse entsteht ein Körper.
a) Begründen Sie, dass man das Volumen dieses Körpers nicht als $V = \pi \cdot \int_a^b (f(x) - g(x))^2 dx$ berechnen kann.
b) Stellen Sie eine Formel für das Volumen auf.

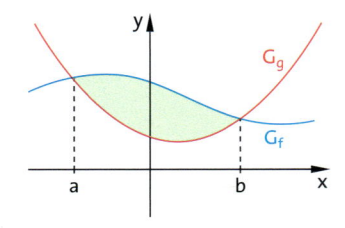

10 Die Graphen der Funktionen f und g schließen eine Fläche ein. Berechnen Sie das Volumen des Körpers, der durch Rotation dieser Fläche um die x-Achse entsteht.
a) $f(x) = -x^2 - 2x + 8$ $g(x) = x^2 + 4$
b) $f(x) = x^2 + x + 1$ $g(x) = -x^2 + x + 3$
c) $f(x) = \frac{1}{4}x^3 - x^2 - x + 6$ $g(x) = -x + 6$

1 Integralrechnung

11 Die drei abgebildeten Sektgläser lassen sich als Rotationskörper der Funktionen f, g und h auffassen mit $f(x) = \sqrt{\frac{4}{3}x}$, $g(x) = \frac{1}{3}x$ und $h(x) = \frac{1}{36}x^2$. Alle Gläser sind ohne Stiel und Fuß 12 cm hoch und haben am oberen Rand einen Durchmesser von 8 cm.

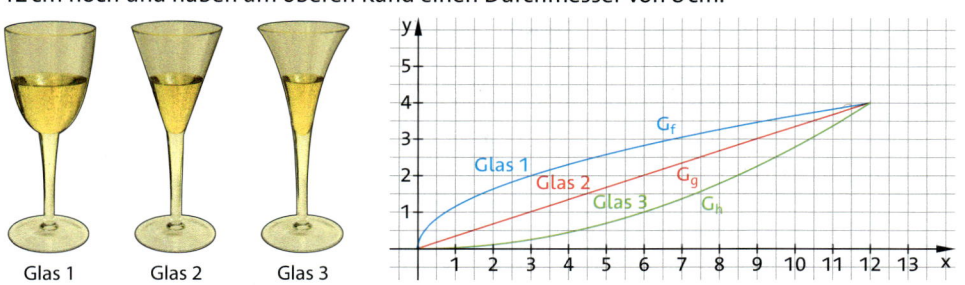

a) Berechnen Sie das maximale Fassungsvermögen der drei Gläser.
b) Berechnen Sie für jedes Glas das Volumen bei halber Füllhöhe.
c) Berechnen Sie für jedes Glas die Füllhöhe, wenn es mit dem halben Maximalvolumen gefüllt ist.
d) Ermitteln Sie die Füllhöhe von Glas 1, bei der es 80 cm³ Flüssigkeit enthält.
e) Für einen Energymix werden Gläser der Form 1 zunächst 2 cm hoch mit Saft gefüllt. Darauf wird weitere 4 cm hoch ein Energydrink eingefüllt. Berechnen Sie, welchen Anteil am Volumen des Mixgetränks der Saft hat.

12 Die Rotation des Graphen von v mit $v(x) = 2 + \frac{1}{10^n}x^n$ auf [0; 10] um die x-Achse liefert das Modell einer Vase. Die Öffnung ist mit einem Winkel von 45° nach außen geneigt. Bestimmen Sie n, skizzieren Sie den Graphen und berechnen Sie das Volumen der Vase.

13 Unbeschränkte Körper: Die Fläche unter dem Graphen der Funktion f mit $f(x) = \frac{1}{x}$ für $x \geq 1$ ist unendlich groß. Zeigen Sie, dass der bei Rotation um die x-Achse entstehende Körper jedoch ein endliches Volumen hat. Geben Sie dieses Volumen an.

14 Die Graphen der Funktionenschar f_a mit $f_a(x) = e^{ax}$ und $a \in \mathbb{R}$ rotieren für $x \geq 0$ um die x-Achse. Untersuchen Sie mithilfe einer Software, für welche Werte von a der entstehende Rotationskörper ein endliches Volumen hat. Geben Sie in diesem Fall das Volumen an.

15 Durch die Rotation des Graphen von f mit $f(x) = \frac{1}{2}\sqrt{x}$ auf [0; 4] um die x-Achse entsteht ein Rotationskörper mit dem Volumen $V = 2\pi$.
a) Berechnen Sie die Volumina der Rotationskörper, die sich bei Rotation der Graphen von $2 \cdot f(x)$ und $\frac{1}{2} \cdot f(x)$ ergeben.
b) Begründen Sie, wie sich das Volumen verändert, wenn f(x) durch $-f(x)$, $-2 \cdot f(x)$ oder $-\frac{1}{2} \cdot f(x)$ ersetzt wird.
c) Geben Sie eine allgemeine Formel an, um das Volumen eines Rotationskörpers zu g mit $g(x) = c \cdot f(x)$ ($c \neq 0$) auf [a; b] aus dem Volumen des Körpers zu f zu berechnen.

16 Ausblick: Ein Torus entsteht durch Rotation eines Kreises mit dem Radius r im Abstand R um die x-Achse. Die Begrenzungslinien des Kreises werden beschrieben durch $f_o(x) = R + \sqrt{r^2 - x^2}$ und $f_u(x) = R - \sqrt{r^2 - x^2}$. Zeigen Sie, dass der Torus das Volumen $V = 2\pi^2 r^2 R$ hat.

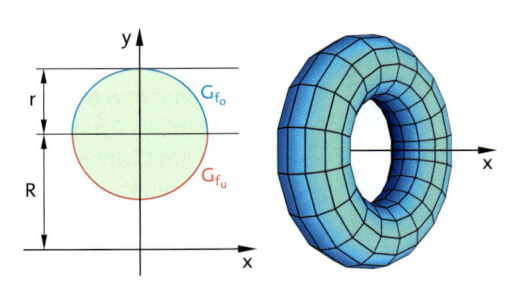

Hinweis zu 16
Das Integral
$\int_{-r}^{r} \sqrt{r^2 - x^2}\, dx$
beschreibt den Flächeninhalt eines Halbkreises mit Radius r.

1.8 Rotationskörper

1.9 Klausur- und Abiturtraining

Aufgaben ohne Hilfsmittel

1 Die Funktion f mit $f(x) = \frac{1}{9}x^4 - \frac{6}{5}x^2 + \frac{9}{5}$ hat die Nullstellen $x_{1,2} = \pm 3$ und $x_{3,4} = \pm a$. Die Abbildung zeigt den Funktionsgraphen von f.

a) Berechnen Sie $\int_{-3}^{3} f(x)\,dx$ und interpretieren Sie das Ergebnis geometrisch.

b) Es gilt $\int_{0}^{a} f(x)\,dx = \frac{432}{625}\sqrt{5}$ (ein Nachweis wird nicht verlangt). Geben Sie unter Verwendung dieser Information den Inhalt der roten Fläche an.

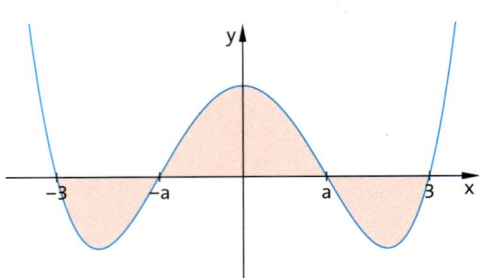

2 Die Graphen der in $\mathbb{R}$ definierten Funktionen f mit $f(x) = \frac{1}{3}x^2$ und g mit $g(x) = 3$ schließen ein Flächenstück ein. Schätzen Sie den Inhalt dieses Flächenstücks zuerst mithilfe eines geeigneten Dreiecks ab und berechnen Sie anschließend den exakten Wert des Flächeninhalts.

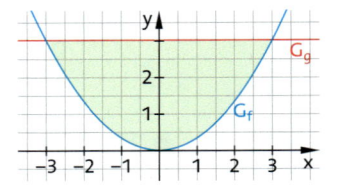

3 Das Rechteck ABCD mit A(2|0), B(2|2), C(−2|2) und D(−2|0) wird durch den Graphen der Funktion $f: x \mapsto -\frac{1}{8}x^4 + 2$ in zwei Teilflächen zerlegt.
a) Skizzieren Sie die Situation in einem geeigneten Koordinatensystem.
b) Berechnen Sie den Inhalt der Fläche, die der Graph von f mit der x-Achse einschließt.
c) Geben Sie an, wie viel Prozent des Rechtecks ABCD die Fläche aus b) einnimmt.

4 Die Abbildung zeigt den Graphen G_f einer in $\mathbb{R}$ definierten Funktion f.

I_1 ist die Integralfunktion mit $I_1(x) = \int_{1}^{x} f(t)\,dt$.

Geben Sie mithilfe des Graphen G_f Näherungswerte für $I_1(2)$ sowie für $I_1(0,5)$ an. Zeichnen Sie anschließend den Graphen von I_1 so genau wie möglich und unter Berücksichtigung der Nullstellen in ein geeignetes Koordinatensystem.

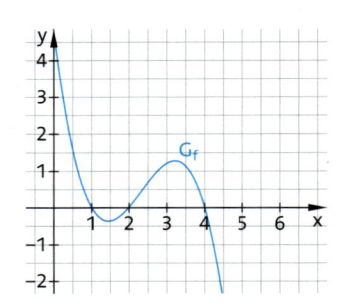

5 Die Abbildung zeigt die Graphen einer Funktion f und einer zugehörigen Stammfunktion F.
a) Begründen Sie, welcher Graph zu welcher Funktion gehört.
b) Der Graph von f schließt im Bereich [0; 1] mit den Achsen eine Fläche mit dem Inhalt A ein. Erläutern Sie, wie man am Graphen von F den Wert von A ablesen kann.

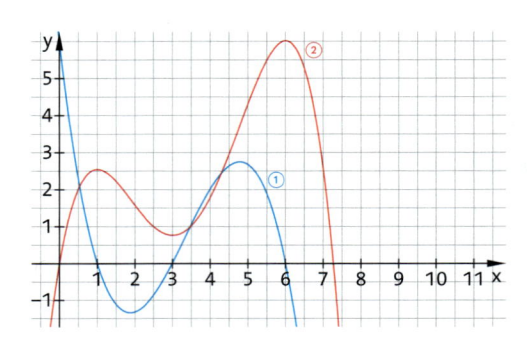

Aufgaben mit Hilfsmitteln

6 Für jeden Wert von a > 0 ist eine Funktion f_a gegeben durch $f_a: x \mapsto -ax^2 + a$. 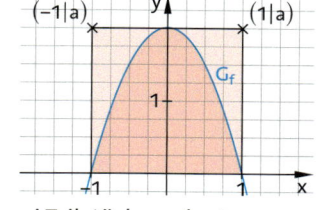
  a) Berechnen Sie den Inhalt der Fläche, die der Graph von f_a mit der x-Achse einschließt.
  b) Ermitteln Sie den Wert von a, für den der Flächeninhalt aus a) den Wert 4 annimmt.
  c) Das Rechteck mit den Eckpunkten A(1|0), B(1|a), C(−1|a) und D(−1|0) wird durch den Graphen von f_a in zwei Teilstücke zerlegt. Berechnen Sie das Verhältnis, in dem die beiden Flächeninhalte zueinander stehen.

7 Die Abbildung zeigt eine kelchförmige Vase, deren Rotationsachse auf die x-Achse gelegt wird. Die Kontur der Vase wird durch den Graphen der Funktion f mit $f(x) = 0{,}3 \cdot e^{-0{,}05x + 3}$ über dem Intervall [0; 15] beschrieben. Dabei entspricht eine Längeneinheit im Koordinatensystem einem Zentimeter in der Realität. 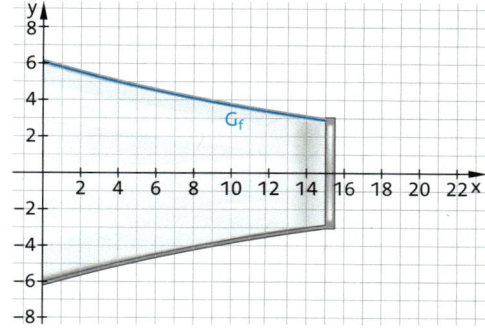
  a) Berechnen Sie, welche Flüssigkeitsmenge die Vase maximal aufnehmen kann.
  b) In einem Gedankenexperiment wird der Boden der Vase auf der x-Achse unendlich weit nach rechts verschoben. Weisen Sie nach, dass die so entstehende Vase dennoch nur eine endliche Flüssigkeitsmenge aufnehmen kann.

8 Gegeben ist die in ℝ definierte Funktion f mit $f(x) = 5xe^{-0{,}5x^2}$. Ihr Graph wird mit G_f bezeichnet.
  a) Untersuchen Sie den Graphen von f auf Symmetrie.
  b) Ermitteln Sie das Verhalten der Funktionswerte für $x \to \infty$.
  c) Ermitteln Sie Lage und Art der Extrempunkte des Graphen von f.
  d) G_f schließt mit der x-Achse und der Gerade x = a (a ∈ ℝ⁺) für 0 ≤ x ≤ a ein Flächenstück ein. Berechnen Sie den Flächeninhalt A(a) in Abhängigkeit von a. Geben Sie $\lim\limits_{a \to +\infty} A(a)$ an und erläutern Sie das Ergebnis.
  e) Die Gerade g mit $g(x) = \frac{5}{e^2} \cdot x$ schließt mit dem Graphen von f für x ≥ 0 ein Flächenstück ein. Berechnen Sie dessen Flächeninhalt.

9 Eine Drohne ändert ihre Flughöhe h in Abhängigkeit von der Zeit t (in s) mit der Vertikalgeschwindigkeit v (in m/s). 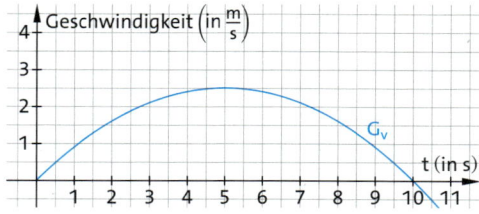
  a) Lesen Sie am Graphen den Zeitpunkt ab, an dem die Drohne ihre maximale Flughöhe erreicht, und begründen Sie Ihre Wahl.
  b) Ermitteln Sie eine Gleichung für die quadratische Funktion v.
  c) Bestimmen Sie die Gleichung für die Höhenfunktion h, wenn die Drohne in einer Höhe von 2 Metern startet. Geben Sie die maximale Flughöhe der Drohne an.
  d) Berechnen Sie $\int_0^{10} v(t)\,dt$ und erläutern Sie die Bedeutung des Werts im Sachzusammenhang.

1 Prüfen Sie Ihr neues Fundament

Lösungen → S. 169

Hinweis zu 1b
$1 + 2 + 3 + \ldots + n = \frac{n \cdot (n+1)}{2}$

1. Der Flächeninhalt der Fläche, die der Graph von f mit f(x) = x + 1 und die x-Achse im Intervall 0 ≤ x ≤ 5 einschließen, kann durch Rechtecksummen angenähert werden. 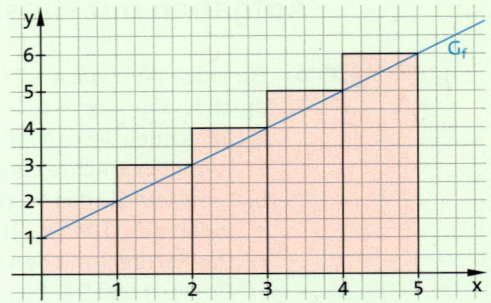
   a) Berechnen Sie den Flächeninhalt der dargestellten Obersumme O_5.
   b) Ermitteln Sie einen Term für die Obersumme O_n in Abhängigkeit von n für $n \in \mathbb{N}$, n > 0.
   c) Zeigen Sie, dass der Grenzwert von O_n für $n \to \infty$ dem Flächeninhalt der Trapezfläche unter dem Graphen von f entspricht.

2. Skizzieren Sie den Graphen der Funktion f und berechnen Sie den Wert des Integrals
$$\int_{-3}^{1} f(x)\,dx.$$
   a) $f(x) = \frac{1}{2}x + \frac{3}{2}$
   b) $f(x) = x + 1$
   c) $f(x) = -\frac{1}{2}x - \frac{1}{2}$

3. Gegeben ist die Funktion f: x ↦ x − 2.
   a) Skizzieren Sie den Graphen von f und berechnen Sie geometrisch die Flächenbilanz zwischen dem Graphen von f und der x-Achse auf dem Intervall [0; x] für x = 1, x = 2 und x = 3.
   b) Ermitteln Sie die Integralfunktion I_0 zu f.
   c) Bestimmen Sie alle möglichen Werte für a, sodass gilt: $I_a(x) = \frac{1}{2}x^2 - 2x - 6$.

4. Berechnen Sie das Integral.
   a) $\int_{-1}^{5}(2-2x)\,dx$
   b) $\int_{-3}^{0} 6\left(x^2 - \frac{1}{3}\right)dx$
   c) $\int_{1}^{2} 2x \cdot (x^2 - 1)\,dx$
   d) $\int_{1}^{4}\left(\frac{1}{\sqrt{x}} + \frac{1}{x^2}\right)dx$
   e) $\int_{3}^{6}(e^x + 3x)\,dx$
   f) $\int_{0,5}^{1,5}(\ln(x) - 2x^2)\,dx$
   g) $\int_{0}^{2}(\cos(x) + 3e^x)\,dx$
   h) $\int_{-3}^{2}(2^x - t)\,dt$

5. Berechnen Sie das unbestimmte Integral.
   a) $\int(x^2 + 3x - 2)\,dx$
   b) $\int 3 \cdot \ln(t)\,dt$
   c) $\int(z + e^z)\,dz$
   d) $\int(\sqrt{x} + \cos(x))\,dx$
   e) $\int \frac{3x^2 + 4x}{x^3 + 2x^2 - 1}\,dx$
   f) $\int 6t^2 e^{2t^3}\,dt$

6. Schaut man von oben auf den kleinen Teich in Nachbars Garten, so kann man den nebenstehenden Umriss sehen. Die Uferbegrenzungen können durch die Funktionen f und g modelliert werden:
   $f(x) = -0,2 \cdot (x^3 - 5x^2)$ für 0 ≤ x ≤ 5 und
   $g(x) = 0,6 \cdot x \cdot (x - 5)$ für 0 ≤ x ≤ 5. Eine LE entspricht 1 m.
   Der Teich ist künstlich angelegt und hat eine Tiefe von durchgängig 0,80 m.
   Berechnen Sie, wie viel Wasser der Teich enthält.

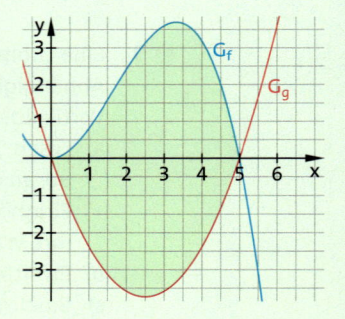

7. Berechnen Sie das uneigentliche Integral, falls möglich.
   a) $\int_{2}^{\infty} \frac{2}{x^4}\,dx$
   b) $\int_{-\infty}^{-1} e^{2x}\,dx$
   c) $\int_{0}^{3} \frac{1}{x^3}\,dx$
   d) $\int_{0}^{3}\left(x^2 - \frac{1}{\sqrt{x}}\right)dx$

1 Integralrechnung

Lösungen → S. 169

8 Stromzähler ermitteln die verbrauchte elektrische Energie in Kilowattstunden (kWh). Je schneller sich die sichtbare Aluminiumscheibe dreht, desto größer ist die momentan dem Stromkreis entnommene Leistung P. 
a) Berechnen Sie die Energie, die eine Energiesparlampe mit 5 W Leistung im Dauerbetrieb innerhalb einer Woche verbraucht.
b) Der zeitliche Verlauf der elektrischen Leistung P (in kW) wird durch die Funktion mit
$P(t) = -\frac{3}{51\,200}t^4 + \frac{11}{3200}t^3 - \frac{53}{800}t^2 + \frac{21}{50}t + \frac{1}{10}$ (t: Zeit in Stunden nach Mitternacht) beschrieben. Ermitteln Sie die Energie, die während eines Tages entnommen wird.
c) Begründen Sie anschaulich, warum ein Stromzähler als „analoger Integrierer" bezeichnet werden kann.

9 Mit der Funktion v mit v(t) = 10t lässt sich die Geschwindigkeit eines frei fallenden Objekts zu einem beliebigen Zeitpunkt t näherungsweise berechnen.
a) Erläutern Sie die Bedeutung der Fläche zwischen dem Graphen von v und der t-Achse.
b) Berechnen Sie $\int_0^4 v(t)\,dt$ und interpretieren Sie das Ergebnis im Sachzusammenhang.
c) Schreiben Sie die Strecke, die der fallende Körper zwischen der 3. und 5. Sekunde zurücklegt, als Integral und berechnen Sie dieses.

10 Bestimmen Sie das Volumen des abgebildeten Rotationskörpers.
a) $f(x) = \frac{1}{3}x^2 + 1$; I = [−3; 0] 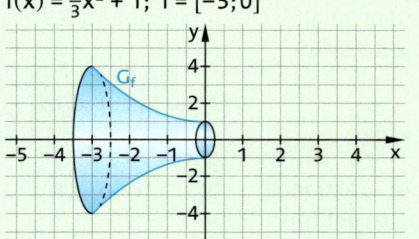
b) $f(x) = \sqrt{x+2}$; I = [−2; 2]

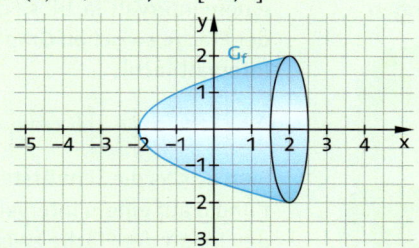

Wo stehe ich?

	Ich kann…	Aufgabe	Nachschlagen
1.1	… Flächeninhalte zwischen Graphen und der x-Achse mit Ober- und Untersummen berechnen. … Flächenbilanzen mit dem bestimmten Integral berechnen.	1, 2	S. 8 Beispiel 1, S. 10 Beispiel 2, S. 11 Beispiel 3
1.2	… Flächenbilanzen mithilfe von Integralfunktionen berechnen. … grafische Zusammenhänge zwischen Integral- und Integrandenfunktion erläutern.	3	S. 14 Beispiel 1, S. 15 Beispiel 2
1.3	… Integrale mit dem Hauptsatz der Differenzial- und Integralrechnung berechnen.	4	S. 20 Beispiel 1
1.4	… unbestimmte Integrale mithilfe von Integrationsregeln bestimmen.	5	S. 24 Beispiel 1, S. 25 Beispiel 2
1.5	… den Inhalt von Flächen zwischen zwei Graphen berechnen.	6	S. 27 Beispiel 1
1.6	… uneigentliche Integrale auf einem unbeschränkten Integrationsintervall oder mit einem unbeschränkten Integranden berechnen.	7	S. 31 Beispiel 1, S. 33 Beispiel 2
1.7	… Integrale als Gesamtänderungen von Größen interpretieren.	8, 9	S. 35 Beispiel 1
1.8	… das Volumen von Rotationskörpern berechnen.	10	S. 41 Beispiel 1

Prüfen Sie Ihr neues Fundament

1 Zusammenfassung

Bestimmtes Integral

Das **bestimmte Integral** $\int_a^b f(x)\,dx$ gibt die **Flächenbilanz** zwischen dem Graphen von f und der x-Achse auf dem Intervall [a; b] an.

Ist F eine beliebige Stammfunktion einer stetigen Funktion f, so gilt der **Hauptsatz der Differenzial- und Integralrechnung**:

$$\int_a^b f(x)\,dx = F(b) - F(a)$$

$f(x) = \frac{1}{2}x^2 - x; \ I = [1; 3]$

$\int_1^3 f(x)\,dx = -A_1 + A_2$

Stammfunktion von f:
$F(x) = \frac{1}{6}x^3 - \frac{1}{2}x^2$

$\int_1^3 \left(\frac{1}{2}x^2 - x\right) dx = \left[\frac{1}{6}x^3 - \frac{1}{2}x^2\right]_1^3$

$= \frac{1}{6}\cdot 3^3 - \frac{1}{2}\cdot 3^2 - \left(\frac{1}{6}\cdot 1^3 - \frac{1}{2}\cdot 1^2\right) = \frac{1}{3}$

Integralfunktion

Die Funktion I_a mit $I_a(x) = \int_a^x f(t)\,dt$ heißt **Integralfunktion** der Funktion f zur unteren Grenze a. Ist die Funktion f stetig, so ist I_a für jedes a eine Stammfunktion von f.

$f(x) = x^2 - 2$

$I_{-3}(x) = \int_{-3}^x (t^2 - 2)\,dt = \left[\frac{1}{3}t^3 - 2t\right]_{-3}^x$

$= \frac{1}{3}x^3 - 2x + 3$

Unbestimmtes Integral

Das **unbestimmte Integral** $\int f(x)\,dx$ einer Funktion f ist die Menge aller Stammfunktionen von f.

$\int x^r\,dx = \frac{1}{r+1}x^{r+1} + c$ $\int \frac{1}{x}\,dx = \ln(|x|) + c$ $\int \sin(x)\,dx = -\cos(x) + c$

$\int e^x\,dx = e^x + c$ $\int \ln(x)\,dx = x\cdot \ln(x) - x + c$ $\int \cos(x)\,dx = \sin(x) + c$

$\int f'(x)e^{f(x)}\,dx = e^{f(x)} + c$ $\int f(ax+b)\,dx = \frac{1}{a}F(ax+b) + c$ $\int \frac{f'(x)}{f(x)}\,dx = \ln(|f(x)|) + c$

Flächenberechnungen

Sind $x_1 < x_2$ die Nullstellen der Funktion f auf einem Intervall [a; b], so gilt für den Inhalt der **Fläche zwischen Graph und x-Achse im Intervall [a; b]**:

$$A = \left|\int_a^{x_1} f(x)\,dx\right| + \left|\int_{x_1}^{x_2} f(x)\,dx\right| + \left|\int_{x_2}^b f(x)\,dx\right|$$

Sind $x_1 < x_2$ die Schnittstellen der Funktionen f und g auf einem Intervall [a; b], so gilt für den Inhalt der **Fläche zwischen den Graphen im Intervall [a; b]**:

$$A = \left|\int_a^{x_1} h(x)\,dx\right| + \left|\int_{x_1}^{x_2} h(x)\,dx\right| + \left|\int_{x_2}^b h(x)\,dx\right|$$

mit $h(x) = f(x) - g(x)$ (**Differenzfunktion**)

$f(x) = \frac{1}{2}x^2 - x$
Intervall: $I = [1; 3]$
Nullstelle: $x = 2$

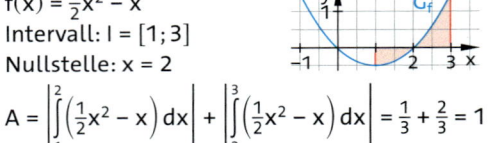

$A = \left|\int_1^2 \left(\frac{1}{2}x^2 - x\right)dx\right| + \left|\int_2^3 \left(\frac{1}{2}x^2 - x\right)dx\right| = \frac{1}{3} + \frac{2}{3} = 1$

$g(x) = -x + 2$
$h(x) = f(x) - g(x) = \frac{1}{2}x^2 - 2$
Schnittstelle von f und g in $I = [1; 3]$: $x = 2$

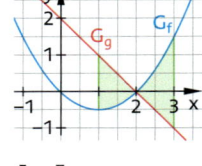

$A = \left|\int_1^2 h(x)\,dx\right| + \left|\int_2^3 h(x)\,dx\right| = \frac{5}{6} + \frac{7}{6} = 2$

Uneigentliche Integrale

Wenn die folgenden Grenzwerte existieren, dann stellen sie den Wert des **uneigentlichen Integrals** dar:

1. Art: $\int_a^\infty f(x)\,dx = \lim_{u\to\infty} \int_a^u f(x)\,dx$

2. Art: $\int_a^b f(x)\,dx = \lim_{u\to a} \int_u^b f(x)\,dx$, falls $x = a$ eine Definitionslücke von f ist.

$f(x) = \frac{1}{x^2}$ $F(x) = -\frac{1}{x}$

$\int_1^u \frac{1}{x^2}\,dx = \left[-\frac{1}{x}\right]_1^u = -\frac{1}{u} + 1 \to 1$ für $u \to \infty$,

also $\int_1^\infty \frac{1}{x^2}\,dx = 1$

$\int_u^2 \frac{1}{x^2}\,dx = \left[-\frac{1}{x}\right]_u^2 = -\frac{1}{2} + \frac{1}{u} \to \infty$ für $u \to 0$,

also existiert $\int_0^2 \frac{1}{x^2}\,dx$ nicht.

Rotationskörper

Rotiert der Graph einer stetigen Funktion f im Intervall [a; b] um die x-Achse, so entsteht ein **Rotationskörper**.

Für sein Volumen gilt: $V = \pi \cdot \int_a^b (f(x))^2\,dx$

$f(x) = \frac{1}{8}x^2 + 1$ $(f(x))^2 = \frac{1}{64}x^4 + \frac{1}{4}x^2 + 1$

$V = \pi \cdot \int_{-2}^2 \left(\frac{1}{64}x^4 + \frac{1}{4}x^2 + 1\right)dx = \pi \cdot \frac{83}{15} \approx 17{,}38$

2 Normalverteilung

Nach diesem Kapitel können Sie
→ Histogramme klassierter Daten erstellen,
→ mit Dichtefunktionen sowie kumulativen Verteilungsfunktionen stetiger Zufallsgrößen arbeiten,
→ Wahrscheinlichkeiten zu normalverteilten Zufallsgrößen berechnen,
→ die σ-Regeln auf normalverteilte Zufallsgrößen anwenden.

2 Ihr Fundament

Lösungen
→ S.170

Daten darstellen und auswerten

1 Berechnen Sie das arithmetische Mittel und den Median der Datenreihe. Vergleichen Sie die beiden Werte und kommentieren Sie das Ergebnis.
  a) 13; 14; 8; 12; 9; 5; 7
  b) 1,8 m; 65 cm; 1,45 m; 40 cm; 1,5 m; 115 cm
  c) 18 g; 67 g; 35 g; 25 g; 93 g; 17 g
  d) 18; 15; 14; 13; 14; 15; 16

2 Berechnen Sie das arithmetische Mittel und den Median.
  a) 27; 30; 33; 36; 41
  b) 18 m; 20 m; 21 m; 25 m; 26 m; 27 m
  c) 19,1°; 18,7°; 19,3°; 18,9°
  d) 2; 3; 3; 4; 4; 4; 5

3 Die Ergebnisse eines Tests aus zwei Geographiekursen sollen verglichen werden.

Zensuren	1	2	3	4	5	6
Anzahl in Kurs A	1	3	4	2	1	0
Anzahl in Kurs B	0	2	5	0	1	1

  a) Ermitteln und vergleichen Sie jeweils das arithmetische Mittel und die Spannweite.
  b) Stellen Sie die Daten in einem geeigneten Diagramm dar und erklären Sie, wie sich die unterschiedlichen Kennzahlen in dem Diagramm widerspiegeln.

4 Bei 20 Neugeborenen wurden folgende Körpergewichte festgestellt (alle Angaben in g):

3692	3782	4028	2992	3414	3899	3080	4115	3334	3570
2865	3972	3768	3155	4199	3331	3459	3733	4087	3066

  a) Ermitteln Sie das arithmetische Mittel, den Median und die Spannweite der Daten.
  b) Stellen Sie die Daten in einem Boxplot dar und markieren Sie darin das arithmetische Mittel.

Zufallsgrößen und Wahrscheinlichkeitsverteilungen

5 In einer Urne liegen eine weiße und drei blaue Kugeln. Für einen Einsatz von 2 Euro gibt es zwei Spielangebote.
Angebot A: Es wird eine Kugel gezogen. Wenn sie blau ist, erhält der Spieler einen Euro. Ist sie weiß, so werden 3 Euro ausbezahlt.
Angebot B: Es werden zwei Kugeln mit Zurücklegen gezogen. Sind beide Kugeln blau, so erhält der Spieler einen Euro. Sind beide Kugeln weiß, so werden 3 Euro ausbezahlt. In jedem anderen Fall geht der Spieler leer aus.
  a) Die Auszahlungsbeträge werden als Zufallsgrößen betrachtet. Geben Sie zu jedem Angebot die Wahrscheinlichkeitsverteilung dieser Zufallsgröße an.
  b) Berechnen Sie für jedes Angebot den Erwartungswert und die Standardabweichung. Beurteilen Sie die Spielangebote.

6 Die Zufallsgröße X wird durch die Wahrscheinlichkeitsverteilung in der Tabelle beschrieben.

x	2	4	6	8	10	12
P(X = x)	0,1	0,15	0,2	0,3	0,15	0,1

  a) Ermitteln Sie die Wahrscheinlichkeiten.
    ① P(X = 6)   ② P(X < 5)   ③ P(X > 5)   ④ P(X ≤ 8)
  b) Begründen Sie ohne Rechnung, dass die Wahrscheinlichkeiten P(X > 6) und P(X > 7) gleich groß sind.
  c) Berechnen Sie Erwartungswert, Varianz und Standardabweichung der Zufallsgröße X.

Normalverteilung 2

Lösungen → S. 171

7 Das Histogramm zeigt die Wahrscheinlichkeitsverteilung einer Zufallsgröße X. 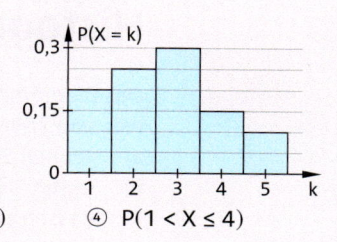
  a) Stellen Sie die Wahrscheinlichkeitsverteilung von X in einer Tabelle dar.
  b) Beschreiben Sie die folgenden Wahrscheinlichkeiten in Worten und berechnen Sie sie.
   ① $P(X \leq 3)$ ② $P(X > 1)$ ③ $P(2 < X < 5)$ ④ $P(1 < X \leq 4)$

8 Bei einem Spiel mit zwei Würfeln, die gleichzeitig geworfen werden, erhält man für jede gewürfelte „6" 1 €. Wird keine „6" gewürfelt, so muss der Spieler 1 € zahlen. Die Zufallsgröße X beschreibt den Gewinn bzw. Verlust bei einem Spiel und kann folglich die Werte –1 €, 1 € und 2 € annehmen.
  a) Ermitteln Sie die Wahrscheinlichkeitsverteilung sowie den Erwartungswert von X.
  b) Stellen Sie die Wahrscheinlichkeitsverteilung von X in einem Histogramm dar.
  c) Erklären Sie, warum dieses Spiel nicht als fair bezeichnet werden kann.
  d) Ermitteln Sie einen Einsatz des Spielers, sodass das Spiel fair ist.

Bernoulli-Ketten und Binomialverteilung

9 Berechnen Sie die Wahrscheinlichkeiten der Ereignisse und achten Sie auf die richtige Schreibweise.
  a) 8-maliges Würfeln mit einem Spielwürfel
   A: Genau der erste und der letzte Wurf sind Sechsen.
   B: Genau zwei aufeinanderfolgende Würfe sind Sechsen.
   C: Genau zwei Sechsen fallen. 
  b) 5-maliger Münzwurf
   A: Genau der erste und der dritte Wurf sind Zahl.
   B: Genau der erste und der dritte Wurf sind Kopf.
   C: Genau zwei Würfe sind Zahl.
   D: Genau drei Würfe sind Zahl.

10 X sei die Anzahl der Treffer einer Bernoulli-Kette. Beschreiben Sie die folgende Wahrscheinlichkeit in Worten und berechnen Sie ihren Wert.
  a) $P_{0,4}^{10}(X = 10)$ b) $P_{0,3}^{20}(X = 0)$ c) $P_{0,8}^{15}(X = 2)$ d) $P_{0,9}^{5}(X < 3)$
  e) $P_{0,02}^{100}(X \leq 3)$ f) $P_{0,75}^{25}(X > 4)$ g) $\sum_{k=1}^{8} B(8; 0{,}35; k)$ h) $\sum_{k=2}^{8} B(10; 0{,}5; k)$

11 a) Zeichnen Sie das Histogramm zu $B(6; 0{,}25)$ und markieren Sie darin $P(1 \leq X < 3)$.
  b) Erstellen Sie das Histogramm der kumulativen Verteilung $F_{6; 0,25}$ und erläutern Sie, wie man aus diesem Histogramm $P(1 \leq X < 3)$ ermitteln kann.

12 a) Nennen Sie zwei Gründe dafür, dass das Histogramm die Binomialverteilung $B(10; 0{,}7)$ darstellt.
  b) Erklären Sie, wie man daraus das Histogramm der Verteilung zu $B(10; 0{,}3)$ erhält.
  c) Erläutern Sie, wie sich die Gestalt des Histogramms ändert, wenn n vergrößert wird.

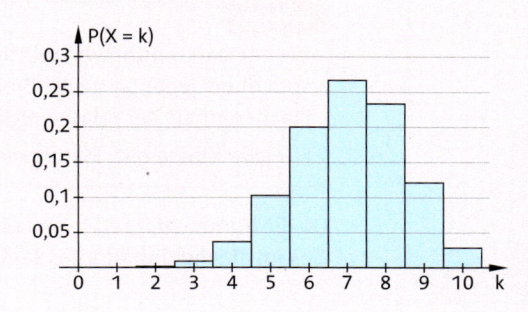

Ihr Fundament 51

2.1 Histogramme klassierter Daten

Das Diagramm zeigt die Zeit für den Schulweg von 25 Jugendlichen.
a) Nennen Sie Nachteile der Darstellung.
b) Fassen Sie jeweils mehrere Zeiten zu Klassen zusammen und erstellen Sie damit ein Diagramm.

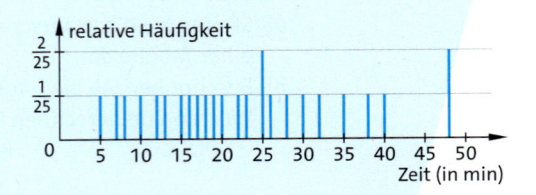

Zur Darstellung von Daten mit reellen Werten aus einem Intervall bildet man häufig eine **Klasseneinteilung**. Das betrachtete Intervall wird in Teilintervalle (**Klassen**) eingeteilt. Dadurch erhält man eine bessere Übersicht, insbesondere, wenn die Anzahl der Daten sehr hoch ist.

Auf einer Straße mit einer erlaubten Höchstgeschwindigkeit von 50 km/h wurde bei einer Radarkontrolle die Geschwindigkeit der Fahrzeuge gemessen. Die Geschwindigkeiten reichten von 40 km/h bis 70 km/h. Dieser Bereich wurde in vier Klassen eingeteilt.

Geschwindigkeit X in km/h	relative Häufigkeit
$40 \leq X \leq 45$	15 %
$45 < X \leq 50$	27 %
$50 < X \leq 55$	25 %
$55 < X \leq 70$	33 %

Im Säulendiagramm entspricht die Höhe der Säule jeder Klasse ihrer relativen Häufigkeit. Es entsteht der falsche Eindruck, dass mehr als die Hälfte der Fahrzeuge schneller als 55 km/h war, da man sich intuitiv am Flächeninhalt orientiert und die Klassen unterschiedliche **Klassenbreiten** haben.

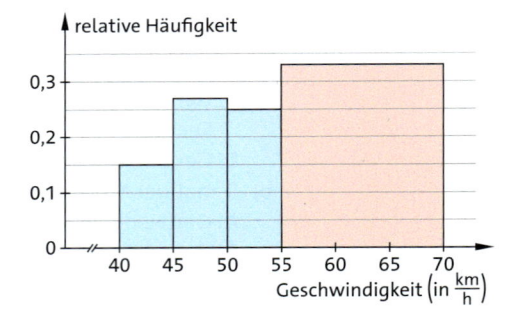

Für unterschiedlich breite Klassen sind daher **Histogramme** besser geeignet. Dort entspricht der Flächeninhalt jeder Säule der relativen Häufigkeit der Klasse. Die Höhe der Säulen heißt **Häufigkeitsdichte**. Man erhält sie, indem man die relative Häufigkeit der Klasse durch die Klassenbreite teilt.

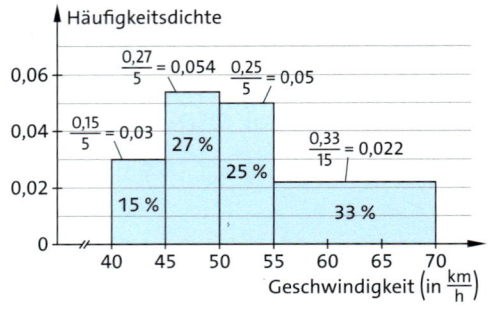

> **Wissen**
>
> Bei der Darstellung von relativen Häufigkeiten klassierter Daten in einem Histogramm entspricht bei jeder Säule die Breite der **Klassenbreite**, die Höhe der **Häufigkeitsdichte** und der Flächeninhalt der **relativen Häufigkeit** der zugehörigen Klasse.
>
> Für jede Klasse gilt: Häufigkeitsdichte = $\frac{\text{relative Häufigkeit der Klasse}}{\text{Klassenbreite}}$

Da die Summe der relativen Häufigkeiten aller Klassen 1 ist, ist im Histogramm auch der Gesamtflächeninhalt aller Säulen 1.

Normalverteilung 2

> **Beispiel 1**
>
> Für einen Joghurt wurden in verschiedenen Supermärkten die folgenden Preise in Cent ermittelt: 49; 55; 39; 22; 49; 49; 39; 79; 60; 35
> Bilden Sie für den Preis X in Cent die Klassen $20 \leq X \leq 40$, $40 < X \leq 50$ und $50 < X \leq 80$ und stellen Sie die relativen Häufigkeiten der Klassen in einem Histogramm dar.
>
> **Lösung:**
> Berechnen Sie die relative Häufigkeit jeder Klasse und teilen Sie diese durch die zugehörige Klassenbreite.
>
> | Preis in Cent | relative Häufigkeit | Klassenbreite | Häufigkeitsdichte |
> |---|---|---|---|
> | $20 \leq X \leq 40$ | $\frac{4}{10} = 0{,}4$ | 20 | $\frac{0{,}4}{20} = 0{,}02$ |
> | $40 < X \leq 50$ | $\frac{3}{10} = 0{,}3$ | 10 | $\frac{0{,}3}{10} = 0{,}03$ |
> | $50 < X \leq 80$ | $\frac{3}{10} = 0{,}3$ | 30 | $\frac{0{,}3}{30} = 0{,}01$ |
>
> Zeichnen Sie im Histogramm zu jeder Klasse eine Säule mit der Häufigkeitsdichte als Höhe.

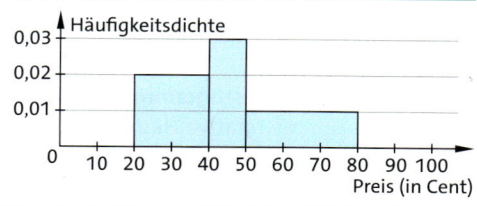

Basisaufgaben

1 Bei Bauer Norden liegt die Masse der Hühnereier zwischen 45 g und 75 g.
Eine Messung der Masse in g bei 10 Eiern ergab:

48,1 | 60,2 | 74,7 | 46 | 70 | 45,1 | 55,5 | 68,7 | 52,4 | 71,1

Güteklasse	Masse in g
S	unter 53
M	53 bis unter 63
L	63 bis unter 73
XL	mindestens 73

a) Teilen Sie die Masse von 45 g bis 75 g gemäß der Tabelle in 4 Güteklassen ein und berechnen Sie für jede Klasse die relative Häufigkeit.
b) Stellen Sie die relativen Häufigkeiten der Klassen aus a) in einem Histogramm dar.

2 Ein Unternehmen wertet die bisherige Tätigkeitsdauer seiner Mitarbeitenden aus. Das Histogramm zeigt die Verteilung.
a) Geben Sie die gebildeten Klassen an.
b) Begründen Sie, ob es mehr Mitarbeitende im ersten Tätigkeitsjahr oder mit mindestens 7 Tätigkeitsjahren gibt.
c) Berechnen Sie den Anteil der Mitarbeitenden, die zwischen 2 und 4 Jahren im Unternehmen sind.
d) Erstellen Sie ein Histogramm mit den beiden Klassen „unter 4 Jahre" und „mindestens 4 Jahre".

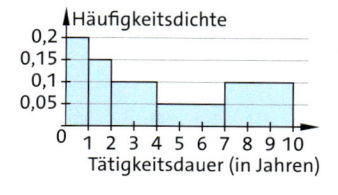

3 Eine Messung bei 16 Schmetterlingen ergab die folgenden Flügelspannweiten in cm:

6,2 | 5,1 | 6,9 | 6,8 | 4,0 | 10,2 | 8,3 | 7,6 | 5,9 | 4,6 | 6,5 | 5,7 | 3,4 | 5,1 | 6,3 | 7,5

a) Erstellen Sie mit einer Mathematik-Software ein Histogramm zur Verteilung der Flügelspannweiten. Teilen Sie die Daten in fünf Klassen mit den Klassengrenzen 3, 5, 6, 7, 8 und 11 ein.
b) Erstellen Sie mit der Software ein Histogramm mit vier gleich breiten Klassen.

2.1 Histogramme klassierter Daten 53

Weiterführende Aufgaben

Zwischentest

4 20 Jugendliche haben ihre Bearbeitungszeit einer Hausaufgabe in Minuten notiert:

| 8 | 10 | 12 | 13 | 15 | 18 | 19 | 21 | 24 | 24 | 25 | 27 | 29 | 33 | 36 | 37 | 39 | 45 | 45 | 58 |

a) Teilen Sie die Zeit von 60 Minuten ① in 15 gleich breite, ② in 6 gleich breite und ③ in 2 gleich breite Klassen ein und stellen Sie jeweils die relative Häufigkeit der Klassen in einem Histogramm dar.
b) Diskutieren Sie, welches Histogramm die Verteilung der Bearbeitungszeiten am besten veranschaulicht.
c) Erläutern Sie, worauf man im Allgemeinen bei der Wahl von Klassen achten sollte.

5 Stolperstelle: Nicolas meint: *Wenn ich für ein Histogramm alle Klassen gleich breit wähle, sind die Säulenhöhen die relativen Häufigkeiten.* Nehmen Sie Stellung.

Hilfe

6 Histogramme mit Wahrscheinlichkeiten: In einem Histogramm lassen sich nicht nur relative Häufigkeiten, sondern auch Wahrscheinlichkeiten darstellen. Dann entspricht die Wahrscheinlichkeit, dass der Wert einer Zufallsgröße in einer Klasse liegt, dem Flächeninhalt der Säule, die zu dieser Klasse gehört.

Pia wirft einen Pfeil auf eine Kreisscheibe mit 50 cm Radius, die aus fünf Kreisringen mit je 10 cm Breite besteht. Nehmen Sie an, dass der Pfeil die Scheibe an einer zufälligen Stelle trifft. Die Zufallsgröße X gibt den Abstand des Pfeils vom Mittelpunkt der Scheibe in cm an.

a) Pia berechnet die Wahrscheinlichkeit, dass der Pfeil den äußeren Kreisring trifft:

$$P(40 < X \leq 50) = \frac{\pi \cdot 50^2 - \pi \cdot 40^2}{\pi \cdot 50^2} = \frac{900}{2500} = 0{,}36$$

Erläutern Sie die Rechnung und berechnen Sie die Höhe der rechten Säule im Histogramm.

b) Prüfen Sie, ob die Flächeninhalte der anderen Säulen mit den Wahrscheinlichkeiten für die anderen Kreisringe übereinstimmen.

c) Zeichnen Sie ein entsprechendes Histogramm mit 10 Klassen für eine Kreisscheibe, die aus zehn Kreisringen mit 5 cm Breite besteht.

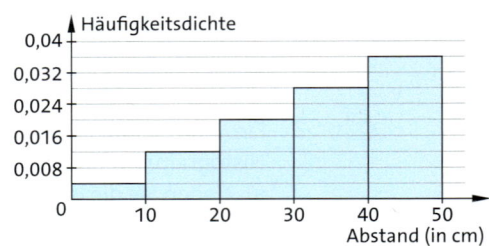

Hilfe

7 Mit einem Programm werden zwei Zufallszahlen x und y ($0 < x \leq 1$; $0 < y \leq 1$) erzeugt, die als kartesische Punktkoordinaten aufgefasst werden. Die Wahrscheinlichkeit für den Abstand d eines solchen Punktes vom Koordinatenursprung soll für die sechs Klassen $0 < d \leq 0{,}2$, $0{,}2 < d \leq 0{,}4$, $0{,}4 < d \leq 0{,}6$, $0{,}6 < d \leq 0{,}8$, $0{,}8 < d \leq 1$ und $d > 1$ in einem Histogramm dargestellt werden. Ermitteln Sie die Häufigkeitsdichten für die einzelnen Klassen, geben Sie sie in einer Tabelle an und zeichnen Sie das Histogramm.

Hinweis

Die Klassenmitte einer Klasse ist das arithmetische Mittel der beiden Klassengrenzen.

8 Ausblick: Für eine Liste mit n Daten kann man das arithmetische Mittel $\bar{x}$ bilden.
a) Aus einem Histogramm, das die Verteilung dieser Daten in m Klassen zeigt, lassen sich nicht die einzelnen Daten, sondern die relativen Häufigkeiten $h_1, h_2, ..., h_m$ der Klassen und die Klassenmitten $k_1, k_2, ..., k_m$ bestimmen. Geben Sie mithilfe dieser Werte eine Formel für einen Näherungswert des arithmetischen Mittels $\bar{x}$ an.
b) Untersuchen Sie, wie stark der Näherungswert höchstens von $\bar{x}$ abweicht, wenn ① die Klassen gleich breit sind, ② die Klassen unterschiedlich breit sind.

2.2 Stetige Zufallsgrößen

Die Zufallsgröße X gibt die geworfene Zahl beim Würfeln mit einem Spielwürfel an. Die Zufallsgröße Y gibt eine zufällige reelle Zahl aus dem Intervall [1; 6] an.
a) Erläutern Sie den Unterschied zwischen den beiden Zufallsgrößen.
b) Begründen Sie, dass $P(X = 2) = \frac{1}{6}$ gilt, aber $P(Y = 2) \neq \frac{1}{6}$.

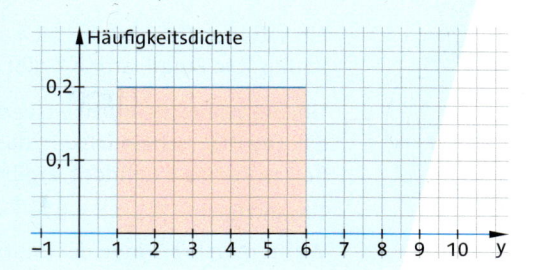

Bei der Binomialverteilung wurden Zufallsgrößen betrachtet, die eine Anzahl von Treffern zählen und deshalb nur natürliche Zahlen als Werte annehmen. Zufallsgrößen wie diese bzw. solche, die nur durchnummerierbare Werte annehmen, heißen **diskret**. Beschreibt eine Zufallsgröße dagegen die exakte Körpergröße einer zufällig ausgewählten Person oder die Wartezeit auf einen Bus ab einem zufällig ausgewählten Zeitpunkt, dann kann sie alle reellen Zahlen aus einem bestimmten Intervall annehmen. Solche Zufallsgrößen nennt man **stetig**.

> **Satz**
>
> Eine **stetige Zufallsgröße** X kann alle reellen Zahlen aus einem bestimmten Intervall annehmen.

> **Beispiel 1** Entscheiden Sie begründet, ob die Zufallsgröße X diskret oder stetig ist.
> a) X: Anzahl der verwandelten Elfmeter bei 5 Versuchen
> b) X: exakte Masse einer zufällig ausgewählten Schokoladentafel, deren Masse mit 100 g angegeben ist
>
> **Lösung:**
> a) Geben Sie die Werte an, die die Zufallsgröße annehmen kann. Entscheiden Sie damit, ob die Zufallsgröße stetig ist.
>
> Mögliche Werte: 0; 1; 2; 3; 4; 5
> Die Zufallsgröße kann nur 6 Werte annehmen, daher ist sie diskret.
>
> b) Begründen Sie, dass die Zufallsgröße nicht nur durchnummerierbare Werte annehmen kann und daher stetig ist. Beachten Sie: Eine Waage zeigt nicht die exakte, sondern eine gerundete Masse der Schokoladentafel an.
>
> Durch Schwankungen im Produktionsprozess kann die Tafel etwas mehr oder etwas weniger als 100 g wiegen. Es wäre z. B. möglich, dass X alle Werte im Intervall [99,9 g; 100,1 g] annehmen kann. Daher ist die Zufallsgröße stetig.

Basisaufgaben

1 Entscheiden Sie begründet, ob die Zufallsgröße X diskret oder stetig ist.
a) X: Anzahl der Tore beim Handball
b) X: Masse einer zufällig ausgewählten Person
c) X: Lebensdauer einer zufällig ausgewählten Katze
d) X: Zahl der Klicks auf einer Internetseite

2 Die Zufallsgröße X beschreibt die Zeit, die ein zufällig ausgewählter Teilnehmer am Marathon für die Strecke benötigt hat.
a) Begründen Sie, dass X eine stetige Zufallsgröße ist.
b) Geben Sie eine diskrete Zufallsgröße Y an, die die Marathonzeiten beschreiben kann.

Dichtefunktion und kumulative Verteilungsfunktion

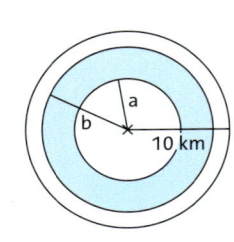

Ein seltenes Tier befindet sich an einem zufälligen Ort auf einer kreisförmigen Insel mit 10 km Radius. Die Zufallsgröße X gibt den Abstand des Tiers vom Kreismittelpunkt in km an.

Um die Wahrscheinlichkeitsverteilung von X zu untersuchen, teilt man die Insel in Kreisringe ein. Die Wahrscheinlichkeit, dass sich das Tier in einem Kreisring mit innerem Radius a und äußerem Radius b befindet, ergibt sich aus dem Flächeninhalt des Kreisrings im Verhältnis zur Gesamtfläche: $P(a \leq X \leq b) = \frac{\pi \cdot b^2 - \pi \cdot a^2}{\pi \cdot 10^2} = \frac{1}{100}(b^2 - a^2)$

Wählt man Kreisringe der Breite 1 km, so erhält man das zugehörige Histogramm ①, indem man für die Höhe jeder Säule die zugehörige Wahrscheinlichkeit berechnet, z. B.:

$P(2 \leq X \leq 3) = \frac{3^2 - 2^2}{100} = 0{,}05$

Bei Kreisringen der Breite 0,5 km muss man für die Säulenhöhe die jeweilige Wahrscheinlichkeit durch die Breite 0,5 teilen, damit die Wahrscheinlichkeiten der Kreisringe den Flächeninhalten der Säulen entsprechen. Es gilt z. B. $P(2 \leq X \leq 2{,}5) = \frac{2{,}5^2 - 2^2}{100} = 0{,}0225$, also ist die zugehörige Säulenhöhe $0{,}0225 : 0{,}5 = 0{,}045$ (Histogramm ②).

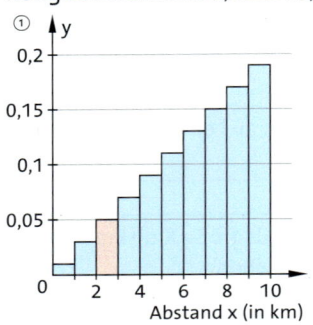

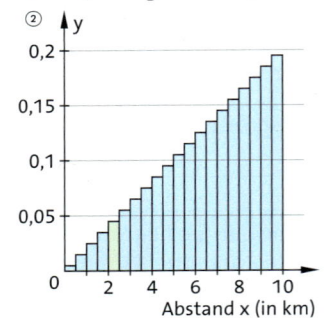

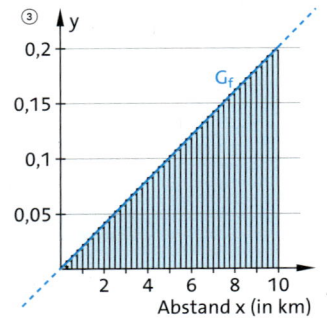

Die Abbildungen zeigen: Je kleiner man die Breite der Kreisringe wählt, desto mehr nähern sich die oberen Begrenzungen der Histogramme dem Graphen der Funktion g mit $g(x) = \frac{1}{50}x$ an. Die Säulenflächen, die den Wahrscheinlichkeiten entsprechen, nähern sich der Fläche unter dem Graphen von g an. Die Wahrscheinlichkeit, dass X zwischen a und b liegt, kann man somit auch wie folgt berechnen:

$P(a \leq X \leq b) = \int_a^b g(x)\,dx = \int_a^b \frac{1}{50}x\,dx = \left[\frac{1}{100}x^2\right]_a^b = \frac{1}{100}(b^2 - a^2)$

Da X nur Werte von 0 bis 10 annimmt, beschreibt g die Verteilung von X nur auf dem Intervall [0; 10]. Für x < 0 und x > 10 muss die Integrandenfunktion null sein.

Die Funktion f mit $f(x) = \begin{cases} \frac{1}{50}x & \text{für } 0 \leq x \leq 10 \\ 0 & \text{sonst} \end{cases}$ nennt man die **Dichtefunktion** der Zufallsgröße X.

Für die Dichtefunktion gilt: $\int_{-\infty}^{\infty} f(x)\,dx = \int_0^{10} \frac{1}{50}x\,dx = \left[\frac{1}{100}x^2\right]_0^{10} = \frac{1}{100}(10^2 - 0^2) = 1$

Die Wahrscheinlichkeit, dass X irgendeinen reellen Wert annimmt, ist also 1.

Hinweis

Ist f(x) nur auf einem Intervall [a; b] ungleich 0, gilt:

$\int_{-\infty}^{\infty} f(x)\,dx = \int_a^b f(x)\,dx$

Definition — **Dichtefunktion einer stetigen Zufallsgröße**

Eine auf $\mathbb{R}$ definierte Funktion f heißt **Dichtefunktion**, wenn gilt:

1. $f(x) \geq 0$ für alle $x \in \mathbb{R}$
2. $\int_{-\infty}^{\infty} f(x)\,dx = 1$

Die Funktion f ist die Dichtefunktion der **stetigen Zufallsgröße** X, wenn für alle a, b $\in \mathbb{R}$ mit $a \leq b$ gilt: $P(a \leq X \leq b) = \int_a^b f(x)\,dx$

2 Normalverteilung

Die Dichtefunktion f beschreibt keine Wahrscheinlichkeit, sondern die Änderungsrate der Wahrscheinlichkeit. Wegen $P(X = x) = \int_x^x f(t)\,dt = 0$ ist die Wahrscheinlichkeit, dass X genau den Wert x annimmt, für jedes $x \in \mathbb{R}$ null. Dennoch kann X aber den Wert x annehmen.

Wissen
Für eine stetige Zufallsgröße X gilt für alle $x \in \mathbb{R}$: $P(X = x) = 0$

Hinweis
Zur Stetigkeit von Verteilungsfunktionen siehe Aufgabe 6.

Wegen $P(X = x) = 0$ ist es für die Wahrscheinlichkeit von Intervallen egal, ob die Intervallgrenzen dazugehören, es gilt $P(a \leq X \leq b) = P(a < X < b) = P(a \leq X < b) = P(a < X \leq b)$.

Zur Berechnung von Wahrscheinlichkeiten einzelner Bereiche ist eine Funktion hilfreich, die Wahrscheinlichkeiten $P(X \leq x)$ beschreibt. Für binomialverteilte Zufallsgrößen erhält man eine solche kumulative Verteilungsfunktion durch die Addition der Einzelwahrscheinlichkeiten. Für stetige Zufallsgrößen hingegen nutzt man das Integral der Dichtefunktion, um eine solche Funktion zu definieren. Diese Funktion ist (anders als bei der Binomialverteilung) stetig.

Definition — Kumulative Verteilungsfunktion
Ist f die Dichtefunktion einer stetigen Zufallsgröße X, dann heißt die Funktion F mit
$F(x) = P(X \leq x) = \int_{-\infty}^{x} f(t)\,dt$ die **kumulative Verteilungsfunktion** von X. F ist stetig.

Beispiel 2
Gegeben ist die Funktion f mit $f(x) = \begin{cases} kx & \text{für } 0 \leq x \leq 4 \\ 0 & \text{sonst} \end{cases}$ und $k \in \mathbb{R}$.

a) Bestimmen Sie den Wert von k, für den f eine Dichtefunktion ist.
b) Stellen Sie einen Term der kumulativen Verteilungsfunktion F zur Dichtefunktion f auf.
c) Berechnen Sie.
   ① $P(1 \leq X \leq 3)$ ② $P(0 < X < 2)$ ③ $P(X \geq 3)$

Lösung:

a) Bestimmen Sie den Wert von k so, dass $\int_{-\infty}^{\infty} f(x)\,dx = 1$ gilt. Sie können in den Grenzen von 0 bis 4 integrieren, da außerhalb $f(x) = 0$ gilt. Begründen Sie dann, dass f auch die andere Bedingung einer Dichtefunktion erfüllt.

$\int_{-\infty}^{\infty} f(x)\,dx = \int_0^4 kx\,dx = \left[\tfrac{1}{2}kx^2\right]_0^4 = 8k$

Aus $8k = 1$ folgt $k = \tfrac{1}{8}$.

Wegen $\tfrac{1}{8}x \geq 0$ für $x \in [0;4]$ gilt $f(x) \geq 0$ für alle $x \in \mathbb{R}$.

b) Bestimmen Sie F mit $F(x) = \int_{-\infty}^{x} f(t)\,dt$ für $0 \leq x \leq 4$. Nutzen Sie aus, dass $f(t) = 0$ für negative t gilt. Damit ist $F(x) = 0$ für negative x und wegen $f(t) = 0$ für $t > 4$ ist $F(x) = F(4)$ für $x > 4$.

Für $0 \leq x \leq 4$: $F(x) = \int_{-\infty}^{x} f(t)\,dt = \int_0^x \tfrac{1}{8}t\,dt$
$= \left[\tfrac{1}{2}\cdot\tfrac{1}{8}t^2\right]_0^x = \tfrac{1}{16}x^2$

$F(x) = \begin{cases} 0 & \text{für } x < 0 \\ \tfrac{1}{16}x^2 & \text{für } 0 \leq x \leq 4 \\ 1 & \text{für } x > 4 \end{cases}$

c) ① Es gilt $P(X = 1) = 0$. Berechnen Sie also $P(X \leq 3) - P(X \leq 1) = F(3) - F(1)$.

① $P(1 \leq X \leq 3) = F(3) - F(1) = \tfrac{9}{16} - \tfrac{1}{16} = \tfrac{1}{2}$

② Es gilt $P(X = 2) = 0$. Berechnen Sie also $P(X \leq 2) - P(X \leq 0) = F(2) - F(0)$.

② $P(0 < X < 2) = F(2) - F(0) = \tfrac{1}{4} - 0 = \tfrac{1}{4}$

③ Es gilt $P(X > 4) = 0$. Berechnen Sie daher $P(3 \leq X \leq 4)$.

③ $P(X \geq 3) = P(3 \leq X \leq 4) = F(4) - F(3)$
$= 1 - \tfrac{9}{16} = \tfrac{7}{16}$

2.2 Stetige Zufallsgrößen

Basisaufgaben

3 Gegeben ist die Funktion f mit $f(x) = \begin{cases} \frac{3}{32}(4-x^2) & \text{für } -2 \le x \le 2 \\ 0 & \text{sonst} \end{cases}$.

   a) Zeigen Sie, dass f eine Dichtefunktion ist.
   b) Stellen Sie einen Term der kumulativen Verteilungsfunktion F zu f auf.
   c) Die Zufallsgröße X hat die Dichtefunktion f. Berechnen Sie die Wahrscheinlichkeiten.
     ① $P(-1 \le X \le 1)$ ② $P(X \le 1{,}5)$ ③ $P(X = 0)$ ④ $P(X \ge 0{,}5)$

4 Bei der Herstellung von 20 mm langen Schrauben kann die tatsächliche Länge etwas vom exakten Wert 20 mm abweichen. Die Schraubenlänge in mm lässt sich durch die Zufallsgröße X mit der Dichtefunktion f mit $f(x) = \begin{cases} \frac{3}{4}(x-19)(21-x) & \text{für } 19 \le x \le 21 \\ 0 & \text{sonst} \end{cases}$ beschreiben.

   a) Zeigen Sie, dass f eine Dichtefunktion ist.
   b) Geben Sie einen Bereich an, in dem die Schraubenlänge mit 100 % Wahrscheinlichkeit liegt.
   c) Berechnen Sie die Wahrscheinlichkeit, dass die Länge einer Schraube
     ① zwischen 19,9 mm und 20,1 mm liegt,   ② exakt 20 mm beträgt,
     ③ um mehr als 0,5 mm von 20 mm abweicht,   ④ größer als 20 mm ist.

5 Gleichverteilte Zufallsgröße: Gegeben ist die Funktion f mit $f(x) = \begin{cases} k & \text{für } 0 \le x \le 15 \\ 0 & \text{sonst} \end{cases}$.

   a) Bestimmen Sie den Wert des Parameters k, für den f eine Dichtefunktion ist.
   b) Die Zufallsgröße X hat die Dichtefunktion f. Berechnen Sie $P(2 \le X \le 5)$ und markieren Sie in einer Skizze die entsprechende Fläche unter dem Graphen von f.
   c) Geben Sie ein Sachbeispiel für eine gleichverteilte Zufallsgröße an.

6 Zeichnen Sie die Graphen der kumulativen Verteilungsfunktionen von X und Y.
   X: Augenzahl beim Würfeln   Y: zufällige Zahl aus dem Intervall [1; 6]
   Erläutern Sie anhand der Graphen den Begriff „stetige Zufallsgröße". Erklären Sie, wie man eine stetige Zufallsgröße anhand des Graphen der Verteilungsfunktion erkennt.

7 Alicia trifft zu einem zufälligen Zeitpunkt an einer Bushaltestelle ein, an der der Bus alle 20 Minuten fährt. Die Zufallsgröße X gibt die Zeitdauer an, die Alicia auf den nächsten Bus warten muss.

   a) Begründen Sie, dass f mit $f(x) = \begin{cases} 0{,}05 & \text{für } 0 \le x \le 20 \\ 0 & \text{sonst} \end{cases}$ die Dichtefunktion von X ist.

     Bestimmen Sie die zugehörige kumulative Verteilungsfunktion und skizzieren Sie ihren Graphen.
   b) Berechnen Sie die Wahrscheinlichkeit, dass Alicia auf den Bus
     ① höchstens 5 min wartet,   ② mehr als 10 min wartet,
     ③ 5 min wartet, wenn man die Wartezeit auf Minuten rundet.
   c) Ermitteln Sie, wie sich die Wahrscheinlichkeiten in b) ändern, wenn der Bus alle 10 Minuten fährt.

Weiterführende Aufgaben   Zwischentest

Hilfe

8 Die Weite beim Weitsprung von 16-jährigen Jungen lässt sich näherungsweise durch eine Zufallsgröße X mit der Dichtefunktion f mit $f(x) = \begin{cases} \frac{3}{4}(-x^2 + 8x - 15) & \text{für } 3 \le x \le 5 \\ 0 & \text{sonst} \end{cases}$ beschreiben. Berechnen Sie die Wahrscheinlichkeit, dass die Weite eines zufällig ausgewählten 16-Jährigen 4 Meter beträgt, wenn die Weite wie folgt gerundet wird:

   a) auf Dezimeter   b) auf Zentimeter   c) auf Millimeter   d) gar nicht

Normalverteilung 2

⚠️ 💡 **9 Stolperstelle:** Die Zufallsgröße X mit der Dichtefunktion f gibt eine zufällige reelle Zahl aus dem Intervall [0; 10] an. Nehmen Sie Stellung zu der Aussage.
   a) Sarah: *„Die Wahrscheinlichkeit, dass die zufällige Zahl 5 ist, ist P(X = 5) = f(5) = 0,1."*
   b) Kyle: *„Es gilt P(X = 1) = 0. Die Zahl 1 kann also nicht angenommen werden."*

💡 **10** Die Zufallsgröße X gibt die Wartezeit in einer Arztpraxis in Minuten an. Die Wartezeit beträgt maximal 60 min. Für die Dichtefunktion f gilt f(0) = k für ein k ∈ ℝ und f(60) = 0, im Intervall [0; 60] nimmt f linear ab.
   a) Bestimmen Sie den Wert von k und die Gleichung der Dichtefunktion.
   b) Bestimmen Sie die kumulative Verteilungsfunktion zur Dichtefunktion f. Zeichnen Sie den Graphen der Dichtefunktion und den Graphen der Verteilungsfunktion.
   c) In einem Monat kommen 600 Patienten in die Praxis. Bestimmen Sie einen Wert als Prognose für die Anzahl derer, die mindestens eine halbe Stunde warten.
   d) Der Arzt möchte werben: *„In meiner Praxis warten 90 % der Patienten höchstens ... Minuten."* Bestimmen Sie, welche Wartezeit der Arzt in diesem Satz angeben sollte, damit die Prognose den Wahrscheinlichkeiten entspricht.

Hilfe 🖥️ 💡 **11** In einem kreisförmigen Gehege mit dem Radius 20 m leben mehrere Wildmeerschweinchen. Das Meerschweinchen Dexter befindet sich zu einem beliebigen Zeitpunkt an einem zufälligen Ort im Gehege.
   a) Das Gehege wird in Kreisringe der Breite 1 m eingeteilt. Die diskrete Zufallsgröße X mit den Werten 1, 2, ..., 20 gibt an, im wievielten Kreisring sich Dexter aufhält. Erstellen Sie eine Verteilung von X und erstellen Sie das zugehörige Histogramm mit einer Software.
   b) Die Zufallsgröße Y beschreibt die exakte Entfernung von Dexter zum Mittelpunkt des Geheges. Ermitteln Sie mithilfe eines Histogramms eine Funktionsgleichung für die Dichtefunktion f von Y. Berechnen Sie damit die Wahrscheinlichkeit P(0 ≤ Y ≤ 1) und vergleichen Sie mit dem Flächeninhalt der entsprechenden Säule im Histogramm.
   c) Bestimmen Sie die kumulative Verteilungsfunktion F zur Dichtefunktion f und erläutern Sie den Zusammenhang zwischen F und f für 0 < x < 20. Bestimmen Sie mithilfe von Kreisflächenanteilen die Wahrscheinlichkeit, dass sich Dexter höchstens x Meter vom Mittelpunkt entfernt aufhält, und zeigen Sie, dass sie F(x) entspricht.

💡 **12 Ausblick:**
Einen zufälligen Punkt in einem Quadrat mit der Seitenlänge 10 kann man durch zwei Zufallsgrößen X und Y (x- und y-Koordinate) beschreiben, die gleichverteilt im Intervall [0; 10] sind. Die Zufallsgröße Z = X + Y gibt die Summe der Koordinaten an.
   a) Beschreiben Sie die Lage der Punkte im Koordinatensystem, für die Z ≤ 6 bzw. Z ≤ 14 gilt.
   b) Zeigen Sie mithilfe von Flächenanteilen, dass für die Verteilungsfunktion F von Z gilt:
   $F(a) = P(Z \leq a) = \frac{1}{200}a^2$ für $0 \leq a \leq 10$
   $F(a) = P(Z \leq a) = -\frac{1}{200}a^2 + \frac{1}{5}a - 1$ für $10 < a \leq 20$
   c) Ermitteln Sie die Dichtefunktion f von Z durch Ableiten von F für 0 < a < 10 und 10 < a < 20. Geben Sie auch Werte für f(0), f(10) und f(20) an. Zeichnen Sie G_f.
   d) Simulieren Sie je 1000 Werte von X und Y mit einer Software und berechnen Sie jeweils den Wert von Z. Bilden Sie für die Werte von Z eine Klasseneinteilung mit 20 Klassen und stellen Sie die relativen Häufigkeiten in einem Histogramm dar. Vergleichen Sie die Gestalt des Histogramms mit dem Graphen von f. Variieren Sie auch die Klassenbreite.

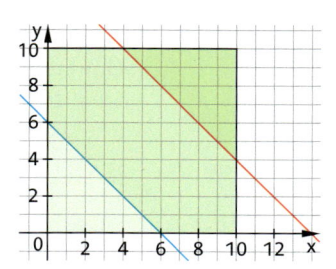

2.2 Stetige Zufallsgrößen

2.3 Normalverteilung

Die drei Graphen zeigen die Verteilung der Fahrtzeiten eines Busses in min für eine bestimmte Strecke (blau), der Masse von Gurken in 10 g in einem Gemüsegarten (rot) und der Körpergrößen in cm von Kaninchen aus einer Züchtung (grün). Beschreiben Sie die Gestalt der Graphen und nennen Sie Gemeinsamkeiten und Unterschiede.

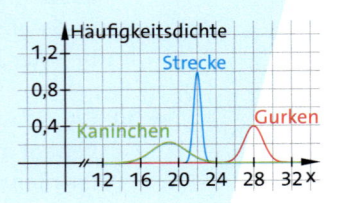

10 000 erwachsene Männer wurden nach ihrer Körpergröße befragt. Das obere Histogramm zeigt die relativen Häufigkeiten bei einer Klassenbreite von 5 cm. Die Gestalt des Histogramms erinnert an eine Binomialverteilung. Die Körpergröße X in cm kann aber auch nichtganzzahlige Werte annehmen.

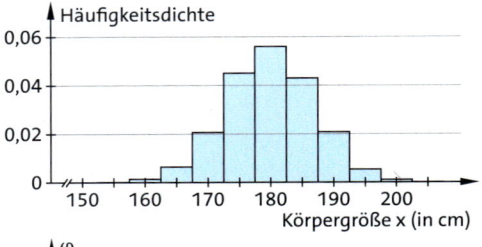

Verringert man die Klassenbreite (im unteren Histogramm beträgt sie 1 cm), nähert sich die Gestalt des Histogramms einer stetigen Verteilung, die man **Normalverteilung** nennt. Die Dichtefunktion der Normalverteilung ist die **Gaußsche Glockenfunktion** $\varphi_{\mu;\sigma}$ mit

$$\varphi_{\mu;\sigma}(x) = \frac{1}{\sigma\sqrt{2\pi}} \cdot e^{-\frac{(x-\mu)^2}{2\sigma^2}}.$$

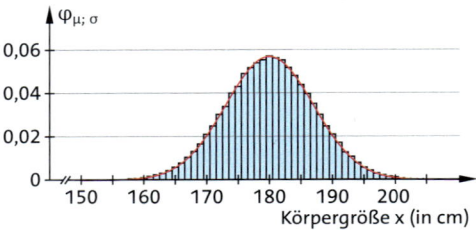

Dabei ist μ der Erwartungswert und σ die Standardabweichung von X. Bei μ liegt das Maximum der Verteilung, σ ist ein Maß für die Breite der Verteilung.

Man kann zeigen, dass gilt: $\int_{-\infty}^{\infty} \varphi_{\mu;\sigma}(x)\,dx = 1$

Wegen $\varphi_{\mu;\sigma}(x) > 0$ für alle $x \in \mathbb{R}$ folgt daraus, dass $\varphi_{\mu;\sigma}$ eine Dichtefunktion ist.

Hier gilt $\mu = 180$ und $\sigma = 7$.

$$\varphi_{180;7}(x) = \frac{1}{7\sqrt{2\pi}} \cdot e^{-\frac{(x-180)^2}{2\cdot 7^2}}$$

Für die Wahrscheinlichkeit einer Körpergröße zwischen 173 cm und 187 cm gilt:

$$P(173 \leq X \leq 187) = \int_{173}^{187} \varphi_{180;7}(x)\,dx \approx 0{,}683$$

> **Wissen**
>
> Eine stetige Zufallsgröße X heißt **normalverteilt** mit dem Erwartungswert μ und der Standardabweichung σ, wenn ihre Dichtefunktion die **Gaußsche Glockenfunktion** $\varphi_{\mu;\sigma}$
>
> mit $\varphi_{\mu;\sigma}(x) = \frac{1}{\sigma\sqrt{2\pi}} \cdot e^{-\frac{(x-\mu)^2}{2\sigma^2}}$ ist.
>
> Für $a, b \in \mathbb{R}$ mit $a \leq b$ gilt: $P(a \leq X \leq b) = \int_a^b \varphi_{\mu;\sigma}(x)\,dx$

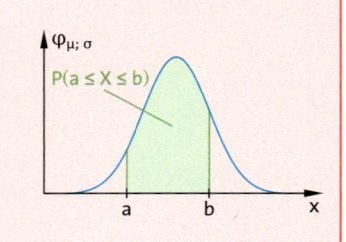

Hinweis

Den Graphen der Gaußschen Glockenfunktion nennt man **Gaußsche Glockenkurve**.

Hinweis

Zu den Eigenschaften der Gaußschen Integralfunktion siehe Aufgabe 21.

Die **kumulative Verteilungsfunktion** von X bezeichnet man als **Gaußsche Integralfunktion** $\Phi_{\mu;\sigma}$.

Es gilt: $\Phi_{\mu;\sigma}(x) = P(X \leq x) = \int_{-\infty}^{x} \varphi_{\mu;\sigma}(t)\,dt$. Die Gaußsche

Integralfunktion $\Phi_{\mu;\sigma}$ ist eine Stammfunktion der Gaußschen Glockenfunktion $\varphi_{\mu;\sigma}$.

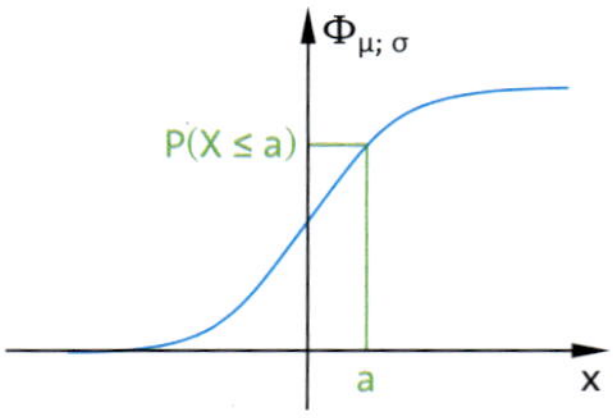

Nach dem um 1900 bewiesenen zentralen Grenzwertsatz sind viele empirisch gewonnene Zufallsgrößen näherungsweise normalverteilt.

Wahrscheinlichkeiten berechnen

Für die Gaußsche Integralfunktion $\Phi_{\mu;\sigma}$ kann man keinen Funktionsterm angeben. Man muss die Integrale, mit denen man Wahrscheinlichkeiten berechnet, numerisch bestimmen. Dazu kann man einen Taschenrechner oder eine Mathematik-Software verwenden.

Beispiel 1 Die Körpergröße X von erwachsenen Frauen in Deutschland ist näherungsweise normalverteilt mit dem Erwartungswert $\mu = 166$ (in cm) und der Standardabweichung $\sigma = 6{,}2$ (in cm). Bestimmen Sie die Wahrscheinlichkeit, dass eine zufällig ausgewählte Frau 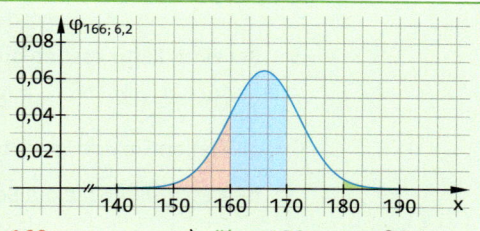
a) zwischen 160 cm und 170 cm, b) höchstens 160 cm, c) über 180 cm groß ist.

Hinweis

Sie können $P(X \leq 160)$ auch mit einer dynamischen Geometrie-Software bestimmen: Normal(166;6.2;160) oder =NORM.VERT (160;166;6,2;WAHR)

Lösung:
a) Wählen Sie im Taschenrechner die Verteilungsfunktion der Normalverteilung aus. Geben Sie μ, σ, die untere und die obere Grenze ein.

$\mu = 166$; $\sigma = 6{,}2$; untere Grenze: 160; obere Grenze: 170
$P(160 < X < 170) \approx 0{,}5740$

b) Geben Sie im Taschenrechner eine sehr kleine Zahl als untere Grenze ein, z. B. 0.

untere Grenze: 0; obere Grenze: 160
$P(X \leq 160) \approx 0{,}1666$

c) Geben Sie als obere Grenze eine sehr große Zahl ein, z. B. 1000.

untere Grenze: 180; obere Grenze: 1000
$P(X > 180) \approx 0{,}0120$

Basisaufgaben

1 In einer Bäckerei ist die Masse einer Brotsorte normalverteilt mit den Parametern $\mu = 760$ (in g) und $\sigma = 8$ (in g). Bestimmen Sie die Wahrscheinlichkeit, dass ein zufällig ausgewähltes Brot dieser Sorte
a) zwischen 752 g und 768 g,
b) mindestens 750 g,
c) weniger als 745 g,
d) genau 760 g wiegt.

2 Abgebildet ist der Graph der Dichtefunktion einer normalverteilten Zufallsgröße X mit $\mu = 8$ und $\sigma = 3$. 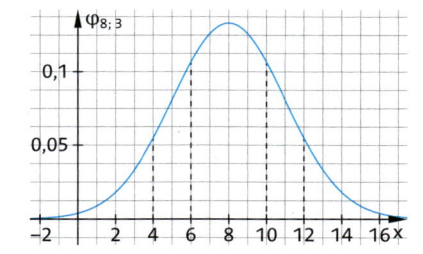
a) Schätzen Sie mithilfe des Graphen die Wahrscheinlichkeiten.
① $P(4 \leq X \leq 12)$ ② $P(X \leq 6)$ ③ $P(X > 10)$
b) Berechnen Sie die Wahrscheinlichkeiten aus a) und überprüfen Sie Ihre Schätzung.

3 Die Zufallsgröße X gibt die Höchsttemperatur an einem Tag im Juni in °C an. Aufgrund langjähriger Messungen nimmt man an, dass sie normalverteilt ist mit der

Dichtefunktion $\varphi(x) = \dfrac{1}{3{,}5\sqrt{2\pi}} \cdot e^{-\frac{(x-22)^2}{24{,}5}}$.

a) Geben Sie den Erwartungswert und die Standardabweichung von X an.
b) Zeichnen Sie den Graphen der Dichtefunktion mit einer Software. Schätzen Sie anhand des Graphen die Wahrscheinlichkeit, dass die Höchsttemperatur an einem zufälligen Junitag zwischen 20 °C und 25 °C liegt.
c) Stellen Sie die Wahrscheinlichkeit aus b) mit einem Integral dar und berechnen Sie es.
d) Überprüfen Sie die Wahrscheinlichkeit aus c) mit dem *Normal*-Befehl einer Software.

4 Gegeben ist der Graph der Gaußschen Glockenfunktion $\varphi_{20;5}$. Die Wahrscheinlichkeit, dass eine mit $\mu = 20$ und $\sigma = 5$ normalverteilte Zufallsgröße X einen Wert zwischen 13,6 und 26,4 annimmt, beträgt rund 80 %. Ermitteln Sie die Wahrscheinlichkeit $P(X \geq 26{,}4)$ und erläutern Sie Ihr Vorgehen.

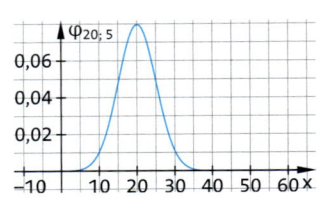

5 Bei einer Zeitmessung gibt die normalverteilte Zufallsgröße X mit der Dichtefunktion
$\varphi(x) = \frac{1}{2\sqrt{2\pi}} \cdot e^{-\frac{(x-40)^2}{8}}$ den Messwert in Sekunden an.

a) Geben Sie den Erwartungswert und die Standardabweichung von X an.

b) Beschreiben Sie die Bedeutung des Terms $1 - \int_{35}^{45} \frac{1}{2\sqrt{2\pi}} \cdot e^{-\frac{(x-40)^2}{8}} \, dx$ im Sachzusammenhang.

c) Entscheiden Sie, welcher der Ausdrücke ① bis ③ den gleichen Wert hat wie der Term in b). Begründen Sie Ihre Entscheidung.
   ① $P(X \leq 34) + P(X \geq 46)$ ② $P(X < 35) + P(X > 45)$ ③ $P(-45 \leq X \leq -35)$

d) Plotten Sie den Graphen von φ und stellen Sie den Term aus b) grafisch dar.

6 Ein Pharmaunternehmen füllt seinen Impfstoff in kleinen Ampullen ab. Die Zufallsvariable X beschreibt die Menge an Impfstoff in mℓ in einer Ampulle. X ist normalverteilt mit den Parametern $\mu = 1{,}8$ und $\sigma = 0{,}2$. Die Abbildung zeigt den Graphen der zugehörigen kumulativen Verteilungsfunktion.

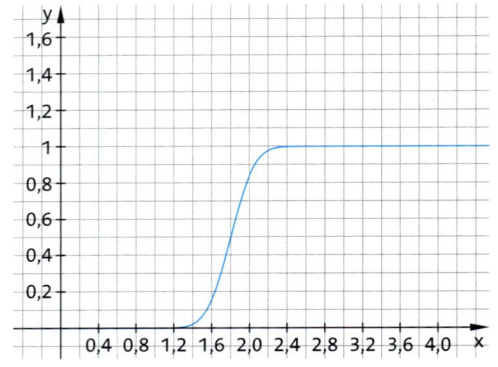

a) Ermitteln Sie mithilfe der Abbildung näherungsweise die Wahrscheinlichkeiten folgender Ereignisse:
In der Ampulle befinden sich ...
① weniger als 1,5 mℓ, ② zwischen 1,6 mℓ und 1,8 mℓ, ③ mehr als 2 mℓ.

b) Formulieren Sie ein Ereignis mit der Wahrscheinlichkeit 0,8 im Sachkontext.

Eigenschaften der Normalverteilung

Mithilfe der Differenzialrechnung kann man nachweisen, dass der Graph der in $\mathbb{R}$ definierten Gaußschen Glockenfunktion $\varphi_{\mu;\sigma}$ an der Stelle $x = \mu$ einen Hochpunkt hat. Der Parameter σ bestimmt die Lage der beiden Wendepunkte an den Stellen $x = \mu - \sigma$ und $x = \mu + \sigma$ (siehe Aufgabe 14). Damit kann man ausgehend von einem Funktionsterm den Graphen skizzieren und aus einem gegebenen Graphen die Parameter μ und σ ablesen.

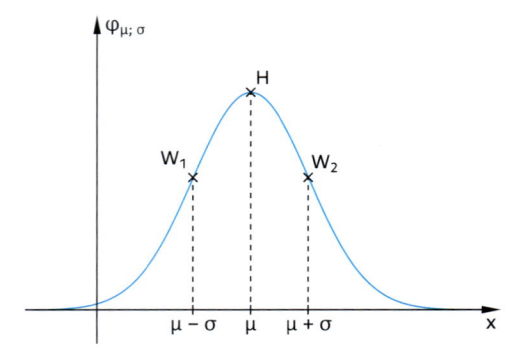

Satz

Die Gaußsche Glockenfunktion $\varphi_{\mu;\sigma}$ mit $\varphi_{\mu;\sigma}(x) = \frac{1}{\sigma\sqrt{2\pi}} \cdot e^{-\frac{(x-\mu)^2}{2\sigma^2}}$ hat bei $x = \mu$ ein Maximum und die Wendestellen $x = \mu - \sigma$ und $x = \mu + \sigma$. Ihr Graph ist symmetrisch zur Gerade mit der Gleichung $x = \mu$. Für $x \to \infty$ und $x \to -\infty$ gilt $\varphi_{\mu;\sigma}(x) \to 0$.

Normalverteilung 2

Beispiel 2

Berechnen Sie die Koordinaten des Hochpunktes und der Wendepunkte der Gaußschen Glockenfunktion φ mit $\varphi(x) = \frac{1}{3\sqrt{2\pi}} \cdot e^{-\frac{(x-8)^2}{18}}$ und skizzieren Sie ihren Graphen.

Lösung:

Ermitteln Sie mithilfe des Satzes die Maximalstelle und die Wendestellen aus dem Funktionsterm.

Maximalstelle: $x_E = \mu = 8$
Ablesen aus $\frac{1}{3\sqrt{2\pi}}$: $\sigma = 3$
Wendestellen: $x_{W1} = \mu - \sigma = 8 - 3 = 5$
$x_{W2} = \mu + \sigma = 8 + 3 = 11$

Setzen Sie diese Stellen in den Funktionsterm $\varphi_{\mu;\sigma}(x)$ ein, um die y-Koordinaten zu bestimmen.

$\varphi_{8;3}(8) = \frac{1}{3\sqrt{2\pi}} \cdot e^{-\frac{(8-8)^2}{2 \cdot 3^2}} = \frac{1}{3\sqrt{2\pi}} \approx 0{,}133$

$\varphi_{8;3}(5) = \varphi_{8;3}(11) = \frac{1}{3\sqrt{2\pi}} \cdot e^{-\frac{1}{2}} \approx 0{,}081$

Tragen Sie den Hochpunkt H und die Wendepunkte W_1 und W_2 in ein Koordinatensystem ein. Skizzieren Sie den Verlauf des Graphen durch diese Punkte. Beachten Sie: Der Graph ist symmetrisch zur Gerade mit $x = 8$, alle Funktionswerte sind positiv und für $x \to -\infty$ und $x \to \infty$ gilt $\varphi_{8;3}(x) \to 0$.

$H(8|0{,}133)$, $W_1(5|0{,}081)$, $W_2(11|0{,}081)$

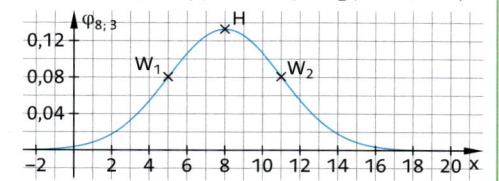

Basisaufgaben

7 Berechnen Sie die Koordinaten des Hochpunktes und der Wendepunkte der Gaußschen Glockenfunktion und skizzieren Sie ihren Graphen.
  a) $\varphi_{5;1}$ b) $\varphi_{0;1}$ c) $\varphi_{7;3}$ d) $\varphi(x) = \frac{1}{\sqrt{2\pi}} \cdot e^{-\frac{(x+5)^2}{2}}$ e) $\varphi(x) = \frac{1}{10\sqrt{2\pi}} \cdot e^{-\frac{(x-100)^2}{200}}$

8 Zeichnen Sie den Graphen der Gaußschen Glockenfunktion $\varphi_{\mu;\sigma}$ für $\mu = 4$ und $\sigma = 8$ mit einer Software und lassen Sie den Hochpunkt sowie die Wendepunkte anzeigen. Vergleichen Sie die Ergebnisse mit der Maximalstelle und den Wendestellen, die sich aus dem Satz ergeben.

9 Zeichnen Sie den Graphen der Gaußschen Glockenfunktion $\varphi_{\mu;\sigma}$ für $\mu = 50$ und $\sigma = 10$ mit einer Software. Untersuchen und beschreiben Sie, wie sich die Gestalt der Glockenkurve ändert, wenn sich der Wert von μ bzw. der Wert von σ ändert.

10 Entscheiden Sie, welche der Graphen ① bis ④ zu Gaußschen Glockenfunktionen $\varphi_{\mu;\sigma}$ gehören können.
Lesen Sie in diesem Fall näherungsweise die Werte von μ und σ ab.

11 Eine Gaußsche Glockenkurve hat die Wendestellen $x_1 = 7$ und $x_2 = 13$. Geben Sie den Term der zugehörigen Dichtefunktion an.

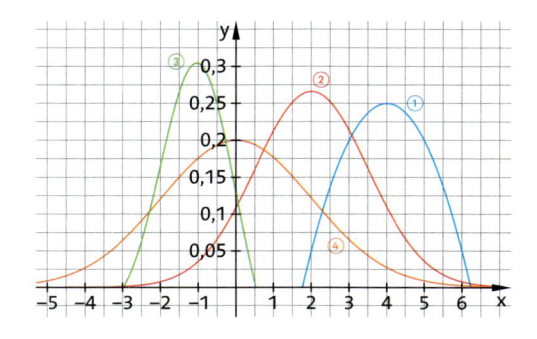

12 Die Zufallsgröße X ist normalverteilt mit $\mu = 60$ und $\sigma = 8$. Es gilt $a = 55$ und $b = 65$. Entscheiden Sie begründet, ob $P(a \leq X \leq b)$ größer oder kleiner wird, wenn sich der Wert des angegebenen Parameters um 5 vergrößert. Prüfen Sie mit einer Software.
  a) a   b) b   c) μ d) σ

2.3 Normalverteilung

Weiterführende Aufgaben

Zwischentest

13 Gegeben ist der Graph der Dichtefunktion einer normalverteilten Zufallsgröße X.
  a) Geben Sie den Erwartungswert µ von X an.
  b) Geben Sie die Wahrscheinlichkeit P(X = 4) an.
  c) Bestimmen Sie die Wahrscheinlichkeit P(2,5 ≤ X ≤ 4) mithilfe des Graphen.

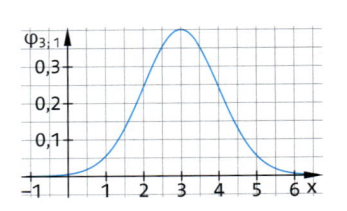

Hilfe

14 Gegeben ist die in $\mathbb{R}$ definierte Gaußsche Glockenfunktion $\varphi_{\mu;\sigma}$ mit $\varphi_{\mu;\sigma}(x) = \frac{1}{\sigma\sqrt{2\pi}} \cdot e^{-\frac{(x-\mu)^2}{2\sigma^2}}$.
  a) Geben Sie den Wertebereich und das Verhalten der Funktionswerte für $x \to \pm\infty$ an.
  b) Zeigen Sie, dass der Graph von $\varphi_{\mu;\sigma}$ symmetrisch zur Gerade $x = \mu$ ist.
  c) Bestimmen Sie die Nullstellen und mithilfe der 1. und 2. Ableitung die Extrempunkte und die Wendepunkte. Bei den Wendepunkten genügt es, die notwendige Bedingung zu untersuchen.

15 Erwartungswert µ und Standardabweichung σ aus Daten schätzen:
Die Tabelle zeigt die Füllmengen in Gramm von 25 Packungen Salz, die von einer Maschine abgefüllt wurden. Die Angaben sind auf Gramm gerundet.

498	503	494	499	500
503	501	506	507	505
497	495	498	505	497
494	504	503	500	508
498	501	502	493	505

  a) Stellen Sie die relativen Häufigkeiten der Füllmengen in einem Histogramm dar.
  b) Bestimmen Sie das arithmetische Mittel $\bar{x}$ und mithilfe der relativen Häufigkeiten die Standardabweichung s vom arithmetischen Mittel (die „**empirische Standardabweichung**").
  c) Verwenden Sie $\bar{x}$ und s als Schätzwerte für die Parameter einer Normalverteilung und geben Sie die Gleichung der zugehörigen Dichtefunktion an. Erklären Sie, was das für den Erwartungswert und die Standardabweichung der Normalverteilung bedeutet.
  d) Stellen Sie den Graphen der Dichtefunktion gemeinsam mit dem Histogramm dar.

16 Stolperstelle: Die Zufallsgröße X ist normalverteilt mit µ = 5 und σ = 1,2. Leo meint:
„Der Erwartungswert ist 5, also ist P(X = 5) größer als alle anderen Wahrscheinlichkeiten für X."
Nehmen Sie Stellung.

17 Die Größe eines Pferds wird mit dem Stockmaß gemessen. Es gibt die Entfernung des Übergangs zwischen Hals und Rücken vom Erdboden an. Die Tabelle zeigt die Stockmaße (gerundet auf cm) von 400 Rassepferden (Hannoveraner) eines Gestüts.

Stockmaß in cm	160	161	162	163	164	165	166	167	168	169	170	171	172	173	174	175
Anzahl	3	10	14	23	31	41	50	53	50	41	34	22	13	8	4	3

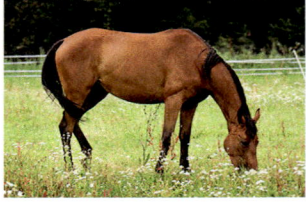

  a) Stellen Sie die relativen Häufigkeiten der Stockmaße mithilfe einer Software in einem Diagramm dar.
  b) Bestimmen Sie das arithmetische Mittel und die empirische Standardabweichung der Daten und verwenden Sie sie als Erwartungswert und Standardabweichung einer Normalverteilung. Geben Sie die Gleichung der zugehörigen Dichtefunktion an.
  c) Fügen Sie den Graphen der Dichtefunktion dem Histogramm von Teilaufgabe a) hinzu.
  d) Berechnen Sie mit der Normalverteilung die Wahrscheinlichkeit, dass das Stockmaß höchstens um das 1,5-Fache der Standardabweichung vom Erwartungswert abweicht, und vergleichen Sie den Wert mit der relativen Häufigkeit bei den gemessenen Werten.

Hinweis

Zur empirischen Standardabweichung siehe Aufgabe 15.

Normalverteilung 2

18 Zeichnen Sie, ohne zu messen, zwei Punkte in einem Abstand von möglichst genau 10 cm auf ein leeres Blatt Papier. Messen Sie anschließend den Abstand der beiden Punkte. Tragen Sie alle in Ihrem Kurs gemessenen Abstände in eine Liste ein und untersuchen Sie, ob die gemessenen Abstände näherungsweise normalverteilt sind. Bestimmen Sie gegebenenfalls den Erwartungswert und die Standardabweichung.

19 Erläutern Sie anschaulich anhand der Glockenkurve, dass eine normalverteilte Zufallsgröße X mit der Dichtefunktion $\varphi_{\mu;\sigma}$ den Erwartungswert μ hat.

> **Wissen**
> Die **Standardnormalverteilung** ist die Normalverteilung mit $\mu = 0$ und $\sigma = 1$.

20 Plotten Sie die Graphen der Standardnormalverteilung $\varphi_{0;1}$ und der zugehörigen kumulativen Verteilungsfunktion $\Phi_{0;1}$ in ein gemeinsames Koordinatensystem. Veranschaulichen Sie an beiden Graphen den Funktionswert $\Phi_{0;1}(1)$ und beschreiben Sie ihn in Worten.

21 Plotten Sie die Graphen von $\Phi_{0;1}$, $\Phi_{5;1}$, $\Phi_{5;2}$ und $\Phi_{5;0,5}$. Tragen Sie einen Punkt $(a \mid \Phi_{0;1}(a))$ ein und veranschaulichen Sie durch das Ergänzen dreier Punkte die folgende Aussage:
„Der Graph von $\Phi_{\mu;\sigma}$ entsteht aus dem Graphen der Verteilungsfunktion der Standardnormalverteilung Φ durch eine Verschiebung um μ in x-Richtung und eine Streckung mit σ in x-Richtung."
Begründen Sie damit, dass gilt: $\Phi_{\mu;\sigma}(x) = \Phi\left(\frac{x-\mu}{\sigma}\right)$

Info
Als es noch keine digitalen Hilfsmittel gab, war es sehr aufwendig, Wahrscheinlichkeiten von Normalverteilungen zu bestimmen. Sie wurden auf die Standardnormalverteilung zurückgeführt, für deren Werte es Tabellen gab.

22 Mithilfe der Standardnormalverteilung lassen sich Funktionswerte und Wahrscheinlichkeiten von beliebigen Normalverteilungen berechnen.

a) Geben Sie für die Standardnormalverteilung den Term der Gaußschen Glockenfunktion $\varphi_{0;1}$ an. Zeigen Sie, dass für alle $\mu, \sigma, x \in \mathbb{R}$ mit $\sigma > 0$ gilt:
$$\varphi_{\mu;\sigma}(x) = \frac{1}{\sigma}\varphi_{0;1}\left(\frac{x-\mu}{\sigma}\right)$$

b) Beschreiben Sie, wie der Graph von $\varphi_{\mu;\sigma}$ durch Verschiebung und Streckung aus dem Graphen der Standardnormalverteilung hervorgeht. Erläutern Sie die Bedeutung der beiden Terme mit σ in $\varphi_{\mu;\sigma}(x)$. Begründen Sie, dass $\varphi_{\mu;\sigma}$ eine Dichtefunktion ist.

Erinnerung
Die Gaußsche Integralfunktion $\Phi_{\mu;\sigma}$ ist eine Stammfunktion der Gaußschen Glockenfunktion $\varphi_{\mu;\sigma}$.

c) Zeigen Sie mit der Kettenregel, dass die Funktion Φ mit $\Phi(x) = \Phi_{0;1}\left(\frac{x-\mu}{\sigma}\right)$ eine Stammfunktion von $\varphi_{\mu;\sigma}$ ist.

d) Begründen Sie mithilfe von c), dass für alle $\mu, \sigma, a, b \in \mathbb{R}$ mit $\sigma > 0$ und $a \leq b$ gilt:

① $\int_a^b \varphi_{\mu;\sigma}(x)\,dx = \int_{\frac{a-\mu}{\sigma}}^{\frac{b-\mu}{\sigma}} \varphi_{0;1}(x)\,dx = \Phi_{0;1}\left(\frac{b-\mu}{\sigma}\right) - \Phi_{0;1}\left(\frac{a-\mu}{\sigma}\right)$ ② $\Phi_{\mu;\sigma}(b) = \Phi_{0;1}\left(\frac{b-\mu}{\sigma}\right)$

23 Ermitteln Sie unter Verwendung einer Mathematik-Software und von Schiebereglern für μ und σ, wie der Graph der Standardnormalverteilung gestreckt und verschoben werden muss, damit der entstehende Graph durch die Punkte A und B verläuft. Geben Sie dazu eine passende Dichtefunktion an.

a) A(−1 | 0,4); B(0 | 0,24) b) A(2 | 0,8); B(2,5 | 0,48)

24 a) Ermitteln Sie zur Binomialverteilung B(20; 0,5) den Erwartungswert µ und die Standardabweichung σ. Plotten Sie die Graphen zu B(20; 0,5) und $\varphi_{\mu;\sigma}$ in ein gemeinsames Koordinatensystem. Beschreiben und interpretieren Sie das Ergebnis.
b) Wiederholen Sie a) für B(200; 0,5) und B(2000; 0,5). Vergleichen Sie die Ergebnisse.

25 Erstellen Sie eine Präsentation zur Geschichte der Normalverteilung und zum Namen der Gaußschen Glockenfunktion.

26 Ein Paketzusteller wirbt damit, zwischen 8.00 Uhr und 18.00 Uhr alle Pakete auszuliefern. Er modelliert den Zeitpunkt, zu dem ein zufällig ausgewähltes Paket zugestellt wird, mit einer normalverteilten Zufallsgröße mit dem Erwartungswert 13 und der Standardabweichung 1,5. Die Abbildung zeigt den Graphen der zugehörigen Dichtefunktion. 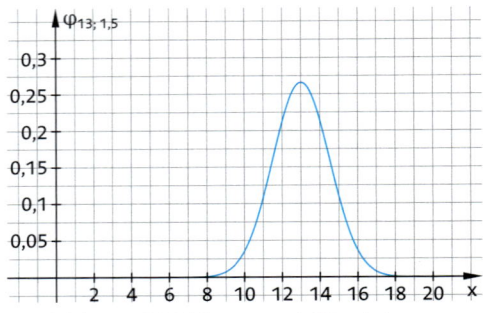
a) Ermitteln Sie näherungsweise die Wahrscheinlichkeit, dass ein Paket zwischen 12 Uhr und 14 Uhr zugestellt wird.
b) Pro Tag stellt ein Fahrer 250 Pakete zu. Berechnen Sie, wie viele Pakete der Fahrer bis 12 Uhr zugestellt hat.
c) Diskutieren Sie die Modellierung der Paketzustellung.

Hilfe

27 Die Abbildung zeigt eine Häufigkeitsverteilung für die Masse in Kilogramm von 500 Neugeborenen. 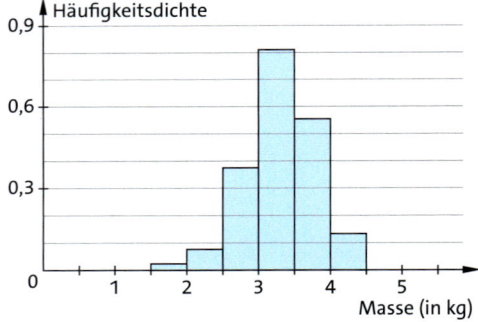
a) Entnehmen Sie der Darstellung die Einteilung der Klassen und möglichst genau die Häufigkeitsdichten.
b) Ermitteln Sie die Klassenmitten und die relativen Häufigkeiten der Klassen. Bestimmen Sie damit das arithmetische Mittel $\bar{x}$ und die empirische Standardabweichung s der Massen.
c) Stellen Sie mithilfe von $\bar{x}$ und s die Dichtefunktion $\varphi_{\mu;\sigma}$ einer Normalverteilung auf.
d) Testen Sie, ob $\varphi_{\mu;\sigma}$ eine brauchbare Näherung der Häufigkeitsverteilung ist.

Hinweis

Man erhält brauchbare Näherungswerte für p ≤ 0,1 und n ≥ 100.

28 Ausblick: Poisson-Verteilung
Die Binomialverteilung B(n; p) kann für sehr große Werte von n bei kleinem p gut durch die Poisson-Verteilung P_μ mit dem Erwartungswert µ = n · p angenähert werden:
$$P_\mu: k \mapsto \begin{cases} \frac{\mu^k}{k!} e^{-\mu} & \text{für } k \in \mathbb{N} \\ 0 & \text{sonst} \end{cases}$$
Beim Lotto „6 aus 49" ist die Chance für einen Sechser bei einer Tippreihe sehr gering.
a) Berechnen Sie mit der Poisson-Näherung die Wahrscheinlichkeit, dass bei 10 000 unabhängig voneinander ausgefüllten Tippreihen kein Sechser auftritt. Geben Sie dazu zunächst n, p und µ an.
b) Stellen Sie eine Vermutung auf, mit welcher Wahrscheinlichkeit bei $\binom{49}{6}$ unabhängig voneinander ausgefüllten Scheinen kein Sechser auftritt. Berechnen Sie dann die Wahrscheinlichkeit.
c) Ermitteln Sie mit der Poisson-Näherung, wie viele Tippreihen unabhängig voneinander ausgefüllt werden müssen, damit mindestens ein Sechser mit mindestens 90 % Wahrscheinlichkeit auftritt.

2.4 σ-Regeln und Prognosen

Plotten Sie die Graphen der drei Dichtefunktionen $\varphi_{-1;1}$, $\varphi_{2;2}$ und $\varphi_{0;3}$ normalverteilter Zufallsgrößen. Berechnen Sie jeweils die Wahrscheinlichkeit $P(\mu - \sigma \leq X \leq \mu + \sigma)$ und stellen Sie eine Vermutung auf.

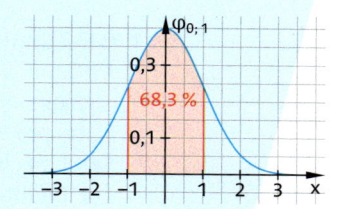

Für eine beliebige normalverteilte Zufallsgröße X mit der Dichtefunktion $\varphi_{\mu;\sigma}$ gilt für beliebige reelle Zahlen a und b: $P(a \leq X \leq b) = \int_a^b \varphi_{\mu;\sigma}(x)\,dx = \int_{\frac{a-\mu}{\sigma}}^{\frac{b-\mu}{\sigma}} \varphi_{0;1}(x)\,dx$. Für die Wahrscheinlichkeit der **1σ-Umgebung** um den Erwartungswert μ folgt damit:

$$P(\mu - \sigma \leq X \leq \mu + \sigma) = \int_{\mu-\sigma}^{\mu+\sigma} \varphi_{\mu;\sigma}(x)\,dx = \int_{\frac{\mu-\sigma-\mu}{\sigma}}^{\frac{\mu+\sigma-\mu}{\sigma}} \varphi_{0;1}(x)\,dx = \int_{-1}^{1} \varphi_{0;1}(x)\,dx$$

Die Wahrscheinlichkeit $P(\mu - \sigma \leq X \leq \mu + \sigma)$ ist also unabhängig von μ und σ für alle normalverteilten Zufallsgrößen gleich groß. Auf die gleiche Weise kann man auch Wahrscheinlichkeiten für weitere σ-Umgebungen herleiten.

> **Satz** σ-Regeln
>
> Für eine normalverteilte Zufallsgröße X mit dem Erwartungswert μ und der Standardabweichung σ liegt der Wert von X mit den folgenden (gerundeten) Wahrscheinlichkeiten in den angegebenen σ-Umgebungen:
>
> | σ-Umgebung | Wahrscheinlichkeit |
> |---|---|
> | $[\mu - \sigma;\mu + \sigma]$ | 68,3 % |
> | $[\mu - 2\sigma;\mu + 2\sigma]$ | 95,4 % |
> | $[\mu - 3\sigma;\mu + 3\sigma]$ | 99,7 % |
>
> | Wahrscheinlichkeit | σ-Umgebung |
> |---|---|
> | 90 % | $[\mu - 1{,}64\sigma;\mu + 1{,}64\sigma]$ |
> | 95 % | $[\mu - 1{,}96\sigma;\mu + 1{,}96\sigma]$ |
> | 99 % | $[\mu - 2{,}58\sigma;\mu + 2{,}58\sigma]$ |

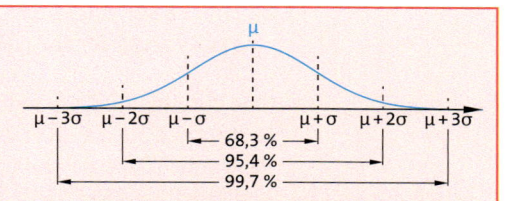

Häufig möchte man eine **Prognose** angeben, in welchem Bereich der Wert einer Zufallsgröße mit einer vorgegebenen Wahrscheinlichkeit, z. B. 95 %, liegt. Zu 95 % liegt dieser Wert nach den σ-Regeln in der 1,96σ-Umgebung. Die 1,96σ-Umgebung ist das 95 %-Intervall für die Prognose. Allgemein verwendet man als Prognosen um den Erwartungswert symmetrische Intervalle, in denen der Wert der Zufallsgröße mit der gewünschten Wahrscheinlichkeit liegt.

> **Beispiel 1**
>
> Bei Bauer Süden ist das Gewicht der Hühnereier näherungsweise normalverteilt mit dem Erwartungswert 58 g und der Standardabweichung 6 g. Bestimmen Sie
> a) die Wahrscheinlichkeit, dass ein Ei zwischen 52 g und 64 g wiegt,
> b) ein um 58 g symmetrisches Intervall, in dem das Gewicht zu 90 % liegt.
>
> **Lösung:**
> a) Geben Sie μ und σ an. Schreiben Sie das gegebene Intervall mit μ und σ und wenden Sie die σ-Regeln an.
>
>   X: Gewicht in g; μ = 58; σ = 6
> $[52;64] = [\mu - \sigma;\mu + \sigma]$
> $P(52 \leq X \leq 64) \approx 68{,}3\,\%$
>
> b) Geben Sie das 90 %-Intervall als die 1,64σ-Umgebung an.
>
> $\mu - 1{,}64\sigma = 48{,}16$; $\mu + 1{,}64\sigma = 67{,}84$
>   90 %-Intervall für das Gewicht in g:
> $[48{,}16;67{,}84]$

Basisaufgaben

1 Bei einem Pkw-Modell geht man davon aus, dass der Benzinverbrauch im Stadtverkehr in Liter pro 100 km näherungsweise normalverteilt ist mit $\mu = 7{,}4$ und $\sigma = 1{,}1$.
 a) Berechnen Sie die σ-Umgebung und die 2σ-Umgebung.
 b) Erläutern Sie, was die entsprechenden σ-Regeln im Sachzusammenhang aussagen.

2 Die Masse von 60 cm großen Babys ist etwa normalverteilt mit dem Erwartungswert 6 und der Standardabweichung 0,4 (in kg).
 a) Bestimmen Sie das 95 %-Intervall für die Prognose mithilfe der σ-Regeln.
 b) Ermitteln Sie ein um den Erwartungswert symmetrisches Intervall, in dem die Masse eines 60 cm großen Babys mit einer Wahrscheinlichkeit von 90 % liegt.

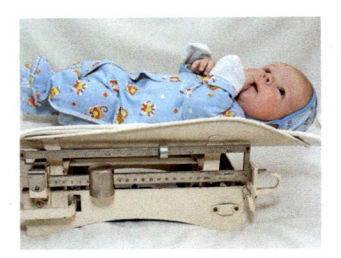

3 Der IQ wurde als normalverteilt mit Erwartungswert 100 festgelegt, sodass 90 % der Menschen einen IQ zwischen 75 und 125 haben.
 a) Bestimmen Sie die Standardabweichung.
 b) Eine Person mit einem IQ von mindestens 130 gilt als hochbegabt. Geben Sie an, wie viel Prozent der Menschen hochbegabt sind.

4 Eine Zufallsgröße X ist normalverteilt mit den Parametern $\mu = 20$ und $\sigma = 5$. Bestimmen Sie die angegebene Wahrscheinlichkeit mithilfe der σ-Regeln. Fertigen Sie dazu eine Skizze an. Nutzen Sie auch die Symmetrie der Normalverteilung.
 a) $P(15 < X < 25)$ b) $P(20 \leq X \leq 30)$ c) $P(X \geq 25)$ d) $P(X < 10)$

5 Die Aufenthaltsdauer der Besucher in einem Museum in Minuten wird als normalverteilt mit dem Erwartungswert 60 und der Standardabweichung 20 angenommen.
 a) Bestimmen Sie ein Intervall als Prognose, in dem die Aufenthaltsdauer zu 90 % liegt.
 b) Bestimmen Sie das 99,7 %-Intervall und nehmen Sie zum Ergebnis Stellung.

Intervalle zu Wahrscheinlichkeiten bestimmen

Mit einer Software oder dem Taschenrechner kann man auch nicht um den Erwartungswert symmetrische Intervalle angeben, in denen der Wert einer normalverteilten Zufallsgröße X mit einer gegebenen Wahrscheinlichkeit liegt.

> **Beispiel 2** Die Weite X in Metern von Schülerinnen beim Kugelstoßen ist näherungsweise normalverteilt mit $\mu = 7$ und $\sigma = 0{,}7$. Bestimmen Sie die Weite, ab der man zu den besten 10 % der Schülerinnen gehört.
>
> **Lösung:**
> Formulieren Sie eine Bedingung an die gesuchte Weite. Geben Sie das Gegenereignis zu $X \geq b$ und seine Wahrscheinlichkeit an. Bestimmen Sie dann z. B. mithilfe einer Software den Wert von b.
>
> gesucht: möglichst kleine Weite b mit
> $P(X \geq b) \leq 0{,}1$
> $P(X < b) = 1 - P(X \geq b) = 0{,}9$
> Software-Befehl z. B.: *InversNormal*(μ,σ,p)
> $b \approx 7{,}90$
> Die Weite beträgt etwa 7,90 m.

Hinweis

Weitere Möglichkeiten zur Bestimmung von Bereichen zu Wahrscheinlichkeiten finden Sie im Streifzug auf Seite 71.

Basisaufgaben

6 Eine Zufallsgröße X ist normalverteilt mit den Parametern µ = 2 und σ = 3. Bestimmen Sie den Wert von c, sodass die folgende Gleichung gilt.
 a) P(X ≤ c) = 0,4
 b) P(X < c) = 0,5
 c) P(X ≥ c) = 0,2
 d) P(X > c) = 0,9

7 Ein Supermarkt untersucht, in welcher maximalen Höhe seine Kunden ein Produkt im Regal noch erreichen können. Es wird angenommen, dass diese Höhe in cm normalverteilt ist mit dem Erwartungswert 178 und der Standardabweichung 9.
 a) Bestimmen Sie, in welcher Höhe sich ein Produkt befinden muss, damit es ein zufällig ausgewählter Kunde mit 90 % Wahrscheinlichkeit greifen kann.
 b) Bestimmen Sie die Höhe des Produkts, sodass es für 5 % der Kunden zu hoch ist.

Weiterführende Aufgaben   Zwischentest

8 Die Abbildung zeigt die Häufigkeitsverteilung der Körpergrößen von 1700 Neugeborenen und den Graphen der Dichtefunktion der Normalverteilung, die den Zusammenhang modelliert. 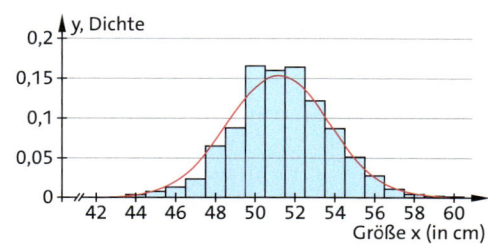
 a) Lesen Sie den Erwartungswert µ und die Standardabweichung σ näherungsweise ab.
 b) Berechnen Sie die Wahrscheinlichkeiten der Ereignisse:
  A: Ein Neugeborenes ist höchstens 56 cm groß.
  B: Ein Neugeborenes ist zwischen 48 cm und 54 cm groß.
  C: Ein Neugeborenes ist auf Zentimeter gerundet 53 cm groß.
 c) Bestimmen Sie ein um den Erwartungswert symmetrisches Intervall, in dem die Körpergröße eines Neugeborenen mit einer Wahrscheinlichkeit von 95 % liegt.
 d) Beurteilen Sie, ob es sinnvoll ist, die Körpergrößen mithilfe einer normalverteilten Zufallsgröße zu modellieren.

9 Eine Firma produziert Nägel, die 4 cm lang sein sollen. Die tatsächliche Länge der einzelnen Nägel kann jedoch abweichen. Das Histogramm zeigt die relativen Häufigkeiten der Abweichungen. Das arithmetische Mittel der Abweichungen beträgt 0,8 mm, die mithilfe der relativen Häufigkeiten ermittelte Standardabweichung 0,25 mm. 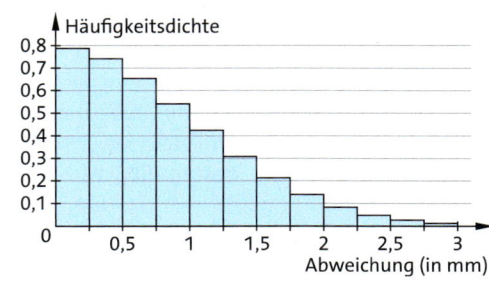
 a) Diskutieren Sie zu zweit, ob man die σ-Regeln auf die Verteilung der Abweichungen anwenden kann.
 b) Ermitteln Sie mithilfe des Histogramms näherungsweise ein Intervall, in dem die Länge der produzierten Nägel zu 50 % liegt.

10 Die Zufallsgröße X sei normalverteilt mit Erwartungswert µ und Standardabweichung σ.
 a) Weisen Sie mithilfe der Standardnormalverteilung die Gültigkeit der 2σ-Regel und der 3σ-Regel nach.
 b) Plotten Sie die Dichtefunktion einer normalverteilten Zufallsgröße und veranschaulichen Sie daran die σ-Regeln aus dem obigen Satz.
 c) Formulieren Sie eine 4σ-Regel und eine 0,5σ-Regel.

2.4 σ-Regeln und Prognosen

11 Stolperstelle: Die Masse in kg von Kaiserpinguinen in einer Pinguinkolonie ist näherungsweise normalverteilt mit dem Erwartungswert 30 und der Standardabweichung 3. Nino meint: *„Nach der 2σ-Regel wiegen 95,4% der Pinguine 24 kg bis 36 kg. Also sind 4,6% der Pinguine schwerer als 36 kg."* Erklären Sie Ninos Denkfehler.

12 Bei einem Test von Autofahrern war die Reaktionszeit beim Bremsen normalverteilt. Bei 5% der Probanden lag sie unter 0,6 Sekunden, bei 5% lag sie über 1,6 Sekunden.
  a) Bestimmen Sie den Erwartungswert und die Standardabweichung der Reaktionszeit.
  b) Gesucht ist die Länge der Strecke, die man bei einer Geschwindigkeit von 50 km/h innerhalb der Reaktionszeit zurücklegt. Geben Sie ein Intervall als Prognose an, in dem diese Länge zu 95% liegt.
  c) Bestimmen Sie, welchen Sicherheitsabstand man bei 50 km/h einhalten sollte, damit bei 99% der Probanden die in der Reaktionszeit zurückgelegte Strecke kleiner ist als dieser Sicherheitsabstand.

13 Franz läuft jeden Morgen um 7.05 Uhr zur Schule. Die Schule beginnt um 7.30 Uhr. Die Dauer des Schulwegs ist normalverteilt mit einer Standardabweichung von 3 Minuten.
  a) Untersuchen Sie, ob es ein Zeitintervall mit einer Länge von 5 Minuten gibt, in dem Franz mit einer Wahrscheinlichkeit von mindestens 80% in der Schule ankommt.
  b) An einem zufällig ausgewählten Tag kommt Franz mit einer Wahrscheinlichkeit von 25% spätestens um 7.18 Uhr in der Schule an.
  Berechnen Sie die Wahrscheinlichkeit dafür, dass Franz an einem zufällig ausgewählten Tag pünktlich in der Schule ist.

14 Erwartungswert μ bestimmen: Der Hersteller einer Infusionslösung möchte sicherstellen, dass bei der Abfüllung der Infusion in Flaschen mit maximal 550 mℓ Fassungsvermögen die Flaschen zu 99% mindestens mit 500 mℓ gefüllt sind. Die Abfüllmaschine liefert eine normalverteilte Abfüllung, die Standardabweichung beträgt 2 mℓ.
  a) Ermitteln Sie durch systematisches Probieren auf eine Nachkommastelle genau, auf welche Größe die Sollfüllmenge einzustellen ist, damit die Forderung erfüllt wird.
  b) Ermitteln Sie unter Verwendung des Werts aus a), mit welcher Wahrscheinlichkeit mindestens 505 mℓ in einem zufällig ausgewählten Beutel sind.

15 Ausblick: Die Zufallsgröße X sei normalverteilt mit dem Erwartungswert μ und der Standardabweichung σ.
  a) Begründen Sie: $P(\mu - c\sigma \leq X \leq \mu + c\sigma) = \Phi_{0;1}(c) - \Phi_{0;1}(-c) = 2\Phi_{0;1}(c) - 1$
  b) Bestimmen Sie den Wert von c mit $P(\mu - c\sigma \leq X \leq \mu + c\sigma) = 0{,}75$ und formulieren Sie eine entsprechende σ-Regel.
  c) Der Anteil der Wähler der Partei A beträgt 10%. Geben Sie mithilfe der σ-Regel aus b) ein Intervall als Prognose an, in dem der Anteil der Wähler von Partei A bei einer Umfrage von 1000 Personen mit einer Wahrscheinlichkeit von 75% liegt.
  d) In einer Stichprobe von 1000 Personen beträgt der Anteil der Wähler von Partei B 0,2. Begründen Sie, dass dieser Anteil im 75%-Intervall für relative Trefferhäufigkeiten liegt, wenn für den Anteil p der Wähler von Partei B insgesamt $0{,}186 \leq p \leq 0{,}215$ gilt. Nutzen Sie dazu auch die σ-Regel aus b).

Hinweis zu c)
Beachten Sie, dass die Zahl der Wähler binomialverteilt ist.

Streifzug

Normalverteilung 2

Intervalle zu gegebenen Wahrscheinlichkeiten bestimmen

Die Zufallsgröße X ist normalverteilt mit $\mu = 100$ und $\sigma = 20$.
Bestimmen Sie anhand des Graphen der Dichtefunktion von X einen Wert b, sodass $P(X < b) \approx 0{,}8$ gilt.

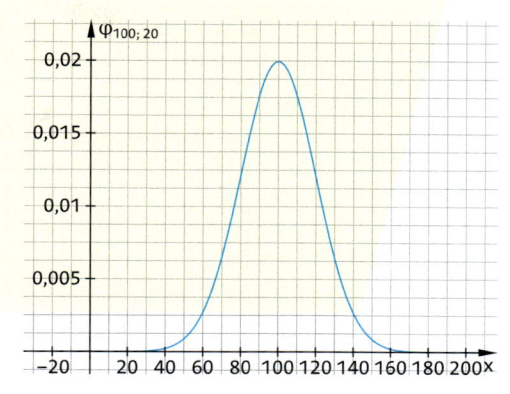

Nicht um den Erwartungswert symmetrische Intervalle, in denen der Wert einer normalverteilten Zufallsgröße X mit einer gegebenen Wahrscheinlichkeit liegt, kann man auf unterschiedliche Weisen bestimmen.
Näherungsweise kann man solche Intervalle **grafisch** oder durch **systematisches Probieren** ermitteln.

Beispiel 1

Die Zufallsgröße X ist normalverteilt mit $\mu = 20$ und $\sigma = 4$. Bestimmen Sie
a) anhand des Graphen der Dichtefunktion einen ganzzahligen Wert b, sodass $P(X < b) \approx 0{,}4$ gilt,
b) durch systematisches Probieren auf eine Dezimalstelle genau einen Wert b, sodass $P(X < b) \approx 0{,}85$ gilt.

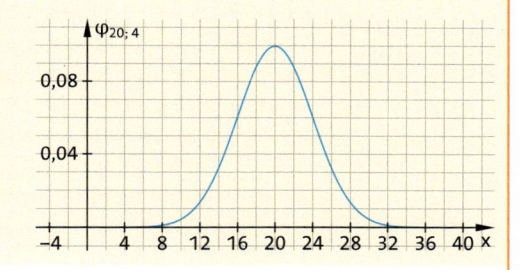

Lösung:

a) Berechnen Sie, wie vielen Kästchen der Flächeninhalt von 0,4 entspricht. Lesen Sie dann den ganzzahligen Wert für b ab, bis zu dem die Fläche unter dem Graphen ca. 9,6 Kästchen groß ist.

Wegen $\mu = 20$ ist $P(X < 20) = 0{,}5$, was ca. 12 Kästchen unter dem Graphen entspricht. Der Flächeninhalt von 0,4 entspricht also $2 \cdot 0{,}4 \cdot 12 = 9{,}6$ Kästchen. Daraus folgt $b \approx 19$.

b) Grenzen Sie zunächst mithilfe der σ-Regeln den Bereich ein, in dem b liegen muss.

σ-Regel: $P(16 \leq X \leq 24) \approx 0{,}683$
Mit der Symmetrie der Normalverteilung folgt:
$P(X \leq 24) \approx \frac{1 - 0{,}683}{2} + 0{,}683 = 0{,}8415$
Also muss b etwas größer als 24 sein.

Berechnen Sie dann verschiedene Wahrscheinlichkeiten $P(X < b)$. Wählen Sie dabei b stets so, dass Sie sich dem Wert 0,85 weiter annähern. Wählen Sie dann den Wert von b als Lösung, für den die Wahrscheinlichkeit $P(X < b)$ am nächsten an 0,85 liegt. Beachten Sie, dass dieser Wert kleiner als 0,85 sein kann.

$P(X < 24{,}5) \approx 0{,}8697$
$P(X < 24{,}2) \approx 0{,}8531$
$P(X < 24{,}1) \approx 0{,}8473$

Auf eine Dezimalstelle gerundet gilt $b = 24{,}1$.

Streifzug

Mithilfe einer Mathematik-Software kann man die passenden Bereiche zu vorgegebenen Wahrscheinlichkeiten direkt berechnen. Auch einige Taschenrechner können die „inverse Normalverteilung" berechnen.

Beispiel 2 Die Zufallsgröße X ist normalverteilt mit $\mu = 10$ und $\sigma = 1{,}2$. Bestimmen Sie den Wert von b mit $P(X \geq b) = 0{,}28$ mit einem geeigneten Hilfsmittel.

Lösung:
Drücken Sie die gegebene Wahrscheinlichkeit zunächst durch die Wahrscheinlichkeit $P(X < b)$ aus.
Nutzen Sie einen geeigneten Taschenrechner oder eine geeignete Software, um den gesuchten Wert für b zu bestimmen.

$P(X < b) = 1 - P(X \geq b) = 1 - 0{,}28 = 0{,}72$

Lösung z. B. mit Tabellenkalkulation:
=NORM.INV(0,72;10;1,2)
Ergebnis: $b \approx 10{,}6994$

Steht kein digitales Hilfsmittel zur Verfügung, so kann man Intervalle zu vorgegebenen Wahrscheinlichkeiten mithilfe von Tabellen zur Standardnormalverteilung ermitteln.

Beispiel 3 Die Zufallsgröße X ist normalverteilt mit $\mu = 100$ und $\sigma = 15$. Bestimmen Sie den Wert von b mit $P(X < b) = 0{,}70$ mithilfe von Tabellen zur Standardnormalverteilung.

Lösung:
Drücken Sie die gegebene Wahrscheinlichkeit zunächst durch die kumulierte Verteilungsfunktion $\Phi_{100;15}$ aus.
Lesen Sie aus einer Tabelle zur kumulierten Standardnormalverteilung den Wert a ab, sodass gilt: $\Phi_{0;1}(a) \approx 0{,}70$
Der Wert 0,69847 liegt am nächsten an 0,70. Die Zahlen in der Kopfspalte und -zeile geben die Dezimalstellen von a an.

$0{,}70 = P(X < b) = \int_{-\infty}^{b} \varphi_{100;15}(t)\,dt = \Phi_{100;15}(b)$

	0	0,01	0,02	0,03	0,04
0,0	0,50000	0,50399	0,50798	0,51197	0,51595
0,1	0,53983	0,54380	0,54776	0,55172	0,55567
0,2	0,57926	0,58317	0,58706	0,59095	0,59483
0,3	0,61791	0,62172	0,62552	0,62930	0,63307
0,4	0,65542	0,65910	0,66276	0,66640	0,67003
0,5	0,69146	0,69497	0,69847	0,70194	0,70540

$a = 0{,}52$

Berechnen Sie mithilfe der Formel $\Phi_{\mu;\sigma}(x) = \Phi\left(\frac{x-\mu}{\sigma}\right)$ den Wert von b.

$\frac{b-\mu}{\sigma} = \frac{b-100}{15} = a = 0{,}52$

$\Leftrightarrow b = 15 \cdot 0{,}52 + 100 = 107{,}8$

Aufgaben

1 Die Zufallsgröße X ist normalverteilt mit $\mu = 40$ und $\sigma = 5$. Bestimmen Sie anhand des Graphen der Dichtefunktion einen ganzzahligen Wert b, sodass $P(X < b) \approx 0{,}6$ gilt.

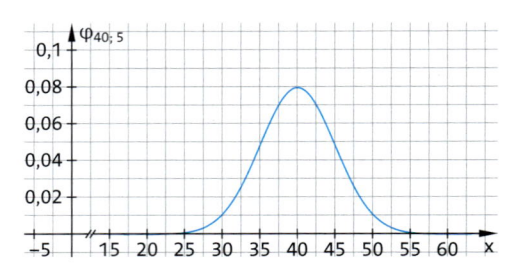

2 Die Zufallsgröße X ist normalverteilt mit $\mu = 50$ und $\sigma = 8$. Bestimmen Sie durch systematisches Probieren auf eine Dezimalstelle genau einen Wert b, sodass $P(X < b) \approx 0{,}1$ gilt.

3 Die Zufallsgröße X ist normalverteilt mit $\mu = 25$ und $\sigma = 4{,}5$. Bestimmen Sie mithilfe einer Tabelle den Wert von b mit $P(X < b) = 0{,}35$.

4 Die Masse frischer Waffeln in Gramm in einem Waffelladen ist normalverteilt mit dem Erwartungswert 65 und der Standardabweichung 5. Bestimmen Sie ein Intervall von Massen, in dem
a) 80 % der Waffeln liegen und das symmetrisch um den Erwartungswert ist,
b) die schwersten 3 % der Waffeln liegen,
c) die leichtesten 15 % der Waffeln liegen.

5 Die Zufallsgröße X beschreibt die Zeit in Minuten, die Jugendliche für einen Orientierungslauf benötigen. X ist normalverteilt mit $\mu = 60$ und $\sigma = 8$.
a) Berechnen Sie den Zeitpunkt nach dem Start, zu dem die schnellsten 10 % der Jugendlichen das Ziel erreicht haben.
b) Bestimmen Sie das kürzeste Zeitintervall, in dem insgesamt 10 % der Jugendlichen das Ziel erreichen.
c) An einem Orientierungslauf nehmen 1000 Jugendliche teil. Bestimmen Sie die Zeitdauer, nach der vermutlich alle Jugendlichen das Ziel erreicht haben.

6 Die Abiturnoten eines Jahrgangs sind ungefähr normalverteilt mit dem Erwartungswert 2,3 und der Standardabweichung 0,6.
a) Die besten 3 % der Abiturienten und Abiturientinnen sollen eine Auszeichnung erhalten. Bestimmen Sie die Noten, für die die Auszeichnung verliehen wird.
b) Berechnen Sie, mit welcher Note man zu den besten 10 % dieses Jahrgangs gehört.
c) Beurteilen Sie die Modellierung der Noten durch eine Normalverteilung.

7 Der größte Court bei einem Tennisturnier hat 8000 Zuschauerplätze. Die Zahl der Personen, die ein zufälliges Match auf diesem Court besuchen möchten, wird als normalverteilt mit $\mu = 7500$ und $\sigma = 1000$ angenommen. 
a) Berechnen Sie die Wahrscheinlichkeit, dass alle Personen, die ein zufällig ausgewähltes Match auf dem Court besuchen möchten, einen Platz bekommen.
b) Bestimmen Sie, welche Kapazität der Court haben müsste, damit in 90 % der Fälle alle interessierten Personen einen Platz auf der Tribüne bekommen.
c) Berechnen Sie die Zahl der Plätze, die bei einem zufällig ausgewählten Match mit einer Wahrscheinlichkeit von 5 % leer bleiben.

8 Ein Freizeitpark hat zwischen 10 Uhr und 20 Uhr geöffnet. Der Zeitpunkt, zu dem ein zufällig ausgewählter Gast eintritt, kann mithilfe einer normalverteilten Zufallsgröße mit dem Erwartungswert 15 und der Standardabweichung 1,5 in Stunden beschrieben werden. Die Abbildung zeigt den Graphen der zugehörigen Dichtefunktion (t: Zeit seit 0 Uhr in Stunden). 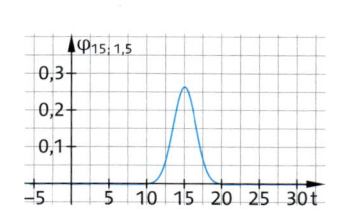
a) Geben Sie den Zeitraum von einer halben Stunde an, in dem mit der größten Anzahl an eintreffenden Gästen zu rechnen ist.
b) An einem Montag wird der Freizeitpark von 1500 Gästen besucht. Berechnen Sie, zu welchem Zeitpunkt mit dem Eintreffen des tausendsten Gastes zu rechnen ist.
c) Diskutieren Sie, ob es in Anbetracht der Öffnungszeiten sinnvoll ist, das Eintreffen der Parkgäste mithilfe einer normalverteilten Zufallsgröße zu modellieren.

2.5 Klausur- und Abiturtraining

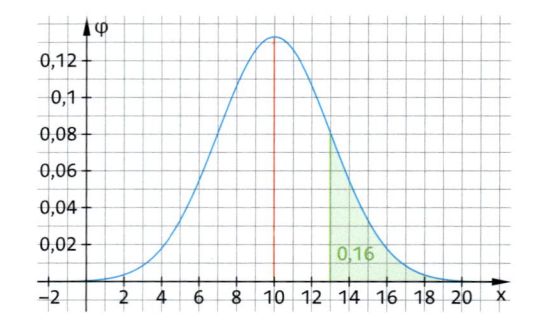

Aufgaben ohne Hilfsmittel

1 Der Graph der Funktion f mit
f(x) = cos(x) + 1 hat im Intervall [−π; π] eine glockenförmige Gestalt.
a) Begründen Sie, weshalb diese Funktion in diesem Intervall nicht als Dichtefunktion einer stetigen Zufallsgröße in Frage kommt.
b) Verändern Sie den Funktionsterm so, dass er als Dichtefunktion einer stetigen Zufallsgröße in Frage kommt.

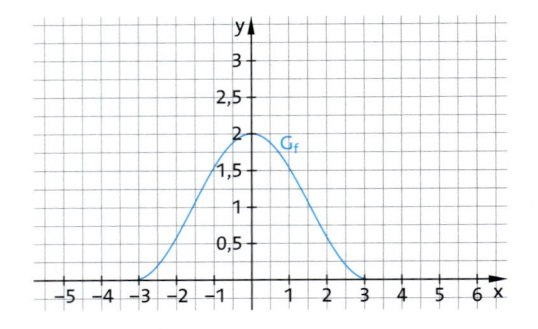

2 Ein Bus fährt vom Busbahnhof alle 10 Minuten zur Universität.
a) Modellieren Sie die Zufallsgröße X als Wartezeit eines zufällig eintreffenden Fahrgasts unter der Voraussetzung, dass die Ankunftszeit gleichverteilt ist. Geben Sie die zugehörige Dichtefunktion an und stellen Sie diese grafisch dar.
b) Bestimmen Sie die Wahrscheinlichkeit, dass ein zufällig eintreffender Fahrgast mindestens 4 und höchstens 6 Minuten auf den Bus warten muss.
c) Bestimmen Sie den Erwartungswert für die Wartezeit.

3 Im Risikomanagement sind oft nur drei Werte einer Größe bekannt, das Minimum, das Maximum und der wahrscheinlichste Wert. Als einfachste Verteilung wird hierbei oft eine Dreiecksverteilung genutzt. Die Kursentwicklung einer Aktie in den kommenden drei Monaten soll auf diese Weise als stetige Zufallsgröße X beschrieben werden. Dabei gilt:
pessimistischster Wert: −2 %
optimistischster Wert: +5 %
wahrscheinlichster Wert: +2 %
a) Die Abbildung zeigt den Graphen einer Funktion f. Geben Sie die Funktionsgleichung von f abschnittsweise so an, dass f eine Dichtefunktion zu X ist.
b) Berechnen Sie die Inhalte der farbig markierten Flächen und erklären Sie die Bedeutung dieser Werte im Sachzusammenhang.

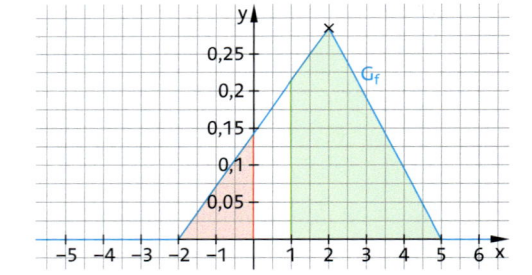

4 Die Abbildung zeigt den Graphen der Dichtefunktion φ einer normalverteilten Zufallsgröße X. Der Flächeninhalt der gefärbten Fläche beträgt ca. 0,16 FE.
a) Geben Sie den Erwartungswert von X an.
b) Ermitteln Sie folgende Wahrscheinlichkeiten:
① P(X ≥ 13)   ② P(X ≤ 10)
③ P(7 < X < 13)

Aufgaben mit Hilfsmitteln

5 Die Tabelle enthält eine Häufigkeitsverteilung der Anzahl von Lebendgeburten in Deutschland im Jahr 2014 bezogen auf Altersgruppen (Klassen) der Mütter.

Alter in Jahren	< 15	[15; 20[	[20; 25[	[25; 30[	[30; 35[	[35; 40[	[40; 45[	≥ 45
Anzahl	66	12 023	72 519	191 908	256 630	146 222	33 433	2 126

a) Erstellen Sie eine Tabelle, in der die relativen Häufigkeiten der Lebendgeburten jeder Klassenmitte zugeordnet sind. (Verwenden Sie für die Altersgruppe unter 15 Jahre die Klassenmitte 12,5 und für die Altersgruppe ab 45 Jahren die Klassenmitte 47,5.)

b) Ermitteln Sie anhand der Klassenmitten und ihrer relativen Häufigkeiten das arithmetische Mittel und damit eine „empirische" Standardabweichung des Alters der Mütter als Näherungswerte für den Erwartungswert und die Standardabweichung einer normalverteilten Zufallsgröße X und geben Sie die Gleichung der Dichtefunktion an.

c) Ermitteln Sie anhand der relativen Häufigkeiten die zu jeder Klassenmitte gehörende Dichte. Stellen Sie die Dichten in Abhängigkeit von den Klassenmitten grafisch dar. Zeichnen Sie die Dichtefunktion von Teilaufgabe b) in das Diagramm ein.

d) Berechnen Sie mit der Normalverteilung die Wahrscheinlichkeiten der Ereignisse:
A: Eine Mutter ist jünger als 35 Jahre.
B: Eine Mutter ist mindestens 22 und höchstens 33 Jahre alt.
C: Eine Mutter ist 27 Jahre alt.
D: Eine Mutter ist älter als 42.

e) Bestimmen Sie, welches Alter 30 % der Mütter höchstens haben.

Hinweis zu d)
Betrachten Sie eine Mutter als „n Jahre alt", wenn sie sich im (n + 1)-ten Lebensjahr befindet.

6 Für eine normalverteile Zufallsgröße Y gilt: $P(Y \leq 5) = P(Y \geq 10) = 0{,}1$
a) Begründen Sie, dass der Erwartungswert 7,5 ist und dass die Standardabweichung kleiner als 2,5 sein muss.
b) Bestimmen Sie systematisch einen Wert für die Standardabweichung auf zwei Nachkommastellen genau.
c) Bestimmen Sie den größtmöglichen Wert von b, sodass $P(Y < b) \leq 0{,}15$ gilt.

7 Müslipackungen der Firma Fit-for-Life werden in unterschiedlichen Packungsgrößen angeboten. Die tatsächlich enthaltene Masse des Müslis in einer Packung kann durch eine normalverteilte Zufallsgröße beschrieben werden.

a) Die Funktion φ mit $\varphi(x) = \frac{1}{\sqrt{128\pi}} \cdot e^{-\frac{(x-700)^2}{128}}$ ist die Dichtefunktion zu einer bestimmten Packungsgröße, wobei x die Masse des Müslis in Gramm ist. Geben Sie den Erwartungswert und die Standardabweichung für die Masse in Gramm an. Ermitteln Sie außerdem ein um den Erwartungswert symmetrisches Intervall, in dem die tatsächliche Masse des Müslis mit einer Wahrscheinlichkeit von 95 % liegt.

b) In einer kleineren Packungsgröße liegt der Erwartungswert für die Masse des Müslis bei 500 g und die Standardabweichung bei 7 g.
Bestimmen Sie systematisch (auf 1 g genau) das kleinste um den Erwartungswert symmetrische Intervall, das mit einer Wahrscheinlichkeit von mindestens 97 % die tatsächliche Masse des Müslis enthält.

2 Prüfen Sie Ihr neues Fundament

Lösungen → S. 172

1 Bei einem Weitsprungwettbewerb wurden die folgenden Resultate (in cm) erzielt:

| 352 | 358 | 379 | 384 | 397 | 411 | 425 | 430 | 444 | 450 | 450 |
| 471 | 477 | 505 | 520 | 562 | 564 | 594 | 622 | 630 | | |

a) Teilen Sie die Weiten ① in 10 gleich breite, ② in 5 gleich breite Klassen ein und stellen Sie jeweils die relative Häufigkeit der Klassen in einem Histogramm dar.
b) Entscheiden Sie, welches Histogramm die Verteilung der Sprungweiten besser veranschaulicht. Begründen Sie Ihre Meinung.
c) Ermitteln Sie den Mittelwert aus den gegebenen Weiten und eine Schätzung des Mittelwertes, wenn man nur die absoluten Häufigkeiten in der 5-Klasseneinteilung kennt.

2 Für eine Zufallsgröße X gilt folgende Funktion.

$$f(x) = \begin{cases} \frac{1}{5} + b \cdot x^2 & \text{für } 0 \leq x \leq 1 \\ 0 & \text{sonst} \end{cases}$$

a) Bestimmen Sie b, sodass f eine Dichtefunktion ist.
b) Bestimmen Sie die kumulative Verteilungsfunktion F zur Dichtefunktion f aus a).

3 Familie Liu bekommt ein neues Boxspringbett. Die Lieferung ist für Samstag zwischen 9 und 10 Uhr angekündigt und es wird vorausgesetzt, dass die Lieferung innerhalb dieses Zeitraums zufällig erfolgt.
Cheng meint: „Die Wahrscheinlichkeit, dass wir genau 30 Minuten warten, ist gleich 0."
Maya entgegnet: „Das kann nicht stimmen, sonst könnte man das auch für 0, 1, ..., 59 oder 60 Minuten behaupten. Man müsste das Wort *genau* exakter definieren."
Erläutern Sie das Gespräch der beiden. Verwenden Sie dazu die Dichtefunktion und die kumulative Verteilungsfunktion des genannten Zufallsprozesses.

4 Gegeben sind die Zufallsgrößen X: Augenzahl beim Werfen eines Würfels und Y: zufällige reelle Zahl aus dem Intervall [0; 6].
Vergleichen Sie die beiden Zufallsgrößen hinsichtlich ihrer Wahrscheinlichkeitsverteilung bzw. Dichtefunktion sowie ihrer kumulierten Wahrscheinlichkeit bzw. Verteilungsfunktion.

5 Der Graph der Funktion $f(x) = 2^{-x^2}$ verläuft ähnlich wie die Gaußsche Glockenkurve.
a) Beschreiben Sie die Eigenschaften des Graphen und vergleichen Sie sie mit denen der Gaußschen Glockenkurve.
b) Begründen Sie, dass die Funktion f nicht als Dichtefunktion einer normalverteilten Zufallsgröße in Frage kommt.

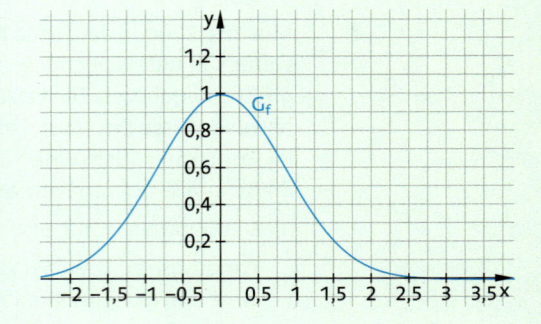

6 Gegeben ist der Graph der Dichtefunktion φ einer normalverteilten Zufallsgröße X.
a) Ermitteln Sie Näherungswerte für folgende Wahrscheinlichkeiten:
① $P(1 \leq X \leq 2)$ ② $P(3 \leq X \leq 6)$
b) Geben Sie den Wert von $P(X = 2{,}5)$ an.

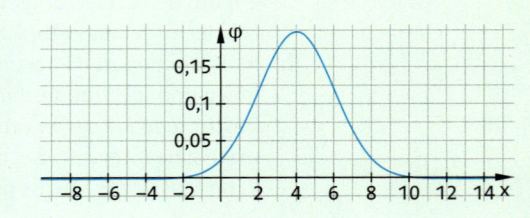

Normalverteilung 2

Lösungen
→ S. 174

7 Der systolische Blutdruck in mmHg (Millimeter Quecksilbersäule) kann als normalverteilte Zufallsgröße X mit $\mu = 120$ und $\sigma = 15$ angenommen werden.
  a) Geben Sie ein Intervall in mmHg an, für das gilt $\mu - 2 \cdot \sigma \leq X \leq \mu + 2 \cdot \sigma$.
  b) Bestimmen Sie näherungsweise folgende Wahrscheinlichkeiten:
    ① $P(\mu - 2 \cdot \sigma \leq X \leq \mu + 2 \cdot \sigma)$ ② $P(\mu - 3 \cdot \sigma \leq X \leq \mu + 3 \cdot \sigma)$ ③ $P(X \leq \mu + \sigma)$

8 Gegeben ist eine normalverteilte Zufallsgröße X durch ihre Dichtefunktion φ mit
$\varphi(x) = \frac{1}{\sqrt{2\pi} \cdot 1{,}5} \cdot e^{-\frac{(x-5)^2}{4{,}5}}$.
  a) Ordnen Sie der Dichtefunktion φ begründet den passenden Graphen zu.

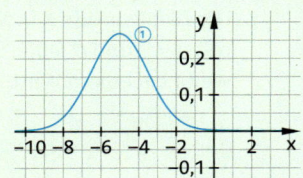

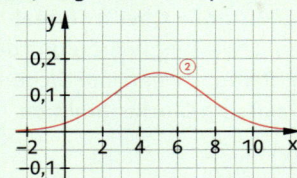

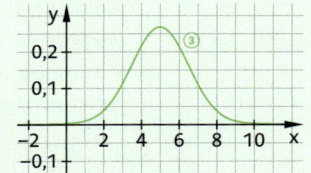

  b) Beschreiben Sie die Integrale als Wahrscheinlichkeiten und geben Sie ihren Wert an.
    ① $\int_{-\infty}^{\infty} \varphi_{\mu;\sigma}(x)\,dx$ ② $\int_{-\infty}^{\mu} \varphi_{\mu;\sigma}(x)\,dx$ ③ $\int_{\mu-\sigma}^{\mu+2\sigma} \varphi_{\mu;\sigma}(x)\,dx$

9 Die Wartezeit in Minuten für Patienten in einer Arztpraxis ist normalverteilt mit $\mu = 40$ und $\sigma = 10$. 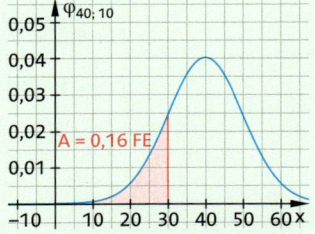
  a) Interpretieren Sie den Inhalt der rot gefärbten Fläche im Sachzusammenhang.
  b) Ermitteln Sie die Wahrscheinlichkeiten folgender Ereignisse:
    A: Die Wartezeit beträgt mindestens 50 Minuten.
    B: Die Wartezeit liegt zwischen 30 und 50 Minuten.
  c) Bestimmen Sie die Zeit, nach der man mit einer Wahrscheinlichkeit von 90 % das Wartezimmer wieder verlassen hat.

10 Die Größe in cm von Frauen im Alter von 16 bis 40 Jahren ist annähernd normalverteilt mit dem Erwartungswert 165 und der Standardabweichung 7.
  a) Bestimmen Sie das 95%-Intervall mithilfe der σ-Regeln.
  b) Bestimmen Sie ein um den Erwartungswert symmetrisches Intervall, in dem die Größe mit einer Wahrscheinlichkeit von 90 % liegt.
  c) Bestimmen Sie, ab welcher Größe man zu den größten 10 % der Frauen gehört.

Wo stehe ich?

	Ich kann...	Aufgabe	Nachschlagen
2.1	... Histogramme klassierter Daten erstellen und interpretieren.	1	S. 53 Beispiel 1
2.2	... diskrete und stetige Zufallsgrößen unterscheiden. ... Dichtefunktionen und kumulative Verteilungsfunktionen stetiger Zufallsgrößen aufstellen.	2, 3, 4	S. 55 Beispiel 1, S. 57 Beispiel 2
2.3	... Wahrscheinlichkeiten für normalverteilte Zufallsgrößen berechnen. ... die Eigenschaften der Normalverteilung erläutern.	5, 6, 8, 9	S. 61 Beispiel 1, S. 63 Beispiel 2
2.4	... mithilfe der σ-Regeln zu vorgegebenen Wahrscheinlichkeiten symmetrische Intervalle um den Erwartungswert bestimmen. ... Bereiche zu vorgegebenen Wahrscheinlichkeiten ermitteln.	7, 9, 10	S. 67 Beispiel 1, S. 68 Beispiel 2

Prüfen Sie Ihr neues Fundament

Zusammenfassung

Stetige Zufallsgrößen

Eine auf $\mathbb{R}$ definierte Funktion f heißt **Dichtefunktion**, wenn gilt:

1. $f(x) \geq 0$ für alle $x \in \mathbb{R}$
2. $\int_{-\infty}^{\infty} f(x)\,dx = 1$

Die Funktion f ist die Dichtefunktion der **stetigen Zufallsgröße** X, wenn für alle $a, b \in \mathbb{R}$ mit $a \leq b$ gilt: $P(a \leq X \leq b) = \int_a^b f(x)\,dx$

Zufallsgröße X mit Dichtefunktion f mit
$$f(x) = \begin{cases} \frac{1}{50}x & \text{für } 0 \leq x \leq 10 \\ 0 & \text{sonst} \end{cases}$$

Es gilt: $\int_{-\infty}^{\infty} f(x)\,dx = \int_0^{10} \frac{1}{50}x\,dx = \left[\frac{1}{100}x^2\right]_0^{10} = 1$

$P(1 \leq X \leq 3) = \int_1^3 \frac{1}{50}x\,dx = \left[\frac{1}{100}x^2\right]_1^3 = \frac{8}{100}$

Normalverteilte Zufallsgrößen

Eine stetige Zufallsgröße X heißt **normalverteilt** mit dem Erwartungswert μ und der Standardabweichung σ, wenn ihre Dichtefunktion die **Gaußsche Glockenfunktion** $\varphi_{\mu;\sigma}$ mit $\varphi_{\mu;\sigma}(x) = \frac{1}{\sigma\sqrt{2\pi}} \cdot e^{-\frac{(x-\mu)^2}{2\sigma^2}}$ ist.

Für $a, b \in \mathbb{R}$ mit $a \leq b$ gilt:
$P(a \leq X \leq b) = \int_a^b \varphi_{\mu;\sigma}(x)\,dx$

Die Zufallsgröße X in Meter ist normalverteilt mit $\mu = 7$ und $\sigma = 0{,}7$. Sie beschreibt die Wurfweite bei einem Wettbewerb im Kugelstoßen.

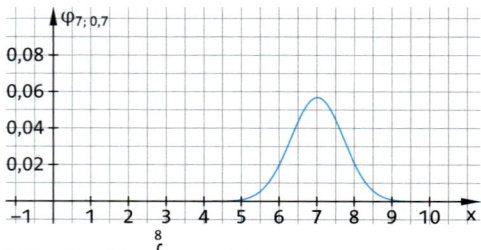

$P(6 \leq X \leq 8) = \int_6^8 \varphi_{7;0,7}(x)\,dx$

Mit dem Taschenrechner ergibt sich $P(6 \leq X \leq 8) = 0{,}8468$.
Die Wahrscheinlichkeit für eine Weite zwischen 6 m und 8 m beträgt etwa 85 %.

σ-Regeln

X sei eine normalverteilte Zufallsgröße mit dem Erwartungswert μ und der Standardabweichung σ. Der Wert von X liegt mit den folgenden Wahrscheinlichkeiten in den angegebenen σ-Umgebungen.

σ-Umgebung	Wahrscheinlichkeit
$[\mu - \sigma; \mu + \sigma]$	68,3 %
$[\mu - 2\sigma; \mu + 2\sigma]$	95,4 %
$[\mu - 3\sigma; \mu + 3\sigma]$	99,7 %

Wahrscheinlichkeit	σ-Umgebung
90 %	$[\mu - 1{,}64\sigma; \mu + 1{,}64\sigma]$
95 %	$[\mu - 1{,}96\sigma; \mu + 1{,}96\sigma]$
99 %	$[\mu - 2{,}58\sigma; \mu + 2{,}58\sigma]$

Bei Bauer Süden ist das Gewicht der Hühnereier in Gramm näherungsweise normalverteilt mit dem Erwartungswert 58 und der Standardabweichung 6.
Mithilfe der σ-Regeln ergibt sich ein um 58 g symmetrisches Intervall, in dem das Gewicht eines zufällig ausgewählten Eies zu 90 % liegt:

$\mu - 1{,}64\sigma = 48{,}16$; $\mu + 1{,}64\sigma = 67{,}84$

90 %-Intervall: $[48{,}16; 67{,}84]$

3 Geraden und Ebenen im Raum

Nach diesem Kapitel können Sie
→ Gleichungen von Geraden und Ebenen in Parameterform aufstellen,
→ Gleichungen von Ebenen in Koordinaten- und Normalenform aufstellen,
→ Lagebeziehungen zwischen Geraden, Ebenen sowie zwischen Geraden und Ebenen ermitteln,
→ Koordinaten von Schnittpunkten, Gleichungen von Schnittgeraden sowie Größen von Schnittwinkeln ermitteln,
→ Abstandsberechnungen durchführen,
→ Gleichungen von Kugeln aufstellen und Lagebeziehungen mit Geraden und Ebenen ermitteln.

3 Ihr Fundament

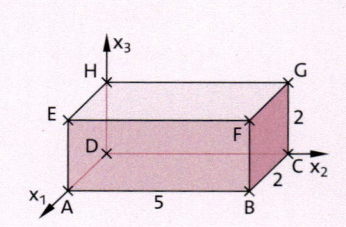

Lösungen → S. 174

Lineare Gleichungssysteme

1 Lösen Sie das lineare Gleichungssystem rechnerisch.

a) $\begin{vmatrix} 2x + 3y = 7 \\ 4x + 5y = 11 \end{vmatrix}$
b) $\begin{vmatrix} 3x + 4y = 1 \\ 2x - 4y = 14 \end{vmatrix}$
c) $\begin{vmatrix} x + y = 2 \\ -x + 3y + 2z = 4 \\ 2y - z = 5 \end{vmatrix}$
d) $\begin{vmatrix} 4x - 2y + z = 3 \\ 2x + y - z = 1 \\ x + y + z = 6 \end{vmatrix}$

2 Ergänzen Sie, wenn möglich, das lineare Gleichungssystem, sodass es
① eindeutig lösbar ist, ② keine Lösung hat, ③ unendlich viele Lösungen hat.

a) $\begin{vmatrix} x + 2y + 3z = 4 \\ 2x + 3y + z = -2 \\ \blacksquare x + \blacksquare y + \blacksquare z = \blacksquare \end{vmatrix}$
b) $\begin{vmatrix} 2x + 3y + 3z = 2 \\ 2x + 2y + z = 0 \\ \blacksquare x + \blacksquare y + \blacksquare z = 4 \end{vmatrix}$
c) $\begin{vmatrix} 3x + 2y + 3z = 4 \\ 0x + 0y + 0z = 2 \\ \blacksquare x + \blacksquare y + \blacksquare z = \blacksquare \end{vmatrix}$

Punkte und Vektoren

3 Bestimmen Sie den Vektor, der vom Punkt A aus zum Punkt B verläuft.

a) A(3|2|1)   B(6|7|9)   b) A(2|1|1)   B(7|6|8)
c) A(−2|−4|−2)   B(7|8|5)   d) A(−2|−1|−2)   B(−6|−5|−7)

4 Bestimmen Sie die Länge des Vektors $\vec{v}$.

a) $\vec{v} = \begin{pmatrix} 2 \\ 4 \\ 5 \end{pmatrix}$
b) $\vec{v} = \begin{pmatrix} 3 \\ 0 \\ 4 \end{pmatrix}$
c) $\vec{v} = \begin{pmatrix} 2 \\ -4 \\ 3 \end{pmatrix}$
d) $\vec{v} = \begin{pmatrix} -2 \\ -4 \\ -5 \end{pmatrix}$

5 Prüfen Sie, ob die Vektoren $\vec{v}$ und $\vec{w}$ kollinear sind.

a) $\vec{v} = \begin{pmatrix} 2 \\ 4 \\ 5 \end{pmatrix}, \vec{w} = \begin{pmatrix} 4 \\ 8 \\ 10 \end{pmatrix}$
b) $\vec{v} = \begin{pmatrix} 2 \\ 4 \\ 3 \end{pmatrix}, \vec{w} = \begin{pmatrix} 6 \\ 12 \\ 6 \end{pmatrix}$
c) $\vec{v} = \begin{pmatrix} -9 \\ -6 \\ -12 \end{pmatrix}, \vec{w} = \begin{pmatrix} 3 \\ 2 \\ 4 \end{pmatrix}$

6 Berechnen Sie.

a) $\begin{pmatrix} 3 \\ 2 \\ -1 \end{pmatrix} + \begin{pmatrix} -5 \\ 0 \\ 2 \end{pmatrix}$
b) $\frac{1}{4} \cdot \begin{pmatrix} 4 \\ -16 \\ 0 \end{pmatrix}$
c) $(-7) \cdot \begin{pmatrix} -11 \\ -3 \\ 5 \end{pmatrix} + (-7) \cdot \begin{pmatrix} 9 \\ 3 \\ -4 \end{pmatrix}$

7 Eine Fähre legt im Punkt A(−100|500|0) am Ufer eines Flusses ab. Bei stehendem Gewässer würde sie sich pro Minute um den Vektor $\vec{v} = \begin{pmatrix} 150 \\ -100 \\ 0 \end{pmatrix}$ bewegen (1 LE = 1 m).

Die Fließbewegung des Wassers pro Minute ist durch den Vektor $\vec{w} = \begin{pmatrix} -100 \\ -50 \\ 0 \end{pmatrix}$ gegeben.

a) Geben Sie den Vektor der tatsächlichen Bewegung der Fähre pro Minute an.
b) Berechnen Sie die Geschwindigkeit der Fähre in m/min und km/h.
c) Ermitteln Sie, nach wie vielen Minuten die Fähre den Punkt B(100|−100|0) am anderen Ufer erreicht.

8 Betrachten Sie den abgebildeten Quader.
a) Geben Sie die Koordinaten der Eckpunkte an.
b) Bestimmen Sie die Vektoren $\overrightarrow{AB}$ und $\overrightarrow{FG}$.
c) Zeigen Sie, dass die Kanten $\overline{AB}$ und $\overline{EF}$ zueinander parallel verlaufen.

Geraden und Ebenen im Raum

Lösungen
→ S. 175

9 Gegeben ist das Dreieck ABC mit A(2|−4|0), B(−5|2|3) und C(4|−1|1).
  a) Zeigen Sie, dass das Dreieck gleichschenklig, aber nicht gleichseitig ist.
  b) Bestimmen Sie die Koordinaten des Seitenmittelpunktes der Basis von ABC. Berechnen Sie damit den Flächeninhalt des Dreiecks.

10 Ermitteln Sie mit dem Vektorprodukt einen Vektor, der orthogonal auf den Vektoren $\vec{a}$ und $\vec{b}$ steht. Überprüfen Sie Ihre Lösung mithilfe des Skalarprodukts.

  a) $\vec{a} = \begin{pmatrix} 2 \\ 1 \\ 0 \end{pmatrix}, \vec{b} = \begin{pmatrix} 3 \\ 5 \\ 1 \end{pmatrix}$
  b) $\vec{a} = \begin{pmatrix} -2 \\ 1 \\ 0 \end{pmatrix}, \vec{b} = \begin{pmatrix} 3 \\ -5 \\ -1 \end{pmatrix}$
  c) $\vec{a} = \begin{pmatrix} 4,5 \\ 2 \\ 1,5 \end{pmatrix}, \vec{b} = \begin{pmatrix} 8 \\ -6 \\ 0,5 \end{pmatrix}$
  d) $\vec{a} = \begin{pmatrix} -8,5 \\ 5,2 \\ 5 \end{pmatrix}, \vec{b} = \begin{pmatrix} -1,5 \\ 4 \\ -1,8 \end{pmatrix}$

11 Berechnen Sie den Flächeninhalt des von $\vec{a}$ und $\vec{b}$ aufgespannten Parallelogramms.

  a) $\vec{a} = \begin{pmatrix} 3 \\ 0 \\ 2 \end{pmatrix}, \vec{b} = \begin{pmatrix} 5 \\ 4 \\ 8 \end{pmatrix}$
  b) $\vec{a} = \begin{pmatrix} 2 \\ 3 \\ 0,5 \end{pmatrix}, \vec{b} = \begin{pmatrix} -4 \\ 5 \\ 6 \end{pmatrix}$
  c) $\vec{a} = \begin{pmatrix} 4,5 \\ 7 \\ -2 \end{pmatrix}, \vec{b} = \begin{pmatrix} 5,8 \\ -1 \\ 5 \end{pmatrix}$

12 Erläutern Sie, wie Sie den Flächeninhalt eines Dreiecks im Raum berechnen können, wenn die Koordinaten der drei Eckpunkte gegeben sind.

Sinus und Kosinus

13 Gegeben ist ein rechtwinkliges Dreieck ABC.
  a) Stellen Sie Gleichungen für $\sin(\alpha)$ und $\sin(\beta)$ sowie für $\cos(\alpha)$ und $\cos(\beta)$ auf.
  b) Es gilt α = 35° und c = 5 cm. Berechnen Sie mit dem Sinus die Längen von a und b.
  c) Es gilt α = 60° und b = 3 cm. Berechnen Sie mit dem Kosinus die Längen von a und c.

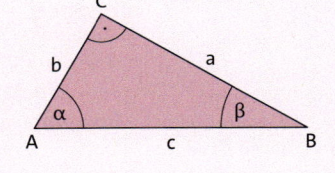

14 Die Zeichnung zeigt einen Einheitskreis, in dem ein Winkel α im Ursprung abgetragen wurde.
  a) Erklären Sie, wie die Werte $\sin(\alpha)$ und $\cos(\alpha)$ damit ermittelt werden können. Lesen Sie die Werte näherungsweise ab.
  b) Beschreiben Sie, wie die Lage des Punktes P das Vorzeichen der Werte $\sin(\alpha)$ und $\cos(\alpha)$ bestimmt. Geben Sie für alle vier Quadranten die Vorzeichen von $\sin(\alpha)$ und $\cos(\alpha)$ an.

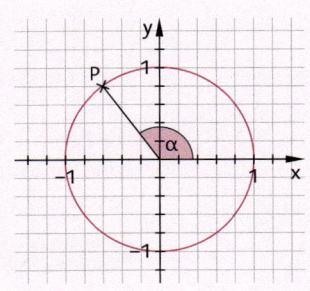

Vermischtes

15 Gegeben ist die Funktion f mit der Gleichung f(x) = mx + 1.
  a) Ermitteln Sie die Steigung m, sodass P(−6|4) auf dem Graphen von f liegt.
  b) Geben Sie eine Funktionsgleichung einer Funktion g an, deren Graph parallel zum Graphen der Funktion f durch den Punkt P(1|1,5) verläuft.

16 Eine 5 cm hohe gerade Pyramide hat eine quadratische Grundfläche mit a = 5 cm. Berechnen Sie den Oberflächeninhalt und das Volumen der Pyramide.

Ihr Fundament

3

3.1 Parametergleichung einer Gerade

Ein Flugzeug befindet sich beim Landeanflug zum Zeitpunkt t = 0 (Zeit in Minuten) im Punkt A(300|225|21). Es bewegt sich pro Minute um den Vektor $\vec{u} = \begin{pmatrix} -40 \\ -30 \\ -2{,}8 \end{pmatrix}$.

Berechnen Sie die Position des Flugzeugs für t = 1 und t = 5. Erläutern Sie die Bedeutung von t = −1 im Sachzusammenhang.

Eine Gerade ist durch einen Punkt und ihre Richtung festgelegt. Trägt man am Punkt A(1|2|3) Vielfache des Vektors $\vec{u} = \begin{pmatrix} 2 \\ 4 \\ 2 \end{pmatrix}$ ab, so erhält man alle Punkte $X(x_1|x_2|x_3)$ der Geraden g durch A, deren Richtung durch $\vec{u}$ festgelegt ist:

$$\begin{pmatrix} x_1 \\ x_2 \\ x_3 \end{pmatrix} = \begin{pmatrix} 1 \\ 2 \\ 3 \end{pmatrix} + r \cdot \begin{pmatrix} 2 \\ 4 \\ 2 \end{pmatrix}, r \in \mathbb{R}$$

Die Koordinaten der Geradenpunkte werden durch den Parameter r bestimmt.

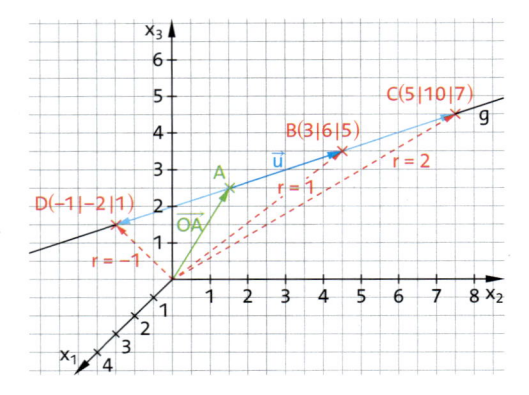

Merkhilfe

Gehen Sie vom Ursprung O aus zum Punkt A der Gerade und von dort aus weiter mit $r \cdot \vec{u}$ in Richtung der Gerade.

Wissen — Parametergleichung einer Gerade

Ist A ein Punkt einer Gerade g, die in Richtung eines Vektors $\vec{u}$ verläuft, dann lässt sich die Gerade beschreiben durch die **Parametergleichung**

$$\vec{x} = \overrightarrow{OA} + r \cdot \vec{u} \; (r \in \mathbb{R}).$$

Der **Stützvektor** $\overrightarrow{OA}$ ist der Ortsvektor des **Stützpunktes A**.
$\vec{u}$ ist ein **Richtungsvektor** der Gerade.
Für jeden Wert des **Parameters** r erhält man den Ortsvektor $\vec{x}$ des entsprechenden Punktes X der Gerade.

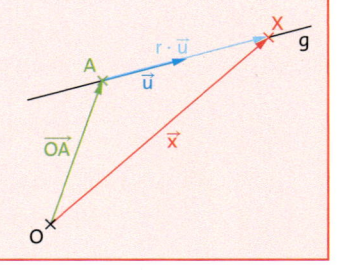

Die Parametergleichung einer Gerade ist nicht eindeutig bestimmt. Jeder Punkt der Gerade kann als Stützpunkt und jeder Vektor, der in Richtung der Gerade verläuft, kann als Richtungsvektor gewählt werden (siehe Aufgabe 2).

Beispiel 1 — Gerade durch zwei Punkte

Geben Sie eine Parametergleichung der Gerade an, die durch die Punkte B(1|1|3) und D(−1|5|1) verläuft.

Lösung:
Wählen Sie einen der beiden Punkte als Stützpunkt, zum Beispiel B.
Bilden Sie den Richtungsvektor als Vektor, der vom Stützpunkt aus zum zweiten Geradenpunkt (hier: D) verläuft.
Setzen Sie Stütz- und Richtungsvektor in die allgemeine Geradengleichung ein.

Stützvektor: $\overrightarrow{OB} = \begin{pmatrix} 1 \\ 1 \\ 3 \end{pmatrix}$

Richtungsvektor: $\overrightarrow{BD} = \begin{pmatrix} -1-1 \\ 5-1 \\ 1-3 \end{pmatrix} = \begin{pmatrix} -2 \\ 4 \\ -2 \end{pmatrix}$

Geradengleichung: $g_{BD}: \vec{x} = \begin{pmatrix} 1 \\ 1 \\ 3 \end{pmatrix} + r \begin{pmatrix} -2 \\ 4 \\ -2 \end{pmatrix}$

3 Geraden und Ebenen im Raum

> **Beispiel 2** **Punktprobe**
> Prüfen Sie, ob der Punkt auf der Gerade g: $\vec{x} = \begin{pmatrix} 2 \\ -1 \\ 4 \end{pmatrix} + r \begin{pmatrix} 1 \\ -2 \\ 1 \end{pmatrix}$ liegt.
>
> a) B(1|1|3) b) C(4|−1|6)
>
> **Lösung:**
> a) Prüfen Sie, ob $\overrightarrow{OB}$ der Ortsvektor eines Geradenpunktes ist, ob also gilt:
> $\overrightarrow{OB} = \overrightarrow{OA} + r \cdot \vec{u}$
> Stellen Sie dazu ein lineares Gleichungssystem aus drei Gleichungen auf und lösen Sie es. Sie erhalten eine eindeutige Lösung für r.
>
> $\begin{pmatrix} 1 \\ 1 \\ 3 \end{pmatrix} = \begin{pmatrix} 2 \\ -1 \\ 4 \end{pmatrix} + r \begin{pmatrix} 1 \\ -2 \\ 1 \end{pmatrix} = \begin{pmatrix} 2 + r \\ -1 - 2r \\ 4 + r \end{pmatrix}$
>
> $\begin{vmatrix} 1 = 2 + r \\ 1 = -1 - 2r \\ 3 = 4 + r \end{vmatrix} \Rightarrow r = -1 \\ \Rightarrow r = -1 \\ \Rightarrow r = -1$
>
> B liegt auf g.
>
> b) Setzen Sie $\overrightarrow{OC}$ in die Geradengleichung ein und stellen Sie ein Gleichungssystem auf. Lösen Sie die drei einzelnen Gleichungen. Sie erhalten unterschiedliche Werte für r, also ist das LGS nicht lösbar.
>
> $\begin{pmatrix} 4 \\ -1 \\ 6 \end{pmatrix} = \begin{pmatrix} 2 \\ -1 \\ 4 \end{pmatrix} + r \begin{pmatrix} 1 \\ -2 \\ 1 \end{pmatrix} = \begin{pmatrix} 2 + r \\ -1 - 2r \\ 4 + r \end{pmatrix}$
>
> $\begin{vmatrix} 4 = 2 + r \\ -1 = -1 - 2r \\ 6 = 4 + r \end{vmatrix} \Rightarrow r = 2 \\ \Rightarrow r = 0 \\ \Rightarrow r = 2$
>
> C liegt nicht auf g.

Basisaufgaben

1 Geben Sie die Koordinaten von vier Punkten an, die auf der Gerade g liegen.

a) g: $\vec{x} = \begin{pmatrix} -6 \\ -1 \\ 1 \end{pmatrix} + r \begin{pmatrix} 3 \\ -2 \\ 5 \end{pmatrix}$
b) g: $\vec{x} = \begin{pmatrix} 0 \\ 2 \\ -3 \end{pmatrix} + r \begin{pmatrix} 2 \\ -1 \\ 3 \end{pmatrix}$

2 Geben Sie zur Gerade g: $\vec{x} = \begin{pmatrix} -2 \\ 4 \\ 7 \end{pmatrix} + r \begin{pmatrix} 2 \\ -4 \\ -6 \end{pmatrix}$ eine weitere Parametergleichung mit einem anderen Stützvektor und einem anderen Richtungsvektor an.

3 Beschreiben Sie, wie man eine Gleichung einer Gerade durch zwei gegebene Punkte aufstellt. Geben Sie eine Parametergleichung der Gerade durch A und B an. Vergleichen Sie.
a) A(3|−4|1), B(−6|8|−2)
b) A(8|−1|1), B(−4|−3|5)
c) A(2|1|3), B(0|0|0)
d) A(0|2|5), B(0|2|−1)

4 Prüfen Sie, ob die Punkte P und Q auf der Gerade g liegen.

a) P(8|3|6), Q(7|−1|−6) g: $\vec{x} = \begin{pmatrix} 7 \\ 2 \\ 3 \end{pmatrix} + s \begin{pmatrix} 0 \\ 1 \\ 3 \end{pmatrix}$

b) P(−3|10|5), Q(3|4|−1) g: $\vec{x} = \begin{pmatrix} 3 \\ 4 \\ -1 \end{pmatrix} + t \begin{pmatrix} -1 \\ 1 \\ 1 \end{pmatrix}$

Lösungen zu 5

r = −1
r < 0
r = 0
r = 0,5
r = 1
0 < r < 1
r > 1

5 Die Gerade durch die Punkte A und B mit dem Stützpunkt A und dem Richtungsvektor $\overrightarrow{AB}$ hat die Gleichung $\vec{x} = \overrightarrow{OA} + r \cdot \overrightarrow{AB}$. Geben Sie an, für welche Werte des Parameters r man die Ortsvektoren der folgenden Punkte auf der Gerade erhält. Verdeutlichen Sie die Lage der Punkte durch eine Skizze.
a) Punkt A
b) Punkt B
c) Punkte zwischen A und B
d) Mittelpunkt von A und B
e) Punkte, die von A aus gesehen hinter B liegen
f) Punkte, die von B aus gesehen hinter A liegen

3.1 Parametergleichung einer Gerade

6 Geben Sie eine Gleichung einer passenden Gerade an.
a) x_1-Achse
b) x_3-Achse
c) Parallele zur x_2-Achse
d) Parallele zur x_1-Achse
e) Gerade in der x_1x_2-Ebene
f) Parallele zur x_1x_2-Ebene
g) Parallele zur x_2x_3-Ebene
h) Senkrechte zur x_1x_2-Ebene

7 Beschreiben Sie den Verlauf der Gerade im Koordinatensystem.

a) $\vec{x} = \begin{pmatrix} 1 \\ 0 \\ 0 \end{pmatrix} + r \cdot \begin{pmatrix} 0 \\ 1 \\ 0 \end{pmatrix}$
b) $\vec{x} = \begin{pmatrix} 1 \\ 2 \\ 0 \end{pmatrix} + r \cdot \begin{pmatrix} 0 \\ 0 \\ 3 \end{pmatrix}$
c) $\vec{x} = \begin{pmatrix} 1 \\ 2 \\ 3 \end{pmatrix} + r \cdot \begin{pmatrix} 4 \\ 0 \\ 0 \end{pmatrix}$
d) $\vec{x} = \begin{pmatrix} 2 \\ 0 \\ 0 \end{pmatrix} + r \cdot \begin{pmatrix} -1 \\ 0 \\ 0 \end{pmatrix}$

e) $\vec{x} = \begin{pmatrix} 3 \\ 0 \\ 0 \end{pmatrix} + r \cdot \begin{pmatrix} 1 \\ 2 \\ 0 \end{pmatrix}$
f) $\vec{x} = \begin{pmatrix} 0 \\ 0 \\ 3 \end{pmatrix} + r \cdot \begin{pmatrix} 1 \\ 2 \\ 0 \end{pmatrix}$
g) $\vec{x} = r \cdot \begin{pmatrix} 1 \\ 0 \\ 1 \end{pmatrix}$
h) $\vec{x} = \begin{pmatrix} 1 \\ 0 \\ 1 \end{pmatrix} + r \cdot \begin{pmatrix} 1 \\ 0 \\ 1 \end{pmatrix}$

8 Darstellung einer Strecke: Eine Strecke $\overline{AB}$ lässt sich durch die Gleichung $\vec{x} = \vec{OA} + r \cdot \vec{AB}$ mit $0 \leq r \leq 1$ beschreiben.
a) Erläutern Sie die Parametergleichung der Strecke anhand einer Skizze. Nennen Sie den Unterschied zu einer Parametergleichung der Gerade AB.
b) Bestimmen Sie zu den Punkten A(−5|−8|11) und B(7|0|7) die Parametergleichung der Strecke $\overline{AB}$.
c) Bestimmen Sie die Koordinaten von drei weiteren Punkten der Strecke $\overline{AB}$ aus b).

9 Spurpunkte: Die Punkte, in denen eine Gerade die Koordinatenebenen schneidet, heißen Spurpunkte. Man errechnet z. B. die Koordinaten des Spurpunktes einer Gerade mit der x_1x_2-Ebene, indem man $x_3 = 0$ setzt und damit den passenden Parameter für r bestimmt.

a) Zeigen Sie, dass $S_{12}(2|2|0)$ der Spurpunkt von g: $\vec{x} = \begin{pmatrix} 3 \\ 1 \\ 2 \end{pmatrix} + r \cdot \begin{pmatrix} 1 \\ -1 \\ 2 \end{pmatrix}$ mit der x_1x_2-Ebene ist. Bestimmen Sie auch die Koordinaten der anderen beiden Spurpunkte.

b) Bestimmen Sie die Koordinaten der drei Spurpunkte von h: $\vec{x} = \begin{pmatrix} 9 \\ -2 \\ 2 \end{pmatrix} + r \cdot \begin{pmatrix} 3 \\ -2 \\ 1 \end{pmatrix}$.

Weiterführende Aufgaben
Zwischentest

10 Prüfen Sie, ob die drei Punkte auf einer Gerade liegen. Beschreiben Sie Ihr Vorgehen.
a) A(−2|1|7), B(−3|5|5), C(1|−11|13)
b) A(14|0|2), B(−2|3|8), C(−10|1,5|11)

11 Stolperstelle: Elouisa, Ben und Hamid sollen eine Gleichung der Gerade AB mit den Punkten A(2|−6|4) und B(−1|3|−8) aufstellen. Beschreiben Sie die Fehler und geben Sie eine richtige Gleichung an.

Elouisa: $\vec{x} = \begin{pmatrix} 2 \\ -6 \\ 4 \end{pmatrix} + r \cdot \begin{pmatrix} -1 \\ 3 \\ 8 \end{pmatrix}$
Ben: $\vec{x} = \begin{pmatrix} -3 \\ 9 \\ -12 \end{pmatrix} + r \cdot \begin{pmatrix} -1 \\ 3 \\ -8 \end{pmatrix}$
Hamid: $\vec{x} = \begin{pmatrix} 1 \\ -3 \\ 2 \end{pmatrix} + r \cdot \begin{pmatrix} 1 \\ -3 \\ 4 \end{pmatrix}$

12 Die Punkte A(−7|3|−8), B(−3|5|2) und C(−1|6|7) liegen auf einer Gerade.
a) Bestimmen Sie, welcher der drei Punkte zwischen den beiden anderen liegt. Begründen Sie Ihr Vorgehen.
b) Stina sagt: „Ich kann das ohne Rechnung. Ich schaue mir nur die erste Koordinate an." Erläutern Sie, was Stina meint, und prüfen Sie, ob sie recht hat.

13 Diskutieren Sie, wie viele Spurpunkte eine Gerade haben kann. Geben Sie zu jeder möglichen Anzahl von Spurpunkten ein Beispiel an.

14 Geben Sie eine Parametergleichung für die Gerade mit den angegebenen Eigenschaften an.
a) g verläuft durch A(2|−2|3) und ist parallel zur x_1-Achse.
b) h verläuft durch den Ursprung und hat den Richtungsvektor $\vec{v} = \begin{pmatrix} 2 \\ 5 \\ 3 \end{pmatrix}$.
c) k verläuft durch B(−2|7|−1) und ist parallel zu h.
d) l ist die x_2-Achse.
e) m liegt in der x_1x_2-Ebene und in der x_1x_3-Ebene.
f) n schneidet die x_3-Achse an der Stelle $x_3 = −2$, liegt in der x_2x_3-Ebene und verläuft parallel zur x_1x_2-Ebene.

15 Ein Drachenflieger startet zum Zeitpunkt t = 0 an einem Hang. In einem räumlichen Koordinatensystem (Einheit m) beschreibt $\vec{x} = \begin{pmatrix} 0 \\ 0 \\ 300 \end{pmatrix} + t \begin{pmatrix} 130 \\ 180 \\ -60 \end{pmatrix}$ den geradlinigen Flug des Drachenfliegers in Abhängigkeit von der Zeit (t in min) bis zu seiner Landung in der x_1x_2-Ebene.
a) Geben Sie an, in welcher Höhe der Drachenflieger startet.
b) Ermitteln Sie die „Sinkrate" des Drachenfliegers, also seinen Höhenverlust pro Sekunde, sowie die Dauer seines Flugs.
c) Berechnen Sie die horizontale Entfernung, die der Drachenflieger überwindet, sowie die Länge der Flugstrecke vom Startpunkt bis zum Landepunkt. Ermitteln Sie zudem die Geschwindigkeit des Drachenfliegers (in m/s).

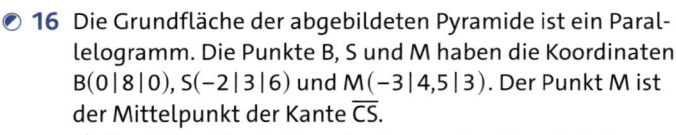

16 Die Grundfläche der abgebildeten Pyramide ist ein Parallelogramm. Die Punkte B, S und M haben die Koordinaten B(0|8|0), S(−2|3|6) und M(−3|4,5|3). Der Punkt M ist der Mittelpunkt der Kante $\overline{CS}$.
a) Ermitteln Sie die Koordinaten des Punktes C. Geben Sie Parametergleichungen für die Geraden g_{SB}, g_{SC} und g_{CB} an.
b) Es sei A(0|0|0). Zeigen Sie, dass F(−2|3|0) auf der Gerade g_{BD} und senkrecht unterhalb von S liegt.

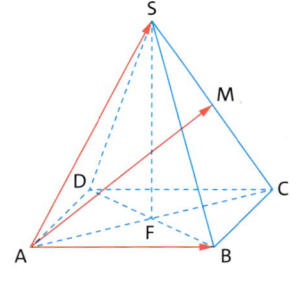

17 Die Punkte A(2|−1|0), B(2|5|−1) und C(−2|3|1) bilden die Grundseite einer dreiseitigen Pyramide mit Spitze T(0|1|6).
a) Zeichnen Sie die Pyramide in ein Koordinatensystem und zeigen Sie, dass der Ursprung (entgegen dem Anschein) nicht auf g_{AC} liegt.
Geben Sie die Gleichung einer Ursprungsgerade an, welche in der Zeichnung mit g_{AC} zusammenfällt.
b) Geben Sie eine Gleichung von g_{AB} sowie die Koordinaten zweier von A und B verschiedener Punkte E und F auf g_{AB} an.
c) Zeigen Sie, dass $P\left(2 \mid 2 \mid -\frac{1}{2}\right)$ auf g_{AB} liegt.
Geben Sie an, um welchen besonderen Punkt von g_{AB} es sich bei P handelt.
d) Die Seitenhalbierende g_c des Grunddreiecks ABC verläuft durch C und durch den Mittelpunkt M der Strecke $\overline{AB}$. Der Schwerpunkt S des Dreiecks ABC liegt auf dieser Seitenhalbierenden und es gilt: $\overrightarrow{CS} = \frac{2}{3}\overrightarrow{CM}$.
Geben Sie die Koordinaten von S an und prüfen Sie, ob T, S und Q(2|5|−12) auf einer Gerade liegen.

18 Kurz nach dem Start geht ein Flugzeug im Punkt P(1,5|9|0,5) in eine geradlinige Flugbahn über, wobei sein in einer Minute zurückgelegter Weg dem Vektor $\vec{v} = \begin{pmatrix} -1 \\ 5 \\ 0,2 \end{pmatrix}$ entspricht. Eine Längeneinheit im Koordinatensystem entspricht 1 km.

a) Nach 4 Minuten erreicht das Flugzeug den Rand einer nahegelegenen Großstadt. Berechnen Sie seine Flughöhe zu diesem Zeitpunkt.

b) Bei einer Flughöhe von 2500 m ändert der Pilot die Flugrichtung. Berechnen Sie die Koordinaten des Punktes, in dem sich das Flugzeug zu diesem Zeitpunkt befindet. Geben Sie an, wie viel Zeit vergangen ist, seit sich das Flugzeug im Punkt P befand.

c) Der Punkt A(−4,5|39|0,1) entspricht dem Anstoßpunkt eines Fußballstadions. Ermitteln Sie, in welcher Höhe das Flugzeug diesen Anstoßpunkt überfliegt.

Hilfe

19 Bei einer Flugschau wird ein Fesselballon im Punkt B(280|600|0) losgelassen (1 LE entspricht 1 m). Der Ballon steigt pro Sekunde 5 m senkrecht in die Höhe. Gleichzeitig bewegt sich ein Flugzeug vom Punkt F(0|−1350|650) aus mit einer Geschwindigkeit von 40 m/s parallel zur x_2-Achse in positive x_2-Richtung. Der Sicherheitsabstand zwischen Ballon und Flugzeug sollte jederzeit 500 m betragen.

a) Zeigen Sie, dass $\overrightarrow{FB_t} = \begin{pmatrix} 280 \\ 1950 - 40t \\ -650 + 5t \end{pmatrix}$ den Abstand beider Flugobjekte zu jedem Zeitpunkt t (in s) beschreibt.

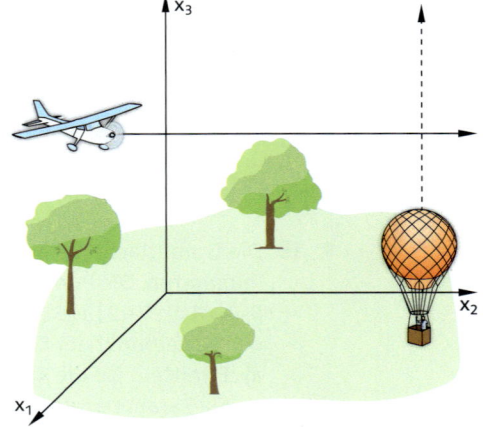

b) Ermitteln Sie den minimalen Abstand der beiden Flugobjekte, also den minimalen Betrag des Vektors $\overrightarrow{FB_t}$. Entscheiden Sie, ob der Pilot reagieren muss.

c) Bestimmen Sie den Zeitpunkt, zu dem der Sicherheitsabstand zwischen Flugzeug und Ballon zum ersten Mal unterschritten wird.

20 Ausblick: Die Lösung des linearen Gleichungssystems enthält eine frei wählbare Variable.

$x + y + z = 7$
$3x + y + 7z = 11$
$2x + y + 4z = 9$

a) Bestimmen Sie die Lösungsmenge des Gleichungssystems.

b) Geben Sie vier verschiedene Lösungen des LGS an. Diese kann man als Koordinaten von Punkten im Raum auffassen. Vergleichen Sie untereinander Ihre gefunden Punkte und untersuchen Sie die Lage dieser Punkte im Raum.

c) Schreiben Sie die Lösungsmenge des linearen Gleichungssystems in Form einer Parametergleichung einer Gerade g.

d) Zeigen Sie, dass auch alle Punkte der Gerade h: $\vec{x} = \begin{pmatrix} -1 \\ 7 \\ 1 \end{pmatrix} + r \begin{pmatrix} 6 \\ -4 \\ -2 \end{pmatrix}$ Lösungen des Gleichungssystems darstellen.

e) Mia meint: *„Die Geraden g und h sind gleich."* Nehmen Sie dazu Stellung.

3.2 Lagebeziehungen und Schnittwinkel zwischen Geraden

Beschreiben Sie mithilfe zweier Stifte, wie zwei Geraden im Raum zueinander liegen können. Geben Sie an, welcher dieser Fälle bei zwei Geraden in der Ebene nicht vorkommt.

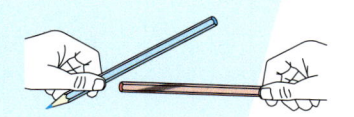

Zwei Geraden im Raum haben eine von vier möglichen Lagebeziehungen:

Wissen

g und h schneiden sich.	g und h sind windschief.	g und h sind echt parallel zueinander.	g und h sind identisch.
$\vec{u}$ und $\vec{v}$ nicht kollinear; ein gemeinsamer Punkt S	$\vec{u}$ und $\vec{v}$ nicht kollinear; kein gemeinsamer Punkt	$\vec{u}$ und $\vec{v}$ kollinear; kein gemeinsamer Punkt	$\vec{u}$ und $\vec{v}$ kollinear; alle Punkte gemeinsam

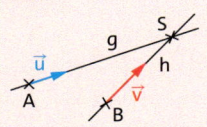

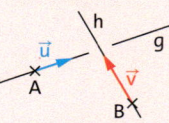

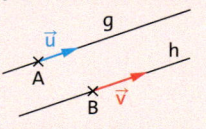

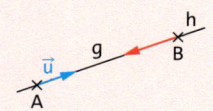

Erinnerung

Zwei Vektoren heißen kollinear, wenn der eine ein Vielfaches des anderen ist.

Sind die Richtungsvektoren zweier Geraden kollinear, so sind die Geraden echt parallel zueinander oder identisch. Welcher Fall vorliegt, kann mit einer Punktprobe ermittelt werden. Im anderen Fall schneiden sich die Geraden (Beispiel 2) oder sind windschief. (siehe Aufgabe 3)

Beispiel 1

Ermitteln Sie die gegenseitige Lage der Geraden g: $\vec{x} = \begin{pmatrix} 1 \\ 2 \\ -1 \end{pmatrix} + r \begin{pmatrix} 2 \\ -1 \\ 3 \end{pmatrix}$ und h.

a) h: $\vec{x} = \begin{pmatrix} 3 \\ 6 \\ 6 \end{pmatrix} + s \begin{pmatrix} -4 \\ 2 \\ -6 \end{pmatrix}$
b) h: $\vec{x} = \begin{pmatrix} 3 \\ 6 \\ 6 \end{pmatrix} + s \begin{pmatrix} 1 \\ -3 \\ 0 \end{pmatrix}$
c) h: $\vec{x} = \begin{pmatrix} -1 \\ 3 \\ -4 \end{pmatrix} + s \begin{pmatrix} 1 \\ -0,5 \\ 1,5 \end{pmatrix}$

Lösung:

a) Prüfen Sie, ob die Richtungsvektoren kollinear sind.

$\begin{pmatrix} -4 \\ 2 \\ -6 \end{pmatrix} = -2 \cdot \begin{pmatrix} 2 \\ -1 \\ 3 \end{pmatrix}$ ⇒ g und h echt parallel oder identisch

Prüfen Sie mit einer Punktprobe, ob der Stützpunkt von g auf h liegt.

Punktprobe: $\begin{pmatrix} 1 \\ 2 \\ -1 \end{pmatrix} = \begin{pmatrix} 3 \\ 6 \\ 6 \end{pmatrix} + s \cdot \begin{pmatrix} -4 \\ 2 \\ -6 \end{pmatrix}$

Da sich unterschiedliche Werte für s ergeben, sind g und h echt parallel.

⇒ $\begin{vmatrix} 1 = 3 - 4s \\ 2 = 6 + 2s \\ -1 = 6 - 6s \end{vmatrix}$ ⇒ $\begin{vmatrix} s = 0,5 \\ s = -2 \\ s = \frac{7}{6} \end{vmatrix}$ ⇒ echt parallel

b) Prüfen Sie, ob die Richtungsvektoren kollinear sind.
Setzen Sie die Gleichungen von g und h gleich und überprüfen Sie, ob das LGS eindeutig lösbar ist.

$\begin{pmatrix} 1 \\ -3 \\ 0 \end{pmatrix} = s \cdot \begin{pmatrix} 2 \\ -1 \\ 3 \end{pmatrix}$ ⇒ $\begin{vmatrix} s = 0,5 \\ s = 3 \\ s = 0 \end{vmatrix}$, also schneiden sich g und h oder sind windschief.

$\begin{pmatrix} 1 \\ 2 \\ -1 \end{pmatrix} + r \cdot \begin{pmatrix} 2 \\ -1 \\ 3 \end{pmatrix} = \begin{pmatrix} 3 \\ 6 \\ 6 \end{pmatrix} + s \cdot \begin{pmatrix} 1 \\ -3 \\ 0 \end{pmatrix}$

Setzen Sie die Werte für r und s in die erste Gleichung ein. Es ergibt sich eine falsche Aussage, g und h sind windschief.

$\begin{vmatrix} 1 + 2r = 3 + s \\ 2 - r = 6 - 3s \\ -1 + 3r = 6 \end{vmatrix}$ $\overset{(III)}{\Rightarrow} r = \frac{7}{3} \overset{(II)}{\Rightarrow} s = -\frac{19}{9} \overset{(I)}{\Rightarrow} \frac{17}{3} = \frac{8}{9}$

c) Prüfen Sie, ob die Richtungsvektoren kollinear sind.

$$\begin{pmatrix} 1 \\ -0{,}5 \\ 1{,}5 \end{pmatrix} = 0{,}5 \cdot \begin{pmatrix} 2 \\ -1 \\ 3 \end{pmatrix} \Rightarrow \text{echt parallel oder identisch}$$

Prüfen Sie mit einer Punktprobe, ob der Stützpunkt von g auf h liegt.

Punktprobe: $\begin{pmatrix} 1 \\ 2 \\ -1 \end{pmatrix} = \begin{pmatrix} -1 \\ 3 \\ -4 \end{pmatrix} + s \cdot \begin{pmatrix} 1 \\ -0{,}5 \\ 1{,}5 \end{pmatrix}$

Da die Werte für s stets gleich sind, sind die beiden Geraden identisch.

$\Rightarrow \begin{vmatrix} 1 = -1 + s \\ 2 = 3 - 0{,}5s \\ -1 = -4 + 1{,}5s \end{vmatrix} \Rightarrow \begin{vmatrix} s = 2 \\ s = 2 \\ s = 2 \end{vmatrix}$, also identisch

Basisaufgaben

1 Die Geraden g und h haben keinen Punkt gemeinsam. Prüfen Sie, ob sie echt parallel zueinander oder windschief sind.

a) $g: \vec{x} = \begin{pmatrix} 2 \\ -3 \\ 1 \end{pmatrix} + r \begin{pmatrix} 8 \\ -4 \\ 2 \end{pmatrix}$; $h: \vec{x} = \begin{pmatrix} -2 \\ -2 \\ 0 \end{pmatrix} + s \begin{pmatrix} -4 \\ 2 \\ 1 \end{pmatrix}$

b) $g: \vec{x} = \begin{pmatrix} 2 \\ -3 \\ 1 \end{pmatrix} + r \begin{pmatrix} 8 \\ -4 \\ 2 \end{pmatrix}$; $h: \vec{x} = \begin{pmatrix} -2 \\ -1 \\ 6 \end{pmatrix} + s \begin{pmatrix} -4 \\ 2 \\ -1 \end{pmatrix}$

c) $g: \vec{x} = \begin{pmatrix} 0 \\ 2 \\ -5 \end{pmatrix} + r \begin{pmatrix} 2 \\ -4 \\ 1 \end{pmatrix}$; $h: \vec{x} = \begin{pmatrix} -1 \\ 0 \\ 1 \end{pmatrix} + s \begin{pmatrix} -1 \\ -1 \\ 2 \end{pmatrix}$

2 Prüfen Sie die gegenseitige Lage von g und h.

a) $g: \vec{x} = \begin{pmatrix} 1 \\ 0 \\ -5 \end{pmatrix} + r \begin{pmatrix} 2 \\ -4 \\ 2 \end{pmatrix}$; $h: \vec{x} = \begin{pmatrix} 3 \\ -4 \\ -5 \end{pmatrix} + s \begin{pmatrix} 1 \\ -2 \\ 1 \end{pmatrix}$

b) $g: \vec{x} = \begin{pmatrix} 2 \\ 8 \\ 0 \end{pmatrix} + r \begin{pmatrix} -15 \\ 9 \\ 21 \end{pmatrix}$; $h: \vec{x} = \begin{pmatrix} 7 \\ 0 \\ 7 \end{pmatrix} + s \begin{pmatrix} 5 \\ -9 \\ 7 \end{pmatrix}$

c) $g: \vec{x} = \begin{pmatrix} -5 \\ 0 \\ 0 \end{pmatrix} + r \begin{pmatrix} 2 \\ 3 \\ -4 \end{pmatrix}$; $h: \vec{x} = \begin{pmatrix} 0 \\ 7{,}5 \\ 10 \end{pmatrix} + s \begin{pmatrix} -1 \\ -1{,}5 \\ 2 \end{pmatrix}$

3 Vervollständigen Sie das Diagramm im Heft und erläutern Sie es.

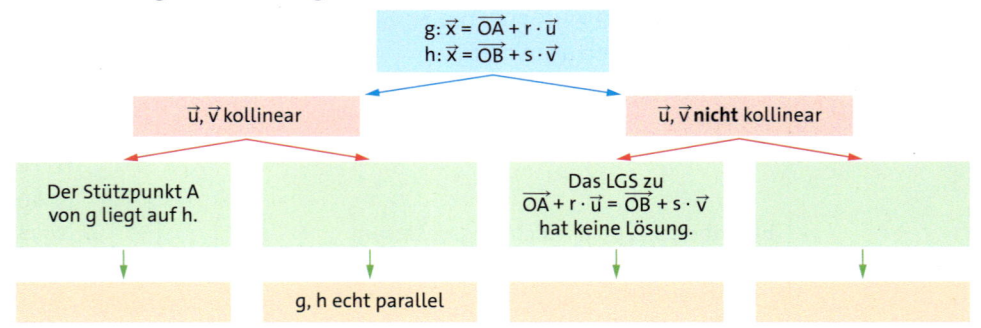

$g: \vec{x} = \overrightarrow{OA} + r \cdot \vec{u}$
$h: \vec{x} = \overrightarrow{OB} + s \cdot \vec{v}$

$\vec{u}, \vec{v}$ kollinear $\vec{u}, \vec{v}$ **nicht** kollinear

Der Stützpunkt A von g liegt auf h.

Das LGS zu $\overrightarrow{OA} + r \cdot \vec{u} = \overrightarrow{OB} + s \cdot \vec{v}$ hat keine Lösung.

g, h echt parallel

4 Ermitteln Sie die gegenseitige Lage beider Geraden mit einer geeigneten Software.

a) $g: \vec{x} = \begin{pmatrix} 2{,}1 \\ -0{,}3 \\ 4 \end{pmatrix} + r \begin{pmatrix} 1{,}2 \\ -0{,}8 \\ 5{,}6 \end{pmatrix}$; $h: \vec{x} = \begin{pmatrix} 3{,}7 \\ -5 \\ 1{,}1 \end{pmatrix} + s \begin{pmatrix} -0{,}9 \\ 0{,}6 \\ -4{,}2 \end{pmatrix}$

b) $g: \vec{x} = \begin{pmatrix} 2{,}7 \\ 0 \\ 1 \end{pmatrix} + r \begin{pmatrix} -1{,}2 \\ 0{,}4 \\ 1{,}6 \end{pmatrix}$; $h: \vec{x} = \begin{pmatrix} 0{,}3 \\ 0{,}8 \\ 4{,}2 \end{pmatrix} + s \begin{pmatrix} 30 \\ -10 \\ -40 \end{pmatrix}$

Geraden und Ebenen im Raum 3

Schnittpunkt und Schnittwinkel berechnen

Wenn die Richtungsvektoren zweier Geraden nicht kollinear sind, überprüft man die Lage mit einem linearen Gleichungssystem. Sind die Geraden nicht windschief, hat das Gleichungssystem eine eindeutige Lösung, mit der man die Koordinaten des Schnittpunktes und den Schnittwinkel zwischen den Geraden berechnen kann.

> **Beispiel 2**
> Zeigen Sie, dass sich die Geraden g und h schneiden. Berechnen Sie die Koordinaten des Schnittpunktes. $g: \vec{x} = \begin{pmatrix} 1 \\ 2 \\ -1 \end{pmatrix} + r \begin{pmatrix} 2 \\ -1 \\ 3 \end{pmatrix} \quad h: \vec{x} = \begin{pmatrix} 3 \\ 6 \\ 6 \end{pmatrix} + s \begin{pmatrix} -2 \\ 6 \\ 1 \end{pmatrix}$

Lösung:

Setzen Sie die Geradengleichungen gleich und lösen Sie das entstehende lineare Gleichungssystem.

Geradengleichungen gleichsetzen:
$$\begin{pmatrix} 1 \\ 2 \\ -1 \end{pmatrix} + r \cdot \begin{pmatrix} 2 \\ -1 \\ 3 \end{pmatrix} = \begin{pmatrix} 3 \\ 6 \\ 6 \end{pmatrix} + s \cdot \begin{pmatrix} -2 \\ 6 \\ 1 \end{pmatrix}$$

Die ersten zwei Zeilen liefern Lösungen für r und s. Setzt man beide in die dritte Gleichung ein, ergibt sich eine wahre Aussage, also schneiden sich die Geraden in einem Punkt.

$\left| \begin{array}{l} 2r + 2s = 2 \\ -r - 6s = 4 \\ 3r - s = 7 \end{array} \right. \Rightarrow r = 1 - s \Rightarrow s = -1 \Rightarrow r = 2$

Einsetzen in die dritte Zeile: 7 = 7, also schneiden sich g und h.

Berechnen Sie den Schnittpunkt, indem Sie entweder r in die Gleichung von g oder s in die Gleichung von h einsetzen.

$\overrightarrow{OS} = \begin{pmatrix} 1 \\ 2 \\ -1 \end{pmatrix} + 2 \cdot \begin{pmatrix} 2 \\ -1 \\ 3 \end{pmatrix} = \begin{pmatrix} 5 \\ 0 \\ 5 \end{pmatrix}$

Schnittpunkt: S(5 | 0 | 5)

Der Winkel α zwischen den Richtungsvektoren $\vec{u}$ und $\vec{v}$ zweier Geraden kann bekanntlich mithilfe des Skalarprodukts berechnet werden: $\cos(\alpha) = \frac{\vec{u} \circ \vec{v}}{|\vec{u}| \cdot |\vec{v}|}$ mit 0° ≤ α ≤ 180°

Als Winkel φ zwischen zwei sich schneidenden Geraden bezeichnet man den kleineren Winkel an der Geradenkreuzung.
Wegen cos(180° − α) = −cos(α) erhält man mit dem Betrag des Skalarprodukts den kleineren Winkel.

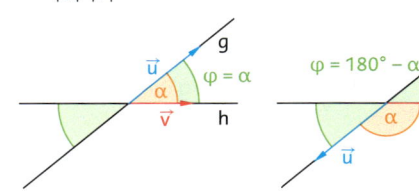

Erinnerung

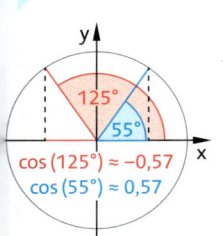

cos (125°) ≈ −0,57
cos (55°) ≈ 0,57

> **Wissen**
> Für den **Winkel φ zwischen zwei Geraden** mit den Richtungsvektoren $\vec{u}$ und $\vec{v}$ gilt:
> $\cos(\varphi) = \frac{|\vec{u} \circ \vec{v}|}{|\vec{u}| \cdot |\vec{v}|}; \quad 0° \leq \varphi \leq 90°$

> **Beispiel 3**
> Bestimmen Sie den Winkel zwischen den sich schneidenden Geraden
> $g: \vec{x} = \begin{pmatrix} -7 \\ 1 \\ 0 \end{pmatrix} + r \begin{pmatrix} 5 \\ -1 \\ 2 \end{pmatrix}$ und $h: \vec{x} = \begin{pmatrix} 3 \\ -1 \\ 4 \end{pmatrix} + s \begin{pmatrix} -3 \\ -2 \\ 1 \end{pmatrix}$.

Lösung:

Setzen Sie die Richtungsvektoren in die obige Formel ein. Achten Sie darauf, im Zähler den Betrag zu nehmen.
Verwenden Sie die Taste cos⁻¹.

$\cos(\varphi) = \frac{\left| \begin{pmatrix} 5 \\ -1 \\ 2 \end{pmatrix} \circ \begin{pmatrix} -3 \\ -2 \\ 1 \end{pmatrix} \right|}{\sqrt{30} \cdot \sqrt{14}} = \frac{|-11|}{\sqrt{30} \cdot \sqrt{14}}$

φ ≈ 57,54°

3.2 Lagebeziehungen und Schnittwinkel zwischen Geraden

3

Basisaufgaben

Lösungen zu 5

(−1 | 3 | 5)
(−3 | 6 | −2)
(5 | −1 | 2)
(3 | 1 | 2)

5 Berechnen Sie die Koordinaten des Schnittpunktes der beiden Geraden.

a) $g: \vec{x} = \begin{pmatrix} 1 \\ 0 \\ 2 \end{pmatrix} + r \begin{pmatrix} 2 \\ 1 \\ 0 \end{pmatrix}$; $h: \vec{x} = \begin{pmatrix} 3 \\ 8 \\ -5 \end{pmatrix} + s \begin{pmatrix} 0 \\ 1 \\ -1 \end{pmatrix}$

b) $g: \vec{x} = \begin{pmatrix} -1 \\ 4 \\ 0 \end{pmatrix} + r \begin{pmatrix} 1 \\ -1 \\ 1 \end{pmatrix}$; $h: \vec{x} = \begin{pmatrix} -7 \\ 6 \\ -5 \end{pmatrix} + s \begin{pmatrix} 4 \\ 0 \\ 3 \end{pmatrix}$

c) $g: \vec{x} = \begin{pmatrix} 4 \\ 1 \\ 4 \end{pmatrix} + r \begin{pmatrix} -1 \\ 2 \\ 2 \end{pmatrix}$; $h: \vec{x} = \begin{pmatrix} -1 \\ -1 \\ 0 \end{pmatrix} + s \begin{pmatrix} 3 \\ 0 \\ 1 \end{pmatrix}$

6 Bestimmen Sie den Winkel zwischen den Geraden g und h.

a) $g: \vec{x} = \begin{pmatrix} 4 \\ -7 \\ -1 \end{pmatrix} + r \begin{pmatrix} 3 \\ 0 \\ -1 \end{pmatrix}$; $h: \vec{x} = \begin{pmatrix} 5 \\ -9 \\ -8 \end{pmatrix} + s \begin{pmatrix} 1 \\ -2 \\ 1 \end{pmatrix}$

b) $g: \vec{x} = \begin{pmatrix} -1 \\ 7 \\ 1 \end{pmatrix} + r \begin{pmatrix} 8 \\ 1 \\ -2 \end{pmatrix}$; $h: \vec{x} = \begin{pmatrix} -9 \\ 6 \\ 3 \end{pmatrix} + s \begin{pmatrix} -1 \\ 1 \\ 1 \end{pmatrix}$

c) $g: \vec{x} = \begin{pmatrix} -2 \\ 0 \\ 3 \end{pmatrix} + r \begin{pmatrix} 7 \\ -2 \\ 3 \end{pmatrix}$; $h: \vec{x} = \begin{pmatrix} 0 \\ 4 \\ 1 \end{pmatrix} + s \begin{pmatrix} 1 \\ 2 \\ -1 \end{pmatrix}$

7 Bestimmen Sie den Schnittpunkt und den Schnittwinkel der Geraden g und h.

a) $g: \vec{x} = \begin{pmatrix} 1 \\ -3 \\ -3 \end{pmatrix} + r \begin{pmatrix} 2 \\ 1 \\ -1 \end{pmatrix}$; $h: \vec{x} = \begin{pmatrix} 0 \\ 0 \\ -8 \end{pmatrix} + s \begin{pmatrix} 3 \\ -2 \\ 4 \end{pmatrix}$

b) $g: \vec{x} = \begin{pmatrix} 1 \\ 0 \\ -2 \end{pmatrix} + r \begin{pmatrix} 1 \\ 3 \\ 0 \end{pmatrix}$; $h: \vec{x} = \begin{pmatrix} 3 \\ 2 \\ 1 \end{pmatrix} + s \begin{pmatrix} 1 \\ -1 \\ 3 \end{pmatrix}$

8 Die Gerade g beschreibt die Flugbahn eines Flugzeugs beim Landeanflug, die Gerade g' beschreibt die Landebahn in der x_1x_2-Ebene.

$g: \vec{x} = \begin{pmatrix} 20 \\ -40 \\ 30 \end{pmatrix} + t \begin{pmatrix} 50 \\ 10 \\ -3 \end{pmatrix}$; $g': \vec{x} = \begin{pmatrix} 20 \\ -40 \\ 0 \end{pmatrix} + s \begin{pmatrix} 50 \\ 10 \\ 0 \end{pmatrix}$

Berechnen Sie, in welchem Winkel das Flugzeug auf die Landebahn auftreffen wird.

Weiterführende Aufgaben

Zwischentest

9 Eine Spinne hat einen geraden Faden zwischen den Punkten A(4|10|2) und B(−2|−2|8) an zwei Bäumen gespannt. Ein Eichhörnchen sitzt auf dem ersten Baum in E(3|8|2) und erspäht eine Eichel auf dem anderen Baum in P(−3|−4|11). Das Eichhörnchen springt auf geradem Weg zur Eichel. Prüfen Sie, ob es dabei den Faden der Spinne durchtrennt. Falls ja, geben Sie den Winkel zwischen Spinnenfaden und Eichhörnchenflugbahn an.

10 Bestimmen Sie die gegenseitige Lage der Geraden AB und CD. Berechnen Sie gegebenenfalls die Koordinaten des Schnittpunktes sowie den Schnittwinkel. Veranschaulichen Sie die Lage der Geraden mit einer Geometrie-Software und prüfen Sie Ihre Ergebnisse.
a) A(−5|1|8), B(−1|1|6), C(−5|7|2), D(7|−2|5)
b) A(1|4|−1), B(3|0|3), C(5|1|0), D(4|3|−2)

11 Beurteilen Sie zu zweit die Aussage. Veranschaulichen Sie die Situation mit Stiften.
a) Wenn die Geraden g und h parallel zueinander sind und die Gerade k windschief zu g ist, dann können h und k nicht parallel zueinander sein.
b) Wenn die Geraden g und h sich schneiden und ebenso die Geraden g und k, dann können h und k nicht windschief sein.
c) Wenn drei Geraden g, h und i einen gemeinsamen Schnittpunkt haben, sich g und h in einem Winkel von 37° schneiden und sich h und i in einem Winkel von 22° schneiden, dann schneiden sich g und i in einem Winkel von 59°.

12 Gegeben ist die Gerade g: $\vec{x} = \begin{pmatrix} 2 \\ 3 \\ -1 \end{pmatrix} + r \begin{pmatrix} 5 \\ 0 \\ -2 \end{pmatrix}$. Geben Sie eine Parametergleichung einer Gerade h an, die
a) den Punkt P(7|3|3) enthält und parallel zu g ist,
b) parallel, aber nicht identisch zu g ist,
c) genau einen Schnittpunkt mit g hat,
d) windschief zu g ist.
Überprüfen Sie Ihr Ergebnis mit einer dynamischen Geometrie-Software.

13 Geben Sie eine Gerade h an, die zu der Gerade g: $\vec{x} = \begin{pmatrix} 4 \\ -2 \\ 2 \end{pmatrix} + r \begin{pmatrix} 1 \\ 4 \\ -3 \end{pmatrix}$ senkrecht verläuft.

Diskutieren Sie, wie viele verschiedene Lagebeziehungen g und h haben können.

14 Stolperstelle: Gegeben sind die Geraden g: $\vec{x} = \begin{pmatrix} 2 \\ 6 \\ -1 \end{pmatrix} + r \begin{pmatrix} 5 \\ 0 \\ -2 \end{pmatrix}$ und h: $\vec{x} = \begin{pmatrix} 0 \\ 0 \\ 0 \end{pmatrix} + s \begin{pmatrix} 1 \\ 3 \\ 9 \end{pmatrix}$.

Die Gerade k verläuft durch die Punkte A(−7|7|5) und B(−1|8|5). Überprüfen Sie die Rechnung, erläutern Sie die Fehler und korrigieren Sie diese.

a) Lage von g und h:

Schnittbedingung:
$\begin{pmatrix} 2 \\ 6 \\ -1 \end{pmatrix} + r \begin{pmatrix} 5 \\ 0 \\ -2 \end{pmatrix} = s \begin{pmatrix} 1 \\ 3 \\ 9 \end{pmatrix}$

An der mittleren Gleichung 6 = 3s erkennt man, dass s = 2 sein muss.
Aus 2 + 5r = 2·1 erhält man r = 0.
Also schneiden sich die Geraden im Punkt S mit
$\overrightarrow{OS} = \begin{pmatrix} 2 \\ 6 \\ -1 \end{pmatrix} + 0 \cdot \begin{pmatrix} 5 \\ 0 \\ -2 \end{pmatrix} = \begin{pmatrix} 2 \\ 6 \\ -1 \end{pmatrix}$.

b) Lage von g und k:

k: $\vec{x} = \begin{pmatrix} -7 \\ 7 \\ 5 \end{pmatrix} + r \begin{pmatrix} 6 \\ 1 \\ 0 \end{pmatrix}$

$\begin{pmatrix} 2 \\ 6 \\ -1 \end{pmatrix} + r \begin{pmatrix} 5 \\ 0 \\ -2 \end{pmatrix} = \begin{pmatrix} -7 \\ 7 \\ 5 \end{pmatrix} + r \begin{pmatrix} 6 \\ 1 \\ 0 \end{pmatrix}$

$\begin{pmatrix} 9 \\ -1 \\ -6 \end{pmatrix} = r \begin{pmatrix} 1 \\ 1 \\ 2 \end{pmatrix}$ $\begin{cases} r = 9 \\ r = -1 \\ r = -3 \end{cases}$

Das LGS hat keine Lösung.
Die Geraden sind windschief oder parallel zueinander.

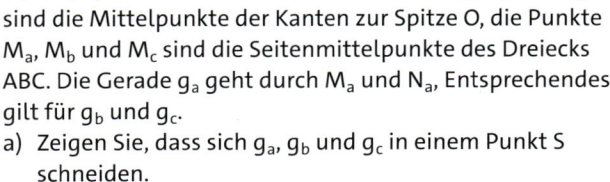

15 Die Punkte A(4|0|−4), B(4|4|−4), C(−2|2|−4) und O(0|0|0) bilden ein Tetraeder. Die Punkte N_a, N_b und N_c sind die Mittelpunkte der Kanten zur Spitze O, die Punkte M_a, M_b und M_c sind die Seitenmittelpunkte des Dreiecks ABC. Die Gerade g_a geht durch M_a und N_a, Entsprechendes gilt für g_b und g_c. 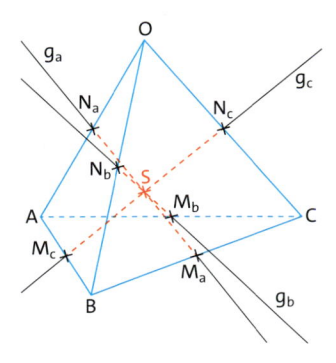
a) Zeigen Sie, dass sich g_a, g_b und g_c in einem Punkt S schneiden.
b) Zeigen Sie, dass für S gilt: $\overrightarrow{OS} = \frac{1}{4}(\overrightarrow{OA} + \overrightarrow{OB} + \overrightarrow{OC})$
c) Berechnen Sie die Winkel, unter denen sich g_a, g_b und g_c in S schneiden.

3

Hilfe

Hinweis

Auch im Zweidimensionalen kann man Geraden mit Parametergleichungen aufstellen, die Vektoren haben dann nur zwei Einträge.

16 Schwerpunkt eines Dreiecks: Gegeben ist ein Dreieck mit den Eckpunkten A(0|0), B(8|−2) und C(6|2). Die Seitenhalbierende s_c ist die Gerade durch C und den Mittelpunkt M_c der Strecke $\overline{AB}$.
   a) Stellen Sie Parametergleichungen für die drei Seitenhalbierenden auf. Zeigen Sie, dass sich die Seitenhalbierenden in einem Punkt S schneiden.
   b) Der Punkt S teilt die Strecken $\overline{AM_a}$, $\overline{BM_b}$ und $\overline{CM_c}$ in je zwei Teile. Bestimmen Sie das Verhältnis der beiden Teilstrecken zueinander.

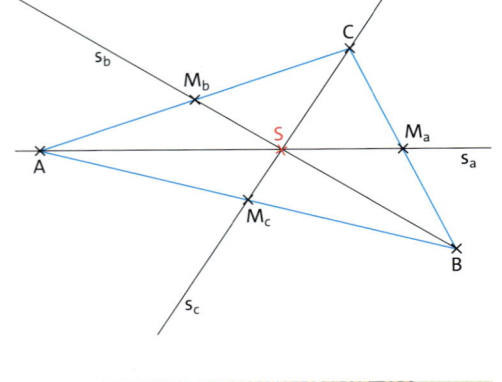

17 Die Terrasse des abgebildeten Hauses liegt in der x_1x_2-Ebene. In den Punkten A(−10|−22|26) und D(−14|−10|24) der Hauswand wird ein Sonnensegel befestigt, dessen äußere Eckpunkte bei Straffung des Segels B(20|32|23) und C(19|35|22,5) sind. Das Segel ist dann eben. 1 Längeneinheit entspricht 1 dm.
   a) Zeigen Sie, dass das Segel die Form eines Trapezes hat. Prüfen Sie, ob das Trapez gleichschenklig ist. 
   b) Das Segel wird an einer Stange mit Spitze S befestigt. Berechnen Sie, wie hoch die Stange sein muss und in welchem Punkt der x_1x_2-Ebene sie aufgestellt werden muss.

18 Die Positionen zweier Flugzeuge zum Zeitpunkt t lassen sich in einem geeigneten Koordinatensystem durch $g_1: \vec{x} = \begin{pmatrix} 11,4 \\ -2,28 \\ 0,66 \end{pmatrix} + t \begin{pmatrix} -0,45 \\ 0,36 \\ 0,03 \end{pmatrix}$ und $g_2: \vec{x} = \begin{pmatrix} 0,1 \\ 9 \\ 1,4 \end{pmatrix} + t \begin{pmatrix} 0,32 \\ -0,48 \\ -0,02 \end{pmatrix}$

beschreiben (Längeneinheit 1 km, Zeiteinheit 10 s).
   a) Berechnen Sie, in welchen Punkten sich die Flugzeuge nach 10, nach 50 und nach 140 Sekunden befinden und wie weit sie dann jeweils voneinander entfernt sind.
   b) Prüfen Sie, ob die Flugbahnen sich kreuzen. Falls ja, berechnen Sie den Schnittwinkel zwischen den Flugbahnen.
   c) Prüfen Sie, ob es zu einer Kollision kommt.

19 Ausblick: Man kann den Schnittpunkt der Seitenhalbierenden eines Dreiecks berechnen, indem man ein schiefes Koordinatensystem einführt. Sein Ursprung ist der Punkt A, die Achsen werden durch die (eventuell ungleich langen) Seitenvektoren $\vec{u} = \overrightarrow{AB} = \begin{pmatrix} 1 \\ 0 \end{pmatrix}$ und $\vec{v} = \overrightarrow{AC} = \begin{pmatrix} 0 \\ 1 \end{pmatrix}$ festgelegt. Der Punkt D hat in diesem System die Koordinaten (2|−1). 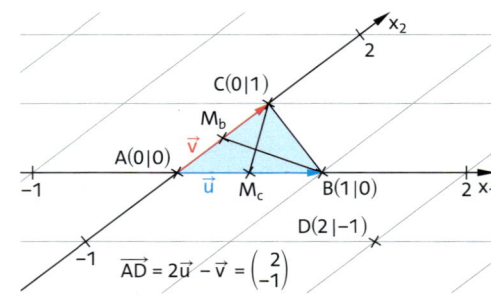
   a) Geben Sie in diesem Koordinatensystem die Koordinaten der Seitenmittelpunkte M_c und M_b an und berechnen Sie den Schnittpunkt der beiden Seitenhalbierenden.
   b) Im üblichen Koordinatensystem sind die Eckpunkte A(1|1), B(4|1) und C(3|2). Geben Sie die Koordinaten des Schnittpunktes aus Aufgabe a) im üblichen Koordinatensystem an.

3.3 Parametergleichung einer Ebene und lineare Abhängigkeit

Beschreiben Sie, wie man die Punkte P und Q mithilfe eines Stützvektors und der Richtungsvektoren der Geraden g und h ausdrücken kann. Überlegen Sie, was dabei allgemein für g und h gelten muss. Geben Sie an, welche Punkte sich prinzipiell mithilfe von g und h bestimmen lassen.

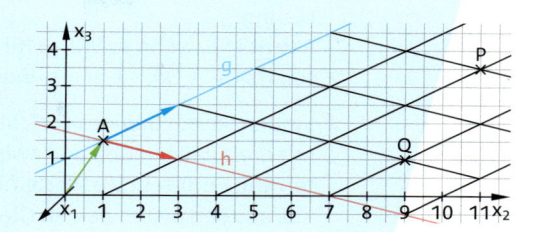

Hinweis
Ähnlich wie zwei nicht parallele Strecken ein Parallelogramm aufspannen, spannen zwei nicht kollineare Vektoren eine Ebene auf. Im Gegensatz zum Parallelogramm ist sie in alle Richtungen unbegrenzt.

Die Gerade g hat die Parametergleichung $\vec{x} = \overrightarrow{OA} + r \cdot \overrightarrow{AB}$. Fügt man Vielfache des zu $\overrightarrow{AB}$ nicht kollinearen Vektors $\overrightarrow{AC}$ hinzu, so lassen sich auch Punkte „seitlich" der Gerade g erreichen. So gilt etwa

$$\overrightarrow{OP} = \overrightarrow{OA} + 3 \cdot \overrightarrow{AB} + (-1) \cdot \overrightarrow{AC}.$$

Daher wird durch die Punkte A, B und C, die nicht auf einer Gerade liegen, eine **Ebene** im Raum festgelegt. Eine Parametergleichung der Ebene ist $\vec{x} = \overrightarrow{OA} + r \cdot \overrightarrow{AB} + s \cdot \overrightarrow{AC}$.

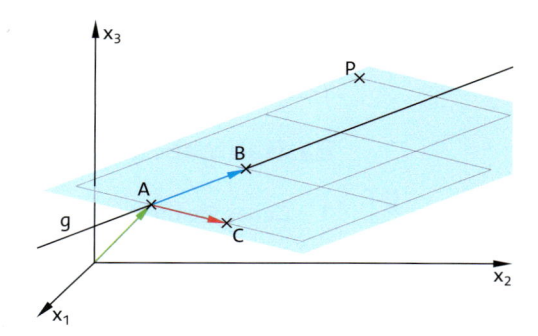

> **Wissen**
>
> Ist A ein Punkt einer Ebene E und sind $\vec{u}$ und $\vec{v}$ zwei zu E parallele, nicht kollineare Vektoren, dann lässt sich die Ebene beschreiben durch die **Parametergleichung**
>
> $$\vec{x} = \overrightarrow{OA} + r \cdot \vec{u} + s \cdot \vec{v} \quad (r, s \in \mathbb{R}).$$
>
> Der **Stützvektor** $\overrightarrow{OA}$ ist der Ortsvektor des **Stützpunktes** A.
> $\vec{u}$ und $\vec{v}$ sind **Richtungsvektoren** der Ebene.
> Für jedes Wertepaar der **Parameter** r und s erhält man den Ortsvektor $\vec{x}$ eines Punktes X der Ebene.

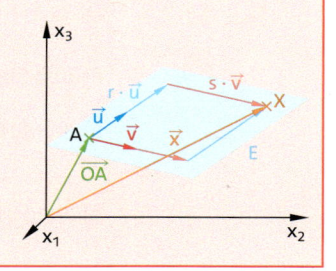

Hinweis
Üblich ist auch die Bezeichnung **Parameterform der Ebenengleichung**.

Die Parametergleichung einer Ebene ist nicht eindeutig bestimmt. Als Stützpunkt kann man jeden Punkt der Ebene wählen und als Richtungsvektoren zwei beliebige nicht kollineare Vektoren, deren Vektorpfeile sich in die Ebene legen lassen (siehe Aufgabe 4).

> **Beispiel 1**   **Ebene durch drei Punkte**
> Prüfen Sie, ob die Punkte A(1|−5|1), B(3|1|0) und C(0|4|−8) eine Ebene aufspannen. Falls ja, geben Sie eine Parametergleichung der Ebene an.
>
> **Lösung:**
> Bilden Sie die beiden Richtungsvektoren $\overrightarrow{AB}$ und $\overrightarrow{AC}$ und prüfen Sie, ob diese kollinear sind.
>
> $\overrightarrow{AB} = \begin{pmatrix} 2 \\ 6 \\ -1 \end{pmatrix}; \overrightarrow{AC} = \begin{pmatrix} -1 \\ 9 \\ -9 \end{pmatrix}; \begin{pmatrix} 2 \\ 6 \\ -1 \end{pmatrix} = t \begin{pmatrix} -1 \\ 9 \\ -9 \end{pmatrix}$
>
> ergibt keinen einheitlichen Wert für t. Also sind $\overrightarrow{AB}$ und $\overrightarrow{AC}$ nicht kollinear.
>
> Sind $\overrightarrow{AB}$ und $\overrightarrow{AC}$ nicht kollinear, so legen die Punkte A, B und C eine Ebene fest.
>
> Wählen Sie zum Beispiel den Punkt A als Stützpunkt sowie $\overrightarrow{AB}$ und $\overrightarrow{AC}$ als Richtungsvektoren. Stellen Sie damit die Parametergleichung der Ebene auf.
>
> $E: \vec{x} = \overrightarrow{OA} + r \cdot \overrightarrow{AB} + s \cdot \overrightarrow{AC}$
>
> $= \begin{pmatrix} 1 \\ -5 \\ 1 \end{pmatrix} + r \begin{pmatrix} 2 \\ 6 \\ -1 \end{pmatrix} + s \begin{pmatrix} -1 \\ 9 \\ -9 \end{pmatrix}$

> **Beispiel 2** **Punktprobe**
> Prüfen Sie, ob der Punkt $P(-4|7|-1)$ in der Ebene $E: \vec{x} = \begin{pmatrix} 2 \\ 0 \\ -5 \end{pmatrix} + r \cdot \begin{pmatrix} -1 \\ 2 \\ 1 \end{pmatrix} + s \cdot \begin{pmatrix} 3 \\ -1 \\ -1 \end{pmatrix}$ liegt.
>
> **Lösung:**
> P liegt in E, wenn es Werte für r und s gibt, sodass $\vec{OP} = \vec{OA} + r \cdot \vec{u} + s \cdot \vec{v}$ gilt.
>
> $\begin{pmatrix} -4 \\ 7 \\ -1 \end{pmatrix} = \begin{pmatrix} 2 \\ 0 \\ -5 \end{pmatrix} + r \cdot \begin{pmatrix} -1 \\ 2 \\ 1 \end{pmatrix} + s \cdot \begin{pmatrix} 3 \\ -1 \\ -1 \end{pmatrix}$
>
> Stellen Sie ein lineares Gleichungssystem mit drei Gleichungen und zwei Unbekannten auf. Ermitteln Sie Werte für r und s z. B. aus den ersten beiden Gleichungen.
>
> $\Rightarrow \begin{vmatrix} -4 = 2 - r + 3s \\ 7 = 2r - s \\ -1 = -5 + r - s \end{vmatrix} \Rightarrow r = 6 + 3s$
>
> Einsetzen in die zweite Gleichung:
> $7 = 2(6 + 3s) - s = 12 + 5s \Rightarrow s = -1 \Rightarrow r = 3$
>
> Setzen Sie zur Überprüfung r und s in die dritte Gleichung ein.
>
> $-1 = -5 + 3 - (-1) = -1$ wahr, also liegt P in E

Basisaufgaben

1 Geben Sie drei verschiedene Punkte in der Ebene $E: \vec{x} = \begin{pmatrix} 5 \\ -8 \\ 2 \end{pmatrix} + r \begin{pmatrix} -1 \\ 2 \\ 0 \end{pmatrix} + s \cdot \begin{pmatrix} 3 \\ 0 \\ -1 \end{pmatrix}$ an.

2 Prüfen Sie, ob die Punkte A, B und C eine Ebene aufspannen. Falls ja, geben Sie eine Parametergleichung der Ebene an.
  a) $A(4|0|0); B(0|5|0); C(0|0|6)$
  b) $A(2|-4|1); B(1|7|-3); C(-4|2|1)$
  c) $A(4|6|8); B(-3|6|0); C(-1|2|0)$
  d) $A(3|-2|4); B(7|-4|-2); C(9|-5|-5)$

3 Prüfen Sie, ob die angegebenen Punkte in der Ebene E liegen.
  a) $P(-4|6|7), Q(-4|1|-2)$ $\quad E: \vec{x} = \begin{pmatrix} -2 \\ 5 \\ 1 \end{pmatrix} + r \begin{pmatrix} -2 \\ 0 \\ 3 \end{pmatrix} + s \begin{pmatrix} 1 \\ 1 \\ 0 \end{pmatrix}$

  b) $P(1|0|-8), Q(6|10|-1)$ $\quad E: \vec{x} = \begin{pmatrix} 1 \\ 7 \\ -9 \end{pmatrix} + r \begin{pmatrix} 4 \\ 2 \\ 6 \end{pmatrix} + s \begin{pmatrix} -1 \\ 3 \\ -2 \end{pmatrix}$

4 Geben Sie zur Ebene $E: \vec{x} = \begin{pmatrix} -3 \\ 0 \\ 1 \end{pmatrix} + r \begin{pmatrix} 0{,}5 \\ -1 \\ 0{,}25 \end{pmatrix} + s \begin{pmatrix} \frac{2}{3} \\ \frac{1}{3} \\ -2 \end{pmatrix}$ eine weitere Parametergleichung an, sodass
  a) der Stützvektor auf den Punkt gerichtet ist, den man für r = 4 und s = 3 erhält,
  b) die Richtungsvektoren ganzzahlige Koordinaten haben,
  c) kein Richtungsvektor zu $\vec{v} = \begin{pmatrix} \frac{2}{3} \\ \frac{1}{3} \\ -2 \end{pmatrix}$ kollinear ist,
  d) der Stützvektor die x_3-Koordinate 0 hat.

5 Begründen Sie, dass die Parametergleichung $\vec{x} = \vec{OA} + r \cdot \vec{u} + s \cdot \vec{v}$ keine Ebene beschreibt, wenn die Richtungsvektoren $\vec{u}$ und $\vec{v}$ kollinear sind.

6 Geben Sie eine passende Parametergleichung der Ebene E an.
  a) E ist die x_1x_3-Koordinatenebene.
  b) E enthält den Punkt $P(2|-3|5)$ und ist parallel zur x_1x_3-Koordinatenebene.
  c) Die Geraden $g: \vec{x} = \begin{pmatrix} -5 \\ 4 \\ -1 \end{pmatrix} + r \begin{pmatrix} 1 \\ 1 \\ 0 \end{pmatrix}$ und $h: \vec{x} = \begin{pmatrix} -5 \\ 4 \\ -1 \end{pmatrix} + r \begin{pmatrix} -3 \\ 0 \\ 5 \end{pmatrix}$ liegen in E.

Lineare Abhängigkeit und Linearkombination

Hinweis

Mit drei linear unabhängigen Vektoren kann man jeden beliebigen Punkt im dreidimensionalen Raum erreichen. Für zwei Vektoren ist „linear abhängig" gleichbedeutend mit „kollinear".

Definition

Drei Vektoren $\vec{a}, \vec{b}, \vec{c}$ heißen **linear abhängig**, wenn ein Vektor eine **Linearkombination** der anderen beiden Vektoren ist: $\vec{a} = r \cdot \vec{b} + s \cdot \vec{c}$ ($r, s \in \mathbb{R}$)

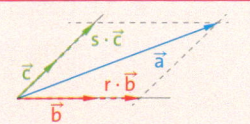

Beispiel 3 Prüfen Sie, ob die Vektoren linear abhängig sind. Schreiben Sie, falls möglich, $\vec{a}$ als Linearkombination der anderen Vektoren.

a) $\vec{a} = \begin{pmatrix} 5 \\ 0 \\ 6 \end{pmatrix}, \vec{b} = \begin{pmatrix} 6 \\ 0 \\ 5 \end{pmatrix}, \vec{c} = \begin{pmatrix} -1 \\ 4 \\ 3 \end{pmatrix}$
b) $\vec{a} = \begin{pmatrix} -2 \\ 3 \\ 7 \end{pmatrix}, \vec{b} = \begin{pmatrix} 2 \\ 1 \\ -5 \end{pmatrix}, \vec{c} = \begin{pmatrix} 0 \\ 2 \\ 1 \end{pmatrix}$

Lösung:

a) Drücken Sie einen Vektor als Linearkombination der anderen beiden aus. Das Gleichungssystem aus drei Gleichungen und zwei Unbekannten führt zu einem Widerspruch.

$\begin{pmatrix} 5 \\ 0 \\ 6 \end{pmatrix} = r \cdot \begin{pmatrix} 6 \\ 0 \\ 5 \end{pmatrix} + s \cdot \begin{pmatrix} -1 \\ 4 \\ 3 \end{pmatrix}$

$\Rightarrow \begin{vmatrix} 5 = 6r - s \\ 0 = 4s \\ 6 = 5r + 3s \end{vmatrix} \begin{array}{l} \Rightarrow r = \frac{5}{6} \\ \Rightarrow s = 0 \end{array}$

Einsetzen: $6 = 5 \cdot \frac{5}{6} + 3 \cdot 0 = \frac{25}{6} \neq 6$

Widerspruch. $\vec{a}, \vec{b}, \vec{c}$ sind linear unabhängig

b) Drücken Sie einen Vektor als Linearkombination der anderen beiden aus. Ermitteln sie aus zwei Gleichungen des Gleichungssystems Werte für r und s.

Setzen Sie diese in die dritte Gleichung ein. Es ergibt sich eine wahre Aussage.

$\begin{pmatrix} -2 \\ 3 \\ 7 \end{pmatrix} = r \cdot \begin{pmatrix} 2 \\ 1 \\ -5 \end{pmatrix} + s \cdot \begin{pmatrix} 0 \\ 2 \\ 1 \end{pmatrix}$

$\Rightarrow \begin{vmatrix} -2 = 2r \\ 3 = r + 2s \\ 7 = -5r + s \end{vmatrix} \begin{array}{l} \Rightarrow r = -1 \\ \Rightarrow s = 2 \end{array}$

Einsetzen: $7 = -5 \cdot (-1) + 2 = 7$; $\vec{a}, \vec{b}, \vec{c}$ sind linear abhängig. Es gilt $\vec{a} = -\vec{b} + 2\vec{c}$.

Basisaufgaben

7 Prüfen Sie, ob die Vektoren linear abhängig sind. Schreiben Sie, falls möglich, $\vec{a}$ als Linearkombination der anderen Vektoren.

a) $\vec{a} = \begin{pmatrix} 2 \\ 2 \\ 6 \end{pmatrix}, \vec{b} = \begin{pmatrix} 2 \\ -1 \\ 2 \end{pmatrix}, \vec{c} = \begin{pmatrix} 1 \\ 0 \\ -1 \end{pmatrix}$
b) $\vec{a} = \begin{pmatrix} 2 \\ -2 \\ 6 \end{pmatrix}, \vec{b} = \begin{pmatrix} 2 \\ -1 \\ 2 \end{pmatrix}, \vec{c} = \begin{pmatrix} 1 \\ 0 \\ -1 \end{pmatrix}$

8 Geben Sie einen Vektor $\vec{c}$ an, sodass $\vec{a}, \vec{b}, \vec{c}$ linear unabhängig sind.

a) $\vec{a} = \begin{pmatrix} 0 \\ 1 \\ 0 \end{pmatrix}, \vec{b} = \begin{pmatrix} 0 \\ 0 \\ 2 \end{pmatrix}$
b) $\vec{a} = \begin{pmatrix} 2 \\ 0 \\ 3 \end{pmatrix}, \vec{b} = \begin{pmatrix} 1 \\ 1 \\ 1 \end{pmatrix}$
c) $\vec{a} = \begin{pmatrix} 5 \\ 1 \\ 3 \end{pmatrix}, \vec{b} = \begin{pmatrix} 2 \\ -1 \\ 4 \end{pmatrix}$
d) $\vec{a} = \begin{pmatrix} -6 \\ 5 \\ 1 \end{pmatrix}, \vec{b} = \begin{pmatrix} 2 \\ 2 \\ 4 \end{pmatrix}$

9 a) Beschreiben Sie, wie Sie prüfen können, ob ein gegebener Vektor parallel zu einer gegebenen Ebene verläuft.
b) Prüfen Sie, ob der Vektor $\vec{a} = \begin{pmatrix} 4 \\ 3 \\ 1 \end{pmatrix}$ in der Ebene $E: \vec{x} = \begin{pmatrix} 8 \\ -5 \\ 6 \end{pmatrix} + r \cdot \begin{pmatrix} 4 \\ 2 \\ -1 \end{pmatrix} + s \cdot \begin{pmatrix} 2 \\ -2 \\ -1 \end{pmatrix}$ liegt.

10 Beschreiben Sie die Richtung aller Vektoren, die linear abhängig zu $\begin{pmatrix} 1 \\ 0 \\ 0 \end{pmatrix}$ und $\begin{pmatrix} 0 \\ 1 \\ 0 \end{pmatrix}$ sind.

3

Weiterführende Aufgaben

Zwischentest

11 Geben Sie an, für welche Werte von t die Vektoren linear abhängig sind.

a) $\vec{a} = \begin{pmatrix} -2 \\ t \\ 9 \end{pmatrix}, \vec{b} = \begin{pmatrix} 2 \\ 0 \\ 3 \end{pmatrix}, \vec{c} = \begin{pmatrix} 4 \\ -1 \\ 2 \end{pmatrix}$

b) $\vec{a} = \begin{pmatrix} 12 \\ -1 \\ t \end{pmatrix}, \vec{b} = \begin{pmatrix} 6 \\ 1 \\ -4 \end{pmatrix}, \vec{c} = \begin{pmatrix} 0 \\ -3 \\ 1 \end{pmatrix}$

12 Erläutern Sie, was die lineare Abhängigkeit bzw. Unabhängigkeit der Richtungsvektoren dreier Geraden mit gleichem Stützpunkt für die Lage dieser Geraden in einer gemeinsamen Ebene bedeutet.

Hilfe

13 Eine Ebene E enthält die Gerade g: $\vec{x} = \begin{pmatrix} 6 \\ 0 \\ 0 \end{pmatrix} + r \begin{pmatrix} -2 \\ 0 \\ 1 \end{pmatrix}$ und den Punkt P(0|5|0).

a) Zeigen Sie, dass A(4|0|1) in E liegt.
b) Begründen Sie, dass die Gerade h: $\vec{x} = \begin{pmatrix} 4 \\ 0 \\ 1 \end{pmatrix} + r \begin{pmatrix} -2 \\ 0 \\ 1 \end{pmatrix}$ in E liegt.
c) Geben Sie die Gleichung einer weiteren Gerade an, die durch A geht und in E liegt.

⚠ **14 Stolperstelle:** Die Ebene E enthält den Punkt A(16|−4|0) und wird durch die Vektoren $\vec{u} = \begin{pmatrix} 56 \\ 28 \\ -14 \end{pmatrix}$ und $\vec{a} = \begin{pmatrix} 27 \\ 18 \\ 27 \end{pmatrix}$ aufgespannt. Lara behauptet: „Dann ist $\vec{x} = \begin{pmatrix} 4 \\ -1 \\ 0 \end{pmatrix} + r \begin{pmatrix} 4 \\ 2 \\ -1 \end{pmatrix} + s \begin{pmatrix} 3 \\ 2 \\ 3 \end{pmatrix}$ auch eine Gleichung für E." Erläutern und korrigieren Sie den Fehler.

15 Erläutern Sie, ob die Punkte A, B, C und D in einer gemeinsamen Ebene liegen.

a) A(5|−7|9), B(3|−7|10), C(6|−4|13), D(4|−4|14)
b) A(3|−1|0), B(4|−1|1), C(5|0|0), D(7|1|3)

Hilfe

16 Eine Boulderwand wird geplant.
a) Stellen Sie eine Gleichung für die Ebene E_1 auf, die A, B und C enthält.
b) Stellen Sie eine Gleichung für die Ebene E_2 auf, die F, C und D enthält. Ermitteln Sie den Wert für t, sodass der Punkt E in E_2 liegt.
c) Veranschaulichen Sie die Kletterwand mit einer Mathematik-Software und erläutern Sie, welche Probleme beim Bau der Kletterwand mit diesen Punkten auftreten würden.

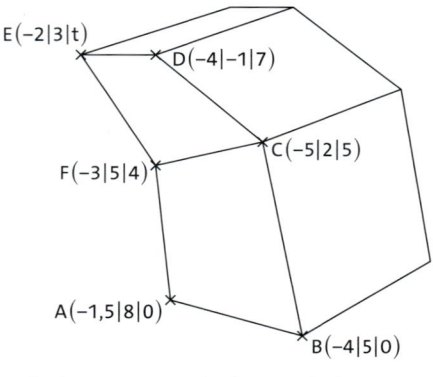

E(−2|3|t), D(−4|−1|7), C(−5|2|5), F(−3|5|4), A(−1,5|8|0), B(−4|5|0)

17 Die Ebene E enthält die Geraden g: $\vec{x} = \begin{pmatrix} -1 \\ 4 \\ -2 \end{pmatrix} + r \cdot \begin{pmatrix} 1 \\ -2 \\ 3 \end{pmatrix}$ und h: $\vec{x} = \begin{pmatrix} 3 \\ 7 \\ -1 \end{pmatrix} + s \cdot \begin{pmatrix} -2 \\ 4 \\ -6 \end{pmatrix}$.
Geben Sie eine Gleichung von E an.

18 Prüfen Sie, ob g: $\vec{x} = \begin{pmatrix} -1 \\ 4 \\ -2 \end{pmatrix} + r \cdot \begin{pmatrix} 1 \\ -2 \\ 3 \end{pmatrix}$, h: $\vec{x} = \begin{pmatrix} 3 \\ -4 \\ 8 \end{pmatrix} + s \cdot \begin{pmatrix} 2 \\ -4 \\ 4 \end{pmatrix}$ und i: $\vec{x} = \begin{pmatrix} -1 \\ 4 \\ 0 \end{pmatrix} + t \cdot \begin{pmatrix} -1 \\ 2 \\ 1 \end{pmatrix}$ in einer Ebene liegen.

19 Ausblick: A, B und C liegen nicht auf einer Gerade.
a) Zeigen Sie: P' liegt genau dann auf $\overline{CB}$, wenn gilt: $\overrightarrow{OP'} = \overrightarrow{OA} + r \cdot \vec{b} + s \cdot \vec{c}$ mit r, s ≥ 0 und r + s = 1.
b) Zu jedem Punkt P innerhalb von ABC gibt es einen Punkt P' auf $\overline{CB}$, sodass $\overrightarrow{AP} = k \cdot \overrightarrow{AP'}$ gilt mit 0 ≤ k ≤ 1. Geben Sie an, für welche reellen Werte r, s ein Punkt P mit $\overrightarrow{OP} = \overrightarrow{OA} + r \cdot \vec{b} + s \cdot \vec{c}$ innerhalb von ABC liegt.

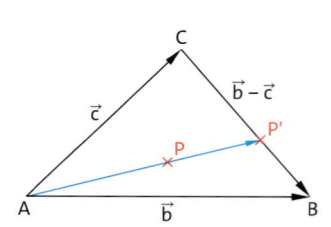

3.4 Normalen- und Koordinatengleichung

Die Gerade g schneidet die Ebenen E_1, E_2 und E_3 jeweils in einem rechten Winkel.
a) Erläutern Sie, was sich daraus für die Lage der Ebenen zueinander ergibt.
b) Geben Sie an, wie viele Ebenen es gibt, die durch den Punkt P und senkrecht zur Gerade g verlaufen.
c) Geben Sie eine Eigenschaft des Richtungsvektors von g an.

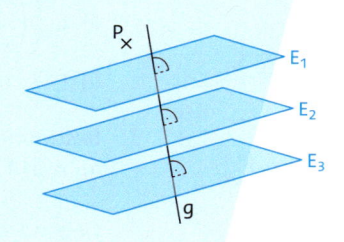

Bei der Parametergleichung wird die Lage einer Ebene durch einen Stützvektor und zwei Richtungsvektoren beschrieben. Es genügen jedoch bereits ein Stützvektor und ein zur Ebene orthogonaler Vektor, um die Lage der Ebene eindeutig festzulegen. Ein zur Ebene orthogonaler Vektor heißt **Normalenvektor der Ebene**.
Da der Normalenvektor $\vec{n}$ orthogonal zur Ebene ist, ergibt das Skalarprodukt von $\vec{n}$ mit jedem Vektor $\vec{v}$, der parallel zur Ebene verläuft, null. Also gilt $\vec{v} \circ \vec{n} = 0$.

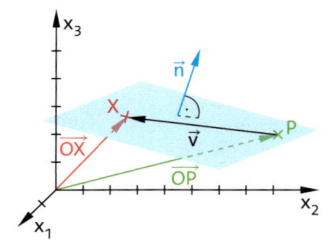

Hinweis
Man spricht auch von der „**Normalenform**" bzw. „**Koordinatenform**" der Ebenengleichung.

> **Wissen** — **Normalen- und Koordinatengleichung**
> Eine Ebene E mit dem Stützvektor $\overrightarrow{OP}$ und dem Normalenvektor $\vec{n}$ lässt sich in der **Normalengleichung** $(\vec{x} - \overrightarrow{OP}) \circ \vec{n} = 0$ schreiben. Der Ortsvektor $\vec{x}$ jedes Punktes X, der in E liegt, erfüllt diese Gleichung. Die ausmultiplizierte Form $n_1 x_1 + n_2 x_2 + n_3 x_3 - c = 0$ mit $c = \overrightarrow{OP} \circ \vec{n}$ heißt **Koordinatengleichung** von E.

Beispiel 1

Die Ebene E enthält den Punkt $P(2|-4|1)$ und ist orthogonal zu $\vec{n} = \begin{pmatrix} 5 \\ -2 \\ 1 \end{pmatrix}$.

a) Geben Sie eine Normalen- und eine Koordinatengleichung von E an.
b) Prüfen Sie, ob die Punkte $A(3|4|-2)$ und $B(3|1|6)$ in E liegen.

Lösung:
a) Stellen Sie die Normalengleichung mit den gegebenen Vektoren auf. Multiplizieren Sie sie aus, um die Koordinatengleichung zu erhalten. Die Zahl ohne Variable ist das Skalarprodukt von $\overrightarrow{OP}$ und $\vec{n}$.

Normalengleichung:
$$\left(\begin{pmatrix} x_1 \\ x_2 \\ x_3 \end{pmatrix} - \begin{pmatrix} 2 \\ -4 \\ 1 \end{pmatrix} \right) \circ \begin{pmatrix} 5 \\ -2 \\ 1 \end{pmatrix} = 0$$

Koordinatengleichung:
$5x_1 - 2x_2 + x_3 - (10 + 8 + 1) = 0$
$5x_1 - 2x_2 + x_3 - 19 = 0$

b) Setzen Sie die Koordinaten von A und B in die Koordinatengleichung ein und prüfen Sie, ob die Gleichung erfüllt ist.

Punktprobe:
A: $5 \cdot 3 - 2 \cdot 4 - 2 - 19 \neq 0$; A liegt nicht in E.
B: $5 \cdot 3 - 2 \cdot 1 + 6 - 19 = 0$; B liegt in E.

Basisaufgaben

1 Die Ebene E enthält den Punkt P und verläuft orthogonal zum Vektor $\vec{n}$. Geben Sie eine Normalen- und eine Koordinatengleichung von E an.

a) $P(-2|1|4)$, $\vec{n} = \begin{pmatrix} 2 \\ 4 \\ 3 \end{pmatrix}$
b) $P(2|0|1)$, $\vec{n} = \begin{pmatrix} 0 \\ 3 \\ 5 \end{pmatrix}$
c) $P(0|0|0)$, $\vec{n} = \begin{pmatrix} 1 \\ -1 \\ 0 \end{pmatrix}$

Lösungen zu 3

−10   −2
  −2
      −$\frac{3}{2}$
 1
       2

Hinweis

In 5b) und 5c) ist die Normalenform in der Form $\vec{x} \circ \vec{n} = \overrightarrow{OP} \circ \vec{n}$ gegeben; in b) ist das Skalarprodukt der rechten Seite bereits berechnet.

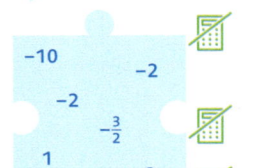

2 Prüfen Sie, ob die Punkte A und B in der Ebene E liegen.
  a) $E: \left(\begin{pmatrix} x_1 \\ x_2 \\ x_3 \end{pmatrix} - \begin{pmatrix} 1 \\ 2 \\ 0 \end{pmatrix}\right) \circ \begin{pmatrix} 3 \\ 1 \\ -6 \end{pmatrix} = 0$; $A(1|1|1)$; $B(2|5|1)$
  b) $E: x_1 + x_2 - 4x_3 - 7 = 0$; $A(5|6|1)$; $B(7|0|0)$

3 Bestimmen Sie den Wert von a, sodass der Punkt in $E: -4x_1 + 2x_2 - x_3 - 8 = 0$ liegt.
  a) $A(a|1|2)$ b) $B(a|0|0)$ c) $C(a|8|4)$ d) $D(-3|a|1)$ e) $F(2|3|a)$

4 Geben Sie drei Punkte an, die in der Ebene $E: 5x_1 - x_2 + 2x_3 - 6 = 0$ liegen.

5 Geben Sie eine Koordinatengleichung der Ebene E an.
  a) $E: \left(\vec{x} - \begin{pmatrix} 3 \\ -1 \\ 2 \end{pmatrix}\right) \circ \begin{pmatrix} 6 \\ 1 \\ -2 \end{pmatrix} = 0$ b) $E: \vec{x} \circ \begin{pmatrix} 0 \\ 1 \\ 0 \end{pmatrix} = 8$ c) $E: \vec{x} \circ \begin{pmatrix} -1 \\ 5 \\ 8 \end{pmatrix} = \begin{pmatrix} 6 \\ 1 \\ 9 \end{pmatrix} \circ \begin{pmatrix} -1 \\ 5 \\ 8 \end{pmatrix}$

6 Geben Sie an, welche besondere Lage im Koordinatensystem die Ebene E hat.
  a) $E: x_3 - 4 = 0$ b) $E: x_3 = 0$ c) $E: x_2 + 5 = 0$ d) $E: x_1 = 5$
  e) $E: x_1 + x_2 - 6 = 0$ f) $E: x_2 - x_3 = 6$ g) $E: x_1 = x_2$ h) $E: x_1 + x_2 + x_3 = 1$

7 Stellen Sie eine Koordinatengleichung der Ebene E auf.
  a) E ist parallel zur $x_1 x_2$-Ebene und geht durch den Punkt $P(5|4|3)$.
  b) E steht senkrecht auf der x_2-Achse und geht durch $P(5|4|3)$.
  c) E enthält $A(4|3|2)$ und steht senkrecht auf der Gerade g mit $g: \vec{x} = \begin{pmatrix} 1 \\ 0 \\ -1 \end{pmatrix} + r \begin{pmatrix} 2 \\ -1 \\ -2 \end{pmatrix}$.
  d) Wird $A(2|1|3)$ an E gespiegelt, so wird er auf $B(2|5|3)$ abgebildet.

8 Umwandeln von der Parametergleichung in die Koordinatengleichung:
Um die Parametergleichung einer Ebene E in die Koordinatengleichung zu überführen, übernimmt man den Stützvektor $\overrightarrow{OA}$, ermittelt den Normalenvektor $\vec{n}$ mithilfe des Vektorprodukts der beiden Richtungsvektoren und berechnet das Skalarprodukt $\overrightarrow{OA} \circ \vec{n}$.

Beispiel: $E: \vec{x} = \begin{pmatrix} 0 \\ 1 \\ 2 \end{pmatrix} + r \cdot \begin{pmatrix} 3 \\ 2 \\ 1 \end{pmatrix} + s \cdot \begin{pmatrix} -4 \\ 3 \\ -2 \end{pmatrix}$;   Normalenvektor: $\begin{pmatrix} 3 \\ 2 \\ 1 \end{pmatrix} \times \begin{pmatrix} -4 \\ 3 \\ -2 \end{pmatrix} = \begin{pmatrix} -7 \\ 2 \\ 17 \end{pmatrix}$

Skalarprodukt: $\begin{pmatrix} 0 \\ 1 \\ 2 \end{pmatrix} \circ \begin{pmatrix} -7 \\ 2 \\ 17 \end{pmatrix} = 36$; Koordinatengl.: $E: -7x_1 + 2x_2 + 17x_3 - 36 = 0$

Wandeln Sie die Parametergleichung in die Koordinatenform um.
  a) $E: \vec{x} = \begin{pmatrix} 0 \\ 1 \\ 2 \end{pmatrix} + r \cdot \begin{pmatrix} 2 \\ 0 \\ 1 \end{pmatrix} + s \cdot \begin{pmatrix} 1 \\ 2 \\ 0 \end{pmatrix}$ b) $E: \vec{x} = \begin{pmatrix} -1 \\ 0 \\ 3 \end{pmatrix} + r \cdot \begin{pmatrix} 4 \\ 0 \\ 5 \end{pmatrix} + s \cdot \begin{pmatrix} 6 \\ 2 \\ -7 \end{pmatrix}$

9 Umwandeln von der Koordinatengleichung in die Parametergleichung:
Um die Koordinatengleichung einer Ebene E in die Parametergleichung zu überführen, bestimmt man einen beliebigen Punkt A der Ebene, liest den Normalenvektor ab und bestimmt zwei zum Normalenvektor orthogonale Vektoren. Dafür kann eine Koordinate 0 gesetzt, die anderen beiden vertauscht und ein Vorzeichen geändert werden.

Beispiel: $E: 2x_1 - 2x_2 + 5x_3 - 4 = 0$; Punkt in E: $A(2|0|0)$;   Normalenvektor: $\begin{pmatrix} 2 \\ -2 \\ 5 \end{pmatrix}$

Richtungsvektoren: $\vec{u} = \begin{pmatrix} 0 \\ 5 \\ 2 \end{pmatrix}$, $\vec{v} = \begin{pmatrix} -2 \\ -2 \\ 0 \end{pmatrix}$; $E: \vec{x} = \begin{pmatrix} 2 \\ 0 \\ 0 \end{pmatrix} + r \cdot \begin{pmatrix} 0 \\ 5 \\ 2 \end{pmatrix} + s \cdot \begin{pmatrix} -2 \\ -2 \\ 0 \end{pmatrix}$

Arbeiten Sie zu zweit. Wandeln Sie die Ebenengleichungen in die Parameterform um und kontrollieren Sie sich gegenseitig.
$E_1: 2x_1 + x_2 + 3x_3 - 4 = 0$ $E_2: x_1 - 3x_2 - x_3 + 6 = 0$

Weiterführende Aufgaben

Zwischentest

10 Spurgeraden und Spurpunkte:
Die Schnittpunkte einer Ebene mit den Koordinatenachsen heißen **Spurpunkte** der Ebene. Jeweils zwei ihrer Koordinaten haben den Wert null.
Gegeben ist die Ebene E: $3x_1 + 2x_2 + 6x_3 - 12 = 0$. 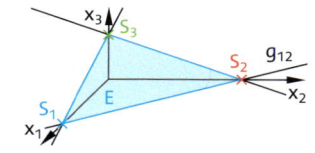
a) Bestimmen Sie die Spurpunkte von E und skizzieren Sie E in ein Koordinatensystem.
b) Die **Spurgerade** g_{12} enthält alle Punkte, die E mit der x_1x_2-Ebene gemeinsam hat. Geben Sie eine Gleichung von g_{12} an.

11 a) Zeigen Sie, dass der von den Vektoren $\vec{AB}$, $\vec{BC}$ und $\vec{AE}$ aufgespannte Körper ein Quader ist.
b) Ermitteln Sie je eine Koordinatengleichung von E_{ABE} und von E_{CGH}.
c) Ermitteln Sie eine Koordinatengleichung der Ebene E_{ACE}.

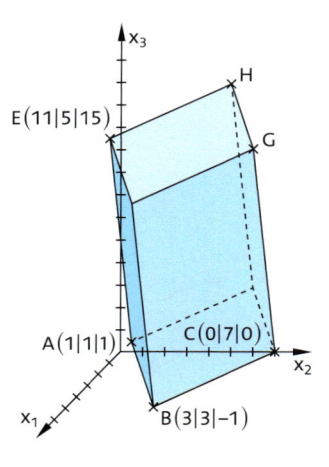

12 Gegeben ist die Ebene E: $-2x_1 + 2x_2 + x_3 - 7 = 0$.
a) Bestimmen Sie eine Parametergleichung von E.
b) Prüfen Sie zu zweit anhand der Koordinatengleichung bzw. der Parametergleichung von E, ob die Punkte A(3|1|3) und B(−2|2|−1) in E liegen. Vergleichen Sie Ihre Ergebnisse und den Aufwand der beiden Methoden.

13 Entscheiden Sie begründet, ob die Aussage wahr oder falsch ist.
a) Zwei zueinander parallele Ebenen haben den gleichen Normalenvektor.
b) Zwei Ebenen mit gleichem Normalenvektor sind parallel.
c) Eine Multiplikation beider Seiten der Ebenengleichung $n_1x_1 + n_2x_2 + n_3x_3 = c$ mit einer Zahl ungleich null bewirkt eine Parallelverschiebung von E.
d) Eine Vergrößerung der rechten Seite der Ebenengleichung $n_1x_1 + n_2x_2 + n_3x_3 = c$ bewirkt eine Parallelverschiebung von E.
e) Die Ebene E: $\vec{x} \circ \begin{pmatrix} 1 \\ 0 \\ 0 \end{pmatrix} = 2$ verläuft parallel zur x_1x_2-Ebene.

14 Berechnen Sie das Skalarprodukt von $\vec{v} = \begin{pmatrix} 2 \\ -1 \\ 4 \end{pmatrix}$ mit den Ortsvektoren von A(1|−2|1),
B(5|−2|−2), C(6|0|−1), D(0|−4|1), E(2|0|1), F(3|−2|0) und G(2|−4|2).
Deuten Sie das Ergebnis geometrisch.

15 Achsenabschnittsgleichung:
Gegeben ist die Ebene E durch E: $4x_1 - 6x_2 + 3x_3 = 12$.
a) Skizzieren Sie die Ebene anhand ihrer Spurpunkte in ein Koordinatensystem.
b) Dividieren Sie beide Seiten der Gleichung durch 12. Erklären Sie, weshalb die neue Gleichung **Achsenabschnittsgleichung** von E heißt.
c) Bestimmen Sie mithilfe der zugehörigen Achsenabschnittsgleichung die Spurpunkte der Ebenen E_1: $x_1 + 2x_2 - 8x_3 = -8$ und E_2: $12x_1 + x_2 + 3x_3 = 6$.

⚠ 16 Stolperstelle: Laura sagt: „Wenn ich bei E: $4x_1 + 8x_2 - 6x_3 - 9 = 0$ den Normalenvektor halbiere, steht er immer noch senkrecht auf E. Deshalb ist $2x_1 + 4x_2 - 3x_3 - 9 = 0$ auch eine Gleichung für E."
Nehmen Sie dazu Stellung und korrigieren Sie die zweite Gleichung.

17 Gegeben sind die Ebene E: $-2x_1 - x_2 + 4x_3 - 6 = 0$ und der Vektor $\vec{v} = \begin{pmatrix} 4 \\ 2 \\ -8 \end{pmatrix}$.

a) Zeigen Sie, dass die Punkte P(4|−2|3) und Q(−2|2|1) in E liegen und dass $\vec{v}$ zu E orthogonal ist.
b) Stellen Sie mithilfe von P und $\vec{v}$ eine Koordinatengleichung für E auf. Vergleichen Sie diese mit der ursprünglichen Gleichung für E.
c) Stellen Sie mithilfe von Q und $\vec{v}$ eine Koordinatengleichung für E auf.

Hilfe

18 Ein Teilstück eines Biergartens soll mit Sonnensegeln überdacht werden. Es werden zwei dreieckige und ein viereckiges Segel benötigt.
a) Der Pfahl im Punkt B ist 3 m hoch, der in Punkt C ist 4 m hoch. Der Pfahl in D ist genauso hoch wie der in F.
Geben Sie die Koordinaten der Punkte B', C', D', E und F an.
b) Ermitteln Sie eine Koordinatengleichung der Ebene durch B', C' und E'.
c) Bestimmen Sie die Höhe des Pfahls in A.

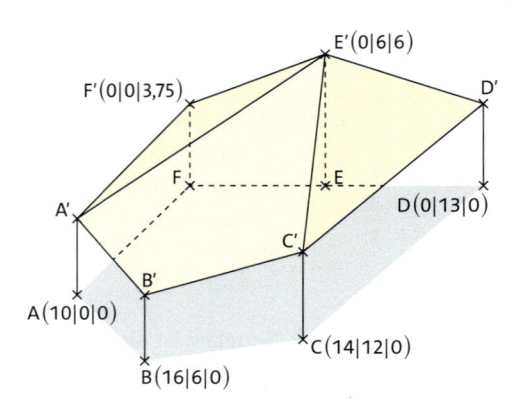

Hinweis

Informationen zu Spurpunkten finden Sie in Aufgabe 10.

19 Gegeben ist die Gerade g: $\vec{x} = \overrightarrow{OP} + k\begin{pmatrix} 1 \\ 2 \\ 1 \end{pmatrix}$ mit P(1|1|1).

a) Ermitteln Sie eine Gleichung der Ebene E_1, die den Punkt P enthält und senkrecht zu g liegt.
b) Berechnen Sie die Spurpunkte der Ebene E_1 und skizzieren Sie E_1 in ein Koordinatensystem.
c) Die drei Spurpunkte bilden mit dem Ursprung eine dreiseitige Pyramide. Berechnen Sie ihr Volumen.
d) Beschreiben Sie die Lage von E_2 mit E_2: $\vec{x} = \begin{pmatrix} 2 \\ 3 \\ 2 \end{pmatrix} + r\begin{pmatrix} -3 \\ 1 \\ 1 \end{pmatrix} + s\begin{pmatrix} -1 \\ 1 \\ -1 \end{pmatrix}$ im Koordinatensystem.

Hilfe

20 Das Kirchenschiff einer Kirche enthält parabelförmige Bögen. Sie sind 10 m breit und 15 m hoch.
a) Geben Sie die Gleichung einer solchen Parabel an, die wie in der Abbildung in der x_2x_3-Ebene liegt. Bestimmen Sie außerdem die Gleichung der Tangente t an die Parabel im Punkt A sowie den Winkel, den der Parabelbogen mit der x_1x_2-Ebene einschließt.
b) Ermitteln Sie die Koordinaten von A im dreidimensionalen Koordinatensystem und geben Sie einen Punkt B an, der ebenfalls auf der Tangente t liegt.
c) Geben Sie eine Parameterform der Tangente t an.
d) Geben Sie eine Gleichung der Ebene E an, die A enthält und die senkrecht zu t liegt.

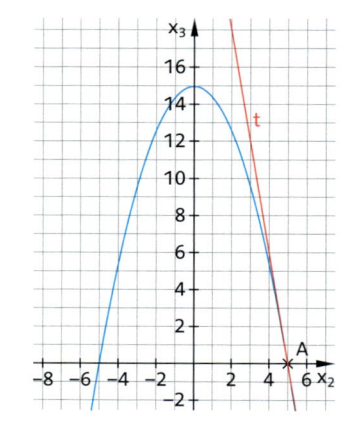

21 Ausblick: Koordinatengleichung einer Gerade im $\mathbb{R}^2$
a) Skizzieren Sie die Gerade g: $\vec{x} = \begin{pmatrix} 3 \\ 2 \end{pmatrix} + r\begin{pmatrix} 1 \\ 2 \end{pmatrix}$ in ein Koordinatensystem.
b) Geben Sie einen zu g orthogonalen Vektor an und stellen Sie damit eine Koordinatengleichung der Gerade auf.
c) Lösen Sie die Gleichung nach x_2 auf und überprüfen Sie das Ergebnis an der Skizze.

3.5 Lagebeziehungen zwischen Ebene und Gerade

Beschreiben Sie mit einem Stift und einem Blatt Papier, wie eine Ebene E und eine Gerade g zueinander liegen können. Vergleichen Sie die Fälle mit den Lagebeziehungen zwischen zwei Geraden. Beschreiben Sie Gemeinsamkeiten und Unterschiede.

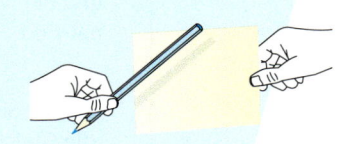

Die Lagebeziehung zwischen einer Ebene E und einer Gerade g kann durch die Anzahl der gemeinsamen Punkte und durch die gegenseitige Lage von Normalen- und Richtungsvektoren charakterisiert werden.

> **Wissen**
>
> Eine Gerade g mit dem Richtungsvektor $\vec{u}$ und eine Ebene E mit dem Normalenvektor $\vec{n}$ können folgende Lagebeziehungen haben:
>
> **E und g schneiden sich in einem Punkt S.** 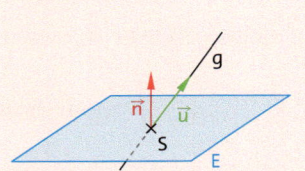
> ein gemeinsamer Punkt S; $\vec{n}$ und $\vec{u}$ nicht orthogonal
>
> **E und g sind echt parallel zueinander.** 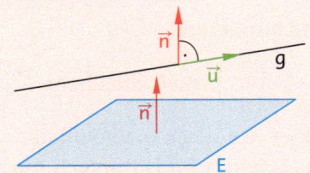
> kein gemeinsamer Punkt; $\vec{n}$ und $\vec{u}$ orthogonal
>
> **g liegt in E.** 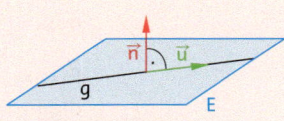
> alle Punkte von g in E; $\vec{n}$ und $\vec{u}$ orthogonal
>
> Ein gemeinsamer Punkt muss die Ebenen- und die Geradengleichung erfüllen.

Steht der Richtungsvektor von g senkrecht auf dem Normalenvektor von E, kann g in E liegen oder parallel zu E sein. Im anderen Fall schneiden sich g und E, und durch Gleich- bzw. Einsetzen der Gleichungen kann der Schnittpunkt berechnet werden.

> **Beispiel 1** Ermitteln Sie die gegenseitige Lage der Gerade g und der Ebene E mit
> E: $x_1 - 4x_2 + 3x_3 - 12 = 0$. Berechnen Sie, wenn möglich, den Schnittpunkt.
>
> a) $g: \vec{x} = \begin{pmatrix} 3 \\ 2 \\ -1 \end{pmatrix} + r \cdot \begin{pmatrix} 1 \\ 1 \\ 1 \end{pmatrix}$ b) $g: \vec{x} = \begin{pmatrix} 2 \\ -1 \\ 2 \end{pmatrix} + r \cdot \begin{pmatrix} -2 \\ 1 \\ 2 \end{pmatrix}$ c) $g: \vec{x} = \begin{pmatrix} 2 \\ -1 \\ -2 \end{pmatrix} + r \cdot \begin{pmatrix} -2 \\ 1 \\ -2 \end{pmatrix}$

Lösung:

a) Prüfen Sie, ob der Richtungsvektor von g und der Normalenvektor von E orthogonal sind.
Überprüfen Sie mit der Punktprobe, ob der Stützpunkt von g in E liegt. Da dies nicht der Fall ist, ist g parallel zu E.

$\vec{u} \circ \vec{n} = \begin{pmatrix} 1 \\ 1 \\ 1 \end{pmatrix} \circ \begin{pmatrix} 1 \\ -4 \\ 3 \end{pmatrix} = 1 - 4 + 3 = 0$

$\vec{u}$ und $\vec{n}$ sind orthogonal.
$3 - 4 \cdot 2 + 3 \cdot (-1) - 12 = -20 \neq 0$
$\Rightarrow$ g ist echt parallel zu E.

b) Prüfen Sie, ob der Richtungsvektor von g und der Normalenvektor von E orthogonal sind.
Überprüfen Sie mit der Punktprobe, ob der Stützpunkt von g in E liegt. Da dies der Fall ist, liegt g in E.

$\vec{u} \circ \vec{n} = \begin{pmatrix} -2 \\ 1 \\ 2 \end{pmatrix} \circ \begin{pmatrix} 1 \\ -4 \\ 3 \end{pmatrix} = -2 - 4 + 6 = 0$

$\vec{u}$ und $\vec{n}$ sind orthogonal.
$2 - 4 \cdot (-1) + 3 \cdot 2 - 12 = 0$
$\Rightarrow$ g liegt in E.

c) Prüfen Sie, ob der Richtungsvektor von g und der Normalenvektor von E orthogonal sind.

$$\vec{u} \circ \vec{n} = \begin{pmatrix} -2 \\ 1 \\ -2 \end{pmatrix} \circ \begin{pmatrix} 1 \\ -4 \\ 3 \end{pmatrix} = -2 - 4 - 6 = -12$$

$\vec{u}$ und $\vec{n}$ sind nicht orthogonal.
⇒ g und E schneiden sich in einem Punkt.

Setzen Sie die Koordinaten von g in die Gleichung von E ein und lösen Sie nach r auf. Setzen Sie den ermittelten Wert des Parameters in die Geradengleichung ein, um den Schnittpunkt zu berechnen.

$2 - 2r - 4(-1 + r) + 3(-2 - 2r) - 12$
$= -12r - 12 = 0 \Rightarrow r = -1$

$$\vec{OS} = \begin{pmatrix} 2 \\ -1 \\ -2 \end{pmatrix} + (-1) \cdot \begin{pmatrix} -2 \\ 1 \\ -2 \end{pmatrix} = \begin{pmatrix} 4 \\ -2 \\ 0 \end{pmatrix}$$

$S(4|-2|0)$ ist der Schnittpunkt von g und E.

Basisaufgaben

1 Berechnen Sie die Koordinaten des Schnittpunktes der Gerade $g: \vec{x} = \begin{pmatrix} 4 \\ 0 \\ -1 \end{pmatrix} + r \begin{pmatrix} 3 \\ -2 \\ 5 \end{pmatrix}$ mit der Ebene E.
a) $E: 2x_1 - x_2 + x_3 - 33 = 0$
b) $E: -x_1 + 2x_3 - 1 = 0$
c) $E: -4x_1 + 4x_2 + 2x_3 - 2 = 0$

2 Gegeben sind die Gerade
$g: \vec{x} = \begin{pmatrix} a_1 \\ a_2 \\ a_3 \end{pmatrix} + r \cdot \begin{pmatrix} u_1 \\ u_2 \\ u_3 \end{pmatrix}$ sowie die Ebene
$E: n_1x_1 + n_2x_2 + n_3x_3 - c = 0$. Vervollständigen Sie das Schema zur Untersuchung der gegenseitigen Lage von g und E.

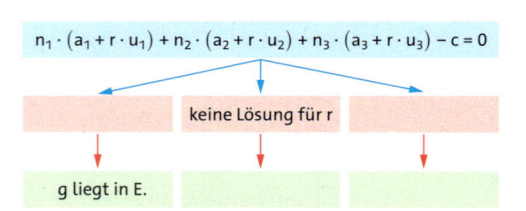

$n_1 \cdot (a_1 + r \cdot u_1) + n_2 \cdot (a_2 + r \cdot u_2) + n_3 \cdot (a_3 + r \cdot u_3) - c = 0$

keine Lösung für r

g liegt in E.

3 Ermitteln Sie die gegenseitige Lage der Ebene E und der Gerade g. Berechnen Sie gegebenenfalls die Koordinaten des Schnittpunktes.
a) $E: 4x_1 + 2x_2 - x_3 - 15 = 0$
$g: \vec{x} = \begin{pmatrix} -8 \\ 4 \\ 1 \end{pmatrix} + t \begin{pmatrix} 3 \\ -1 \\ 10 \end{pmatrix}$
b) $E: x_1 - 5x_2 + 3x_3 - 13 = 0$
$g: \vec{x} = \begin{pmatrix} 3 \\ 1 \\ -3 \end{pmatrix} + t \begin{pmatrix} -2 \\ 1 \\ 1 \end{pmatrix}$
c) $E: 4x_1 - 2x_2 + 3x_3 - 3 = 0$
$g: \vec{x} = \begin{pmatrix} 0 \\ 6 \\ 5 \end{pmatrix} + t \begin{pmatrix} -1 \\ 1 \\ 2 \end{pmatrix}$

4 Berechnen Sie die Koordinaten der Schnittpunkte der Ebene $E: -4x_1 + 2x_2 + 5x_3 - 20 = 0$ mit den Geraden $g_1: \vec{x} = t\begin{pmatrix} 1 \\ 0 \\ 0 \end{pmatrix}$, $g_2: \vec{x} = t\begin{pmatrix} 0 \\ 1 \\ 0 \end{pmatrix}$ und $g_3: \vec{x} = t\begin{pmatrix} 0 \\ 0 \\ 1 \end{pmatrix}$. Erklären Sie die Bedeutung dieser Punkte.

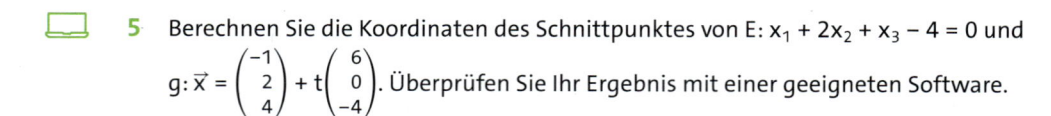

5 Berechnen Sie die Koordinaten des Schnittpunktes von $E: x_1 + 2x_2 + x_3 - 4 = 0$ und $g: \vec{x} = \begin{pmatrix} -1 \\ 2 \\ 4 \end{pmatrix} + t\begin{pmatrix} 6 \\ 0 \\ -4 \end{pmatrix}$. Überprüfen Sie Ihr Ergebnis mit einer geeigneten Software.

Winkel zwischen einer Ebene und einer Gerade

Als **Winkel zwischen einer Ebene und einer Gerade** bezeichnet man den Winkel zwischen der Gerade und ihrer senkrechten Projektion in die Ebene.
Der Normalenvektor $\vec{n}$ legt die Richtung der Ebene E fest. Die Richtung der Gerade g wird durch den Richtungsvektor $\vec{u}$ beschrieben. Der Winkel α zwischen E und g ergänzt sich mit dem Winkel zwischen $\vec{n}$ und der Gerade zu 90°.

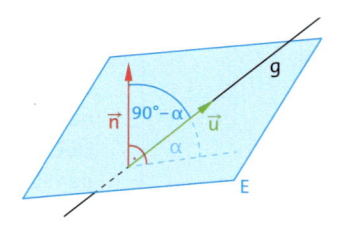

Es gilt: $\cos(90° - α) = \frac{|\vec{n} \circ \vec{u}|}{|\vec{n}| \cdot |\vec{u}|}$. Mit $\cos(90° - α) = \sin(α)$ ergibt sich eine Formel für α.

Wissen

Für den Winkel zwischen einer Ebene E mit dem Normalenvektor $\vec{n}$ und einer Gerade g mit dem Richtungsvektor $\vec{u}$ gilt: $\sin(\alpha) = \dfrac{|\vec{n} \circ \vec{u}|}{|\vec{n}| \cdot |\vec{u}|}$ $\quad (0° \leq \alpha \leq 90°)$

Beispiel 2
Berechnen Sie den Winkel zwischen der Ebene E und der Gerade g.

$E: x_1 - 2x_2 + x_3 - 5 = 0$ $\qquad g: \vec{x} = \begin{pmatrix} 2 \\ 1 \\ 5 \end{pmatrix} + r \begin{pmatrix} 0 \\ 1 \\ -1 \end{pmatrix}$

Lösung:
Lesen Sie aus der Koordinatengleichung der Ebene einen Normalenvektor $\vec{n}$ ab und berechnen Sie $\sin(\alpha)$ mit $\vec{n}$ und dem Richtungsvektor $\vec{u}$ von g.

$\vec{n} = \begin{pmatrix} 1 \\ -2 \\ 1 \end{pmatrix}, \quad \vec{u} = \begin{pmatrix} 0 \\ 1 \\ -1 \end{pmatrix}$

$\sin(\alpha) = \dfrac{|\vec{n} \circ \vec{u}|}{|\vec{n}| \cdot |\vec{u}|} = \dfrac{|1 \cdot 0 - 2 \cdot 1 + 1 \cdot (-1)|}{\sqrt{6} \cdot \sqrt{2}}$

$= \dfrac{3}{\sqrt{12}}$

Mit der Taste $\sin^{-1}$ auf dem Taschenrechner erhalten Sie einen (Näherungs-)Wert für den Winkel α.

$\alpha = 60°$
Der Winkel zwischen E und g beträgt 60°.

Basisaufgaben

6 Berechnen Sie den Winkel zwischen der Ebene E und der Gerade g.

a) $E: x_1 - 3x_2 + x_3 - 1 = 0$; $g: \vec{x} = \begin{pmatrix} 3 \\ 1 \\ 7 \end{pmatrix} + r \begin{pmatrix} 1 \\ 4 \\ 1 \end{pmatrix}$
b) $E: x_1 - 3x_3 - 2 = 0$; $g: \vec{x} = \begin{pmatrix} 1 \\ 5 \\ 9 \end{pmatrix} + r \begin{pmatrix} -2 \\ 3 \\ 1 \end{pmatrix}$

c) $E: \left(\vec{x} - \begin{pmatrix} 2 \\ 1 \\ 1 \end{pmatrix} \right) \circ \begin{pmatrix} 3 \\ -4 \\ 6 \end{pmatrix} = 0$; $g: \vec{x} = \begin{pmatrix} 0 \\ 1 \\ 0 \end{pmatrix} + r \begin{pmatrix} 3 \\ -1 \\ 1 \end{pmatrix}$
d) $E: \vec{x} \circ \begin{pmatrix} -2 \\ -1 \\ 1 \end{pmatrix} = 11$; $g: \vec{x} = \begin{pmatrix} -7 \\ 4 \\ 1 \end{pmatrix} + r \begin{pmatrix} 2 \\ 1 \\ 5 \end{pmatrix}$

Lösungen zu 7
gerundete Lösungen

0° 25,24°
65,18°   35,12°
44,12°

7 Berechnen Sie den Winkel zwischen der Ebene E und der Gerade g.

a) $E: x_1 - x_2 + 3x_3 - 9 = 0$; $\qquad$ g enthält die Punkte $A(5|1|-4)$ und $B(3|1|-2)$.
b) $E: 2x_1 - 3x_2 + 2x_3 - 7 = 0$; $\qquad$ g enthält die Punkte $A(3|-4|3)$ und $B(4|-2|5)$.
c) $E: \vec{x} = \begin{pmatrix} 5 \\ 5 \\ 1 \end{pmatrix} + r \begin{pmatrix} 2 \\ -2 \\ 1 \end{pmatrix} + s \begin{pmatrix} 6 \\ 8 \\ -1 \end{pmatrix}$; $\qquad g: \vec{x} = \begin{pmatrix} 1 \\ 5 \\ 9 \end{pmatrix} + t \begin{pmatrix} -2 \\ 3 \\ 1 \end{pmatrix}$
d) E enthält die Punkte $A(7|1|-4)$, $B(6|9|-2)$ und $C(9|3|-6)$; $\qquad g: \vec{x} = \begin{pmatrix} -3 \\ 0 \\ 2 \end{pmatrix} + r \cdot \begin{pmatrix} 2 \\ -1 \\ 0 \end{pmatrix}$

8 Die Gerade $g: \vec{x} = \begin{pmatrix} 1 \\ 5 \\ 9 \end{pmatrix} + r \begin{pmatrix} -2 \\ 3 \\ 1 \end{pmatrix}$ schließt mit jeder der drei Koordinatenebenen einen Winkel ein. Berechnen Sie diese Winkel. Stellen Sie die Gerade in einer dynamischen Geometrie-Software dar und prüfen Sie damit Ihre Ergebnisse.

Weiterführende Aufgaben
Zwischentest

9 Gegeben sind $g: \vec{x} = \begin{pmatrix} 23 \\ -2 \\ 6 \end{pmatrix} + t \begin{pmatrix} 5 \\ -3 \\ 1 \end{pmatrix}$ und $E: \vec{x} = \begin{pmatrix} -7 \\ 2 \\ 1 \end{pmatrix} + r \begin{pmatrix} 1 \\ 2 \\ 1 \end{pmatrix} + s \begin{pmatrix} -7 \\ -2 \\ 2 \end{pmatrix}$.

Arbeiten Sie zu zweit. Berechnen Sie den Schnittpunkt von g und E mithilfe der Parametergleichung von E bzw. durch Ermittlung einer Koordinatengleichung von E. Vergleichen Sie den Rechenaufwand der beiden Berechnungen.

10 Stolperstelle: Hannes untersucht die Lage der Gerade $g: \vec{x} = \begin{pmatrix} 2 \\ -1 \\ 3 \end{pmatrix} + r \cdot \begin{pmatrix} 1 \\ 2 \\ -1 \end{pmatrix}$ zur Ebene

$E: 5x_1 - 4x_2 - 3x_3 - 5 = 0$: *„Der Normalenvektor von E ist orthogonal zum Richtungsvektor von g. Also sind g und E parallel!"* Nehmen Sie Stellung.

11 Prüfen Sie, ob die Aussage für die Gerade g und die Ebene E wahr oder falsch ist.
a) Wenn der Richtungsvektor von g orthogonal zum Normalenvektor von E ist, dann schneidet g die Ebene E.
b) Wenn der Richtungsvektor von g orthogonal zu den Richtungsvektoren von E ist, dann schneidet g die Ebene E.
c) Wenn g die Ebene E schneidet, dann ist der Richtungsvektor von g orthogonal zu den Richtungsvektoren von E.
d) Wenn g parallel zu E ist, dann ist der Richtungsvektor von g orthogonal zum Normalenvektor von E.

12 Aus einer punktförmigen Lichtquelle in L(10|1|0) scheint Licht auf den abgebildeten Würfel der Kantenlänge 3. Es entsteht ein Schatten auf der zur x_2x_3-Ebene parallelen Ebene E durch P(–4|0|0).
a) Ermitteln Sie die Koordinaten der Schattenpunkte.
b) Zeichnen Sie den Würfel sowie den Schatten mithilfe einer DGS. Erläutern Sie, warum die Kantenlänge des Schattens von der des Würfels abweicht.

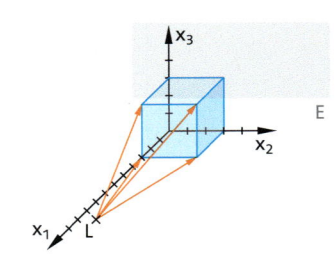

13 Gegeben sind P(8|7|11), E(12|–15|11) und $\vec{u} = \begin{pmatrix} -2 \\ 1 \\ 0 \end{pmatrix}$, $\vec{v} = \begin{pmatrix} -2 \\ -4 \\ 2 \end{pmatrix}$.
Die Dachvierecke ABCD und EDCF sind Parallelogramme. (1 LE = 1 m)
a) Zeigen Sie, dass die Dachvierecke ABCD und EDCF Rechtecke sind.
b) Die Dachfläche ABCD ist mit 27 gleich großen Paneelen vollständig bedeckt. Geben Sie an, wie viele dieser Paneele man auf EDCF unterbringen kann.
c) Im Punkt R(10|1|13) soll ein Mast angebracht werden. Zeigen Sie, dass dieser Punkt im Viereck ABCD, aber nicht im Inneren eines Paneels liegt. 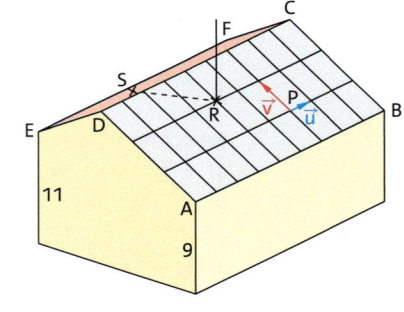
d) Ein Drahtseil soll entlang der Gerade $g: \vec{x} = \begin{pmatrix} 10 \\ 1 \\ 13 \end{pmatrix} + t \begin{pmatrix} -2 \\ -9 \\ 0 \end{pmatrix}$ vom Fußpunkt R des Mastes durch den Dachboden bis zum Punkt S in der Dachfläche EDCF gespannt werden. Berechnen Sie die Koordinaten von S. Überprüfen Sie Ihr Ergebnis mit einer DGS.
e) Der Mast ist 8 m lang. Entlang des Vektors $\vec{s} = \begin{pmatrix} 0 \\ 1 \\ -2 \end{pmatrix}$ fallen Sonnenstrahlen ein.
Berechnen Sie die Länge des Schattens, den der Mast auf die Dachfläche ABCD wirft.

14 Ausblick: Gegeben ist die Ebene $E: -12,8x_1 + 9,6x_2 - 12x_3 + 38,4 = 0$.
a) Bestimmen Sie die Spurpunkte A und B von E mit der x_1- und x_2-Achse.
b) Ermitteln Sie die Koordinaten von Punkten C und D, die in E liegen und mit A und B ein Quadrat bilden.
c) Geben Sie die Koordinaten eines Punktes E so an, dass die Pyramide ABCDE das Volumen 60 VE hat.

3.6 Lagebeziehungen zwischen Ebenen

Zeigen Sie mithilfe zweier Papierblätter, wie zwei Ebenen zueinander liegen können. Verwenden Sie Stifte als Normalenvektoren. Erläutern Sie, wie die Lagebeziehung der Blätter mit der Lagebeziehung der Stifte zusammenhängt.

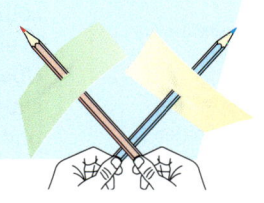

Die Lage zweier Ebenen zueinander wird durch die Lagebeziehung ihrer Normalenvektoren und gemeinsame Punkte charakterisiert. Sind die Normalenvektoren von E_1 und E_2 kollinear, so sind die Ebenen echt parallel oder identisch. Im anderen Fall schneiden sie sich in einer Gerade.

Wissen

Zwei Ebenen E_1 und E_2 mit den Normalenvektoren $\vec{n_1}$ und $\vec{n_2}$ können folgende Lagebeziehungen haben:

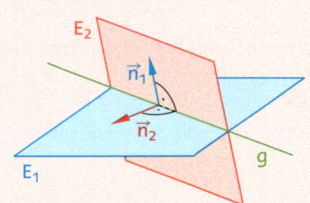

E_1 und E_2 schneiden sich in einer Gerade g.

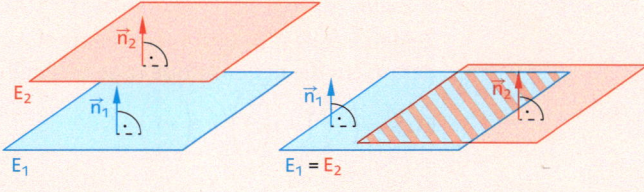

Schnittgerade;
$\vec{n_1}$ und $\vec{n_2}$ nicht kollinear

E_1 und E_2 sind echt parallel zueinander.

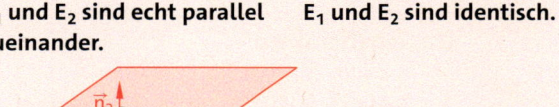

keine gemeinsamen Punkte;
$\vec{n_1}$ und $\vec{n_2}$ kollinear

E_1 und E_2 sind identisch.

alle Punkte gemeinsam;
$\vec{n_1}$ und $\vec{n_2}$ kollinear

Ein gemeinsamer Punkt muss beide Ebenengleichungen erfüllen.

Beispiel 1

Ermitteln Sie die gegenseitige Lage von E_1: $-2x_1 + x_2 - 5x_3 - 15 = 0$ und E_2 und stellen Sie gegebenenfalls die Gleichung der Schnittgerade auf.
a) E_2: $-6x_1 + 3x_2 - 15x_3 - 45 = 0$
b) E_2: $4x_1 - 2x_2 + 10x_3 - 7 = 0$
c) E_2: $3x_1 + 7x_2 - x_3 - 37 = 0$

Lösung:

a) Prüfen Sie, ob die Normalenvektoren kollinear sind. E_1 und E_2 sind entweder identisch oder echt parallel.
Wählen Sie einen Punkt, der in E_1 liegt, und setzen Sie die Koordinaten in E_2 ein. Die Gleichung geht auf, also sind E_1 und E_2 identisch.

$\vec{n_1} = \begin{pmatrix} -2 \\ 1 \\ -5 \end{pmatrix}$, $\vec{n_2} = \begin{pmatrix} -6 \\ 3 \\ -15 \end{pmatrix}$; wegen $3\vec{n_1} = \vec{n_2}$

sind $\vec{n_1}$ und $\vec{n_2}$ kollinear
$P(0|0|-3)$ liegt in E_1. Einsetzen von P in E_2:
$-6 \cdot 0 + 3 \cdot 0 - 15 \cdot (-3) - 45 = 0$
$\Rightarrow$ P liegt in E_2. $\Rightarrow$ E_1 und E_2 sind identisch.

b) Prüfen Sie, ob die Normalenvektoren kollinear sind. E_1 und E_2 sind entweder identisch oder echt parallel.
Wählen Sie einen Punkt, der in E_1 liegt, und setzen Sie die Koordinaten in E_2 ein. Es entsteht ein Widerspruch, E_1 und E_2 sind echt parallel zueinander.

$\vec{n_1} = \begin{pmatrix} -2 \\ 1 \\ -5 \end{pmatrix}$, $\vec{n_2} = \begin{pmatrix} 4 \\ -2 \\ 10 \end{pmatrix}$; wegen $-2\vec{n_1} = \vec{n_2}$

sind $\vec{n_1}$ und $\vec{n_2}$ kollinear
$P(0|0|-3)$ liegt in E_1. Einsetzen von P in E_2:
$4 \cdot 0 - 2 \cdot 0 + 10 \cdot (-3) - 7 = -37 \neq 0$
$\Rightarrow$ P liegt nicht in E_2. $\Rightarrow$ E_1 und E_2 sind echt parallel zueinander.

3

Hinweis

Der Rechenaufwand zur Ermittlung der Schnittgerade ist am geringsten, wenn eine Ebene in Koordinaten- und eine in Parameterform vorliegt. Ist dies nicht der Fall, muss umgewandelt werden.

c) Prüfen Sie, ob die Normalenvektoren kollinear sind. E_1 und E_2 schneiden sich in einer Gerade.
Übertragen Sie eine der Ebenengleichungen (z. B. E_1) in die Parameterform und setzen Sie die resultierenden Gleichungen für x_1, x_2, x_3 in die Koordinatengleichung der anderen Ebene ein. Stellen Sie die Gleichung nach einem Parameter (z. B. r) um und setzen Sie diesen in die Parametergleichung ein. Fassen Sie zusammen, um die Gleichung der Schnittgerade zu erhalten.

$\vec{n_1} = \begin{pmatrix} -2 \\ 1 \\ -5 \end{pmatrix}, \vec{n_2} = \begin{pmatrix} 3 \\ 7 \\ -1 \end{pmatrix}$ sind nicht kollinear.

$E_1: \vec{x} = \begin{pmatrix} 0 \\ 15 \\ 0 \end{pmatrix} + r \cdot \begin{pmatrix} 1 \\ 2 \\ 0 \end{pmatrix} + s \cdot \begin{pmatrix} 0 \\ 5 \\ 1 \end{pmatrix}$

Einsetzen in E_2:
$3r + 7(15 + 2r + 5s) - s - 37 = 0$
$3r + 105 + 14r + 35s - s - 37 = 0$
$\Rightarrow 17r + 34s = -68 \Rightarrow r = -2s - 4$

$g: \vec{x} = \begin{pmatrix} 0 \\ 15 \\ 0 \end{pmatrix} + (-2s - 4) \cdot \begin{pmatrix} 1 \\ 2 \\ 0 \end{pmatrix} + s \cdot \begin{pmatrix} 0 \\ 5 \\ 1 \end{pmatrix}$

$g: \vec{x} = \begin{pmatrix} -4 \\ 7 \\ 0 \end{pmatrix} + s \cdot \begin{pmatrix} -2 \\ 1 \\ 1 \end{pmatrix}$

Basisaufgaben

1 Zeigen Sie, dass E_1 und E_2 kollineare Normalenvektoren haben. Geben Sie an, was sich daraus für die gegenseitige Lage beider Ebenen ergibt.

$E_1: \vec{x} = \begin{pmatrix} -2 \\ 5 \\ 6 \end{pmatrix} + r \begin{pmatrix} 1 \\ 3 \\ 4 \end{pmatrix} + s \begin{pmatrix} 4 \\ -1 \\ 3 \end{pmatrix}$
$E_2: -x_1 - x_2 + x_3 - 2 = 0$

2 Entscheiden Sie begründet, ohne ein LGS zu lösen, wie E_1 und E_2 zueinander liegen.

a) $E_1: \left(\vec{x} - \begin{pmatrix} 4 \\ 1 \\ 0 \end{pmatrix} \right) \circ \begin{pmatrix} 5 \\ -2 \\ 7 \end{pmatrix} = 0$,
$E_2: \left(\vec{x} - \begin{pmatrix} -2 \\ 7 \\ -4 \end{pmatrix} \right) \circ \begin{pmatrix} 3 \\ 4 \\ 1 \end{pmatrix} = 0$

b) $E_1: \left(\vec{x} - \begin{pmatrix} 5 \\ -6 \\ 3 \end{pmatrix} \right) \circ \begin{pmatrix} 4 \\ -2 \\ -6 \end{pmatrix} = 0$,
$E_2: -2x_1 + x_2 + 3x_3 - 9 = 0$

3 Ermitteln Sie die Lage von E und F zueinander sowie ggf. eine Gleichung der Schnittgerade.
a) $E: 3x_1 - 2x_2 + 4x_3 - 7 = 0$; $F: 6x_1 - 4x_2 + 8x_3 - 8 = 0$
b) $E: 8x_1 + 6x_2 - 5x_3 - 8 = 0$; $F: 2x_1 + 4x_2 - x_3 - 14 = 0$
c) $E: x_3 = 0$; $F: 4x_1 - x_2 - 2x_3 - 4 = 0$
d) $E: 2x_1 - 3x_2 + 5x_3 - 1 = 0$; $F: -2x_1 + 3x_2 - 5x_3 + 1 = 0$

4 Veranschaulichen Sie die gegenseitige Lage der Ebenen $E_1: 2x_1 - 7x_2 - 6x_3 - 1 = 0$,
$E_2: \vec{x} = \begin{pmatrix} 6 \\ 5 \\ 1 \end{pmatrix} + r \cdot \begin{pmatrix} 12 \\ 3 \\ 4 \end{pmatrix} + s \cdot \begin{pmatrix} 14 \\ 4 \\ 0 \end{pmatrix}$ und $E_3: \left(\vec{x} - \begin{pmatrix} -4 \\ 7 \\ 0 \\ 4 \end{pmatrix} \right) \circ \begin{pmatrix} -4 \\ 14 \\ 6 \end{pmatrix} = 0$ mithilfe einer DGS.

Winkel zwischen zwei Ebenen

Zwei sich schneidende Ebenen E_1 und E_2 können im Querschnitt durch Geraden g_1 und g_2 dargestellt werden. Diese Geraden schneiden sich und verlaufen orthogonal zur Schnittgerade der Ebenen. Den Winkel α zwischen g_1 und g_2 bezeichnet man als **Winkel zwischen den Ebenen**. Dieser Winkel entspricht dem Winkel α' zwischen zwei Normalenvektoren.

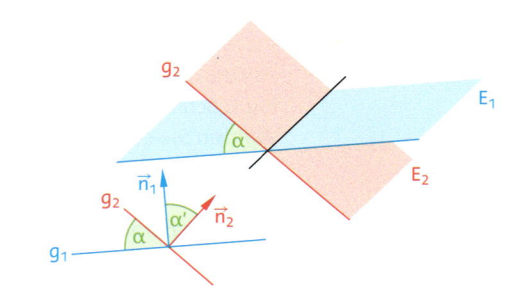

Geraden und Ebenen im Raum

> **Wissen**
> Für den Winkel α zwischen den Ebenen E_1 und E_2 mit den Normalenvektoren $\vec{n_1}$ und $\vec{n_2}$ gilt:
> $\cos(\alpha) = \dfrac{|\vec{n_1} \circ \vec{n_2}|}{|\vec{n_1}| \cdot |\vec{n_2}|}$ $(0° \leq \alpha \leq 90°)$

Durch die Betragsstriche im Zähler spielt die Orientierung der Normalenvektoren keine Rolle; man erhält auf jeden Fall den Kosinus eines spitzen Winkels.

> **Beispiel 2** Berechnen Sie den Winkel zwischen den Ebenen E_1 und E_2.
> $E_1: 3x_1 - x_2 + 2x_3 - 15 = 0$ $E_2: 3x_1 + 4x_2 + 2x_3 - 5 = 0$
>
> **Lösung:**
> Bestimmen Sie Normalenvektoren beider Ebenen und berechnen Sie damit $\cos(\alpha)$.
> $\vec{n_1} = \begin{pmatrix} 3 \\ -1 \\ 2 \end{pmatrix}; \quad \vec{n_2} = \begin{pmatrix} 3 \\ 4 \\ 2 \end{pmatrix}$
> Mit der Taste $\cos^{-1}$ auf dem Taschenrechner erhalten Sie einen Näherungswert für den Winkel α.
> $\cos(\alpha) = \dfrac{9 - 4 + 4}{\sqrt{14} \cdot \sqrt{29}}$
> $\alpha \approx 63{,}47°$

Basisaufgaben

5 Berechnen Sie den Winkel zwischen den Ebenen E_1 und E_2.
  a) $E_1: x_1 - 3x_2 + 4x_3 - 9 = 0$; $E_2: 6x_1 - x_2 + 2x_3 - 4 = 0$
  b) $E_1: 3x_1 - 4x_2 + x_3 - 10 = 0$; $E_2: x_1 + x_2 + x_3 - 12 = 0$

Lösungen zu 6
gerundete Lösungen

0°   90°
   1,65°
       85,92°
70,71°

6 Berechnen Sie den Winkel α zwischen den Ebenen E_1 und E_2.

  a) $E_1: \vec{x} = \begin{pmatrix} 1 \\ 3 \\ -6 \end{pmatrix} + r\begin{pmatrix} 2 \\ -1 \\ 4 \end{pmatrix} + s\begin{pmatrix} -2 \\ 5 \\ 0 \end{pmatrix}$; $E_2: \left(\vec{x} - \begin{pmatrix} -3 \\ -4 \\ 2 \end{pmatrix}\right) \circ \begin{pmatrix} 1 \\ -2 \\ 1 \end{pmatrix} = 0$

  b) $E_1: \left(\vec{x} - \begin{pmatrix} 5 \\ 6 \\ 0 \end{pmatrix}\right) \circ \begin{pmatrix} 2 \\ -1 \\ 1 \end{pmatrix} = 0$; $E_2: \vec{x} = \begin{pmatrix} 0 \\ 2 \\ 1 \end{pmatrix} + r\begin{pmatrix} 4 \\ -1 \\ 3 \end{pmatrix} + s\begin{pmatrix} 1 \\ -2 \\ -1 \end{pmatrix}$

  c) $E_1: \left(\vec{x} - \begin{pmatrix} -3 \\ -2 \\ 9 \end{pmatrix}\right) \circ \begin{pmatrix} 5 \\ -1 \\ 2 \end{pmatrix} = 0$; $E_2: -x_1 + 3x_2 + x_3 + 2 = 0$

  d) $E_1: \vec{x} = \begin{pmatrix} 6 \\ 1 \\ 2 \end{pmatrix} + r\begin{pmatrix} -4 \\ 1 \\ 0 \end{pmatrix} + s\begin{pmatrix} 2 \\ -3 \\ 5 \end{pmatrix}$; $E_2: \vec{x} = \begin{pmatrix} 4 \\ -1 \\ 7 \end{pmatrix} + k\begin{pmatrix} 2 \\ 1 \\ -3 \end{pmatrix} + l\begin{pmatrix} 2 \\ 0 \\ -1 \end{pmatrix}$

Weiterführende Aufgaben   Zwischentest

7 Entscheiden Sie begründet, ob die Aussage für zwei Ebenen E_1 und E_2 wahr oder falsch ist.
  a) Wenn der Normalenvektor von E_1 zu beiden Richtungsvektoren von E_2 orthogonal ist, dann haben E_1 und E_2 keine gemeinsamen Punkte.
  b) Wenn der Normalenvektor von E_1 kollinear zu einem Richtungsvektor von E_2 ist, dann haben E_1 und E_2 keine gemeinsamen Punkte.
  c) Zwei Ebenen können genau einen gemeinsamen Punkt haben.
  d) Drei Ebenen können genau einen gemeinsamen Punkt haben.
  e) Der Richtungsvektor der Schnittgerade zweier Ebenen E_1 und E_2 ist orthogonal zum Normalenvektor von E_1 und zum Normalenvektor von E_2.
  f) Wenn der Normalenvektor von E_1 linear abhängig zu den Richtungsvektoren von E_2 ist, dann stehen E_1 und E_2 senkrecht aufeinander.
  g) Wenn E_1 und E_2 senkrecht aufeinander stehen, dann steht auch jeder Richtungsvektor von E_1 senkrecht auf jedem Richtungsvektor von E_2.

8 Stolperstelle: Bei der Ermittlung der Lagebeziehung von $E_1: 2x_1 + 3x_2 - x_3 - 5 = 0$ und $E_2: -x_1 + x_2 - 4x_3 - 3 = 0$ wählt Mateo den Ansatz: $2x_1 + 3x_2 - x_3 - 5 = -x_1 + x_2 - 4x_3 - 3$. Beurteilen Sie diesen Ansatz.

9 Der abgebildete Körper hat die Eckpunkte $A(-5|-5|0)$, $A'(-3,5|-2|6)$, $B(1|7|0)$, $C(-5|7|0)$ und $C'(-3,5|4|6)$. Ermitteln Sie die fehlenden Koordinaten des Punktes $B'(x_1|x_2|4)$. Berechnen Sie dazu die Schnittgerade von $E_{BCC'}$ und $E_{A'AB}$. Prüfen Sie mit einer DGS.

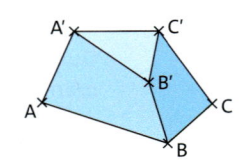

10 Die Gleichungen eines linearen Gleichungssystems mit drei Variablen können als Koordinatengleichungen von Ebenen aufgefasst werden.
Geben Sie an, welche zwei Gleichungssysteme je zwei sich schneidende Ebenen beschreiben. Geben Sie auch die Lagebeziehungen der Ebenen aus dem dritten LGS an.

① $\begin{vmatrix} x_1 + 3x_2 - x_3 - 5 = 0 \\ -2x_1 - 6x_2 + x_3 - 9 = 0 \end{vmatrix}$ ② $\begin{vmatrix} -2x_1 + 4x_2 + x_3 - 3 = 0 \\ 6x_1 - 12x_2 - 3x_3 - 2 = 0 \end{vmatrix}$ ③ $\begin{vmatrix} -x_1 + 2x_2 = 0 \\ x_3 - 5 = 0 \end{vmatrix}$

11 Gegeben sind die Punkte $A(-3|2|-1)$, $B(-5|1|-2)$ und $C(4|2|-1)$ sowie die Ebene
$E_1: \left(\vec{x} - \begin{pmatrix} 5 \\ -1 \\ -4 \end{pmatrix} \right) \circ \begin{pmatrix} 3 \\ -1 \\ 2 \end{pmatrix} = 0$.

a) Untersuchen Sie die Lagebeziehung von E_1 und der Gerade g durch A und B.
b) Bestimmen Sie eine Gleichung der Ebene E_2, die die Gerade g und den Punkt C enthält. Begründen Sie, dass E_2 parallel zur x_1-Achse verläuft.
c) Bestimmen Sie eine Gleichung der Schnittgerade von E_1 und E_2.

12 Gegeben sind die Ebenen $E_1: \left(\vec{x} - \begin{pmatrix} 3 \\ 4 \\ 3 \end{pmatrix} \right) \circ \begin{pmatrix} 2 \\ 1 \\ -1 \end{pmatrix} = 0$ und $E_2: \left(\vec{x} - \begin{pmatrix} 8 \\ 3 \\ 2 \end{pmatrix} \right) \circ \begin{pmatrix} 3 \\ -1 \\ -4 \end{pmatrix} = 0$.

a) Begründen Sie, dass E_1 und E_2 nicht parallel sind, und bestimmen Sie die Gleichung einer Schnittgerade von E_1 und E_2.
b) Die Ebenen E_3 und E_4 enthalten den Punkt $P(1|1|1)$, außerdem ist E_3 zu E_1 und E_4 zu E_2 parallel. Geben Sie zu E_3 und E_4 eine Normalengleichung an.
c) Geben Sie mithilfe der bisherigen Ergebnisse eine Gleichung der Schnittgerade von E_3 und E_4 an. Überprüfen Sie Ihr Ergebnis mit einer Mathematik-Software.

13 Die Seitenflächen einer V-förmigen Rinne liegen in den Ebenen E_1 und E_2. Die Ebene E_1 ist durch die Punkte $A(-3|9|8)$, $B(12|-1|-3)$ und $C(6|1|-1)$ festgelegt. Die Ebene E_2 hat die Gleichung $E_2: 2x_1 + 3x_2 + 3x_3 - 12 = 0$. 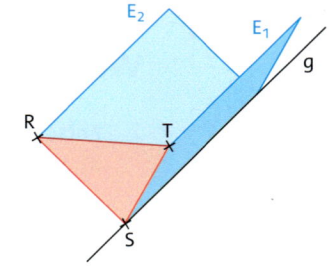
a) Ermitteln Sie eine Gleichung der Gerade g, in der die beiden Seitenflächen zusammenstoßen.
b) Die Rinne wird senkrecht durch ein Dreieck RST mit $S(3|2|0)$ abgeschlossen. Dieses Dreieck liegt in der Ebene E_3. Geben Sie eine Gleichung von E_3 an.
c) Die Kante AT verläuft parallel zu g. Berechnen Sie die Koordinaten von T und die Länge der Strecke $\overline{TS}$.
d) Geben Sie eine Parametergleichung der Gerade h an, die durch S und R verläuft.
e) Bestimmen Sie die Koordinaten von R. Nutzen Sie dazu, dass R auf h liegt und dass die Kanten $\overline{ST}$ und $\overline{SR}$ gleich lang sind. Außerdem ist die x_3-Koordinate von R positiv.
f) Veranschaulichen Sie die Situation in einer DGS und berechnen Sie den Winkel zwischen g und h.

Hilfe

14 Die gerade Pyramide hat ein Grundquadrat der Seitenlänge 8 LE und eine Höhe von 10 LE.
  a) Berechnen Sie den Neigungswinkel einer Seitenfläche gegenüber der Grundfläche.
  b) Berechnen Sie den Winkel zwischen zwei Seitenflächen.
  c) Berechnen Sie den Winkel zwischen einer zur Spitze führenden Kante und der Grundfläche.
  d) Berechnen Sie den Winkel zwischen der Kante $\overline{AS}$ und der x_1-Achse.

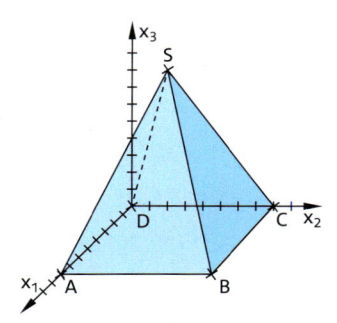

15 Die Gerade g: $\vec{x} = \begin{pmatrix} -1 \\ -46 \\ 5 \end{pmatrix} + t \begin{pmatrix} 0 \\ 10 \\ -1 \end{pmatrix}$ beschreibt eine Rampe für Rollstuhlfahrende. Der Boden wird durch die Ebene E: $-x_1 + 3x_2 + 15x_3 - 13 = 0$ beschrieben. Berechnen Sie, in welchem Winkel die Rampe auf den Fußboden auftrifft.

16 Mike berechnet den Winkel α zwischen zwei Ebenen E_1 und E_2. Er wählt einen Normalenvektor $\vec{n_1}$ von E_1 und einen Richtungsvektor $\vec{v}$ von E_2. Dann verwendet er den Ansatz:
$\cos(90° - \alpha) = \frac{|\vec{n_1} \circ \vec{v}|}{|\vec{n_1}| \cdot |\vec{v}|}$
Beurteilen Sie diesen Ansatz. Prüfen Sie dazu mithilfe von Blättern und Stiften, ob $\vec{n_1}$ mit allen Vektoren, die in E_2 liegen, einen gleich großen Winkel einschließt.

17 Richtungsvektor und Einheitsvektor: Gegeben ist die Ebene E: $3x_1 - 2x_2 + x_3 - 1 = 0$.
  a) Berechnen Sie die Winkel $\alpha_1, \alpha_2, \alpha_3$ zwischen einem Normalenvektor $\vec{n}$ der Ebene und den Koordinatenachsen.
  b) Zeigen Sie an diesem Beispiel, dass für den Einheitsvektor $\vec{n_0} = \frac{1}{|\vec{n}|} \cdot \vec{n}$ gilt: $\vec{n_0} = \begin{pmatrix} \cos(\alpha_1) \\ \cos(\alpha_2) \\ \cos(\alpha_3) \end{pmatrix}$
  c) Zeigen Sie an diesem Beispiel, dass die Beträge der Koordinaten von $\vec{n_0}$ gleich dem Sinus des Winkels zwischen E und der jeweiligen Koordinatenachse sind.

18 In einem Koordinatensystem, bei dem die ebene Erdoberfläche der x_1x_2-Ebene entspricht, beschreiben die Geraden g_1, g_2 und g_3 näherungsweise die Flugbahnen dreier Flugzeuge F_1, F_2 und F_3 für einen betrachteten Zeitraum. Dabei entspricht eine Längeneinheit 1 km und r, s, t geben die Zeit in Minuten seit 8:00 Uhr an.

$g_1: \vec{x} = \begin{pmatrix} 0 \\ -5 \\ 1 \end{pmatrix} + r \cdot \begin{pmatrix} 4 \\ 3 \\ 1 \end{pmatrix}$	$g_2: \vec{x} = \begin{pmatrix} 26 \\ 18 \\ 6 \end{pmatrix} + s \cdot \begin{pmatrix} 3{,}5 \\ 3{,}5 \\ 0{,}5 \end{pmatrix}$	$g_3: \vec{x} = \begin{pmatrix} -8 \\ -4 \\ 14 \end{pmatrix} + t \cdot \begin{pmatrix} 3 \\ 3 \\ -1 \end{pmatrix}$
mit $-1 \leq r \leq 12$	mit $-6 \leq s \leq 12$	mit $0 \leq t \leq 12$

  a) Erläutern Sie die Bedeutung der negativen Werte von r und s.
  b) Zeigen Sie, dass sich g_1 und g_2 schneiden, und berechnen Sie den Schnittwinkel.
  c) Berechnen Sie den Abstand der Flugzeuge F_1 und F_2 für den Augenblick, in dem F_1 die Flugbahn von F_2 kreuzt.
  d) Zeigen Sie, dass die Geraden g_1 und g_3 windschief sind.
  Im Punkt P(10|14|8) kommt F_3 der Flugbahn von F_1 am nächsten. Bestimmen Sie, zu welchem Zeitpunkt das der Fall ist.
  e) Die Gerade h verläuft durch P und ist senkrecht zu g_1 und g_3. Geben Sie eine Gleichung von h an.
  f) Zeigen Sie, dass h auch die Gerade g_1 schneidet, und bestimmen Sie den Abstand der beiden Flugbahnen g_1 und g_3.
  g) Berechnen Sie, zu welchem Zeitpunkt die Flugzeuge F_1 und F_3 den kürzesten Abstand voneinander haben, und vergleichen Sie diesen Abstand mit dem ihrer Flugbahnen.

19 Gegeben sind die Punkte P(2|−2|1), Q(3|0|−1), R(1|2|0) und S(5|10|1).
a) Die Ebene E_1 enthält P, Q und R. Bestimmen Sie eine Normalengleichung von E_1.
b) Berechnen Sie die Schnittgerade g und den Schnittwinkel von E_1 und
E_2: $x_1 + 2x_2 − 2x_3 − 5 = 0$.
c) Die Ebene E_3 enthält die Gerade g und den Punkt S. Zeigen Sie, dass E_3 den Winkel zwischen E_1 und E_2 halbiert.

20 Lagebeziehungen zwischen drei Ebenen: Die Lagebeziehungen zwischen drei Ebenen können anhand von Normalenvektoren $\vec{n_1}$, $\vec{n_2}$ und $\vec{n_3}$ sowie der gemeinsamen Schnittmenge S der drei Ebenen charakterisiert werden.
Veranschaulichen Sie die möglichen Lagebeziehungen mit einer Tischplatte und zwei Blättern Papier.
Erstellen Sie damit ein Plakat zu den acht verschiedenen Lagebeziehungen.

21 Ein Haus mit Walmdach hat einen Anbau mit Flachdach. Auf dem Flachdach steht ein 7 m hoher Mast. Die untere Abbildung zeigt zwei der Dachflächen in einem Koordinatensystem (1 LE = 1 m). 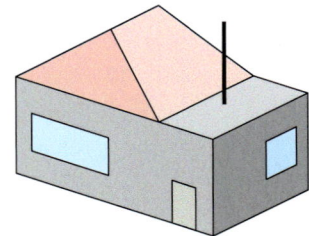 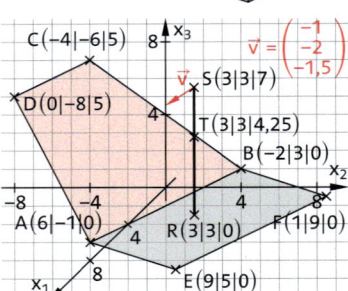
a) Zeigen Sie, dass das Viereck ABCD ein gleichschenkliges Trapez ist.
b) Ermitteln Sie eine Koordinatengleichung der Ebene E_{ABD} und eine Gleichung ihrer Spurgerade g in der x_1x_2-Ebene, an welcher die beiden Dachflächen aneinanderstoßen.
c) Berechnen Sie den Winkel zwischen den beiden Dachflächen.
d) Berechnen Sie den Winkel, in dem die Sonnenstrahlen entlang des Vektors $\vec{v}$ auf ABCD treffen.
e) Stellen Sie die Situation mit einer Mathematik-Software dar.
Der Mast RS wirft einen Schatten auf das Dach.
Erläutern Sie, wie Sie mithilfe der Punkte S und T sowie mithilfe des Vektors $\vec{v}$, der die Richtung der Sonnenstrahlen beschreibt, den Schatten auf dem Dach erhalten können.
Geben Sie die Koordinaten der Punkte S' und T' an, die durch die Projektion von S und T entlang der Sonnenstrahlen auf die Dachfläche E_{ABD} entstehen.
Ermitteln Sie außerdem die Koordinaten des Punktes K, an dem der Schatten auf E_{ABD} auf die Gerade g trifft.
Zeichnen Sie dann den Schatten ein und beschreiben Sie ihn.
f) Berechnen Sie den Winkel am Knick des Schattens und begründen Sie, weshalb er gleich dem Winkel zwischen den Flächen ist.

22 Ausblick: Ebenenscharen
Gegeben sind die Ebene E, die Ebenenschar E_a und die Gerade g.
$$E: \vec{x} = \begin{pmatrix} 2 \\ 1 \\ 1 \end{pmatrix} + k \begin{pmatrix} -2 \\ 0 \\ 1 \end{pmatrix} + l \begin{pmatrix} 1 \\ 1 \\ 0 \end{pmatrix}; \quad E_a: \vec{x} = \begin{pmatrix} 1 \\ 0 \\ 4 \end{pmatrix} + r \begin{pmatrix} -1 \\ 1 \\ 1 \end{pmatrix} + s \begin{pmatrix} 0 \\ 2 \\ a \end{pmatrix}; \quad g: \vec{x} = \begin{pmatrix} 2 \\ 1 \\ 1 \end{pmatrix} + t \begin{pmatrix} 1 \\ -1 \\ 2 \end{pmatrix}$$
a) Ermitteln Sie, für welche Werte $a \in \mathbb{R}$ die Ebenen E und E_a sich schneiden, parallel oder identisch sind.
b) Ermitteln Sie eine Gleichung der Schnittgerade von E und $E_{−2}$.
c) Nach Teilaufgabe a) ist E_1 parallel zu E. Zeigen Sie, dass g zu E und zu E_1 senkrecht ist.
d) Berechnen Sie die Schnittpunkte von g mit E und E_1 und ermitteln Sie so den Abstand beider Ebenen.

3.7 Abstand eines Punktes von einer Ebene

Die Ebene E: $x_1 + 2x_2 + 4x_3 - 4 = 0$ beschreibt einen Teil der Dachfläche eines Hauses. Eine Drohne fliegt gefährlich nahe über das Dach. Beschreiben Sie, wie Sie den Abstand der Drohne im Punkt $P(1|0|6)$ mithilfe einer Lotgerade von P auf die Ebene E bestimmen können.

In vielen Anwendungen ist der Abstand $d(A; E)$ eines Punktes A zu einer Ebene E gesucht. Mithilfe elementarer geometrischer Überlegungen lässt sich eine Formel für den Abstand herleiten.

Ist P ein Stützpunkt und $\vec{n}$ ein Repräsentant eines Normalenvektors der Ebene E, der von E ausgeht, und liegt A auf derselben Seite wie $\vec{n}$, so ist der Winkel α zwischen $\vec{PA}$ und $\vec{n}$ kleiner als 90° und es gilt:

$$\cos(\alpha) = \frac{d(A;E)}{|\vec{PA}|}, \text{ also } d(A;E) = |\vec{PA}| \cdot \cos(\alpha)$$

Andererseits gilt für den Winkel $\cos(\alpha) = \frac{\vec{n} \circ \vec{PA}}{|\vec{n}| \cdot |\vec{PA}|}$.

Damit folgt:

$$d(A;E) = |\vec{PA}| \cdot \cos(\alpha) = |\vec{PA}| \cdot \frac{\vec{n} \circ \vec{PA}}{|\vec{n}| \cdot |\vec{PA}|} = \frac{1}{|\vec{n}|} \cdot \vec{n} \circ \vec{PA}$$

Liegt der Punkt, dessen Abstand gesucht ist, auf der anderen Seite der Ebene als der Normalenvektor (wie im Bild der Punkt B), so gilt $90° < \beta < 180°$ und $\vec{PB} \circ \vec{n} < 0$. Dies spielt für die Bestimmung des Abstands aber keine Rolle, man setzt daher den Ausdruck in Betragsstriche.

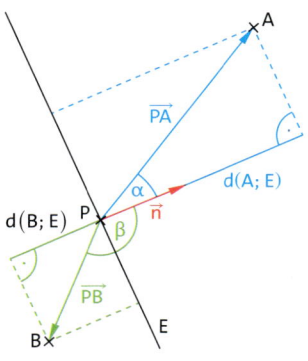

> **Satz**
>
> Für den **Abstand eines Punktes A zur Ebene E** mit dem Punkt P und dem Normalenvektor $\vec{n}$ gilt: $d(A;E) = \frac{1}{|\vec{n}|} \cdot |\vec{n} \circ \vec{PA}| = \frac{1}{|\vec{n}|} \cdot |\vec{n} \circ (\vec{OA} - \vec{OP})|$

Erinnerung

Abstand zwischen zwei Punkten $P(p_1|p_2|p_3)$ und $Q(q_1|q_2|q_3)$:
$\sqrt{(q_1 - p_1)^2 + (q_2 - p_2)^2 + (q_3 - p_3)^2}$

Ist $(\vec{x} - \vec{OP}) \circ \vec{n} = 0$ eine Normalengleichung einer Ebene, so erhält man durch Division durch $|\vec{n}|$ eine Darstellung, die der Abstandsformel ähnelt.

> **Definition**
>
> Ist $(\vec{x} - \vec{OP}) \circ \vec{n} = 0$ eine Normalengleichung der Ebene E, so heißt $\frac{1}{|\vec{n}|} \cdot (\vec{x} - \vec{OP}) \circ \vec{n} = 0$
> **Hesse'sche Normalform (kurz: HNF)** der Ebene E.
> Die Hesse'sche Normalform kann auch als Koordinatengleichung angegeben werden:
> $\frac{1}{|\vec{n}|} \cdot (n_1 x_1 + n_2 x_2 + n_3 x_3 - c) = 0$ (mit $c > 0$)

Diese Form der Ebenengleichung ist nach dem deutschen Mathematiker Ludwig Otto Hesse (1811–1874) benannt.
Durch Einsetzen der Koordinaten eines beliebigen Punktes A in die Hesse'sche Normalform einer Ebene E erhält man (gegebenenfalls bis auf das Vorzeichen) den Abstand von A zu E. Zudem lässt sich der Abstand der Ebene E vom Koordinatenursprung O leicht aus der Hesse'schen Normalform ermitteln, denn es gilt:

$$d(O;E) = \frac{1}{|\vec{n}|} \cdot |(-\vec{OP}) \circ \vec{n}| = \frac{1}{|\vec{n}|} \cdot |c|$$

Der Vektor $\vec{n_0} = \frac{1}{|\vec{n}|} \cdot \vec{n}$ hat die Länge 1 und heißt **Normaleneinheitsvektor** der Ebene.

3

> **Beispiel 1** Berechnen Sie den Abstand des Punktes A(9|−3|2) sowie des Punktes O(0|0|0) zur Ebene E: $3x_1 + x_2 − 2x_3 − 12 = 0$.
>
> **Lösung:**
> Berechnen Sie die Länge des Normalenvektors $\vec{n}$ und stellen Sie damit die Hesse'sche Normalform auf.
> Setzen Sie die Koordinaten von A in die linke Seite der HNF ein.
>
> Ermitteln Sie den Abstand von O zu E, indem Sie |c| berechnen.
>
> $|\vec{n}| = \sqrt{3^2 + 1^2 + (−2)^2} = \sqrt{14}$
> HNF: E: $\frac{1}{\sqrt{14}} \cdot (3x_1 + x_2 − 2x_3 − 12) = 0$
> $d(A;E) = \frac{1}{\sqrt{14}} \cdot |3 \cdot 9 + (−3) − 2 \cdot 2 − 12| = \frac{8}{\sqrt{14}}$
> Der Abstand von A zu E ist $\frac{8}{\sqrt{14}} \approx 2{,}14$ (LE).
> $d(O;E) = \frac{1}{\sqrt{14}} \cdot |12| = \frac{12}{\sqrt{14}}$
> Der Abstand von O zu E ist $\frac{12}{\sqrt{14}} \approx 3{,}21$ (LE).

Basisaufgaben

1 Geben Sie eine Hesse'sche Normalform der Ebene E an.

a) E: $\left(\vec{x} - \begin{pmatrix} 4 \\ 5 \\ 0 \end{pmatrix}\right) \circ \begin{pmatrix} 5 \\ 1 \\ 2 \end{pmatrix} = 0$

b) E: $\vec{x} = \begin{pmatrix} 2 \\ 1 \\ 0 \end{pmatrix} + r \begin{pmatrix} 3 \\ 4 \\ -4 \end{pmatrix} + s \begin{pmatrix} -1 \\ -2 \\ 1 \end{pmatrix}$

Lösungen zu 2

0    $\sqrt{3}$
$\frac{13}{3}$
     $\sqrt{7}$
3

2 Bestimmen Sie den Abstand des Punktes A von der Ebene E.
a) E: $7x_1 − 4x_2 + 4x_3 − 13 = 0$; A(2|8|1)
b) E: $x_1 + 2x_2 + 2x_3 + 6 = 0$; A(−3|1|4)
c) E: $x_1 + x_2 − x_3 + 2 = 0$; A(−2|1|4)
d) E: $5x_1 + 12x_2 − 6 = 0$; A(−6|3|7)

3 Lotfußpunktverfahren: Gesucht ist der Abstand des Punktes A(6|3|1) von der Ebene E: $2x_1 − x_2 + 2x_3 − 2 = 0$. Erläutern Sie die Rechnung und fertigen Sie eine Skizze an, die die Lage der Punkte A und L, der Ebene E und der Geraden g verdeutlicht.

> (1) g: $\vec{x} = \begin{pmatrix} 6 \\ 3 \\ 1 \end{pmatrix} + r \begin{pmatrix} 2 \\ -1 \\ 2 \end{pmatrix}$
> (2) $2(6 + 2r) − (3 − r) + 2(1 + 2r) − 2 = 0$
> $r = −1$
> (3) L(4|4|−1)
> (4) $d(A;E) = d(A;L) = \left| \begin{pmatrix} -2 \\ 1 \\ -2 \end{pmatrix} \right| = 3$

4 Gegeben sind eine Ebene E und ein Punkt A. Geben Sie die Koordinaten des Lotfußpunktes von A auf E an. Berechnen Sie den Abstand von E und A.

a) E: $\left(\vec{x} - \begin{pmatrix} 1 \\ 1 \\ -1 \end{pmatrix}\right) \circ \begin{pmatrix} 3 \\ 4 \\ -1 \end{pmatrix} = 0$; A(−6|−11|8)

b) E: $\left(\vec{x} - \begin{pmatrix} 5 \\ 1 \\ 3 \end{pmatrix}\right) \circ \begin{pmatrix} 2 \\ -1 \\ 2 \end{pmatrix} = 0$; A(8|−7|5)

c) E: $\begin{pmatrix} 5 \\ -1 \\ 6 \end{pmatrix} \circ \vec{x} + 9 = 0$; A(4|4|1)

d) E: $12x_1 − 5x_3 − 17 = 0$; A(−11|6|4)

5 Gegeben sind E: $−2x_1 + x_2 + 2x_3 − 5 = 0$ und der Punkt P(12|1|−4). Berechnen Sie den Abstand von P zu E einmal mithilfe der Hesse'schen Normalform und einmal mithilfe der Lotgerade. Vergleichen Sie den Aufwand der beiden Verfahren.

6 Ermitteln Sie den Abstand d der Ebene E zum Ursprung.

a) E: $\left(\vec{x} - \begin{pmatrix} 2 \\ -2 \\ 3 \end{pmatrix}\right) \circ \begin{pmatrix} 2 \\ -1 \\ 3 \end{pmatrix} = 0$

b) E: $\left(\vec{x} - \begin{pmatrix} 4 \\ 1 \\ 4 \end{pmatrix}\right) \circ \begin{pmatrix} -1 \\ 5 \\ -2 \end{pmatrix} = 0$

c) E: $\vec{x} = \begin{pmatrix} 1 \\ 0 \\ 2 \end{pmatrix} + r \begin{pmatrix} 2 \\ -3 \\ 1 \end{pmatrix} + s \begin{pmatrix} 1 \\ 0 \\ 2 \end{pmatrix}$

7 Gegeben sind die Punkte R(3|1|7), S(6|−8|1) und die Ebene E: $x_1 − 2x_2 + 2x_3 − 6 = 0$. Berechnen Sie die Koordinaten der Punkte der Strecke $\overline{RS}$, die von E den Abstand 4 haben.

Weiterführende Aufgaben

Zwischentest

8 Abstand Ebene – Ebene: Begründen Sie, dass die Ebenen E_1 und E_2 echt parallel zueinander sind, und berechnen Sie ihren Abstand.
a) $E_1: 3x_1 - 5x_2 + 2x_3 - 5 = 0$
   $E_2: 6x_1 - 10x_2 + 4x_3 - 8 = 0$
b) $E_1: -x_1 + 4x_2 - 2x_3 - 11 = 0$
   $E_2: x_1 - 4x_2 + 2x_3 - 13 = 0$

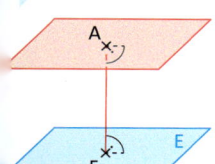

9 Abstand paralleler Ebenen:
a) Geben Sie die Gleichungen von zwei zu $E: 3x_1 - 4x_3 = 0$ parallelen Ebenen an, die den Abstand 2 von der Ebene E haben, und skizzieren Sie die Lage der drei Ebenen.
b) Erklären Sie allgemein, wie sich der Abstand zweier paralleler Ebenen in ihren Normalengleichungen widerspiegelt.

10 Geben Sie zwei Ebenen an, die zu E parallel sind und von E den Abstand d haben.
a) $E: 8x_1 - 4x_2 + x_3 - 18 = 0;\quad d = 5$
b) $E: 5x_1 - x_2 + 3x_3 - 6 = 0;\quad d = 3$

11 Abstand Gerade – Ebene: Zeigen Sie, dass die Gerade g parallel zur Ebene E ist, und berechnen Sie $d(g;E)$ mit dem Lotfußpunktverfahren.
a) $g: \vec{x} = \begin{pmatrix} 2 \\ 1 \\ 4 \end{pmatrix} + t \begin{pmatrix} 4 \\ 3 \\ -6 \end{pmatrix}$
   $E: 3x_1 - 2x_2 + x_3 - 9 = 0$
b) $g: \vec{x} = \begin{pmatrix} -2 \\ 1 \\ 1 \end{pmatrix} + t \begin{pmatrix} 1 \\ 1 \\ 1 \end{pmatrix}$
   $E: \vec{x} = \begin{pmatrix} 4 \\ 1 \\ -1 \end{pmatrix} + r \begin{pmatrix} 2 \\ -1 \\ 1 \end{pmatrix} + s \begin{pmatrix} 3 \\ 0 \\ 2 \end{pmatrix}$

12 Entscheiden Sie begründet, ob die Aussage wahr oder falsch ist.
a) Die Abstandsberechnung paralleler Ebenen kann auf die Abstandsberechnung eines Punktes zu einer Ebene zurückgeführt werden.
b) Die Abstandsberechnung einer Gerade zu einer parallelen Ebene kann auf die Abstandsberechnung eines Punktes zu einer Ebene zurückgeführt werden.
c) Die Abstandsberechnung eines Punktes zu einer Ebene kann mithilfe einer Lotgerade der Ebene durch den Punkt ermittelt werden.

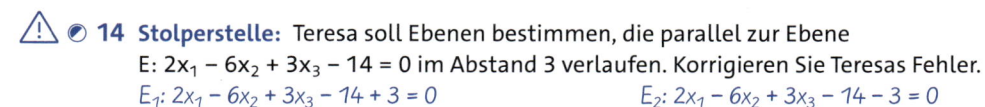

13 Erstellen Sie eine Präsentation zum Leben und Wirken von Ludwig Otto Hesse.

14 Stolperstelle: Teresa soll Ebenen bestimmen, die parallel zur Ebene
$E: 2x_1 - 6x_2 + 3x_3 - 14 = 0$ im Abstand 3 verlaufen. Korrigieren Sie Teresas Fehler.
$E_1: 2x_1 - 6x_2 + 3x_3 - 14 + 3 = 0$
$E_2: 2x_1 - 6x_2 + 3x_3 - 14 - 3 = 0$

15 Die Ebenen E_1 und E_2 sind parallel zueinander. Berechnen Sie den Abstand zwischen den Ebenen sowie deren Abstände zum Ursprung. Vergleichen Sie die Ursprungsabstände mit dem Abstand $d(E_1;E_2)$. Erklären Sie das Ergebnis anhand einer Skizze.

① $E_1: 2x_1 - 9x_2 - 6x_3 - 33 = 0$
   $E_2: 2x_1 - 9x_2 - 6x_3 - 55 = 0$

② $E_1: x_1 - 3x_2 + 6x_3 - 6 = 0$
   $E_2: 2x_1 - 6x_2 + 12x_3 = 0$

③ $E_1: 2x_1 - x_2 + 2x_3 - 12 = 0$
   $E_2: -2x_1 + x_2 - 2x_3 - 6 = 0$

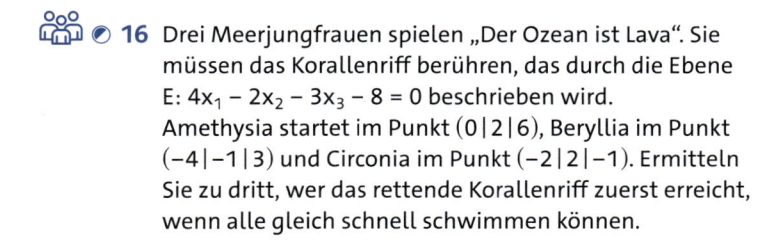

16 Drei Meerjungfrauen spielen „Der Ozean ist Lava". Sie müssen das Korallenriff berühren, das durch die Ebene $E: 4x_1 - 2x_2 - 3x_3 - 8 = 0$ beschrieben wird. Amethysia startet im Punkt $(0|2|6)$, Beryllia im Punkt $(-4|-1|3)$ und Circonia im Punkt $(-2|2|-1)$. Ermitteln Sie zu dritt, wer das rettende Korallenriff zuerst erreicht, wenn alle gleich schnell schwimmen können.

3

Hilfe

17 Spiegelung an einer Ebene:
a) Der Punkt P wird an der Ebene E gespiegelt. Beschreiben Sie, wie sich mithilfe der Lotgerade zu E durch P der Spiegelpunkt P' ergibt.
b) Die Punkte $A(8|25|-10)$ und $B(-5|-12|-4)$ werden an der Ebene $E_1: \vec{x} = \begin{pmatrix} 2 \\ 1 \\ -2 \end{pmatrix} + r\begin{pmatrix} 4 \\ -1 \\ 0 \end{pmatrix} + s\begin{pmatrix} 0 \\ 1 \\ 3 \end{pmatrix}$ gespiegelt. Ermitteln Sie die Koordinaten der Spiegelpunkte A' und B'.
c) Der Punkt $P(2|-5|8)$ wird an einer Ebene E_2 auf den Punkt $P'(4|-1|2)$ gespiegelt. Ermitteln Sie eine Gleichung der Spiegelebene E_2.

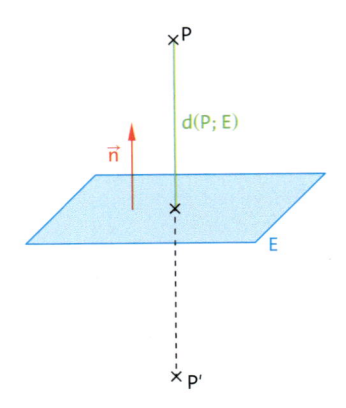

18 Die Objekte werden an der Ebene $E_1: 3x_1 + 12x_2 - 4x_3 = 26$ gespiegelt. Ermitteln Sie eine Gleichung der Gerade oder der Ebene, die sich dabei ergibt.

Gerade $g_1: \vec{x} = \begin{pmatrix} 9 \\ 12 \\ -6 \end{pmatrix} + t\begin{pmatrix} 8 \\ -1 \\ 3 \end{pmatrix}$ parallel zu E_1

Ebene $E_2: 3x_1 + 12x_2 - 4x_3 - 39 = 0$ parallel zu E_1

Gerade $g_2: \vec{x} = \begin{pmatrix} -7 \\ -37 \\ 4 \end{pmatrix} + t\begin{pmatrix} -1 \\ 14 \\ -1 \end{pmatrix}$

Ebene $E_3: 3x_1 - x_2 - 4x_3 - a = 0$ durch $P(3|-13|-1)$

19 Ebenenschar: Gegeben ist die Ebenenschar $E_a: 2ax_1 - ax_2 - 2ax_3 - a - 1 = 0$, $a \neq 0$.
a) Zeigen Sie, dass es sich bei E_a um eine Schar echt paralleler Ebenen handelt.
b) Bestimmen Sie die Hesse'sche Normalform von E_a.
c) Bestimmen Sie, für welche Werte von a die Ebene E_a zum Punkt $P(-3|5|-7)$ den Abstand $d = 2$ LE hat.
d) Zeigen Sie, dass alle Ebenen der Schar parallel zur Gerade $g: \vec{x} = \begin{pmatrix} 2 \\ 0 \\ 1 \end{pmatrix} + t\begin{pmatrix} 1 \\ -4 \\ 3 \end{pmatrix}$ liegen. Ermitteln Sie alle Scharebenen mit dem Abstand 0,5 LE zu g.

20 Das Dach eines Turms hat die Form einer quadratischen Pyramide mit Eckpunkten auf den Koordinatenachsen.
a) Im Punkt $R(\sqrt{2}|-\sqrt{2}|0)$ wird ein Stützbalken aufgestellt. Berechnen Sie, wie hoch der Balken sein muss und in welchem Winkel er gegen das Dach stößt.
b) In die Dachpyramide soll eine möglichst große Kugel eingebaut werden. Ihr Mittelpunkt liegt auf der x_3-Achse und ist von allen 5 Flächen der Pyramide gleich weit entfernt. Ermitteln Sie seine Koordinaten.
c) Beurteilen Sie, ob die Kugel in das Dach eingebaut werden kann, ohne den Stützbalken zu berühren.
d) Überprüfen Sie Ihre Ergebnisse mit einer dynamischen Mathematik-Software.

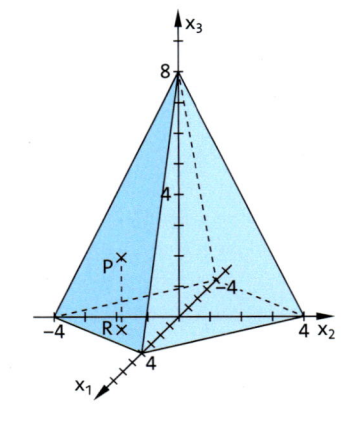

21 Ausblick: Gegeben sind der Punkt $P(-12|12|8)$ und die Ebene $E: -4x_1 + 7x_2 + 4x_3 = 2$.
a) Berechnen Sie den Abstand von P zu E. Veranschaulichen Sie die Situation mit einer DGS und prüfen Sie, ob P auf derselben Seite der Ebene E liegt wie der Ursprung. Begründen Sie das Ergebnis mithilfe von Vorzeichenbetrachtungen.
b) Begründen Sie: Ist die rechte Seite der Ebenengleichung positiv, so ist der Normalenvektor so orientiert, dass er vom Ursprung in Richtung der Ebene zeigt.
c) Spiegeln Sie den Punkt P an der Ebene E mithilfe des Normaleneinheitsvektors.

3.8 Abstand von einer Gerade im Raum

Veranschaulichen Sie mit Stiften und Radier-
gummis, was man unter dem Abstand
a) eines Punktes von einer Gerade im Raum,
b) zweier paralleler Geraden,
c) zweier windschiefer Geraden
verstehen könnte.

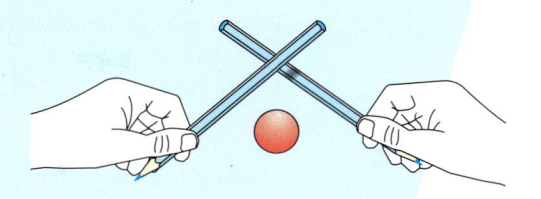

Abstand eines Punktes von einer Gerade im Raum

Ein Punkt P außerhalb einer Gerade g hat zu jedem Punkt von g einen Abstand. Der kürzeste dieser Abstände wird als **Abstand des Punktes zur Gerade** definiert.

Dieser Abstand kann am Fußpunkt F des Lots von P auf g gemessen werden.

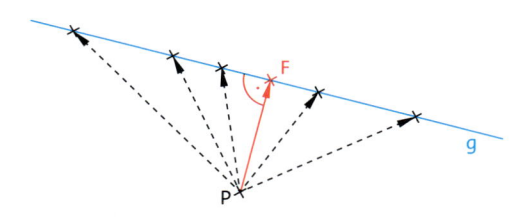

> **Wissen**
>
> Der **Abstand d(P; g)** eines Punktes P zu einer Gerade $g: \vec{x} = \overrightarrow{OA} + r\vec{u}$ lässt sich wie folgt berechnen:
> ① Parameter r ermitteln, sodass der allgemeine Verbindungsvektor $\overrightarrow{PX_r}$ senkrecht zu $\vec{u}$ ist.
> ② r in $\overrightarrow{PX_r}$ einsetzen und damit den konkreten Verbindungsvektor $\overrightarrow{PF}$ berechnen.
> ③ Der Abstand von P und g entspricht der Länge des Vektors $\overrightarrow{PF}$: $d(P; g) = |\overrightarrow{PF}|$

> **Beispiel 1**
>
> Bestimmen Sie den Abstand des Punktes P(−17 | −17 | 2) zur Gerade $g: \vec{x} = \begin{pmatrix} -4 \\ 3 \\ 8 \end{pmatrix} + r \cdot \begin{pmatrix} 9 \\ 2 \\ -6 \end{pmatrix}$.
>
> Geben Sie die Koordinaten des Fußpunktes des Lots von P auf g an.

Lösung:

Bilden Sie den allgemeinen Verbindungsvektor $\overrightarrow{PX_r} = -\overrightarrow{OP} + \overrightarrow{OX_r}$ zwischen P und g. Setzen Sie das Skalarprodukt von $\overrightarrow{PX_r}$ und dem Richtungsvektor der Gerade gleich 0 und lösen Sie die resultierende Gleichung nach r auf.

Parameter ermitteln:

$$\overrightarrow{PX_r} = \begin{pmatrix} 17 \\ 17 \\ -2 \end{pmatrix} + \begin{pmatrix} -4 \\ 3 \\ 8 \end{pmatrix} + r \cdot \begin{pmatrix} 9 \\ 2 \\ -6 \end{pmatrix} = \begin{pmatrix} 13 + 9r \\ 20 + 2r \\ 6 - 6r \end{pmatrix}$$

$$\begin{pmatrix} 13 + 9r \\ 20 + 2r \\ 6 - 6r \end{pmatrix} \circ \begin{pmatrix} 9 \\ 2 \\ -6 \end{pmatrix} = 0$$

$(117 + 40 − 36) + (81 + 4 + 36)r = 0$
$121 + 121r = 0$, also $r = −1$

Setzen Sie r = −1 in die Gleichung des Verbindungsvektors ein, um den Lotvektor zu bestimmen. Der Betrag des Lotvektors entspricht dem Abstand von P zu g.

Lotvektor und Abstand berechnen:

$$\overrightarrow{PX_{-1}} = \begin{pmatrix} 13 - 9 \\ 20 - 2 \\ 6 + 6 \end{pmatrix} = \begin{pmatrix} 4 \\ 18 \\ 12 \end{pmatrix};$$

$$d(P; g) = \left| \begin{pmatrix} 4 \\ 18 \\ 12 \end{pmatrix} \right| = \sqrt{484} = 22$$

Setzen Sie r = −1 in die Gleichung von g ein, um den Ortsvektor des Fußpunktes zu erhalten.

Koordinaten des Fußpunktes bestimmen:

$$\overrightarrow{OF} = \begin{pmatrix} -4 - 9 \\ 3 - 2 \\ 8 + 6 \end{pmatrix} = \begin{pmatrix} -13 \\ 1 \\ 14 \end{pmatrix}; F(-13 | 1 | 14)$$

Hinweis

Der Vektor, der einen Punkt mit dem zugehörigen Lotfußpunkt verbindet, heißt **Lotvektor**. Das Verfahren in diesem Beispiel wird auch **Lotfußpunktverfahren** genannt.

3

Basisaufgaben

1 Bestimmen Sie den Abstand von P und g. Geben Sie die Koordinaten des Fußpunktes des Lots von P auf g an.

a) $P(8|-12|17)$ $g: \vec{x} = \begin{pmatrix} 5 \\ -7 \\ 2 \end{pmatrix} + r\begin{pmatrix} 1 \\ 3 \\ -2 \end{pmatrix}$

b) $P(15|1|-3)$ $g: \vec{x} = \begin{pmatrix} 1 \\ 0 \\ -3 \end{pmatrix} + r\begin{pmatrix} 4 \\ 2 \\ 3 \end{pmatrix}$

2 Ermitteln Sie die Koordinaten des Fußpunktes des Lots von P auf g.

a) $P(-7|9|-14)$ $g: \vec{x} = \begin{pmatrix} 3 \\ 1 \\ 7 \end{pmatrix} + r\begin{pmatrix} 6 \\ -7 \\ 6 \end{pmatrix}$

b) $P(8|10|9)$ $g: \vec{x} = \begin{pmatrix} -10 \\ -2 \\ -3 \end{pmatrix} + r\begin{pmatrix} -1 \\ 2 \\ 1 \end{pmatrix}$

3 **Abstandsberechnung mit einer Hilfsebene:**
Gegeben sind der Punkt $P(10|-18|11)$ und die Gerade g mit $g: \vec{x} = \begin{pmatrix} 8 \\ 0 \\ -8 \end{pmatrix} + r\begin{pmatrix} 2 \\ 6 \\ -1 \end{pmatrix}$.

a) Die Ebene E verläuft durch P orthogonal zu g. Veranschaulichen Sie die Lage von g, E und P durch eine Skizze oder durch ein Blatt-Stift-Modell. Geben Sie an, welche Bedeutung der Schnittpunkt von g und E hat.

b) Berechnen Sie den Abstand von P zu g mithilfe der in a) beschriebenen Hilfsebene E.

c) Berechnen Sie nun den Abstand von P und g mithilfe des Lotfußpunktverfahrens. Vergleichen Sie den Rechenaufwand beider Verfahren.

4 Im Dreieck ABC mit $A(2|0|3)$, $B(11|-12|9)$, $C(-1|-6|10)$ entspricht die Länge der Höhe h_c dem Abstand des Punktes C von der Gerade g_{AB}.
Berechnen Sie den Flächeninhalt des Dreiecks.

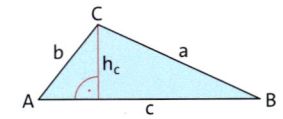

Lösungen zu 5

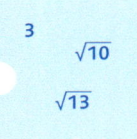

3
$\sqrt{10}$
$\sqrt{13}$

5 **Abstand paralleler Geraden:** Die Geraden g und h sind parallel zueinander. Berechnen Sie ihren Abstand, indem Sie den Abstand eines Punktes zu einer Gerade bestimmen.

a) $g: \vec{x} = \begin{pmatrix} 0 \\ 3 \\ -1 \end{pmatrix} + r\begin{pmatrix} 1 \\ -4 \\ -1 \end{pmatrix}$

$h: \vec{x} = \begin{pmatrix} 3 \\ 0 \\ -4 \end{pmatrix} + s\begin{pmatrix} -1 \\ 4 \\ 1 \end{pmatrix}$

b) $g: \vec{x} = r\begin{pmatrix} -3 \\ 2 \\ 3 \end{pmatrix}$

$h: \vec{x} = \begin{pmatrix} -12 \\ 11 \\ 10 \end{pmatrix} + s\begin{pmatrix} -6 \\ 4 \\ 6 \end{pmatrix}$

Abstand windschiefer Geraden

Zwei beliebige Punkte der windschiefen Geraden g und h haben einen Abstand zueinander. Der kürzeste dieser Abstände wird als **Abstand der windschiefen Geraden** definiert.

Dieser Abstand kann mit den Fußpunkten F_1 und F_2 des gemeinsamen Lots der Geraden bestimmt werden.

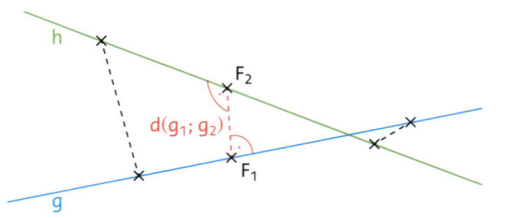

Hinweis

F_1 und F_2 sind die Lotfußpunkte auf g und h. Ihre Koordinaten müssen für die Abstandsberechnung nicht ermittelt werden.

Wissen

Der **Abstand d(g;h) zweier windschiefer Geraden** $g: \vec{x} = \overrightarrow{OP} + r\vec{u}$ und $h: \vec{x} = \overrightarrow{OQ} + s\vec{v}$ lässt sich wie folgt berechnen:

① Parameter r und s ermitteln, sodass der allgemeine Verbindungsvektor $\overrightarrow{X_rX_s}$ senkrecht zu $\vec{u}$ und $\vec{v}$ ist.

② r und s in $\overrightarrow{X_rX_s}$ einsetzen und damit den konkreten Verbindungsvektor $\overrightarrow{F_1F_2}$ berechnen.

③ Der Abstand von g und h entspricht der Länge des Vektors $\overrightarrow{F_1F_2}$: $d(g;h) = |\overrightarrow{F_1F_2}|$

Beispiel 2

Die Geraden $g: \vec{x} = \begin{pmatrix} -2 \\ -7 \\ 9 \end{pmatrix} + r \begin{pmatrix} 2 \\ 3 \\ -4 \end{pmatrix}$ und $h: \vec{x} = \begin{pmatrix} 29 \\ -9 \\ -5 \end{pmatrix} + s \begin{pmatrix} -1 \\ 0 \\ 4 \end{pmatrix}$ sind windschief.

Bestimmen Sie den Abstand der Geraden und geben Sie die Koordinaten der Fußpunkte des gemeinsamen Lots an.

Lösung:
Bilden Sie den Verbindungsvektor $\overrightarrow{X_r X_s}$ zwischen beliebigen Punkten
$\vec{X_r} = \begin{pmatrix} -2+2r \\ -7+3r \\ 9-4r \end{pmatrix}$ und $\vec{X_s} = \begin{pmatrix} 29-s \\ -9 \\ -5+4s \end{pmatrix}$ der
Geraden g bzw. h.
Setzen Sie das Skalarprodukt von $\overrightarrow{X_r X_s}$ mit dem Richtungsvektor von g und mit dem von h jeweils gleich null.
Es ergibt sich ein Gleichungssystem mit 2 Gleichungen und 2 Variablen.

Ermitteln Sie die Lösung.

Setzen Sie r = 2 und s = 3 in den Verbindungsvektor ein und berechnen Sie den gemeinsamen Lotvektor.
Der Betrag des Lotvektors entspricht dem Abstand der Geraden.

Setzen Sie den Wert r = 2 in die Gleichung von g ein und s = 3 in die Gleichung von h. Bestimmen Sie so die Fußpunkte.

Parameter bestimmen:

$\overrightarrow{X_r X_s} = \vec{X_s} - \vec{X_r} = \begin{pmatrix} 31-2r-s \\ -2-3r \\ -14+4r+4s \end{pmatrix}$

$\begin{pmatrix} 31-2r-s \\ -2-3r \\ -14+4r+4s \end{pmatrix} \circ \begin{pmatrix} 2 \\ 3 \\ -4 \end{pmatrix} = 0$

Gleichung I: $-29r - 18s = -112$

$\begin{pmatrix} 31-2r-s \\ -2-3r \\ -14+4r+4s \end{pmatrix} \circ \begin{pmatrix} -1 \\ 0 \\ 4 \end{pmatrix} = 0$

Gleichung II: $18r + 17s = 87$
Lösung: $r = 2$ und $s = 3$

Lotvektor und Abstand bestimmen:

$\overrightarrow{X_2 X_3} = \begin{pmatrix} 31-2\cdot 2-3 \\ -2-3\cdot 2 \\ -14+4\cdot 2+4\cdot 3 \end{pmatrix} = \begin{pmatrix} 24 \\ -8 \\ 6 \end{pmatrix}$

$d(g;h) = \left| \begin{pmatrix} 24 \\ -8 \\ 6 \end{pmatrix} \right| = \sqrt{676} = 26$

Fußpunkte bestimmen:

$\overrightarrow{OF_1} = \begin{pmatrix} -2 \\ -7 \\ 9 \end{pmatrix} + 2 \cdot \begin{pmatrix} 2 \\ 3 \\ -4 \end{pmatrix} = \begin{pmatrix} 2 \\ -1 \\ 1 \end{pmatrix}$ $F_1(2|-1|1)$

$\overrightarrow{OF_2} = \begin{pmatrix} 29 \\ -9 \\ -5 \end{pmatrix} + 3 \cdot \begin{pmatrix} -1 \\ 0 \\ 4 \end{pmatrix} = \begin{pmatrix} 26 \\ -9 \\ 7 \end{pmatrix}$ $F_2(26|-9|7)$

Basisaufgaben

6 Berechnen Sie den Abstand der windschiefen Geraden g und h sowie die Koordinaten der Fußpunkte des gemeinsamen Lots.

a) $g: \vec{x} = \begin{pmatrix} -5 \\ 5 \\ -8 \end{pmatrix} + r \begin{pmatrix} 2 \\ 1 \\ 2 \end{pmatrix}$; $h: \vec{x} = \begin{pmatrix} 10 \\ -5 \\ 3 \end{pmatrix} + s \begin{pmatrix} 7 \\ 1 \\ 0 \end{pmatrix}$ b) $g: \vec{x} = \begin{pmatrix} -2 \\ -7 \\ 9 \end{pmatrix} + r \begin{pmatrix} 2 \\ 3 \\ -4 \end{pmatrix}$; $h: \vec{x} = \begin{pmatrix} 29 \\ -9 \\ -5 \end{pmatrix} + s \begin{pmatrix} -1 \\ 0 \\ 4 \end{pmatrix}$

7 Abstandsberechnung mit einer Hilfsebene:
a) Stellen Sie mit zwei Stiften zwei windschiefe Geraden dar, wobei ein Stift auf dem Tisch liegt. Verändern Sie die Lage des zweiten Stifts so, dass der Abstand zum ersten Stift gleich bleibt und der Stift parallel zur Tischplatte verläuft. Erläutern Sie, wie die Bestimmung des Abstands windschiefer Geraden auf den Abstand Punkt – Ebene zurückgeführt werden kann. Erstellen Sie eine Beschreibung des Vorgehens.

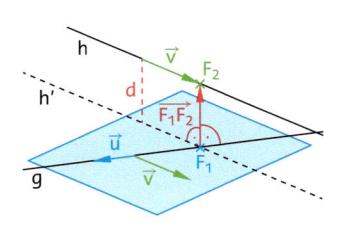

b) Berechnen Sie $d(g;h)$ für $g: \vec{x} = \begin{pmatrix} 0 \\ -4 \\ 5 \end{pmatrix} + r \begin{pmatrix} -4 \\ -6 \\ 8 \end{pmatrix}$ und $h: \vec{x} = \begin{pmatrix} 24 \\ -9 \\ 15 \end{pmatrix} + s \begin{pmatrix} 2 \\ 0 \\ -8 \end{pmatrix}$ wie in a).

8 a) Arbeiten Sie zu zweit. Berechnen Sie die Abstände der windschiefen Geraden g und h jeweils mithilfe einer Hilfsebene (wie in Aufgabe 7) sowie mit dem Lotfußpunktverfahren (wie in Beispiel 2).

① $g: \vec{x} = \begin{pmatrix} 2 \\ 0 \\ 1 \end{pmatrix} + r \begin{pmatrix} -1 \\ -4 \\ 3 \end{pmatrix}$

$h: \vec{x} = \begin{pmatrix} 2 \\ -1 \\ -1 \end{pmatrix} + s \begin{pmatrix} -1 \\ 0 \\ 2 \end{pmatrix}$

② $g: \vec{x} = \begin{pmatrix} 2 \\ -1 \\ 7 \end{pmatrix} + r \begin{pmatrix} 4 \\ 1 \\ -2 \end{pmatrix}$

$h: \vec{x} = \begin{pmatrix} 9 \\ -7 \\ 6 \end{pmatrix} + s \begin{pmatrix} 6 \\ 1 \\ -4 \end{pmatrix}$

b) Erläutern Sie, welches Verfahren günstiger ist, wenn die Fußpunkte des gemeinsamen Lots nicht bestimmt werden sollen.

Weiterführende Aufgaben   Zwischentest

9 Entscheiden Sie begründet, ob die Aussage wahr oder falsch ist.
  a) Die Bestimmung der Höhe eines Dreiecks im Raum kann auf die Berechnung des Abstands eines Punktes von einer Gerade zurückgeführt werden.
  b) Der Abstand Punkt – Ebene kann sowohl mit der Hesse'schen Normalform als auch mit dem Lotfußpunktverfahren berechnet werden.
  c) Ist der Abstand des Punktes A von der Gerade g gleich null, so liegt A auf g.
  d) Der Abstand Punkt – Gerade im Raum kann mithilfe einer Ebene berechnet werden, die durch den Punkt und parallel zur Gerade verläuft.
  e) Die Bestimmung der Höhe einer Pyramide kann auf die Berechnung des Abstands eines Punktes von einer Ebene zurückgeführt werden.

Hilfe

10 Zeigen Sie, dass die Punkte A(−3|1|1), B(5|3|3), C(5|0|0), D(1|−1|−1) ein Trapez bilden. Berechnen Sie seinen Flächeninhalt auf zwei Arten. Vergleichen Sie die Vorgehensweisen.

11 Stolperstelle: Gesucht ist der Abstand von P(−3|7|0) zur Gerade $g: \vec{x} = \begin{pmatrix} 7 \\ 3 \\ 14 \end{pmatrix} + r \begin{pmatrix} 4 \\ 2 \\ 3 \end{pmatrix}$.
Duc sagt: „Ich berechne den Abstand zwischen (−3|7|0) und (7|3|14)."
Vanessa sagt: „Ich berechne den Abstand von P zur Hilfsebene $E: \vec{x} = \begin{pmatrix} 7 \\ 3 \\ 14 \end{pmatrix} + r \begin{pmatrix} 4 \\ 2 \\ 3 \end{pmatrix} + s \begin{pmatrix} 10 \\ -4 \\ 14 \end{pmatrix}$."
Nehmen Sie Stellung.

12 Eine Katze sitzt auf einem Hausdach im Punkt P(3|−4|4). Sie springt auf kürzestem Weg an einen nebenstehenden Baumstamm, der durch die Gerade $g: \vec{x} = \begin{pmatrix} 2 \\ 0 \\ 0 \end{pmatrix} + r \cdot \begin{pmatrix} 0{,}1 \\ 0{,}2 \\ 2 \end{pmatrix}$ beschrieben wird. Berechnen Sie, wie weit die Katze springt. (Alle Angaben in m.)

13 Zwei Flugobjekte bewegen sich geradlinig. Das eine befindet sich zum Zeitpunkt t (in min) im Punkt P_t mit
$\overrightarrow{OP_t} = \begin{pmatrix} 5 \\ -2 \\ 4 \end{pmatrix} + t \begin{pmatrix} 1 \\ -2 \\ 1 \end{pmatrix}$, das andere in H_t mit
$\overrightarrow{OH_t} = \begin{pmatrix} -1 \\ 3 \\ 2 \end{pmatrix} + t \begin{pmatrix} 1 \\ 1 \\ 1 \end{pmatrix}$.

  a) Berechnen Sie den Abstand beider Flugbahnen und ermitteln Sie eine Gleichung der gemeinsamen Lotgerade.
  b) Berechnen Sie den Zeitpunkt, an dem der Abstand beider Flugobjekte minimal ist.
  c) Erläutern Sie den Unterschied zwischen den Aufgaben a) und b).

3 Geraden und Ebenen im Raum

14 Die Punkte A(−3|2|7), B(3|5|1) und C(1|7|9) bilden ein Dreieck. Berechnen Sie zu zweit den Flächeninhalt des Dreiecks einmal mithilfe des Vektorprodukts und einmal, indem Sie die Höhe des Dreiecks berechnen und die Formel aus der Mittelstufe nutzen.

Hilfe

15 Spiegelungen: Bei Spiegelungen eines Punktes P an einer Ebene E oder einer Gerade g können die Koordinaten des Spiegelpunktes P' mithilfe des Lotvektors von P auf E bzw. P auf g ermittelt werden. Berechnen Sie die Koordinaten des Spiegelpunktes von P(0|−11|18) bei einer Spiegelung
a) an der Gerade g: $\vec{x} = \begin{pmatrix} -6 \\ 1 \\ 5 \end{pmatrix} + k \begin{pmatrix} 6 \\ -3 \\ 2 \end{pmatrix}$,

b) an der Ebene
E: $-3x_1 - 6x_2 + 5x_3 - 16 = 0$.

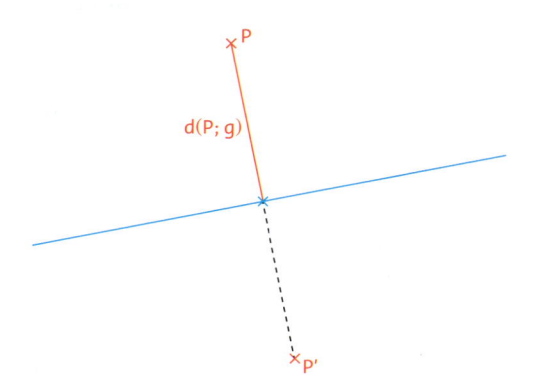

16 Auf den Karten sind verschiedene Methoden zur Bestimmung des Fußpunktes F des Lots von einem Punkt P auf eine Gerade g beschrieben.
Ermitteln Sie die Koordinaten des Lotfußpunktes F für P(5|5|−1) und g: $\vec{x} = \begin{pmatrix} 0 \\ -5 \\ 1 \end{pmatrix} + t \begin{pmatrix} 4 \\ 3 \\ -1 \end{pmatrix}$
mit allen vier Methoden. Vergleichen Sie die Rechenaufwände.

① F mit dem Lotfußpunktverfahren bestimmen.

② F mithilfe der Ebene E durch P, die senkrecht zu g verläuft, bestimmen.

③ Die Ebene E, die P und g enthält, ermitteln. F mithilfe der Gerade h durch P, die in E liegt und senkrecht zu g verläuft, bestimmen.

④ $P_t(4t|-5+3t|1-t)$ ist ein beliebiger Punkt von g. F ergibt sich für den Wert von t, für den die Funktion f mit $f(t) = |\overrightarrow{PP_t}|$ ein Minimum hat.

17 Gegeben sind die Geraden g_1: $\vec{x} = \begin{pmatrix} 1 \\ 2 \\ 0 \end{pmatrix} + r \begin{pmatrix} 1 \\ 0 \\ 2 \end{pmatrix}$ und g_2: $\vec{x} = \begin{pmatrix} 6 \\ 10 \\ 0 \end{pmatrix} + s \begin{pmatrix} -1 \\ 4 \\ -2 \end{pmatrix}$.

   a) Zeigen Sie, dass die beiden Geraden windschief sind.
   b) Berechnen Sie ihren Abstand mit dem Lotfußpunktverfahren.
   c) Berechnen Sie ihren Abstand mit einer Ebene E_1, die g_1 enthält und zu g_2 parallel ist.
   d) Die Ebene E_2 enthält g_2 und ist zu E_1 orthogonal. Berechnen Sie die Koordinaten des Schnittpunktes F von E_2 und g_1. Zeigen Sie mithilfe einer dynamischen Geometrie-Software, dass F auf der gemeinsamen Lotgerade von g_1 und g_2 liegt.
   e) Berechnen Sie mithilfe der Lotgerade aus d) den Abstand von g_1 und g_2.

18 Die Punkte A(2|3|1), B(7|3|1), C(7|−1|4) und D(2|−1|4) bilden ein Quadrat. Zeigen Sie, dass ABCD mit dem Punkt S(4,5|7|10,5) eine regelmäßige Pyramide bildet, und berechnen Sie die Höhe der Pyramide als Abstand von S zur Gerade durch A und C. Finden Sie eine einfachere Möglichkeit, die Höhe zu bestimmen.

19 Ausblick: Abstandsberechnungen als Extremwertaufgabe
Der Abstand der windschiefen Geraden g: $\vec{x} = r \begin{pmatrix} 1 \\ 0 \\ 2 \end{pmatrix}$ und h: $\vec{x} = \begin{pmatrix} 2 \\ 10 \\ 0 \end{pmatrix} + s \begin{pmatrix} 0 \\ -1 \\ 1 \end{pmatrix}$ soll mithilfe der Differenzialrechnung berechnet werden.
Der allgemeine Verbindungsvektor $\overrightarrow{X_r X_s}$ zwischen einem Punkt X_r von g und einem Punkt X_s von h enthält zwei Variablen. Wählen Sie einen festen Punkt $X_r(r|0|2r)$ und ermitteln Sie s so, dass $|\overrightarrow{X_r X_s}|$ minimal wird. Ermitteln Sie dann den gesuchten Abstand.

3.9 Kugeln

Der Punkt A(3|0|4) liegt auf einer Kugel K, deren Mittelpunkt der Ursprung O ist.
a) Geben Sie den Radius r der Kugel K an und zeigen Sie, dass die Punkte B(0|0|5) und C(−4|3|0) auch auf K liegen.
b) Geben Sie an, welche Gleichung die Koordinaten x_1, x_2, x_3 eines Punktes X auf K erfüllen.

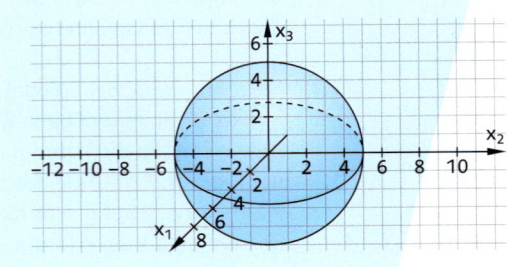

Kugelgleichung und Lagebeziehungen zweier Kugeln

Eine Kugel K im Raum wird durch den Mittelpunkt $M(m_1|m_2|m_3)$ und den Radius r eindeutig festgelegt. Ein Punkt $P(x_1|x_2|x_3)$ liegt genau dann auf der Kugel, wenn sein Abstand vom Mittelpunkt M gleich dem Radius r ist: $|\overrightarrow{OP} - \overrightarrow{OM}| = \sqrt{(x_1 - m_1)^2 + (x_2 - m_2)^2 + (x_3 - m_3)^2} = r$
Ist der Abstand geringer, so liegt der Punkt im Inneren der Kugel.

> **Definition**
> Eine Kugel mit Radius r um den Mittelpunkt $M(m_1|m_2|m_3)$ besteht aus allen Punkten $P(x_1|x_2|x_3)$, für die gilt: $(x_1 - m_1)^2 + (x_2 - m_2)^2 + (x_3 - m_3)^2 = r^2$

> **Beispiel 1** — Lage von Punkten bezüglich einer Kugel
> Prüfen Sie die Lage von A(3|7|4) und B(2|9|3) bzgl. der Kugel K um M(−1|3|5) mit r = 7.
>
> **Lösung:**
> Stellen Sie die Kugelgleichung auf und setzen Sie die Koordinaten der Punkte ein. Punkt A liegt im Inneren von K, da sein Abstand zu M kleiner als r ist. Punkt B erfüllt die Gleichung, liegt also auf der Kugel.
>
> K: $(x_1 + 1)^2 + (x_2 - 3)^2 + (x_3 - 5)^2 = 49$
> A: $(3 + 1)^2 + (7 - 3)^2 + (4 - 5)^2 = 33 < 49$
> A liegt im Inneren der Kugel.
> B: $(2 + 1)^2 + (9 - 3)^2 + (3 - 5)^2 = 49$
> B liegt auf der Kugel.

Die **Lagebeziehung zweier Kugeln** K_1 und K_2 hängt vom Abstand $|\overrightarrow{M_1M_2}|$ ihrer Mittelpunkte ab.

$|\overrightarrow{M_1M_2}| = |r_1 - r_2|$ $|r_1 - r_2| < |\overrightarrow{M_1M_2}| < r_1 + r_2$ $|\overrightarrow{M_1M_2}| = r_1 + r_2$

K_1 und K_2 berühren sich in einem Punkt, eine Kugel liegt in der anderen.

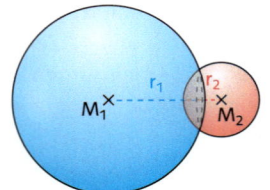

K_1 und K_2 schneiden sich in einem Schnittkreis.

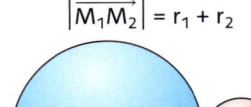

K_1 und K_2 berühren sich in einem Punkt.

Hinweis
In allen anderen Fällen haben die Kugeln keine gemeinsamen Punkte.

> **Beispiel 2** — Gegeben sind die Kugeln K_1 mit $M_1(2|2|3)$, $r_1 = 2$ und K_2 mit $M_2(1|0|2)$, $r_2 = 1$.
> Zeigen Sie, dass sich die Kugeln schneiden.
>
> **Lösung:**
> Berechnen Sie den Abstand $d = |\overrightarrow{M_1M_2}|$ der Mittelpunkte und vergleichen Sie diesen mit $r_1 + r_2$ und $|r_1 - r_2|$.
>
> $d = \sqrt{(1-2)^2 + (0-2)^2 + (2-3)^2} \approx 2{,}45$
> $|r_1 - r_2| = 1 < |\overrightarrow{M_1M_2}| < 3 = r_1 + r_2$
> Die Kugeln schneiden sich.

Basisaufgaben

1 Prüfen Sie die Lage von A und B zur Kugel mit dem Radius r und dem Mittelpunkt M.
  a) $M(3|2|1)$, $r = 5$; $A(0|5|7)$, $B(0|6|1)$
  b) $M(7|-9|2)$, $r = 9$; $A(1|1|1)$, $B(1|-6|-5)$

2 Untersuchen Sie die Lagebeziehung der Kugeln mit den Mittelpunkten M_1, M_2 und Radien r_1, r_2.
  a) $M_1(3|-2|6)$, $r_1 = 2$; $M_2(0|2|6)$, $r_2 = 3$
  b) $M_1(1|-7|8)$, $r_1 = 4$; $M_2(3|-3|12)$, $r_2 = 3$

3 Die Kugel K hat die Gleichung $K: (x_1 - 1)^2 + (x_2 - 2)^2 + (x_3 - 3)^2 = 81$.
  a) Bestimmen Sie den Radius und den Mittelpunkt von K.
  b) Zeigen Sie, dass die Punkte $A(5|-2|10)$ und $B(-3|3|-5)$ auf K liegen.
  c) Der Punkt $C(8|6|c_3)$ liegt auf K. Berechnen Sie c_3.

Lagebeziehungen zwischen Kugeln und Geraden

Kugeln und Geraden im Raum können – ähnlich wie Kreise und Geraden in der Ebene – drei verschiedene Lagebeziehungen zueinander haben.

> **Wissen**
>
> Eine Gerade g und eine Kugel K können folgende Lagebeziehungen haben:
>
> g und K haben keinen Schnittpunkt; g ist **Passante**.
>
> g und K berühren sich in genau einem Punkt; g ist **Tangente**.
>
> g schneidet K in 2 Punkten; g ist **Sekante**.

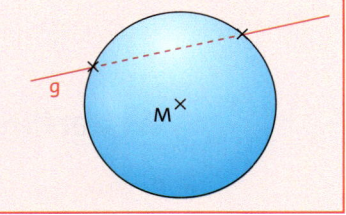

Beispiel 3 Bestimmen Sie die Lagebeziehung der Kugel K mit dem Mittelpunkt $M(2|4|-1)$ und dem Radius $r = 3$ und der Gerade $g: \vec{x} = \begin{pmatrix} 2 \\ -5 \\ 0 \end{pmatrix} + t \begin{pmatrix} 0 \\ 1 \\ 1 \end{pmatrix}$.

Lösung:
Bestimmen Sie den Abstand des Mittelpunktes $M(2|4|-1)$ von der Gerade g, z.B. mit dem Lotfußpunktverfahren.
Vergleichen Sie diesen Abstand mit dem Radius $r = 3$ der Kugel.

$\overrightarrow{MX_t} \circ \vec{u} = \begin{pmatrix} 0 \\ -9 + t \\ t + 1 \end{pmatrix} \circ \begin{pmatrix} 0 \\ 1 \\ 1 \end{pmatrix} = 2t - 8 = 0$

$t = 4$; Lotfußpunkt: $F(2|-1|4)$
$d(M;g) = |\overrightarrow{MF}| = \sqrt{50} \approx 7{,}1 > 3$
Es gibt keinen Schnittpunkt, g ist Passante.

Basisaufgaben

4 Bestimmen Sie die Lagebeziehung der Gerade g und der Kugel K mit dem Mittelpunkt M und dem Radius r.
  a) $M(3|2|5)$; $r = 5$; $g: \vec{x} = \begin{pmatrix} -1 \\ -4 \\ 2 \end{pmatrix} + t \begin{pmatrix} 1 \\ -1 \\ 0 \end{pmatrix}$
  b) $K: (x_1 + 2)^2 + (x_2 - 1)^2 + (x_3 - 4)^2 = 16$; g geht durch $A(-4|-2|5)$ und $B(-5|-2|3)$

5 Zeigen Sie, dass sich die Gerade g und die Kugel K berühren. Geben Sie die Koordinaten des Berührpunktes an.
a) K um M(3|0|2), r = 5; g verläuft durch A(−4|1|4), B(2|−7|0)
b) K: $(x_1 + 5)^2 + (x_2 + 1)^2 + (x_3 - 5)^2 = 169$; g: $\vec{x} = \begin{pmatrix} 5 \\ -4 \\ -5 \end{pmatrix} + t \begin{pmatrix} 1 \\ 0 \\ 3 \end{pmatrix}$

6 Gegeben sind g: $\vec{x} = \begin{pmatrix} 3 \\ -4 \\ 3 \end{pmatrix} + t \begin{pmatrix} -3 \\ 2 \\ 1 \end{pmatrix}$ und K: $(x_1 - 7)^2 + (x_2 - 1)^2 + (x_3 - 5)^2 = r^2$.

Geben Sie einen Wert für den Radius r der Kugel K an, sodass
a) g und K sich nicht schneiden,
b) g und K genau einen Berührpunkt haben.

7 Bestimmung der Schnittpunkte von Gerade und Kugel:
Wenn eine Gerade eine Kugel schneidet, lassen sich die Koordinaten der Schnittpunkte ähnlich berechnen wie die des Schnittpunktes einer Gerade mit einer Ebene:
① Setzen Sie die Koordinaten von g in die Kugelgleichung ein.
② Lösen Sie die so entstandene Gleichung nach t auf und berechnen Sie damit die Koordinaten der Schnittpunkte.
Ermitteln Sie auf diese Weise die Schnittpunkte von g und K.
a) g: $\vec{x} = \begin{pmatrix} 2 \\ -5 \\ 0 \end{pmatrix} + t \begin{pmatrix} 0 \\ 1 \\ 1 \end{pmatrix}$; K: $(x_1 - 1)^2 + (x_2 + 2)^2 + x_3^2 = 6$
b) g: $\vec{x} = \begin{pmatrix} -1 \\ 1 \\ 3 \end{pmatrix} + t \begin{pmatrix} -3 \\ 2 \\ 2 \end{pmatrix}$; K um M(1|7|0) mit r = 7
c) g: $\vec{x} = \begin{pmatrix} 2 \\ 0 \\ 1 \end{pmatrix} + t \begin{pmatrix} 3 \\ 4 \\ 1 \end{pmatrix}$; K: $(x_1 + 1)^2 + (x_2 + 2)^2 + (x_3 - 4)^2 = 16$

Weiterführende Aufgaben

Zwischentest

8 Erläutern Sie, wie man entscheiden kann, welche Lagebeziehung eine Ebene E und eine Kugel K haben, wenn E in Normalenform gegeben ist und der Mittelpunkt M und der Radius r von K bekannt sind.

> **Wissen** **Lagebeziehungen zwischen Kugeln und Ebenen**
> Eine Ebene E und eine Kugel K können folgende Lagebeziehungen haben:
>
> E und K haben keinen Schnittpunkt.
>
> E und K berühren sich in genau einem Punkt.
>
> E schneidet K in einem Schnittkreis.
>
> In zweiten Fall nennt man die Ebene auch **Tangentialebene** an die Kugel.

9 Ermitteln Sie die Lagebeziehung der Ebene E und der Kugel K: $x_1^2 + x_2^2 + x_3^2 = 1$.
a) E: $2x_1 - 3x_2 + 6x_3 + 8 = 0$
b) E: $2x_1 - 3x_2 + 6x_3 - 7 = 0$
c) E: $2x_1 - 3x_2 + 6x_3 + 6 = 0$
d) E: $2x_1 - 3x_2 + 6x_3 = 0$

Geraden und Ebenen im Raum 3

Hilfe 🔍

10 Die Gleichung K: $(x_1 - 3)^2 + (x_2 - 4)^2 + (x_3 - 12)^2 = 4$ beschreibt eine Kugel an einem Tannenbaum. Prüfen Sie, ob im Punkt P(4|3|1) eine 10 cm hohe Kerze am Baum angebracht werden kann.

Erinnerung

Volumen einer Kugel mit Radius r:
$V = \frac{4}{3}\pi r^3$

11 Eine Kugel ist so in einer würfelförmigen Schachtel der Kantenlänge 12 verpackt, dass sie alle Flächen der Schachtel berührt.
  a) Bestimmen Sie die Kugelgleichung.
  b) Berechnen Sie, zu wie viel Prozent die Kugel das Schachtelvolumen ausfüllt.
  c) Zeigen Sie, dass der Punkt P(10|10|8) auf der Kugel liegt. Geben Sie die Koordinaten des Kugelpunktes Q an, für den $\overline{PQ}$ ein Durchmesser der Kugel ist.

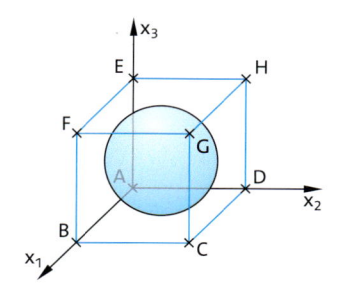

12 Bestimmung des Schnittkreises einer Kugel mit einer Ebene:
Gegeben sind eine Kugel K mit dem Mittelpunkt M(1|2|3) und dem Radius r = 5 sowie die Ebene
E: $2x_1 - 2x_2 + x_3 + 8 = 0$.
  a) Begründen Sie, dass sich E und K schneiden.
  b) Ermitteln Sie mithilfe von d(M; E) und r den Radius r_k des Schnittkreises.
  c) Bestimmen Sie die Gleichung der Lotgerade von M auf E und berechnen Sie so die Koordinaten des Mittelpunktes M_k des Schnittkreises.

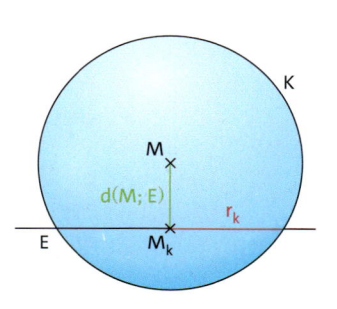

⚠️ **13 Stolperstelle:** Ayo berechnet den Abstand der Gerade g: $\vec{x} = \begin{pmatrix} 2 \\ -1 \\ 3 \end{pmatrix} + t \begin{pmatrix} 0 \\ 2 \\ 1 \end{pmatrix}$ von der Kugel um M(3|−1|2) mit dem Radius 1:

$\left| \begin{pmatrix} 2 \\ -1 \\ 3 \end{pmatrix} - \begin{pmatrix} 3 \\ -1 \\ 2 \end{pmatrix} \right| = \sqrt{2} > 1$, also ist g eine Passante.

Beurteilen Sie seine Aussage.

14 Gegeben sind die Ebenen $E_1: 4x_2 + 3x_3 = 0$ und $E_2: 4x_2 - 3x_3 = 0$.
  a) Beschreiben Sie die Lage der Ebenen im Koordinatensystem sowie die Lage der beiden Ebenen zueinander möglichst genau.
  b) Die beiden Ebenen bilden eine Rinne, in die eine Kugel mit Radius 3 gelegt wird. Ermitteln Sie die Geradengleichung, auf der sich der Mittelpunkt der Kugel bewegt, wenn sie durch die Rinne rollt.
  c) Eine zweite, kleinere Kugel wird im verbleibenden Zwischenraum zwischen Kugel und Rinne eingepasst, so dass sich die beiden Kugeln berühren. Bestimmen Sie den Radius der größtmöglichen Kugel.
  d) Überprüfen Sie Ihre Ergebnisse mit einer dynamischen Geometrie-Software.

15 Ausblick: Gegeben sind die Kugeln $K_1: x_1^2 + x_2^2 + x_3^2 = 16$ und $K_2: x_1^2 + (x_2 - 4)^2 + x_3^2 = 4$.
  a) Begründen Sie, dass sich die beiden Kugeln schneiden. Skizzieren Sie einen Querschnitt der x_2x_3-Ebene durch beide Kugeln.
  b) Ermitteln Sie eine Gleichung der Ebene E, in der der Schnittkreis der Kugeln liegt. Subtrahieren Sie dazu die Kugelgleichungen voneinander.
  c) Berechnen Sie den Radius und die Koordinaten des Mittelpunktes des Schnittkreises.
  d) Bestimmen Sie den Radius und die Koordinaten des Mittelpunktes des Schnittkreises für die Kugeln $K_1: (x_1 - 2)^2 + (x_2 + 3)^2 + (x_3 + 1)^2 = 16$ und
  $K_2: (x_1 - 3)^2 + (x_2 - 2)^2 + (x_3 - 1)^2 = 4$.

3

3.10 Klausur- und Abiturtraining

Aufgaben ohne Hilfsmittel

1 Gegeben sind die Punkte A(5|0|0), B(4|−3|2), D(6|1|1), P(0|9|6) und Q(9|−6|3).
   a) Zeigen Sie, dass die Punkte A, B und D nicht auf einer Gerade liegen.
   b) Geben Sie die Koordinaten des Mittelpunktes der Strecke $\overline{AB}$ an.
   c) Geben Sie eine Parametergleichung der Ebene E durch die Punkte A, B und D an und berechnen Sie die Koordinaten des Schnittpunktes S von E mit der Gerade durch P und Q.

2 Die Gerade g verläuft durch A(3|−5|5) und B(2|−3,5|3).
   a) Prüfen Sie, ob P(1|−2|1) auf der Strecke $\overline{AB}$ liegt.
   b) Die Ebene E verläuft senkrecht zu g durch P. Bestimmen Sie eine Koordinatengleichung der Ebene E.
   c) Skizzieren Sie E mithilfe ihrer Spurpunkte in ein Koordinatensystem. Tragen Sie A, B, P und die Gerade g in die Skizze ein.

3 Gegeben sind die Geraden g_1 und g_2 mit den Gleichungen
$$g_1: \vec{x} = \begin{pmatrix} -1 \\ -3 \\ 3 \end{pmatrix} + r \cdot \begin{pmatrix} -2 \\ -4 \\ 5 \end{pmatrix} \text{ und } g_2: \vec{x} = \begin{pmatrix} -15 \\ -1 \\ 8 \end{pmatrix} + s \cdot \begin{pmatrix} 8 \\ 1 \\ -5 \end{pmatrix}.$$
   a) Zeigen Sie, dass sich die Geraden schneiden, und geben Sie den Schnittpunkt an.
   b) Die Ebene E enthält die Geraden g_1 und g_2.
   Ermitteln Sie eine Parameter- und eine Normalengleichung von E.
   c) Die Gerade g_3 schneidet g_1 und g_2 und verläuft senkrecht zu diesen Geraden. Bestimmen Sie eine Gleichung von g_3.

4 Die Kugel K_1 hat den Mittelpunkt M(−3|2|7). Der Punkt P(3|4|4) liegt auf dieser Kugel.
   a) Weisen Sie nach, dass die Kugel K_1 die x_1x_2-Ebene berührt, und geben Sie die Koordinaten des Berührpunktes B an.
   b) Bestimmen Sie die Gleichung einer zweiten Kugel K_2, die die Kugel K_1 im Punkt P berührt und einen Radius von 3,5 LE hat.

5 Gegeben sind die Gerade $g: \vec{x} = \begin{pmatrix} -8 \\ -4 \\ 1 \end{pmatrix} + r \cdot \begin{pmatrix} 1 \\ 0 \\ 0 \end{pmatrix}$ und der Punkt Q(7|8|17).
   a) Zeigen Sie rechnerisch, dass der Abstand des Punktes Q von der Gerade g genau 20 LE beträgt.
   b) Der Punkt Q' entsteht durch Spiegelung des Punktes Q an der Gerade g. Geben Sie die Koordinaten zweier Punkte P und R der Gerade g an, sodass das Viereck QPQ'R einen Flächeninhalt von 160 FE hat, und begründen Sie Ihre Lösung.

6 Die Gerade g verläuft durch die Punkte A(1|−1|1) und B(3|2|−5).
   a) Geben Sie alle Punkte der Gerade g an, welche von B den Abstand 7 LE haben.
   b) Geben Sie eine Parameter- und eine Koordinatengleichung der Ebene E durch A, C(4|−1|2) und D(4|1|3) an. Begründen Sie, dass g orthogonal zu E verläuft.
   c) Spiegeln Sie den Punkt B an der Ebene E.

7 Jonah sagt: „Um den Abstand von zwei Geraden zu bestimmen, berechne ich den Abstand der beiden Stützpunkte."
   Camilla antwortet: „Es wäre aber Zufall, wenn das stimmt, der Abstand könnte auch größer sein!"
   Nehmen Sie Stellung.

Aufgaben mit Hilfsmitteln

8 Gegeben sind die Punkte A(2|2|−3), B(1|6|−1), C(−5|3|2) und D(−4|−1|0).
a) Zeigen Sie, dass das Viereck ABCD ein Rechteck ist.
b) Ermitteln Sie einen Vektor, der auf $\overline{AB}$ und $\overline{AD}$ senkrecht steht.
c) Das Rechteck ABCD ist die Grundfläche eines Quaders mit einem Volumen von 252 VE. Geben Sie die Koordinaten der vier weiteren Eckpunkte E, F, G, H des Quaders an. Begründen Sie, dass es zwei Lösungen geben muss.
d) Betrachtet wird nun der Quader aus c), bei dem die x_3-Koordinaten der Punkte E, F, G, H positiv sind. Skizzieren Sie den Quader in ein Koordinatensystem.
e) Für k ∈ ℝ ist durch E_k: $-10x_1 + 5x_2 - x_3 - 7k = 0$ eine Ebenenschar gegeben. Bestimmen Sie den Wert d, sodass die Ebene E_d den Punkt D enthält.
Zeigen Sie, dass der Mittelpunkt M der Strecke $\overline{CG}$ auf E_d liegt.
f) Zeigen Sie, dass E_d nicht die Kante $\overline{AB}$ schneidet. Berechnen Sie den Schnittpunkt N von E_d mit der Kante $\overline{BC}$. Tragen Sie das Dreieck DNM in die Skizze ein.
g) Die Ebene E_d schneidet vom Quader eine Pyramide DNMC ab. Berechnen Sie das Volumen dieser Pyramide.

9 Ein Flugzeug befindet sich im Landeanflug auf den Flughafen Köln-Bonn. In einem Koordinatensystem, bei dem sich der Flughafen in der x_1x_2-Ebene befindet, beträgt seine Position um 10:05 Uhr P(−7|−2|1,5) und um 10:06 Uhr Q(−3,5|1|1,25). (1 LE ≙ 1 km)
a) Bestimmen Sie, wo sich das Flugzeug bei gleichbleibender Geschwindigkeit und konstantem Kurs um 10:07 Uhr und um 10:08 Uhr befindet.
b) Ermitteln Sie, zu welcher Uhrzeit und an welchem Punkt das Flugzeug auf der Landebahn aufsetzt.
c) Die Spitzen der Türme des Kölner Doms haben die Koordinaten (7|10|0,16). Entscheiden Sie, ob sich der Kurs des Flugzeugs eignet, um den Dom gefahrlos zu überfliegen.
Bewerten Sie die Aussicht, die sich den Fluggästen auf den Dom bietet.
d) Berechnen Sie die Geschwindigkeit des Flugzeugs.
e) Auf den Rheinwiesen im Punkt W(9,25|13|0) lassen Kinder um 10:03 Uhr einen Luftballon steigen. Er wird vom Wind etwas abgetrieben und steigt pro Minute um den Vektor $\begin{pmatrix} 0,25 \\ 0 \\ 0,05 \end{pmatrix}$.
Prüfen Sie, ob der Luftballon die Flugbahn des Flugzeugs kreuzt und ob er mit dem Flugzeug kollidiert.
f) Ermitteln Sie den Zeitpunkt, an dem der Abstand zwischen dem Flugzeug und dem Ballon am kleinsten ist.
g) Eine Ebene E enthält den Punkt W(−1|−9|0) und beschreibt zum Zeitpunkt t = 0 den Rand einer Schlechtwetterfront. Der Vektor $\begin{pmatrix} -0,6 \\ 0,7 \\ 0 \end{pmatrix}$ beschreibt die Bewegung des Unwetters in einer Minute.
Geben Sie eine Gleichung der Ebene E an und untersuchen Sie die gegenseitige Lage von E und der Flugbahn des Flugzeugs
h) Geben Sie eine Ebenenschar an, die die Grenze der Schlechtwetterfront in Abhängigkeit von der Zeit t (in Minuten) beschreibt. Untersuchen Sie, ob die Passagiere des Flugzeugs während des Landeanflugs mit Turbulenzen rechnen müssen.

3 Prüfen Sie Ihr neues Fundament

Lösungen
→ S. 176

1 Gegeben sind drei Punkte O(0|0|0), A(1|2|1) und B(2|4|6).
  a) Geben Sie eine Parametergleichung der Gerade g durch A und B an.
  b) Weisen Sie nach, dass der Punkt O nicht auf g liegt.
  c) Erläutern Sie, was durch die Gleichung $\vec{x} = \vec{OA} + r \cdot \vec{AB}$ mit $r \in \mathbb{R}$ und $0 \leq r \leq 2$ beschrieben wird.
  d) Der Punkt C liegt auf der Gerade g und ist vom Punkt B doppelt so weit entfernt wie vom Punkt A. Beschreiben Sie, wie der Ortsvektor von C mit einer Parametergleichung der Gerade g berechnet werden kann.
  e) Die Gerade h geht durch den Punkt D(2|3|4) und verläuft parallel zur Gerade g. Geben Sie eine Parametergleichung der Gerade h an.

2 Ermitteln Sie die gegenseitige Lage der Geraden g: $\vec{x} = \begin{pmatrix} 1 \\ -2 \\ 4 \end{pmatrix} + r \begin{pmatrix} 3 \\ 1 \\ 0 \end{pmatrix}$ und h. Berechnen Sie gegebenenfalls den Schnittpunkt sowie den Schnittwinkel von g und h.

  a) h: $\vec{x} = \begin{pmatrix} 8 \\ 1 \\ 2 \end{pmatrix} + s \begin{pmatrix} 1 \\ 1 \\ -2 \end{pmatrix}$
  b) h: $\vec{x} = \begin{pmatrix} -1 \\ 6 \\ 5 \end{pmatrix} + s \begin{pmatrix} 1 \\ 1 \\ 1 \end{pmatrix}$
  c) h: $\vec{x} = \begin{pmatrix} 2 \\ 0 \\ 4 \end{pmatrix} + s \begin{pmatrix} -6 \\ -2 \\ 0 \end{pmatrix}$

3 a) Begründen Sie, dass P(−1|0|0), Q(0|3|0) und R(0|0|2) eine Ebene E festlegen.
  b) Beurteilen Sie, ob folgende Gleichungen Parametergleichungen von E sind. Es gilt jeweils $r, s \in \mathbb{R}$.

  ① $\vec{x} = \begin{pmatrix} -1 \\ 0 \\ 0 \end{pmatrix} + r \begin{pmatrix} 1 \\ 3 \\ 0 \end{pmatrix} + s \begin{pmatrix} 1 \\ 0 \\ 2 \end{pmatrix}$
  ② $\vec{x} = \begin{pmatrix} -2 \\ 0 \\ -4 \end{pmatrix} + r \begin{pmatrix} 1 \\ 0 \\ 2 \end{pmatrix} + s \begin{pmatrix} 0 \\ -3 \\ 2 \end{pmatrix}$

  c) Geben Sie eine weitere Parametergleichung für E an.
  d) Geben Sie eine Normalen- und eine Koordinatengleichung für E an.

4 Ermitteln Sie die gegenseitige Lage der Ebene E: $x_1 + x_2 - x_3 = 0$ und der Gerade g. Berechnen Sie gegebenenfalls den Schnittpunkt und den Schnittwinkel.

  a) g: $\vec{x} = \begin{pmatrix} 1 \\ 4 \\ -1 \end{pmatrix} + r \begin{pmatrix} 1 \\ 1 \\ -1 \end{pmatrix}$
  b) g: $\vec{x} = \begin{pmatrix} 1 \\ 1 \\ 1 \end{pmatrix} + r \begin{pmatrix} 1 \\ 1 \\ 2 \end{pmatrix}$
  c) g: $\vec{x} = \begin{pmatrix} 1 \\ 1 \\ 2 \end{pmatrix} + r \begin{pmatrix} 1 \\ 1 \\ 2 \end{pmatrix}$

5 Untersuchen Sie die gegenseitige Lage der Ebenen E_1: $x_1 + x_2 - x_3 = 0$ und E_2. Geben Sie gegebenenfalls eine Gleichung der Schnittgerade an.

  a) E_2: $x_1 + x_2 - x_3 - 1 = 0$
  b) E_2: $x_1 + x_2 - x_3 = x_1$
  c) E_2: $\left(\vec{x} - \begin{pmatrix} 1 \\ 1 \\ 2 \end{pmatrix}\right) \circ \begin{pmatrix} 1 \\ 1 \\ -1 \end{pmatrix} = 0$
  d) E_2: $\left(\vec{x} - \begin{pmatrix} 1 \\ 1 \\ 2 \end{pmatrix}\right) \circ \begin{pmatrix} 2 \\ -1 \\ 1 \end{pmatrix} = 0$
  e) E_2: $\vec{x} = \begin{pmatrix} 1 \\ -1 \\ -1 \end{pmatrix} + r \begin{pmatrix} 2 \\ -1 \\ 1 \end{pmatrix} + s \begin{pmatrix} 1 \\ 3 \\ 4 \end{pmatrix}$
  f) E_2: $\vec{x} = \begin{pmatrix} -4 \\ -1 \\ 7 \end{pmatrix} + r \begin{pmatrix} 2 \\ 1 \\ -3 \end{pmatrix} + s \begin{pmatrix} -3 \\ -1 \\ 5 \end{pmatrix}$

6 Berechnen Sie den Winkel zwischen den Ebenen E_1 und E_2.

  a) E_1: $\left(\vec{x} - \begin{pmatrix} 0{,}75 \\ 0 \\ 0 \end{pmatrix}\right) \circ \begin{pmatrix} 4 \\ 0 \\ 0 \end{pmatrix} = 0$ E_2: $\left(\vec{x} - \begin{pmatrix} 1 \\ 1 \\ -2 \end{pmatrix}\right) \circ \begin{pmatrix} 5 \\ 1 \\ 3 \end{pmatrix} = 0$

  b) E_1: $x_1 + 2x_2 + x_3 - 3 = 0$ E_2: $x_1 + x_2 = 0$

  c) E_1: $\vec{x} = \begin{pmatrix} 1 \\ 2 \\ 4 \end{pmatrix} + r \begin{pmatrix} 2 \\ 0 \\ 1 \end{pmatrix} + s \begin{pmatrix} 4 \\ -1 \\ 5 \end{pmatrix}$ E_2: $\left(\vec{x} - \begin{pmatrix} 1 \\ 3 \\ 2 \end{pmatrix}\right) \circ \begin{pmatrix} 6 \\ -3 \\ 4 \end{pmatrix} = 0$

  d) E_1: $\vec{x} = \begin{pmatrix} 0 \\ 7 \\ 3 \end{pmatrix} + r \begin{pmatrix} 2 \\ -2 \\ 3 \end{pmatrix} + s \begin{pmatrix} -1 \\ 4 \\ 2 \end{pmatrix}$ E_2: $\vec{x} = \begin{pmatrix} 12 \\ 5 \\ -10 \end{pmatrix} + t \begin{pmatrix} 1 \\ 0 \\ 2 \end{pmatrix} + u \begin{pmatrix} 3 \\ 1 \\ -2 \end{pmatrix}$

Geraden und Ebenen im Raum

7 Bestimmen Sie den Abstand des Punktes P von der Ebene E.

a) $E: x_1 + x_2 - 1 = 0$ \qquad P(1|1|1)

b) $E: \left(\vec{x} - \begin{pmatrix} 2 \\ 1 \\ 0 \end{pmatrix}\right) \circ \begin{pmatrix} 2 \\ 1 \\ -3 \end{pmatrix} = 0$ \qquad P(1|-1|2)

c) $E: \vec{x} = \begin{pmatrix} -3 \\ 2 \\ -1 \end{pmatrix} + r \begin{pmatrix} 1 \\ 0 \\ 0 \end{pmatrix} + s \begin{pmatrix} 0 \\ -1 \\ 0 \end{pmatrix}$ \qquad P(2|1|-1)

8 Berechnen Sie den Abstand von P und g und geben Sie den Lotfußpunkt von P auf g an.

a) $P(1|0|-1); \quad g: \vec{x} = \begin{pmatrix} 1 \\ 1 \\ 3 \end{pmatrix} + r \begin{pmatrix} 0 \\ 1 \\ 0 \end{pmatrix}$

b) $P(5|4|1); \quad g: \vec{x} = \begin{pmatrix} 3 \\ 5 \\ -1 \end{pmatrix} + r \begin{pmatrix} 2 \\ -1 \\ -4 \end{pmatrix}$

9 Berechnen Sie den Abstand der windschiefen Geraden g und h.

a) $g: \vec{x} = \begin{pmatrix} 1 \\ 2 \\ 3 \end{pmatrix} + s \begin{pmatrix} 4 \\ -4 \\ -1 \end{pmatrix}$

$h: \vec{x} = \begin{pmatrix} -1 \\ 3 \\ 1 \end{pmatrix} + t \begin{pmatrix} 3 \\ -1 \\ 0 \end{pmatrix}$

b) $g: \vec{x} = \begin{pmatrix} -8 \\ 2 \\ 3 \end{pmatrix} + s \begin{pmatrix} 13 \\ -4 \\ -1 \end{pmatrix}$

$h: \vec{x} = \begin{pmatrix} 4 \\ 3 \\ 5 \end{pmatrix} + t \begin{pmatrix} 1 \\ 5 \\ 4 \end{pmatrix}$

10 Gegeben ist die Kugel K mit dem Mittelpunkt M(6|1|-5) und dem Radius r = 5.

a) Geben Sie eine Gleichung von K an. Prüfen Sie die Lage des Punktes A(5|-3|-3) zu K.
b) Bestimmen Sie x so, dass B(2|1|x) auf der Kugeloberfläche liegt.
c) Ermitteln Sie die Gleichung der Ebene E, die die Kugel im Punkt C(6|4|-1) berührt.
d) Überprüfen Sie die Lage der Gerade $g: \vec{x} = \begin{pmatrix} -10 \\ -7 \\ -6 \end{pmatrix} + t \begin{pmatrix} 4 \\ 3 \\ 7 \end{pmatrix}$ zur Kugel K.

Wo stehe ich?

	Ich kann...	Aufgabe	Nachschlagen
3.1	... die Parametergleichung einer Gerade aufstellen.	1	S. 82 Beispiel 1, S. 83 Beispiel 2
3.2	... die Lagebeziehungen von zwei Geraden untersuchen. ... den Schnittpunkt und den Schnittwinkel zweier sich schneidender Geraden bestimmen.	2	S. 87 Beispiel 1, S. 89 Beispiel 2, S. 89 Beispiel 3
3.3	... die Parametergleichung einer Ebene aufstellen. ... Vektoren auf lineare Abhängigkeit untersuchen und Linearkombinationen darstellen.	3	S. 93 Beispiel 1, S. 94 Beispiel 2, S. 95 Beispiel 3
3.4	... die Normalen- und die Koordinatengleichung einer Ebene aufstellen.	3	S. 97 Beispiel 1
3.5	... die Lagebeziehungen von Gerade und Ebene untersuchen. ... den Schnittwinkel einer Gerade und einer Ebene bestimmen.	4	S. 101 Beispiel 1, S. 103 Beispiel 2
3.6	... die Lagebeziehung von zwei Ebenen untersuchen. ... den Winkel zwischen zwei sich schneidenden Ebenen untersuchen.	5, 6	S. 105 Beispiel 1, S. 107 Beispiel 2
3.7	... den Abstand eines Punktes von einer Ebene bestimmen.	7, 8	S. 112 Beispiel 1
3.8	... den Abstand eines Punktes von einer Gerade bestimmen. ... den Abstand windschiefer Geraden bestimmen.	8 9	S. 115 Beispiel 1, S. 117 Beispiel 2
3.9	... die Gleichung einer Kugel im Raum aufstellen. ... Lagebeziehungen zwischen Kugeln und anderen Objekten untersuchen.	10	S. 120 Beispiel 1, S. 120 Beispiel 2, S. 121 Beispiel 3

3 Zusammenfassung

Geraden und Lagebeziehungen	Eine Gerade g mit dem Punkt A lässt sich durch die **Parametergleichung** g: $\vec{x} = \overrightarrow{OA} + r\vec{u}$ mit dem **Stützvektor** $\overrightarrow{OA}$ und dem **Richtungsvektor** $\vec{u}$ beschreiben. Zwei Geraden können sich schneiden, windschief, echt parallel oder identisch sein.	g: $\vec{x} = \begin{pmatrix} 5 \\ -1 \\ -1 \end{pmatrix} + r \begin{pmatrix} -2 \\ 2 \\ 5 \end{pmatrix}$ durch A(5|−1|−1) und B(3|1|4) ist parallel zu h: $\vec{x} = \begin{pmatrix} 3 \\ 0 \\ 0 \end{pmatrix} + s \begin{pmatrix} 4 \\ -4 \\ -10 \end{pmatrix}$ (Richtungsvektoren linear abhängig, A $\notin$ h).
Ebenen	Eine Ebene E mit dem Punkt A lässt sich durch die **Parametergleichung** E: $\vec{x} = \overrightarrow{OA} + r\vec{u} + s\vec{v}$ mit dem **Stützvektor** $\overrightarrow{OA}$ und den **Richtungsvektoren** $\vec{u}$ und $\vec{v}$ beschreiben. Mit dem Normalenvektor $\vec{n}$ lässt sie sich auch in der **Normalengleichung** $(\vec{x} - \overrightarrow{OA}) \circ \vec{n} = 0$ bzw. in der ausmultiplizierten **Koordinatengleichung** $n_1 x_1 + n_2 x_2 + n_3 x_3 - c = 0$ schreiben. Dabei ist c das Skalarprodukt von Stütz- und Normalenvektor.	Ebene durch P(1|0|−2), Q(2|2|5) und R(−3|1|0): E: $\vec{x} = \begin{pmatrix} 1 \\ 0 \\ -2 \end{pmatrix} + r \begin{pmatrix} 1 \\ 2 \\ 7 \end{pmatrix} + s \begin{pmatrix} -4 \\ 1 \\ 2 \end{pmatrix}$ Normalenvektor: $\vec{n} = \begin{pmatrix} 1 \\ 10 \\ -3 \end{pmatrix}$ Normalengleichung: $\left(\vec{x} - \begin{pmatrix} 1 \\ 0 \\ -2 \end{pmatrix} \right) \circ \begin{pmatrix} 1 \\ 10 \\ -3 \end{pmatrix} = 0$ Koordinatengleichung: $x_1 + 10 x_2 - 3 x_3 - 7 = 0$
Lagebeziehungen von Geraden und Ebenen	Eine Gerade g und eine Ebene E können sich in einem Punkt S schneiden, parallel zueinander liegen oder g kann in E liegen. Schnittwinkel α: $\sin(\alpha) = \frac{|\vec{n} \circ \vec{u}|}{|\vec{n}| \cdot |\vec{u}|}$	$5 - 2r + 10(-1 + 2r) - 3(-1 + 5r) - 7 = 0$ ergibt r = 3, g und E schneiden sich in S(−1|5|14). $\sin(\alpha) = \frac{|3|}{\sqrt{110} \cdot \sqrt{33}} \Rightarrow \alpha \approx 2{,}85°$
Lagebeziehungen zwischen Ebenen	Zwei Ebenen E_1 und E_2 können • sich in einer Gerade g schneiden, • echt parallel zueinander sein, • identisch sein. Schnittwinkel α: $\cos(\alpha) = \frac{|\vec{n_1} \circ \vec{n_2}|}{|\vec{n_1}| \cdot |\vec{n_2}|}$	$E_1: \left(\vec{x} - \begin{pmatrix} 1 \\ 0 \\ -2 \end{pmatrix} \right) \circ \begin{pmatrix} 1 \\ 10 \\ -3 \end{pmatrix} = 0$ und $E_2: -2 x_1 - 20 x_2 + 6 x_3 + 14 = 0$ sind identisch, da die Koordinatengleichungen Vielfache voneinander sind.
Abstand eines Punktes von einer Ebene	Für den Abstand eines Punktes A von einer Ebene E mit dem Punkt P und dem Normalenvektor $\vec{n}$ gilt $d(A; E) = \frac{1}{|\vec{n}|} \cdot |\vec{n} \circ \overrightarrow{PA}| = \frac{1}{|\vec{n}|} \cdot |\vec{n} \circ (\overrightarrow{OA} - \overrightarrow{OP})|$. Den Abstand einer Ebene vom Ursprung kann man direkt aus der **Hesse'schen Normalform** $\frac{1}{|\vec{n}|} \cdot (\vec{x} - \overrightarrow{OP}) \circ \vec{n} = 0$ (in Koordinatenform: $\frac{1}{|\vec{n}|} \cdot (n_1 x_1 + n_2 x_2 + n_3 x_3 - c) = 0$) ablesen.	Für A(4|1|−5) und E: $\left(\vec{x} - \begin{pmatrix} 1 \\ 0 \\ -2 \end{pmatrix} \right) \circ \begin{pmatrix} 1 \\ 10 \\ -3 \end{pmatrix} = 0$ gilt: $d(A; E) = \frac{1}{\sqrt{110}} \cdot \left| \begin{pmatrix} 1 \\ 10 \\ -3 \end{pmatrix} \circ \begin{pmatrix} 3 \\ 1 \\ -3 \end{pmatrix} \right| \approx 2{,}10$ HNF: E: $\frac{1}{\sqrt{110}} \cdot (x_1 + 10 x_2 - 3 x_3 - 7) = 0$ $d(O; E) = \left| \frac{-7}{\sqrt{110}} \right| \approx 0{,}67$
Abstand eines Punktes von einer Gerade	Es gilt $d(g; A) = |\overrightarrow{AF}|$, wobei F der Lotfußpunkt von A auf g ist. Der **Abstand windschiefer Geraden** wird berechnet, indem der Verbindungsvektor bestimmt wird, der auf beiden Geraden senkrecht steht.	Für P(4|1|−5) und g: $\vec{x} = \begin{pmatrix} 5 \\ -1 \\ -1 \end{pmatrix} + r \begin{pmatrix} -2 \\ 2 \\ 5 \end{pmatrix}$ gilt: $d(g; P) \approx 3{,}88$ Für die zu g windschiefe Gerade i mit i: $\vec{x} = \begin{pmatrix} 2 \\ 2 \\ 0 \end{pmatrix} + s \begin{pmatrix} -2 \\ -3 \\ 1 \end{pmatrix}$ gilt: $d(g; i) \approx 3{,}05$
Kugeln	Die Kugel K mit Radius r um $M(m_1 \| m_2 \| m_3)$ besteht aus allen Punkten $P(x_1 \| x_2 \| x_3)$ mit $(x_1 - m_1)^2 + (x_2 - m_2)^2 + (x_3 - m_3)^2 = r^2$.	Der Punkt Q(3|7|4) liegt innerhalb der Kugel K um M(−1|3|5) mit r = 7, denn $(3 + 1)^2 + (7 - 3)^2 + (4 - 5)^2 = 33 < 49 = 7^2$

4 Anwendungen der Differenzial- und Integralrechnung

Nach diesem Kapitel können Sie
→ verknüpfte Funktionen, auch in Sachkontexten, untersuchen,
→ aus gegebenen Eigenschaften die Funktionsterme ganzrationaler und verknüpfter Funktionen bestimmen,
→ Extremwertprobleme lösen.

4 Ihr Fundament

Lösungen → S. 178

Ganzrationale Funktionen

1. Beschreiben Sie ohne Rechnung den Verlauf des Graphen von f im Unendlichen. Geben Sie an, ob der Graph von f punktsymmetrisch zum Ursprung, achsensymmetrisch zur y-Achse oder nichts von beidem ist.
   a) $f(x) = 3x^3 + 7x$
   b) $f(x) = -x^5 + 7x^2 - 2x + 3$
   c) $f(x) = 2x^4 - 5x^2 + 12$

2. Bestimmen Sie die Nullstellen der Funktion f.
   a) $f(x) = (x-4)(x+5)$
   b) $f(x) = -x(x+1)(2x-1)$
   c) $f(x) = (x^2+9)(2x^2-x)$
   d) $f(x) = 2x^2 - 8x$
   e) $f(x) = x^4 + x^3 - 6x^2$
   f) $f(x) = 3x^4 + 4x^3$
   g) $f(x) = x^4 - 5x^2 + 4$
   h) $f(x) = -3x^4 + 30x^2 - 27$
   i) $f(x) = 2x^4 - 4x^2 - 30$

3. Bestimmen Sie die Funktionsgleichung der Ableitung von f.
   a) $f(x) = 2x^3 + 4x^2 - x + 1$
   b) $f(x) = x^7 - 3x^5 + 6x^4 - 0{,}5x^2$
   c) $f(x) = 3(x^4 - 2x^3)^2 - x^5$
   d) $f(x) = (x-1)(x^2 + 6x + 2)$

4. Bestimmen Sie einen Term aller Stammfunktionen von f.
   a) $f(x) = x^2 + x + 1$
   b) $f(x) = x^6 - 2x^4 + 8x^3 - 4x^2$
   c) $f(x) = 4(x+2)(x-3)$
   d) $f(x) = 10(x^2 + 8)^2$

5. Gegeben ist die Funktion f mit $f(x) = \frac{1}{20}x^4 + \frac{2}{3}x^3 + \frac{5}{2}x^2 + 2$.
   a) Bestimmen Sie Lage und Art des Extrempunktes von f.
   b) Prüfen Sie, ob der Graph von f einen Terrassenpunkt hat. Falls ja, berechnen Sie seine Koordinaten. Bestimmen Sie auch die Koordinaten anderer Wendepunkte, falls vorhanden.
   c) Geben Sie das Verhalten der Funktionswerte von f im Unendlichen an. Skizzieren Sie damit den Graphen von f.
   d) Berechnen Sie den Inhalt der Fläche zwischen dem Graphen von f und der x-Achse im Intervall $[-5; 0]$.

Verknüpfte Funktionen

6. Bestimmen Sie die Funktionsgleichung der Ableitung von f.
   a) $f(x) = 2x \cdot e^x$
   b) $f(x) = \sin(x^2 + 1)$
   c) $f(x) = \sqrt{x^3 + 2x + 1}$
   d) $f(x) = \ln(x) + \sqrt{3x}$
   e) $f(x) = \frac{\ln(x)}{x^2 + 1}$
   f) $f(x) = \sqrt{x^2 + 4} \cdot \sin(x - 5)$

7. Bestimmen Sie den Term einer Stammfunktion von f mit $f(x) = x \cdot e^x + x$.

8. Berechnen Sie den Inhalt der Fläche zwischen der x-Achse und dem Graphen von f mit $f(x) = 2xe^{x^2 - 1}$ im Intervall $[0; 1]$.

9. Gegeben sind die Funktionen f, g, h und i.
   $f(x) = e^x x^3$ $g(x) = e^{-x} x^2$
   $h(x) = \frac{\ln(x)}{x}$ $i(x) = \frac{x^2}{\ln(x)}$
   Ordnen Sie jeder dieser Funktionen begründet den passenden Graphen zu.

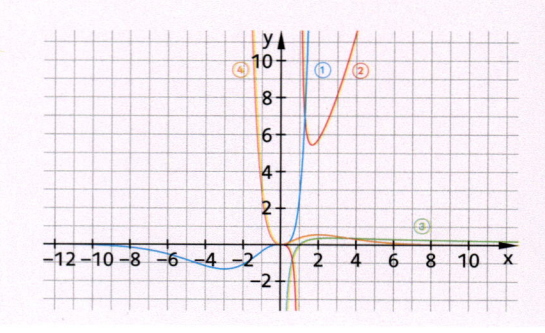

Anwendungen der Differenzial- und Integralrechnung 4

Lösungen → S. 178

Lineare Gleichungssysteme

10 Stellen Sie eine der Gleichungen um und lösen Sie mit dem Einsetzungsverfahren.
 a) $\begin{vmatrix} a + b = 5 \\ -2a - 3b = -5 \end{vmatrix}$
 b) $\begin{vmatrix} 8x = 4y - 2 \\ 6y = 3x - 30 \end{vmatrix}$
 c) $\begin{vmatrix} 3y = 6x + 30 \\ 2y = 14x - 10 \end{vmatrix}$
 d) $\begin{vmatrix} 3x + 2y = 6 \\ 3y = 6x + 16 \end{vmatrix}$

11 Lösen Sie das Gleichungssystem mit dem Gleichsetzungsverfahren.
 a) $\begin{vmatrix} x + y = 10 \\ x - y = 0 \end{vmatrix}$
 b) $\begin{vmatrix} 8p = 4q - 1 \\ 4p = -4p + 2q \end{vmatrix}$
 c) $\begin{vmatrix} y = 3x + 7 \\ 6x - 2 = y \end{vmatrix}$
 d) $\begin{vmatrix} 9x = 5 + y \\ 9x = 4 + y \end{vmatrix}$

12 Lösen Sie das Gleichungssystem.
 a) $\begin{vmatrix} 8y - 4x = 15 \\ 4y - 2x = 7{,}5 \end{vmatrix}$
 b) $\begin{vmatrix} 9x - 2y = 0 \\ 9x = 2y \end{vmatrix}$
 c) $\begin{vmatrix} 3x + y = 7 \\ y = -4x + 8 \end{vmatrix}$
 d) $\begin{vmatrix} 5x + \frac{1}{2}y = 3 \\ y = 7 - 10x \end{vmatrix}$

13 Lösen Sie das Zahlenrätsel.
 a) Die Summe zweier Zahlen ist 50, ihre Differenz ist 42.
 b) Addiert man zum Produkt zweier Zahlen 14, so erhält man 150. Das 39-Fache der ersten Zahl minus 12 ist 300.
 c) Das 3-Fache der Summe zweier Zahlen ist 69. Das Quadrat der Summe der beiden Zahlen ist 529.

14 Lösen Sie das Gleichungssystem mit drei Gleichungen.
 a) $\begin{vmatrix} x + y + z = 6 \\ y + 2z = 8 \\ 3z = 9 \end{vmatrix}$
 b) $\begin{vmatrix} 2x + 3y - 4z = -9 \\ y - 2z = 7 \\ 3y + 5z = -1 \end{vmatrix}$
 c) $\begin{vmatrix} x - 4y + 3z = 2 \\ x - 2z = -4 \\ 2y + z = 10 \end{vmatrix}$

15 Lösen Sie das Gleichungssystem.
 a) $\begin{vmatrix} 6x - 2y + 3z = -9 \\ 4x + y - 8z = 37 \\ -x + 3y + 5z = -34 \end{vmatrix}$
 b) $\begin{vmatrix} x + y + z = -7 \\ x - y - z = -11 \\ -x + y - z = -3 \end{vmatrix}$
 c) $\begin{vmatrix} 2x + y - 3z = -15 \\ x - 2y + 7z = -39 \\ -3x + 8y + z = 27 \end{vmatrix}$

Figuren und Körper

16 Berechnen Sie den Umfang und den Flächeninhalt der angegebenen Figur.
 a) gleichschenkliges Dreieck ABC mit a = b = 4 cm; c = 2 cm
 b) rechtwinkliges Dreieck ABC mit γ = 90°; b = 6 cm; a = 8 cm
 c) Parallelogramm ABCD mit α = 60°; a = 60 mm; h_a = 25 mm
 d) Kreis mit r = 24 mm

17 a) Ein Würfel hat den Oberflächeninhalt O = 150 cm². Berechnen Sie sein Volumen.
 b) Stellen Sie einen allgemeinen Term für das Volumen eines Würfels in Abhängigkeit von seinem Oberflächeninhalt auf.

18 Berechnen Sie den Oberflächeninhalt und das Volumen des Zylinders.
 a) r = 3 m; h = 7 m
 b) d = 12 cm; h = 8 cm
 c) d = 7 dm; h = 7 dm
 d) r = 45 mm; h = 85 mm

19 Berechnen Sie den Oberflächeninhalt und das Volumen einer geraden quadratischen Pyramide mit der Bodendiagonalenlänge 7,07 cm und der Seitenkantenlänge 8,38 cm.

Ihr Fundament

4

4.1 Untersuchung verknüpfter Funktionen

Die Funktion f mit $f(t) = 2{,}64t e^{-0{,}091t}$ beschreibt die Geschwindigkeit eines Läufers in m/s während der ersten 23 Sekunden des Laufs (t in s). Lesen Sie näherungsweise die maximale Geschwindigkeit des Läufers aus dem Graphen ab. Erläutern Sie den Geschwindigkeitsverlauf und entscheiden Sie begründet, ob es sich um einen 100-m-, 200-m- oder 400-m-Läufer handelt.

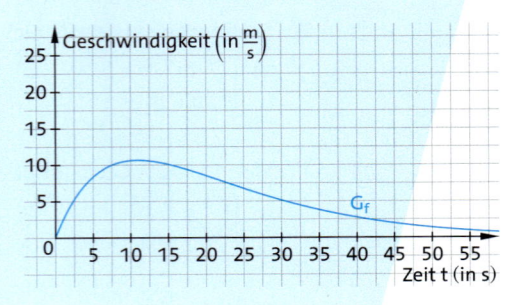

Mit den Methoden der Differenzial- und Integralrechnung lassen sich verknüpfte Funktionen umfangreich untersuchen. Damit lassen sich zahlreiche Anwendungsprobleme lösen.

Beispiel 1

Die Zuflussrate von Wasser in ein Schwimmbecken wird für $0 \leq t \leq 60$ durch die Funktion $f: t \mapsto (t-5)e^{-0{,}1t}$ beschrieben (t in min; f(t) in m³/min).

a) Bestimmen Sie den Zeitpunkt, an dem die Wassermenge im Becken minimal ist.

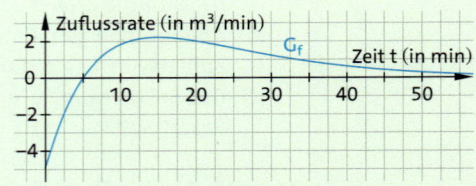

b) Berechnen Sie, nach wie vielen Minuten die Wassermenge am stärksten zunimmt.

c) Interpretieren Sie die Bedeutung von $\int_0^5 f(t)\,dt \approx -10{,}65$ im Sachkontext.

d) Zu Beginn befinden sich 11 m³ Wasser im Becken. Bestimmen Sie eine Funktionsgleichung für die Wassermenge V(t) (in m³) im Becken.
   Hinweis: $F(t) = (-10t - 50)e^{-0{,}1t}$ beschreibt eine Stammfunktion von f.

Lösung:

a) Berechnen Sie die Nullstelle von f.

$(t-5) \cdot e^{-0{,}1t} = 0$
Da $e^{-0{,}1t} \neq 0$ für alle t gilt, folgt:
$t - 5 = 0$, also $t = 5$

Untersuchen Sie das Vorzeichen von f links und rechts der Nullstelle. Zeigen Sie damit, dass die Wassermenge bei t = 5 minimal ist.

Für t < 5 nimmt die Wassermenge wegen f(t) < 0 ab, für t > 5 nimmt sie wegen f(t) > 0 zu.
Nach 5 min ist die Wassermenge minimal.

b) Leiten Sie die Funktion f zweimal ab.

$f'(t) = e^{-0{,}1t}(-0{,}1t + 1{,}5)$
$f''(t) = e^{-0{,}1t}(0{,}01t - 0{,}25)$

Berechnen Sie die Nullstelle von f', um die Extremstelle der Änderungsrate zu bestimmen. Prüfen Sie durch Einsetzen in f'' die Art der Extremstelle.

$e^{-0{,}1t}(-0{,}1t + 1{,}5) = 0$
Da $e^{-0{,}1t} \neq 0$ für alle t gilt, folgt:
$-0{,}1t + 1{,}5 = 0$, also $t = 15$
$f''(15) < 0$, also Hochpunkt bei t = 15

Vergleichen Sie das lokale Extremum f(15) mit den Funktionswerten von f an den Rändern des Definitionsbereichs. Geben Sie dann den Zeitpunkt mit der stärksten Zunahme der Wassermenge an.

$f(15) \approx 2{,}23$
Randwerte: $f(0) = -5$; $f(60) \approx 0{,}14$
Nach 15 min nimmt die Wassermenge im Becken am stärksten zu.

132

c) Interpretieren Sie das Integral als Gesamtänderung der Wassermenge im Becken. Nennen Sie die Einheit dieses Volumens.	Der Term gibt an, dass die Wassermenge im Becken in den ersten 5 min um 10,65 m³ abnimmt.
d) Die Funktion V der Wassermenge in m³ ist eine Stammfunktion von f, unterscheidet sich also nur um eine Konstante c von F. Bestimmen Sie den Wert von c, sodass V(0) = 11 gilt.	$V(t) = F(t) + c = (-10t - 50)e^{-0,1t} + c$ $V(0) = 11$ $(-10 \cdot 0 - 50)e^{-0,1 \cdot 0} + c = 11$ $-50 \cdot 1 + c = 11 \quad | +50$ $c = 61$ $V(t) = (-10t - 50)e^{-0,1t} + 61$

Basisaufgaben

1 Die Funktion k mit $k(t) = (t^2 - 7t)e^{-0,25t}$ beschreibt die Änderungsrate des Kontostands eines Unternehmens in einem Zeitraum von vier Jahren (t: Zeit in Monaten; k(t) in 1000 €/Monat).
Zu Beginn beträgt der Kontostand −11 000 Euro.
  a) Berechnen Sie, in welchem Zeitraum der Kontostand sinkt und zu welchem Zeitpunkt er am niedrigsten ist.
  b) Lesen Sie am Graphen näherungsweise ab, zu welchen Zeitpunkten der Kontostand am stärksten abnimmt bzw. zunimmt und wie hoch die Änderungsraten zu diesen Zeitpunkten sind.
  c) Bestimmen Sie eine Funktionsgleichung für den Kontostand K des Unternehmens. Zeigen Sie hierzu, dass $F(t) = (-4t^2 - 4t - 16)e^{-0,25t}$ eine Stammfunktion von k beschreibt.

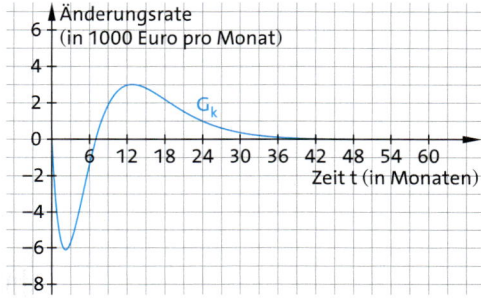

2 Die Wasserzuflussrate in einem See wird in den ersten 13 Monaten nach Beobachtungsbeginn annähernd durch die Funktion f mit $f(t) = (t^2 - 1) \cdot e^{-t}$ dargestellt (t in Monaten nach Beobachtungsbeginn, f(t) in 1000 m³/Monat).
  a) Berechnen Sie die Wasserzuflussrate 4 Monate nach Beobachtungsbeginn.
  b) Ermitteln Sie die Zeiträume, in denen die Wassermenge im See geringer wird. Geben Sie die Zeitpunkte an, an denen die Wassermenge lokal minimal bzw. maximal ist.
  c) Bestimmen Sie, nach wie vielen Monaten die Wassermenge im See am stärksten zunimmt bzw. abnimmt.
  d) Zeigen Sie, dass F mit $F(t) = -(t + 1)^2 e^{-t}$ eine Stammfunktion von f ist. Berechnen Sie $\int_0^{13} f(t)\,dt$ und interpretieren Sie das Ergebnis im Sachzusammenhang.

3 Nach einem Waldbrand nimmt die Population einer Käferart ab. Die Änderungsrate kann durch die Funktion f mit $f(t) = -\frac{4}{t+1}\ln(t + 1)$ modelliert werden (t in Tagen seit dem Brand, f(t) in 100 Käfern).
  a) Berechnen Sie die tägliche Änderungsrate der Käferanzahl am 3. Tag nach dem Brand.
  b) Ermitteln Sie, wann die Änderungsrate am kleinsten ist.
  c) Zeigen Sie, dass die Funktion F mit $F(t) = -2[\ln(t + 1)]^2$ eine Stammfunktion von f ist.
  d) Zum Zeitpunkt des Brandes waren 1000 Käfer vorhanden. Berechnen Sie die Anzahl der Käfer 5 Tage nach dem Brand.

Weiterführende Aufgaben

Zwischentest

Hinweis zu 4

Der im Alltag gebräuchliche Begriff „Gewicht" steht hier für die Masse der Person.

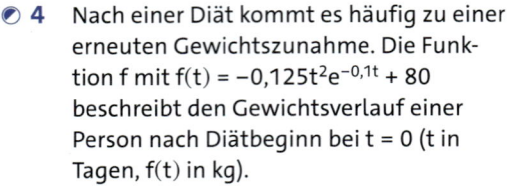

4 Nach einer Diät kommt es häufig zu einer erneuten Gewichtszunahme. Die Funktion f mit $f(t) = -0{,}125t^2 e^{-0{,}1t} + 80$ beschreibt den Gewichtsverlauf einer Person nach Diätbeginn bei t = 0 (t in Tagen, f(t) in kg).  
   a) Geben Sie das Anfangsgewicht der Person an.
   b) Bestimmen Sie, wie viel Gewicht die Person nach 23 Tagen verloren hat.
   c) Berechnen Sie den Zeitpunkt, an dem die Person das niedrigste Gewicht erreicht, und geben Sie dieses Gewicht an.
   d) Diskutieren Sie die Aussage: „Das Integral $\int_0^{10} f(t)\,dt$ gibt die gesamte Gewichtsabnahme in den ersten 10 Tagen an."

Hilfe

5 Die Wirkstoffkonzentration eines Medikaments im Blut einer Patientin in den ersten 24 Stunden nach der Einnahme wird näherungsweise durch die Funktion f mit $f(t) = 2{,}5t \cdot e^{-0{,}2t}$ beschrieben. Dabei gibt t die Zeit seit der Einnahme in Stunden und f(t) die Wirkstoffkonzentration im Blut in Milligramm pro Liter an. 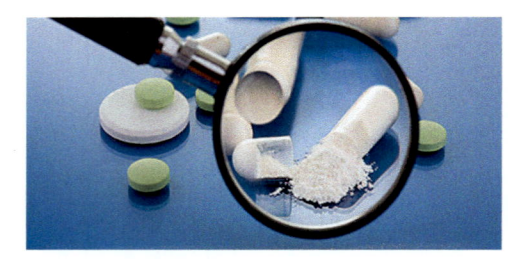
   a) Berechnen Sie die Wirkstoffkonzentration im Blut der Patientin nach 3 Stunden.
   b) Bestimmen Sie die maximale Wirkstoffkonzentration im Blut der Patientin.
   c) Das Medikament ist nur wirksam, wenn die Konzentration im Blut mindestens 1,5 mg pro Liter beträgt. Zeigen Sie, dass für eine durchgehende Wirksamkeit spätestens nach 16 Stunden und 36 Minuten eine neue Verabreichung erfolgen muss.
   d) Berechnen Sie den Zeitpunkt, an dem die Konzentration am stärksten abnimmt.
   e) Eine neuere Untersuchung hat gezeigt, dass im Gegensatz zum oben angegebenen Modell die Konzentration ab dem in d) berechneten Zeitpunkt weiter konstant abnimmt. Berechnen Sie den Zeitpunkt, zu dem nach diesem neuen Modell kein Wirkstoff mehr im Blut vorhanden ist.

6 Stolperstelle: In einem Stausee wird der Wasserzu- und -abfluss über mehrere Wehre geregelt. An einem Tag kann die Änderung des Wasservolumens durch eine Funktion v beschrieben werden. Dabei ist t die seit Beobachtungsbeginn vergangene Zeit in Stunden und v(t) die Änderungsrate in m³/h. Max beschreibt den Ausdruck $\int_0^4 v(t)\,dt$: „Das Ergebnis gibt die Füllmenge des Stausees in m³ nach vier Stunden an."
Nehmen Sie zu dieser Aussage Stellung.

7 Die Funktion $d: t \mapsto 1{,}25 e^{0{,}5t} + 1{,}25 t^2 - 10t + 20$ beschreibt die Datenübertragungsrate, die beim Herunterladen einer Datei gemessen wird, in Abhängigkeit von der Zeit (t in s, d(t) in MB/s). Die Übertragung dauert 14 Sekunden.
   a) Geben Sie die Übertragungsrate am Anfang sowie nach 4 Sekunden an.
   b) Zeigen Sie, dass die Datenübertragungsrate in den ersten 2,92 Sekunden ab- und danach wieder zunimmt. Geben Sie die minimale Datenübertragungsrate an.
   c) Überprüfen Sie, ob ein USB-Stick mit einem freien Speicherplatz von 4 GB ausreicht, um die gesamte Datei zu speichern.
   d) Ermitteln Sie die durchschnittliche Übertragungsrate in den ersten 10 Sekunden.

8 Gegeben ist die Funktion f mit $f(x) = 1 + \frac{2\ln(x+1)}{x+1}$ mit maximaler Definitionsmenge.
a) Geben Sie die maximale Definitionsmenge D_f der Funktion an.
b) Untersuchen Sie das Verhalten der Funktionswerte an den Rändern der Definitionsmenge und begründen Sie, dass die Funktion im Bereich $]-1;0]$ eine Nullstelle hat.
c) Berechnen Sie die Stelle, an der der Graph von f eine waagerechte Tangente hat. Zeigen Sie, dass dort ein Extrempunkt liegt, und bestimmen Sie seine Art und Lage.
d) Weisen Sie nach, dass die Funktion F mit $F(x) = (\ln(x+1))^2 + x + 1$ mit $D_F = D_f$ eine Stammfunktion von f ist.

Für $0 < t < 10$ beschreibt f die Masse des verkauften Eises in einer Eisdiele pro Tag (t in Tagen seit Beobachtungsbeginn, f(t) in 10 kg).
e) Geben Sie den Zeitpunkt mit den maximalen Verkaufszahlen an.
f) Berechnen Sie, wie viel Eis bis zum Ende des 10. Tages verkauft wird.

9 Gegeben sind die Funktionen f und g mit $f(x) = (0{,}25x - 1{,}5)\sqrt{x}$ und $g(x) = -(0{,}25x - 1{,}5)\sqrt{x}$ mit maximalen Definitionsbereichen.
a) Geben Sie die maximalen Definitionsbereiche von f und g an und beschreiben Sie, wie der Graph von g aus dem Graphen von f hervorgeht.
b) Geben Sie begründet die Koordinaten der gemeinsamen Punkte der Graphen von g und f an.
c) Berechnen Sie Lage und Art des Extrempunktes von f. Geben Sie die Koordinaten des Extrempunktes von g an.
d) Zeichnen Sie die Graphen von f und g im Bereich $[0; 7]$ mithilfe der bisherigen Ergebnisse.
e) Die beiden Graphen beschreiben die Umrandung eines Schmuckstücks, das die Form eines Blatts hat. Dabei werden x, f(x) und g(x) in cm gemessen. Das Schmuckstück soll vergoldet werden (Vorder- und Rückseite). Beschreiben Sie in Worten, was in diesem Kontext mit dem Term $4 \cdot \int_0^6 g(x)\,dx$ berechnet wird.

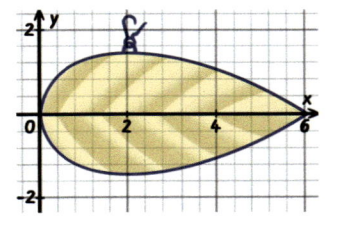

10 Gegeben ist die in $\mathbb{R}$ definierte Funktion $f: x \mapsto x \cdot \sin(x)$.
a) Geben Sie die Nullstellen an und untersuchen Sie das Symmetrieverhalten des Graphen von f bezüglich des Koordinatensystems.
b) Beschreiben Sie, wie der Graph der in $\mathbb{R}$ definierten Funktion $g: x \mapsto (x - \pi) \cdot \sin(x - \pi)$ aus dem Graphen von f hervorgeht, und geben Sie das Symmetrieverhalten des Graphen von g an.
c) Zeichnen Sie den Graphen der Funktion g mithilfe eines Funktionenplotters.
d) Bestimmen Sie mithilfe einer geeigneten Software einen Term einer Stammfunktion G von g.
e) Für $x \in [0; 2\pi]$ schließt der Graph von g mit der x-Achse eine Fläche ein. Diese beschreibt die Querschnittsfläche einer 20 m langen Wasserrinne aus Beton (x, g(x) in m). Berechnen Sie die Masse des benötigten Betons, wenn 1 m³ Beton 2,4 t wiegt.

11 Die Profillinie einer Eisbahn für Bobrennen kann für $0 \leq x \leq 100$ durch den Graphen der Funktion h mit
$h(x) = -25\ln\left(\frac{x + 200}{3200 - x}\right) + 100$ modelliert werden. Dabei ist x die horizontal gemessene Entfernung in m und h(x) die Höhe in m. 
  a) Berechnen Sie h(0) sowie h(100) und interpretieren Sie die Ergebnisse.
  b) Bestimmen Sie die mittlere Änderungsrate im Bereich [0; 100]. Begründen Sie, ob es eine Stelle gibt, an der die lokale Änderungsrate der Bahn der mittleren Änderungsrate entspricht.
  $\left[\text{Kontrollergebnis: } h'(x) = \frac{85\,000}{(x - 3200)(x + 200)}\right]$
  c) Am Start darf die Bahn maximal ein Gefälle von 13,5 % haben. Überprüfen Sie, ob die Bahn dieser Vorgabe entspricht.

Hilfe

12 Die Änderungsrate einer Bakterienpopulation kann mittels einer Funktion vom Typ $f(t) = at^2 e^{bt}$ mit $a, b \in \mathbb{R}$ modelliert werden (t: Zeit in Tagen nach Beobachtungsbeginn, f(t): Anzahl der Bakterien pro Tag). Dabei wurde nach 8 Tagen eine Änderungsrate von 16 Bakterien pro Tag und nach 12 Tagen eine Änderungsrate von 6 Bakterien pro Tag festgestellt.
  a) Stellen Sie ein Gleichungssystem auf und ermitteln Sie damit die Parameter a und b.
  b) Zeigen Sie, dass F mit $F(t) = 9e^{-\frac{\ln(6)}{4}t} \cdot \left(-\frac{4}{\ln(6)}t^2 - \frac{32}{\ln(6)^2}t - \frac{128}{\ln(6)^3}\right)$ eine Stammfunktion von f ist.
  c) Bestimmen Sie die Funktion, die die Bakterienpopulation in Abhängigkeit von t beschreibt, wenn zu Beginn der Beobachtung 11 Bakterien zu sehen waren.

13 Gegeben ist die in $\mathbb{R}$ definierte Funktion f mit $f(t) = 40e^{-t}(t^3 - 2t^2 + t)$.
  a) Berechnen Sie die Nullstellen von f. Geben Sie das Verhalten der Funktionswerte für $t \to \pm\infty$ an.
  b) Bestimmen Sie einen Term der Ableitung f' von f.
  c) Zeigen Sie, dass F mit $F(t) = 40e^{-t}(-t^3 - t^2 - 3t - 3)$ eine Stammfunktion von f ist.
  Die Funktion f beschreibt für $t \geq 0$ die Stärke von Regen während eines Unwetters (t: Zeit in h seit Beginn des Unwetters, f(t): Stärke des Regens in Liter pro m² und h).
  d) Die Ableitung f' von f hat die Nullstellen $t = 2 - \sqrt{3}$, $t = 1$ und $t = 2 + \sqrt{3}$. Bestimmen Sie den Zeitpunkt, zu dem es am stärksten regnet. Berechnen Sie auch die Stärke des Regens zu diesem Zeitpunkt. 
  e) Berechnen Sie, wie viele Liter Regen pro Quadratmeter innerhalb der ersten 10 Stunden des Unwetters fallen.

14 Die Abbildung zeigt den Graphen der Funktion $f: x \mapsto \sin(x^2 + 2x + 1)$ ohne das passende Koordinatensystem. 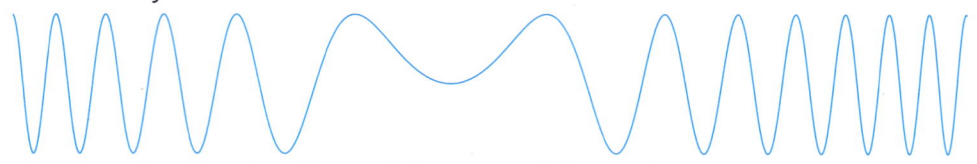
  a) Untersuchen Sie anhand des Funktionsterms, ob der Graph eine Symmetrie zum Koordinatensystem aufweist.
  b) Skizzieren Sie den Graphen in ein passend skaliertes Koordinatensystem.
  c) Plotten Sie den Graphen von f mit einer Software, um Ihr Ergebnis aus b) zu überprüfen.

15 Gegeben ist die Funktionenschar f_a mit $f_a(x) = \frac{\sqrt{x^2+a}}{x^2+1}$, $a \in \mathbb{R}$, auf ihrem maximalen Definitionsbereich.
   a) Geben Sie den maximalen Definitionsbereich D_a von f_a in Abhängigkeit von a an.
   b) Begründen Sie, dass der Graph von f_a für alle a achsensymmetrisch zur y-Achse ist.
   c) Bestimmen Sie einen Term der Ableitung $f'_a(x)$ von f_a.
   d) Untersuchen Sie den Graphen von f_a in Abhängigkeit von a auf Extrempunkte.
   e) Die Abbildung zeigt vier Graphen, von denen einer nicht zur Funktionenschar f_a gehört. Geben Sie begründet diesen Graphen an. Geben Sie für die übrigen Graphen jeweils an, ob a < 0, 0 < a < 0,5 oder a > 0,5 gilt.

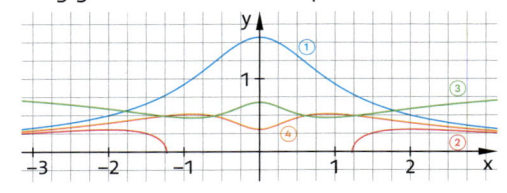

16 Gegeben ist die Funktionenschar $f_s(x) = \ln\left(\frac{x}{s} + \frac{s}{x}\right)$, $s \in \mathbb{R}^+$ mit der Definitionsmenge $\mathbb{R}^+$. Der Graph der Funktion f_s wird mit G_s bezeichnet.
   a) Untersuchen Sie das Verhalten der Scharfunktionen an den Rändern der Definitionsmenge.
   b) Zeigen Sie, dass für die Ableitungsfunktion f'_s der Funktion f_s gilt: $f'_s(x) = \frac{x^2 - s^2}{x^3 + s^2 x}$
   c) Bestimmen Sie das Monotonieverhalten von f_s in Abhängigkeit von s und geben Sie Lage und Art des Extrempunktes von G_s in Abhängigkeit von s an.
   d) Zeichnen Sie Scharkurven mithilfe einer DGS mit Schieberegler.

17 Gegeben ist die Funktionenschar $f_{a;b}(t) = a \cdot t \cdot e^{-bt}$, $a, b \in \mathbb{R}^+$, mit der Definitionsmenge $\mathbb{R}^+$.
   a) Geben Sie die Nullstelle von $f_{a;b}$ und das Verhalten der Funktionswerte für $x \to \infty$ an.
   b) Bestimmen Sie Art und Lage des Extrempunktes des Graphen von f in Abhängigkeit von a und b.

Die Funktion beschreibt die Geschwindigkeit eines Fahrzeugs in km/h in Abhängigkeit von der Zeit in Sekunden. Die Parameter a und b berücksichtigen dabei unter anderem die Kraft, mit der das Pedal durchgedrückt wird.

   c) Ermitteln Sie die Parameter a und b so, dass zum Zeitpunkt t = 5 s die Maximalgeschwindigkeit v = 54 km/h erreicht wird.
   d) Begründen Sie, dass $F_{a;b}$ mit $F_{a;b}(t) = -a \cdot \frac{1}{b^2}(bt + 1)e^{-bt}$ eine Stammfunktion von $f_{a;b}$ ist. Berechnen Sie damit in Abhängigkeit von a und b die Strecke, die das Fahrzeug in den ersten 10 Sekunden zurücklegt.

18 Ausblick: Gegeben sind die in $\mathbb{R}$ definierten Funktionenscharen f_t und g_t mit $f_t(x) = x^2 e^{x+t}$ und $g_t(x) = (x+t)e^{x^2}$, $t \in \mathbb{R}^+$.
   a) Bestimmen Sie jeweils Lage und Art der Extrempunkte der Graphen in Abhängigkeit von t.
   b) Begründen Sie, dass die Hochpunkte H_t der Graphen von f_t auf der Gerade mit der Gleichung x = −2 liegen.
   c) Zeichnen Sie mithilfe eines Schiebereglers für t die Graphen der Funktionenschar g_t mit einer DGS. Erzeugen Sie die Spur der Tiefpunkte der Graphen von g_t.
   d) Drücken Sie die y-Koordinate der Tiefpunkte von g_t durch die zugehörigen x-Werte aus, indem Sie t eliminieren. Zeichnen Sie die zur entstehenden Gleichung gehörige Kurve mithilfe der DGS ein und vergleichen Sie mit der Spur aus Teilaufgabe c).

4.2 Rekonstruktion von Funktionstermen

Von der Flugbahn eines Balls sind die Punkte A(0|0) und B(4|4) bekannt. Die Flugbahn soll mit einer quadratischen Funktion f mit $f(x) = ax^2 + bx + c$ modelliert werden.
a) Erklären Sie, warum mit diesen Informationen keine eindeutige Lösung bestimmt werden kann.
b) Es ist zusätzlich bekannt, dass B der höchste Punkt der Flugbahn ist.
Ermitteln Sie mithilfe dieser Information die Stelle, an der der Ball auf dem Boden aufkommt.

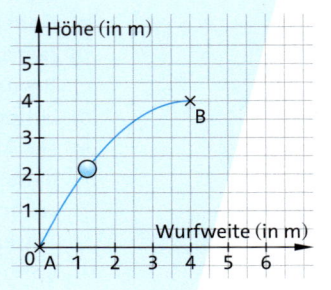

Funktionsterme ganzrationaler Funktionen bestimmen

Die Funktionsgleichung einer ganzrationalen Funktion kann aus Informationen über den Graphen bestimmt werden. Dazu werden diese Informationen in Gleichungen übersetzt. Diese Gleichungen bilden ein lineares Gleichungssystem, dessen Lösung die Parameter der gesuchten Funktionsgleichung liefert.

Beispiel 1 Der Graph einer ganzrationalen Funktion vierten Grades ist achsensymmetrisch zur y-Achse und hat einen Wendepunkt bei x = 1. Die Gleichung der zugehörigen Wendetangente lautet y = −4x + 3,5. Bestimmen Sie eine passende Funktionsgleichung.

Lösung:

① Stellen Sie die allgemeine Form der Funktionsgleichung von f auf. Wegen der Achsensymmetrie hat der Term nur gerade Exponenten. Bilden Sie f′ und f″.

Allgemeine Funktionsgleichung:
$f(x) = ax^4 + bx^2 + c$
$f'(x) = 4ax^3 + 2bx$
$f''(x) = 12ax^2 + 2b$

② Der Funktionsterm von f enthält drei Unbekannte (a, b, c). Ermitteln Sie daher aus den Eigenschaften von f drei Bedingungen an die Funktionsgleichung und die Ableitungen. Berechnen Sie mithilfe der Tangente die y-Koordinate des Wendepunktes W und die Steigung in W.

Eigenschaften übersetzen:
Wendepunkt $W(1|y_W)$:
$y_W = -4 \cdot 1 + 3,5 = -0,5$

(A) Punkt $W(1|-0,5)$: $f(1) = -0,5$
(B) Steigung bei x = 1: $f'(1) = -4$
(C) Wendestelle x = 1: $f''(1) = 0$

③ Setzen Sie die Bedingungen aus ② in die Gleichungen aus ① ein und stellen Sie ein lineares Gleichungssystem auf.

(A) $f(1) = -0,5$
(B) $f'(1) = -4$ ⇒
(C) $f''(1) = 0$

$\begin{vmatrix} a + b + c = -0,5 \\ 4a + 2b = -4 \\ 12a + 2b = 0 \end{vmatrix}$

④ Lösen Sie das Gleichungssystem mit dem Einsetzungsverfahren: Stellen Sie die Gleichung (B) nach b um. Setzen Sie den Term für b in (C) ein. Ermitteln Sie damit a. Setzen Sie den Term für a wieder in (B) ein und bestimmen Sie b. Bestimmen Sie dann c, indem Sie a und b in (A) einsetzen. Setzen Sie die Lösung in die allgemeine Funktionsgleichung von f ein.

Gleichungssystem lösen:
Umstellen von (B): $b = -2a - 2$
Einsetzen in (C): $12a + 2(-2a - 2) = 0$
$8a - 4 = 0 \Rightarrow a = 0,5$
Rückeinsetzen: $b = -2 \cdot 0,5 - 2 = -3$
Einsetzen in (A): $0,5 + (-3) + c = -0,5$
$\Rightarrow c = 2$
Lösung: $a = 0,5$; $b = -3$; $c = 2$
$f(x) = 0,5x^4 - 3x^2 + 2$

⑤ Weisen Sie nach, dass W tatsächlich ein Wendepunkt ist.

Eigenschaften überprüfen:
$f'''(x) = 12x$; $f'''(1) = 12 \neq 0$, also ist W ein Wendepunkt.

Basisaufgaben

1 Formulieren Sie die Eigenschaften des Graphen als Bedingungen an die Gleichung der Funktion oder einer ihrer Ableitungen.
  a) Der Graph einer Funktion f verläuft durch den Punkt P(7|8).
  b) Der Graph einer Funktion g hat den Wendepunkt W(3|4).
  c) Der Graph einer Funktion h hat an der Stelle x = 2 einen Hochpunkt.
  d) Der Graph einer Funktion i schneidet an der Stelle x = 4 die x-Achse.
  e) Der Graph einer Funktion j berührt an der Stelle x = 4 die x-Achse.
  f) Der Graph einer Funktion k hat im Ursprung eine waagerechte Tangente.
  g) An der Stelle x = 7 hat der Graph einer Funktion m einen Terrassenpunkt.
  h) Der Graph einer Funktion n hat bei x = −1 einen Wendepunkt und nimmt an der Stelle 3 den Funktionswert −2 an.

2 Formulieren Sie die Eigenschaften des Graphen von f in Textform.

① f(7) = 0   ② f(−3) = 56   ③ f'(5) = 3   ④ f'(8) = 0   ⑤ f(3) = 0; f'(3) = 0   ⑥ f(1) = 1; f'(1) = −1

⑦ f(0) = f'(0) = f''(0) = 0   ⑧ f(2) = 7; f'(2) = 0; f''(2) = 0   ⑨ f(2) = 8; f'(2) = 0; f'(1) = 2

3 Der Graph einer quadratischen Funktion p schneidet die y-Achse bei y = 2. Der Graph von p verläuft durch den Punkt P(2|6) und hat an der Stelle x = 3 einen lokalen Extrempunkt. Ermitteln Sie eine Funktionsgleichung von p.

4 Der Graph einer ganzrationalen Funktion dritten Grades verläuft durch den Ursprung und hat an der Stelle x = −1 eine Wendestelle. Die Gleichung der zugehörigen Wendetangente lautet y = −5x − 1.
Bestimmen Sie eine passende Funktionsgleichung.

5 Der Steckbrief beschreibt den Graphen einer ganzrationalen Funktion vierten Grades.
  a) Bestimmen Sie eine passende Funktionsgleichung.
  b) Berechnen Sie die Koordinaten der Wendepunkte des Graphen dieser Funktion.

WANTED
- achsensymmetrisch zur y-Achse
- waagerechte Tangente im Ursprung
- Tiefpunkt T(1|y_T) liegt auf der Geraden zu y = −x.

6 Der Graph einer ganzrationalen Funktion f fünften Grades ist punktsymmetrisch zum Ursprung. Der Graph schneidet die x-Achse an der Stelle x = −2 und verläuft durch den Punkt P(1|24). Die Steigung des Graphen an der Stelle x = 0 beträgt 36.
Stellen Sie ein Gleichungssystem zu diesen Bedingungen auf.

7 Der Steckbrief beschreibt den Graphen einer ganzrationalen Funktion f dritten Grades.
  a) Stellen Sie anhand der Stichpunkte ein lineares Gleichungssystem auf und bestimmen Sie eine passende Funktionsgleichung.
  b) Untersuchen Sie die Extremstellen von f und begründen Sie, warum die Skizze auf dem Steckbrief nicht zur Lösung passt.

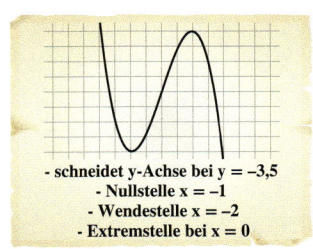

- schneidet y-Achse bei y = −3,5
- Nullstelle x = −1
- Wendestelle x = −2
- Extremstelle bei x = 0

4.2 Rekonstruktion von Funktionstermen

Funktionsterme verknüpfter Funktionen bestimmen

Auch den Term einer verknüpften Funktion kann man aus bekannten Eigenschaften ermitteln. Dabei entstehen häufig keine linearen Gleichungssysteme, sodass man verschiedene Lösungsmethoden nutzen muss.

> **Beispiel 2**
> Bestimmen Sie die Funktionsgleichung einer Funktion f mit $f(x) = ax \cdot e^{-bx}$, deren Graph mit der Steigung $m = -1$ durch den Punkt $A(1|2)$ verläuft.
>
> **Lösung:**
>
> Bestimmen Sie mit der Produktregel die allgemeine Funktionsgleichung der Ableitung.
>
> **Ansatz:**
> $f(x) = ax \cdot e^{-bx}$
> $f'(x) = a \cdot e^{-bx} + ax \cdot (-b) \cdot e^{-bx}$
> $\quad\quad = (a - abx)e^{-bx}$
> $\quad\quad = (1 - bx) \cdot ae^{-bx}$
>
> Stellen Sie anhand der Bedingungen und des Ansatzes zwei Gleichungen auf.
>
> **Gleichungen aufstellen:**
> Punkt $A(1|2)$: $\quad f(1) = ae^{-b} = 2 \quad$ (I)
> Steigung: $\quad f'(1) = (1-b) \cdot ae^{-b} = -1 \quad$ (II)
>
> Setzen Sie Gleichung (I) in Gleichung (II) ein, um die Variable a zu eliminieren. Lösen Sie dann nach b auf.
> Setzen Sie b in Gleichung (I) ein und ermitteln Sie so den Parameter a. Setzen Sie die Parameter in die Funktionsgleichung ein.
>
> **Parameter bestimmen und einsetzen:**
> Einsetzen von (I) in (II): $(1-b) \cdot 2 = -1$
> $\Leftrightarrow b = \frac{3}{2}$, also $ae^{-\frac{3}{2}} = 2 \Leftrightarrow a = 2e^{\frac{3}{2}}$
> $f(x) = 2e^{\frac{3}{2}} \cdot x \cdot e^{-\frac{3}{2}x}$

Basisaufgaben

8 Bestimmen Sie die Funktionsgleichung einer Funktion f mit $f(x) = ae^{bx}$, deren Graph durch die Punkte P und Q verläuft.
   a) $P(0|1)$ und $Q(1|e)$
   b) $P(1|1)$ und $Q(2|5)$
   c) $P(-2|0,5)$ und $Q(1|2)$

9 Bestimmen Sie die Funktionsgleichung einer Funktion f mit $f(x) = ax \cdot e^{bx}$, deren Graph im Punkt P die Steigung m hat.
   a) $P\left(-1 \big| \frac{1}{e}\right);\ m = 0$
   b) $P(1|e);\ m = 2e$
   c) $P\left(2 \big| \frac{1}{e^4}\right);\ m = -\frac{3}{2e^4}$

10 Die Funktion f hat eine Gleichung der Form $f(x) = a \cdot \ln(x + b)$. Ermitteln Sie die Funktionsgleichung von f, sodass der Graph im Punkt P die Steigung m hat.
   a) $P(2|0);\ m = 4$
   b) $P(1|\ln(16));\ m = 0,5$
   c) $P(0|2);\ m = \frac{1}{4\ln(2)}$

11 Bestimmen Sie die Funktionsgleichung der Funktion mit folgenden Eigenschaften.
   a) Der Graph der Funktion f mit $f(x) = (a+1)e^{-bx}$ hat im Punkt $P(1|e)$ die Steigung $-2e$.
   b) Der Graph der Funktion f mit $f(t) = ae^{bt}$ berührt die Gerade mit der Gleichung $y = 2t - 1$ an der Stelle $t = 1$.
   c) Der Graph der Funktion f mit $f(x) = a \cdot \frac{\ln(x)}{x^2} + b$ hat im Punkt $P\left(e^{\frac{1}{2}} \big| \frac{5}{2e} + 1\right)$ einen Hochpunkt.
   d) Der Graph der Funktion r mit $r(x) = (a - x) \cdot e^{bx}$ schneidet die x-Achse bei $x = 3$ und hat an der Stelle $x = 1$ eine waagerechte Tangente.
   e) Der Graph der Funktion u mit $u(x) = \sqrt{ax^2 + bx + c} - 3$ enthält den Punkt $P(1|-3)$ und berührt an der Stelle $x = -2$ die x-Achse.

4 Anwendungen der Differenzial- und Integralrechnung

12 Stellen Sie ein Gleichungssystem zu den gegebenen Eigenschaften der Funktion f auf.
   a) Die Funktion f ist gebrochen-rational mit Nennergrad 1 und Zählergrad 2. Ihr Graph schneidet die x-Achse bei x = −1 und x = 1 und hat im Punkt $P\left(0\,\middle|\,-\frac{1}{4}\right)$ die Steigung $\frac{1}{16}$.
   b) Die Funktionsgleichung von f hat die Form $f(x) = ax \cdot \sin(bx + c)$. Der Graph berührt an der Stelle x = 0 die x-Achse. Die kleinste positive Nullstelle ist $x = \frac{\pi}{2}$. Zudem verläuft der Graph durch den Punkt $P\left(\frac{\pi}{4}\,\middle|\,\frac{3\pi}{4}\right)$.
   c) Die Funktionsgleichung von f hat die Form $f(x) = ax \cdot \ln(bx + c)$ mit $a \neq 0$. Der Graph schneidet die x-Achse an der Stelle x = −3 und hat dort die Steigung 6. An der zweiten Nullstelle hat f die Steigung −2ln(4).

13 Die Funktionsgleichung des abgebildeten Graphen ist von der Form $f(x) = ae^{bx}$ oder $f(x) = ax \cdot e^{bx}$. Bestimmen Sie die Funktionsgleichung mithilfe der eingezeichneten Punkte und Tangenten.

a)   b) 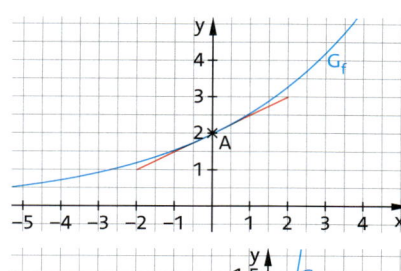   c) 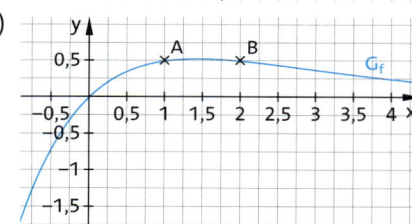   d)

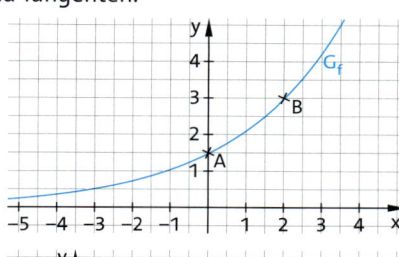

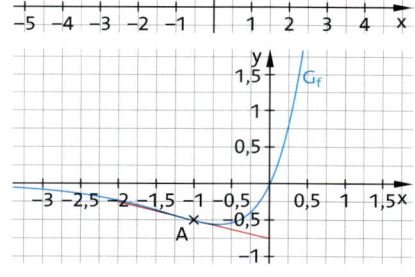

Weiterführende Aufgaben

Zwischentest

14 Die Funktionsgleichung des abgebildeten Graphen ist von der Form $f(x) = \frac{(x + a)^2}{x + b} + c$ oder $f(x) = (\ln(x + b))^2 + c$.
Bestimmen Sie die Funktionsgleichung.

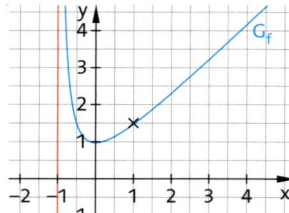

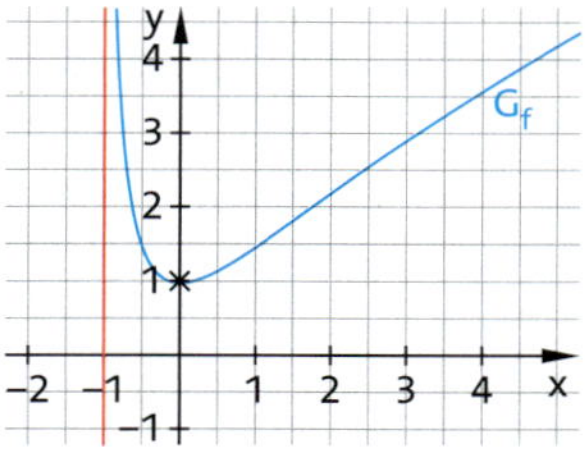

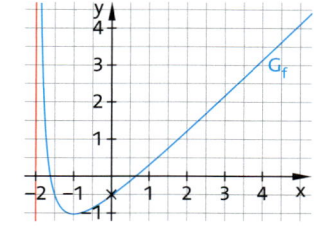

15 Bestimmen Sie die Gleichung einer ganzrationalen Funktion, die zum Graphen passt.
   a)   b) 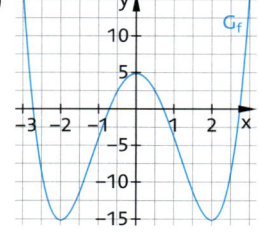   c)

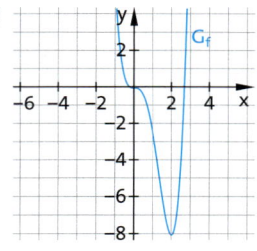

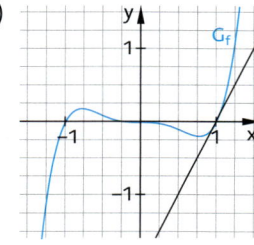

4.2 Rekonstruktion von Funktionstermen

16 Gegeben ist die Funktionenschar f_a mit $f_a(x) = (x^2 - ax) \cdot e^{-x}$, $a > 0$.
   a) Bestimmen Sie die Nullstellen und die Extremstellen von f_a in Abhängigkeit von a.
   b) Zeigen Sie, dass die Funktion F_a mit $F_a(x) = (-x^2 + ax - 2x + a - 2) \cdot e^{-x}$ eine Stammfunktion von f_a ist.
   c) Der Graph von f_a schließt zwischen seinen Nullstellen ein Flächenstück mit der x-Achse ein. Berechnen Sie den Inhalt dieses Flächenstücks in Abhängigkeit von a.
   d) Der Graph von f_a schließt für $x > a$ mit der x-Achse ein nach rechts offenes Flächenstück ein. Bestimmen Sie a so, dass der Flächeninhalt des Stücks $\frac{3}{e}$ FE beträgt.

17 Eine Funktion f hat die Funktionsgleichung $f(x) = \sqrt{ax + b}$. Bestimmen Sie die Parameter a und b, sodass der Graph von f durch $P(-1|1)$ verläuft und die Fläche zwischen Graph und x-Achse im Intervall $[-1; 3]$ den Inhalt $A = \frac{26}{3}$ hat.

18 Stolperstelle: Aylin soll den Funktionsterm zu dem abgebildeten Graphen bestimmen. Sie notiert:
$f(x) = ax^3 + bx^2 + cx + d$
$f(-4) = f(0) = 0$, $f'(-3) = f'(0) = 0$
Lösung des Gleichungssystems: $a = b = c = d = 0$
Erläutern Sie Aylins Fehler.

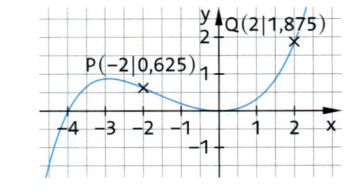

Hilfe

19 Nach Betriebsunfällen in einer Chemiefabrik kommt es immer wieder zu einer erhöhten Schadstoffkonzentration in einem nahegelegenen See. Sie kann in den ersten Wochen mithilfe der Funktionenschar f_a mit $f_a(x) = 10a \cdot x \cdot e^{-0,5x}$ modelliert werden (x: Anzahl der Wochen nach dem Unfall, f(x): Konzentration in $\frac{mg}{\ell}$). Der Parameter $a > 0$ hängt dabei von der Schwere des Unfalls ab.
   a) Zeigen Sie, dass unabhängig von der Schwere des Unfalls die höchste Schadstoffkonzentration nach 2 Wochen erreicht wird.
   b) Wenn die Schadstoffkonzentration $25 \frac{mg}{\ell}$ überschreitet, muss eine besondere Warnung an die Bevölkerung gegeben werden. Bestimmen Sie den Wert von a, ab dem eine solche Warnung notwendig wird.
   c) Zeigen Sie, dass F_a mit $F_a(x) = (-20ax - 40a) \cdot e^{-0,5x}$ eine Stammfunktion von f_a ist.
   d) Die mittlere Schadstoffkonzentration über einem Zeitintervall $[c; d]$ lässt sich mit
   $$\frac{1}{d-c} \int_c^d f_a(x)\, dx$$
   ermitteln. Berechnen Sie die mittlere Schadstoffkonzentration für die ersten 5 Wochen nach einem Unfall in Abhängigkeit von a.
   e) Berechnen Sie den Zeitpunkt, zu dem die Schadstoffkonzentration am stärksten abnimmt.
   f) Es wird angenommen, dass ab dem Zeitpunkt der stärksten Abnahme die Schadstoffkonzentration mit gleicher Geschwindigkeit linear abnimmt.
   Berechnen Sie, wann die Schadstoffkonzentration nach diesem Modell auf null zurückgegangen ist.

Hinweis zu 20

Multiplizieren Sie die Gleichung $e^b + e^{-b} = c$ mit e^b, um sie in die Form $(e^b)^2 - ce^b + 1 = 0$ zu bringen, und substituieren Sie $z = e^b$.

20 Bei einer Hängebrücke sind die 80 m hohen Pylonen 250 m voneinander entfernt. Das Tragkabel hängt in der Mitte 38 m über der Fahrbahn und lässt sich näherungsweise durch den Graphen der Funktion f mit $f(x) = a(e^{bx} + e^{-bx})$ beschreiben.
   a) Bestimmen Sie die Parameter a und b.
   b) Zwischen dem Tragkabel und der Fahrbahn sind in regelmäßigen Abständen vertikale Tragseile befestigt. Berechnen Sie die Länge der 20 m von den Pylonen entfernten Seile.
   c) Berechnen Sie, unter welchem Winkel die Tragkabel auf die Pylone stoßen.

21 Der „Gateway Arch" ist Teil des Jefferson National Expansion Memorial in St. Louis. Es ist ein 180 m hoher Stahlbogen, der an der Basis 180 m breit ist. Die innere Randkurve ist 175 m hoch und 150 m breit. 
  a) Modellieren Sie die beiden Randkurven durch quadratische Funktionen.
  b) Die Funktionsgleichungen der Randkurven haben die Form $f(x) = b - \frac{a}{2}\left(e^{\frac{x}{a}} + e^{-\frac{x}{a}}\right)$.
  Weisen Sie nach, dass für die äußere Randkurve näherungsweise $a \approx 36{,}47$ und $b \approx 216{,}47$ und für die innere Randkurve näherungsweise $a \approx 28{,}14$ und $b \approx 203{,}14$ gilt.
  c) Die Fläche zwischen den Randkurven dient dem Wind als Angriffsfläche. Berechnen Sie den Inhalt dieser Fläche einmal für die Funktionen aus a) und einmal für die Funktionen aus b). Bestimmen Sie die prozentuale Abweichung dieser Flächeninhalte und beurteilen Sie damit die Qualität der Modellierung aus a).

22 Ein Kunstwerk kann im Querschnitt durch die Funktion f mit $f(x) = -\ln(x^2) + 4$ für $x \in [-4; -1]$ und $x \in [1; 4]$ modelliert werden. Im Intervall $[-1; 1]$ entspricht der Querschnitt einer Parabel, die in $x = -1$ und $x = 1$ knickfrei an den Graphen von f anschließt. Bestimmen Sie eine Gleichung der Parabel.

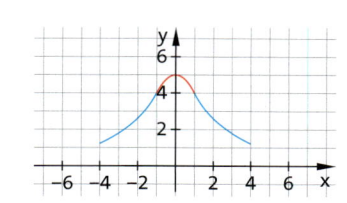

23 Gegeben ist die Funktionenschar $f_k: x \mapsto \sqrt{\frac{x}{k}}$, $x > 0$, $k \in \mathbb{R}^+$.
  a) Untersuchen Sie das Monotonieverhalten von f_k und begründen Sie, dass f_k für jeden Wert von k umkehrbar ist.
  b) Zeichnen Sie den Graphen von f_2 sowie den Graphen der zugehörigen Umkehrfunktion.
  c) Bestimmen Sie den Wert von k, sodass der Graph von f_k und der Graph der zugehörigen Umkehrfunktion einen Flächeninhalt von $A = \frac{\sqrt{3}}{12}$ FE einschließen.

24 Ein Chemieunternehmen benötigt einen Abzug, der bestimmten Anforderungen genügen muss: Der Durchmesser am Boden muss mindestens 4 m betragen, in einer Höhe von 6 m darf der Abzug höchstens 60 cm breit sein. Der mögliche Abzug wird durch die Funktionenschar f_a mit $f_a(x) = 2 \cdot \sqrt{\frac{a-x}{x}}$ modelliert.
Zeichnen Sie die Graphen von f_a mithilfe einer DGS. Ermitteln Sie damit, für welche Werte von a die Bedingungen erfüllt sind. Überprüfen Sie die Werte rechnerisch.

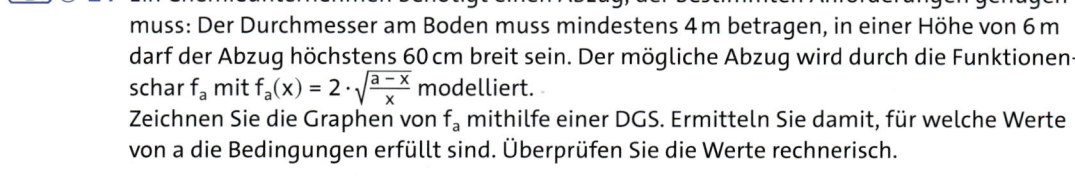

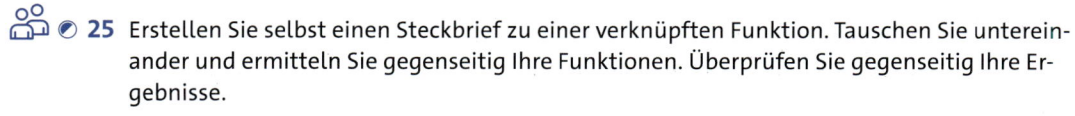

25 Erstellen Sie selbst einen Steckbrief zu einer verknüpften Funktion. Tauschen Sie untereinander und ermitteln Sie gegenseitig Ihre Funktionen. Überprüfen Sie gegenseitig Ihre Ergebnisse.

26 Ausblick: Wird eine Kreisscheibe von Sonnenstrahlen beleuchtet, so wirft sie am Boden einen Schatten, der in der Regel ellipsenförmig ist. (Dabei wird angenommen, dass die Sonnenstrahlen parallel verlaufen.) Diese Ellipse hat die Gleichung $\frac{x^2}{a^2} + \frac{y^2}{b^2} = 1$, dabei sind a und b die Halbachsen der Ellipse.
Eine Kreisscheibe mit dem Durchmesser 2r steht in einem Winkel von 45° geneigt auf dem Boden, sodass das Sonnenlicht senkrecht darauf fällt.
Bestimmen Sie eine Gleichung der Ellipse in Abhängigkeit von r.

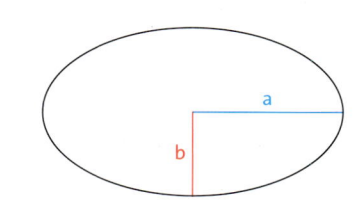

4 Streifzug

Trassierung

Das Bild zeigt zwei Abschnitte von Funktionsgraphen, die im Punkt A ineinander übergehen. In A stimmen ihre Funktionswerte überein, da sonst ein Sprung entstehen würde.

a) Begründen Sie mithilfe der ersten und zweiten Ableitungen, dass die beiden Funktionsgraphen ohne Knick und ohne eine Änderung im Krümmungsverhalten ineinander übergehen.

b) Erläutern Sie, warum solche Übergänge günstig sind, wenn durch die Graphen der Funktionen Straßen- oder Gleisverläufe modelliert werden.

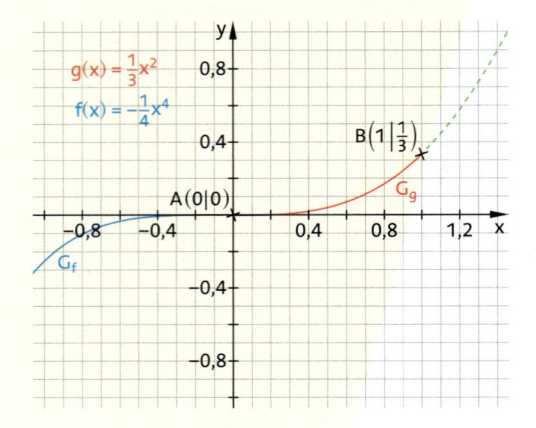

Die Linienführung einer Straße oder eines Gleises (die sogenannte Trasse) lässt sich stückweise durch Funktionsgraphen beschreiben. Dabei heißt der Übergang zwischen den Teilgraphen zweier Funktionen f und g an einer Stelle a
- **sprungfrei** (stetig), wenn $f(a) = g(a)$ gilt,
- **knickfrei** (differenzierbar), wenn $f(a) = g(a)$ und $f'(a) = g'(a)$ gilt,
- **ruckfrei** (auch: krümmungsruckfrei), wenn $f(a) = g(a)$, $f'(a) = g'(a)$ und $f''(a) = g''(a)$ gilt.

Beispiel 1

Bestimmen Sie eine Gleichung einer ganzrationalen Funktion f dritten Grades, deren Graph die beiden Geraden in der Abbildung knickfrei verbindet.
Prüfen Sie, ob die Übergänge auch ruckfrei sind.

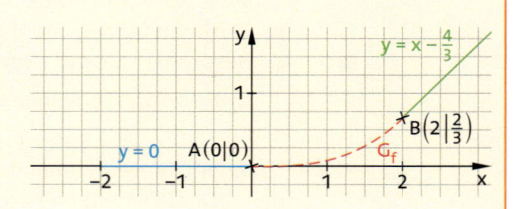

Lösung:

Stellen Sie die allgemeine Funktionsgleichung auf und bilden Sie die Ableitungen.

$f(x) = ax^3 + bx^2 + cx + d$
$f'(x) = 3ax^2 + 2bx + c$, $f''(x) = 6ax + 2b$

Der Graph von f muss durch A und B verlaufen. Stellen Sie aus dieser Bedingung zwei Gleichungen auf.

sprungfrei:
A(0|0): $f(0) = 0$: $d = 0$
B$\left(2\left|\frac{2}{3}\right.\right)$: $f(2) = \frac{2}{3}$: $8a + 4b + 2c = \frac{2}{3}$

Für den knickfreien Übergang muss der Graph von f in A und B jeweils die gleiche Steigung haben wie die anschließende Gerade. Ermitteln Sie die Steigungen der Geraden und setzen Sie sie mit f'(0) bzw. f'(2) gleich.
Berechnen Sie die Parameter und stellen Sie die Funktionsgleichung auf.

knickfrei:
A: $m = 0 = f'(0)$: $c = 0$
B: $m = 1 = f'(2)$: $12a + 4b = 1$

$\left| \begin{array}{l} 8a + 4b = \frac{2}{3} \\ 12a + 4b = 1 \end{array} \right| \Rightarrow a = \frac{1}{12}; b = 0$

$f(x) = \frac{1}{12}x^3$

Prüfen Sie, ob die zweite Ableitung von f an den Verbindungsstellen jeweils 0 ist.

ruckfrei:
$f''(0) = 0$, d. h. im Ursprung ruckfrei.
$f''(2) = 1 \neq 0$, d. h. im Punkt B nicht ruckfrei.

Aufgaben

1 Durch das Zentrum eines kleinen Orts im Punkt (0|1) verläuft eine Bundesstraße mit starkem Verkehr. Um die Bevölkerung des Orts von Lärm und Abgasen zu entlasten, soll eine Umgehungsstraße gebaut werden, die in den Punkten A und B von der Bundesstraße abzweigt. Dabei darf im Punkt A kein Knick entstehen, während der Anschluss in B unter einem beliebigen Winkel erfolgen kann. Aus Gründen der Geländebeschaffenheit muss die Umgehungsstraße durch den Punkt C verlaufen.

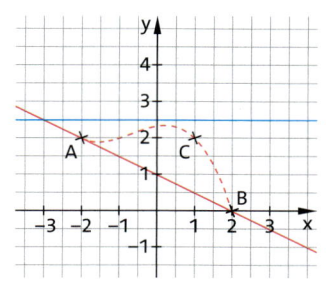

a) Modellieren Sie den Verlauf der Umgehungsstraße unter den gegebenen Bedingungen mit einer Funktion dritten Grades. Prüfen Sie, ob die Umgehungsstraße ruckfrei an die Bundesstraße anschließt.

b) Die Brücke bei (−3|2,5) führt die Bundesstraße über einen Kanal (in der Abbildung blau). Die Uferwiesen dienen Erholungszwecken, weshalb die Umgehungsstraße zum Kanal einen Abstand von 0,1 nicht unterschreiten soll.
Prüfen Sie, ob der Graph der für die Umgehungsstraße ermittelten Funktion aus a) diese Anforderung erfüllt.

2 Die Rutsche zwischen den Punkten A und B soll durch eine ganzrationale Funktion dritten Grades so modelliert werden, dass sie in A und B waagerecht verläuft.

a) Wählen Sie ein geeignetes Koordinatensystem und bestimmen Sie eine Funktionsgleichung.

b) Die Rutsche soll zwischen A und C so erweitert werden, dass im Punkt A kein Knick entsteht. Bestimmen Sie eine geeignete quadratische Funktion.

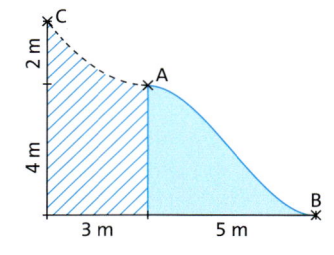

3 Die beiden Gleise sollen durch den Graphen einer ganzrationalen Funktion f miteinander verbunden werden.

a) Begründen Sie, dass es nicht möglich ist, die beiden Gleise durch den Graphen einer quadratischen Funktion knickfrei zu verbinden.

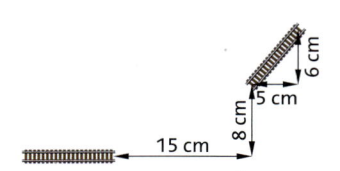

b) Überprüfen Sie, ob sich das obere Gleis vertikal so verschieben lässt, dass beide Übergänge knickfrei sind.
Falls ja, bestimmen Sie die notwendigen Maße.

c) Bestimmen Sie eine ganzrationale Funktion g vom Grad 3, deren Graph die Gleise ohne eine Verschiebung knickfrei miteinander verbindet.

4 Gesucht ist ein Wert des Parameters a, sodass ein knickfreier Übergang zwischen den Graphen von f und g mit $f(x) = x^2$ und $g(x) = x^3 + a$ im Punkt S entsteht.

a) Bestimmen Sie zunächst die positive Stelle mit gleicher Steigung.
Ermitteln Sie a so, dass diese Stelle gleicher Steigung auch Schnittstelle der beiden Graphen ist.
Geben Sie die Koordinaten von S an.

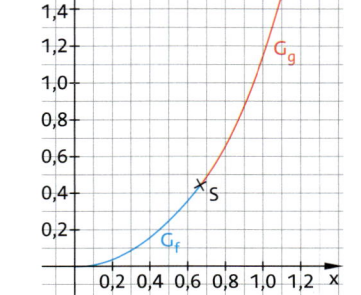

b) Verfahren Sie ebenso mit den Funktionen f und g:
① $f(x) = x^3$ und $g(x) = x^4 + a$
② $f(x) = x^n$ und $g(x) = x^{n+1} + a$

Streifzug 145

4.3 Extremwertprobleme

Julietta möchte mit einem 1,2 m langen Lichtschlauch ein nach unten offenes Rechteck an ihrer Wand abgrenzen, in dem sie Fotos aufhängen kann. Stellen Sie eine Funktion auf, die den Flächeninhalt dieses Rechtecks in Abhängigkeit von einer Seitenlänge beschreibt. Erklären Sie, wie Julietta damit den maximalen Flächeninhalt ermitteln kann, den sie mit dem Schlauch erreichen kann.

Bei einem Extremwertproblem wird der kleinst- oder größtmögliche Wert einer Größe in einem bestimmten Bereich gesucht. Für die Größe wird eine Funktion (**Zielfunktion**) aufgestellt und ihr globales Minimum oder Maximum in einem bestimmten Intervall bestimmt.

> **Wissen** — **Lösungsstrategie für Extremwertprobleme**
> 1. **Gleichung** aufstellen für die **Größe**, die **maximal/minimal** werden soll.
> 2. **Nebenbedingungen** finden, wenn die Größe von mehreren Variablen abhängt.
> 3. Mithilfe der Gleichung und den Nebenbedingungen die **Zielfunktion** (mit nur einer Variablen) für die Größe aufstellen und den **Definitionsbereich** angeben.
> 4. **Lokale Maxima/Minima** der Zielfunktion im Definitionsbereich mithilfe der Ableitungen ermitteln.
> 5. **Globales Maximum/Minimum** ermitteln. Dazu prüfen, ob die Zielfunktion an den Rändern des Definitionsbereichs größere bzw. kleinere Funktionswerte annimmt.
> 6. Lösung im **Sachzusammenhang** interpretieren.

> **Beispiel 1** Ein rechteckiges Spielfeld mit Länge x und Breite y soll von einer 400 m langen, an den kurzen Rechtecksseiten halbkreisförmigen Laufbahn umgeben sein. Bestimmen Sie die Abmessungen, für die das Spielfeld einen maximalen Flächeninhalt hat.
>
> **Lösung:**
>
> 1. Gleichung:
> Flächeninhalt des Spielfelds
> $A = x \cdot y$ (x und y in m)
>
> 2. Aufstellen der Nebenbedingung:
> Nebenbedingung (NB):
> $u = 2x + \pi y = 400$ (Umfang der Laufbahn)
> $y = \frac{400}{\pi} - \frac{2}{\pi}x$
>
> 3. Zielfunktion und Definitionsbereich:
> $A(x) = x \cdot \left(\frac{400}{\pi} - \frac{2}{\pi}x\right) = \frac{400}{\pi}x - \frac{2}{\pi}x^2$ mit $0 \leq x \leq 200$
>
> 4. Bestimmung des lokalen Maximums:
> Ableitungen bestimmen: $A'(x) = \frac{400}{\pi} - \frac{4}{\pi}x$ und $A''(x) = -\frac{4}{\pi}$
> Nullstelle von A' bestimmen: $\frac{400}{\pi} - \frac{4}{\pi}x = 0$ liefert $x = 100$.
> Wegen $A''(100) = -\frac{4}{\pi} < 0$ liegt ein lokales Maximum vor.
> $A(100) = \frac{400}{\pi} \cdot 100 - \frac{2}{\pi} \cdot 100^2 \approx 6366{,}2$
>
> 5. Randwerte prüfen, globales Maximum:
> $A(0) = A(200) = 0 < 6366{,}2$, also kein Randmaximum
> Das lokale Maximum bei $x = 100$ ist auch globales Maximum.
> $x = 100$ in die Nebenbedingung einsetzen:
> $y = \frac{400}{\pi} - \frac{2}{\pi} \cdot 100 \approx 63{,}7$
>
> 6. Interpretation im Sachzusammenhang:
> Für eine Länge von 100 m und eine Breite von 63,7 m wird der Flächeninhalt des Spielfelds mit $A \approx 6366{,}2 \text{ m}^2$ maximal.

Anwendungen der Differenzial- und Integralrechnung 4

Basisaufgaben

1 a) Ein Rechteck hat einen Umfang von 40 cm. Stellen Sie einen Term für den Flächeninhalt in Abhängigkeit von einer Seite des Rechtecks auf.
b) Eine Kathete eines rechtwinkligen Dreiecks ist doppelt so lang wie die andere Kathete. Stellen Sie einen Term für den Flächeninhalt in Abhängigkeit von der kürzeren Kathete auf.
c) Für die Kantenlängen x, y und z eines Quaders gilt $y = 2x$ und $z = 3x$. Stellen Sie einen Term für das Volumen des Quaders in Abhängigkeit von y sowie einen Term für den Oberflächeninhalt in Abhängigkeit von z auf.
d) Die Wahrscheinlichkeit, mit einem gezinkten Würfel eine 6 zu würfeln, beträgt p. Stellen Sie einen Term für die Wahrscheinlichkeit auf, dass bei drei Würfen nur im zweiten Wurf eine 6 fällt.

2 Das Produkt zweier nichtnegativer Zahlen soll maximal werden. Es gilt die Nebenbedingung, dass die Summe der beiden Zahlen 20 ist.
a) Stellen Sie mithilfe einer Nebenbedingung den Term der Zielfunktion auf und geben Sie ihren Definitionsbereich an.
b) Bestimmen Sie das lokale Extremum der Zielfunktion im Definitionsbereich mithilfe der Ableitungen. Zeigen Sie, dass es sich um ein lokales Maximum handelt.
c) Prüfen Sie das Verhalten der Zielfunktion an den Rändern des Definitionsbereichs und geben Sie das globale Maximum der Zielfunktion im Definitionsbereich an.
d) Geben Sie die beiden gesuchten Zahlen und den Wert des maximalen Produkts an.

3 Hannah möchte für ihre Kaninchen ein rechteckiges Stück Wiese einzäunen, das an einer Seite an die Hauswand angrenzt. Für die anderen drei Seiten stehen ihr 6 m Zaun zur Verfügung.
a) Fertigen Sie eine Skizze an und stellen Sie eine Zielfunktion für den Flächeninhalt der eingezäunten Fläche auf.

Hinweis zu b)
Die Koordinaten des Scheitelpunktes können Sie durch quadratische Ergänzung oder durch seine Lage bezüglich der Nullstellen ermitteln.

b) Bestimmen Sie das Maximum der Zielfunktion einmal mithilfe der Ableitung und einmal mithilfe des Scheitelpunktes der Parabel ohne die Verwendung von Ableitungen. Vergleichen Sie den Rechenaufwand der beiden Methoden.
c) Geben Sie die Maße der Wiese an, die den Tieren möglichst viel Platz bietet.

4 Für eine Größe G gilt $G = 2a^2b + 20$ mit zwei Variablen a und b. Es gilt zudem die Bedingung $2a - b = 4$.
a) Stellen Sie die Zielfunktion G(a) auf.
b) Bestimmen Sie die lokalen Maxima und Minima von G.
c) Bestimmen Sie die globalen Extrema von G auf dem Intervall [0; 1].

5 Aus einer dreieckigen Holzplatte mit $a = b = 50$ cm, $c = 60$ cm soll ein möglichst großes rechteckiges Brett herausgeschnitten werden.
Beschreiben Sie die Lösungsschritte unter Verwendung von Fachsprache und erläutern Sie die Ergebnisse. Geben Sie dann die Maße des rechteckigen Bretts mit maximalem Flächeninhalt an.
① $A(x,y) = 2x \cdot y$
② $h = 40$
③ $y = -\frac{4}{3}x + 40$
④ $A(x) = -\frac{8}{3}x^2 + 80x$
⑤ $A'(x) = -\frac{16}{3}x + 80 = 0$
⑥ $x = 15$

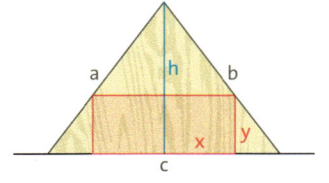

4.3 Extremwertprobleme

Figuren unter Funktionsgraphen

Extremwertprobleme können sich auch im Zusammenhang mit Figuren unter Funktionsgraphen ergeben. Bei solchen Extremwertproblemen liegt ein Punkt (oder mehrere Punkte) einer Figur auf dem Graphen einer Funktion. Gesucht werden nun die Koordinaten des Punktes (oder mehrerer Punkte), sodass sich zum Beispiel ein maximaler Flächeninhalt der Figur ergibt.

Beispiel 2

Gegeben ist der Graph der Funktion f mit $f(x) = -\frac{1}{3}x^2 + 3$. Der Punkt $C(a|f(a))$ wandert auf dem Graphen der Funktion f im ersten Quadranten. Die Punkte A, B, C und D bilden dabei ein Rechteck.
a) Stellen Sie eine Zielfunktion für den Flächeninhalt des Rechtecks auf und geben Sie einen sinnvollen Definitionsbereich an.
b) Bestimmen Sie den Wert für a so, dass der Flächeninhalt des Rechtecks maximal wird, und geben Sie den maximalen Flächeninhalt an.

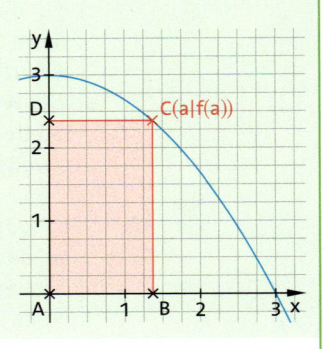

Lösung:

a) 1. Gleichung: $A = b \cdot h$ (Breite mal Höhe)

    2. Nebenbedingungen: C liegt auf dem Graphen: $b = a$, $h = f(a)$

    3. Zielfunktion und Definitionsbereich:
$A(a) = a \cdot f(a) = a \cdot \left(-\frac{1}{3}a^2 + 3\right) = -\frac{1}{3}a^3 + 3a$
a liegt zwischen der y-Achse und der positiven Nullstelle von f.
Nullstellen von f: $x_1 = 3$; $x_2 = -3$
Definitionsbereich: $0 \leq a \leq 3$

b) 4. Lokale Extrema der Zielfunktion:
$A'(a) = -a^2 + 3$, $A''(a) = -2a$
Nullstellen von A': $-a^2 + 3 = 0$, also $a_1 = \sqrt{3}$, $a_2 = -\sqrt{3}$
Nur a_1 liegt im Definitionsbereich von A.
$A''(\sqrt{3}) = -2\sqrt{3} < 0$, also lokales Maximum bei $\sqrt{3}$
$A(\sqrt{3}) \approx 3{,}46$

    5. Randwerte prüfen, globales Maximum: $A(0) = 0$ und $A(3) = 0$, also kein Randmaximum
Das lokale Maximum 3,46 ist auch das globale Maximum.

    6. Interpretation: Für $a = \sqrt{3}$ wird der Flächeninhalt mit $A \approx 3{,}46$ FE maximal.

Basisaufgaben

6 Gegeben ist der Graph der Funktion f mit $f(x) = -0{,}5x^3 + 2x$.
Die Punkte A, B und C mit den Koordinaten $A(0|0)$, $B(a|0)$ und $C(a|f(a))$ bilden im ersten Quadranten des Koordinatensystems ein rechtwinkliges Dreieck. 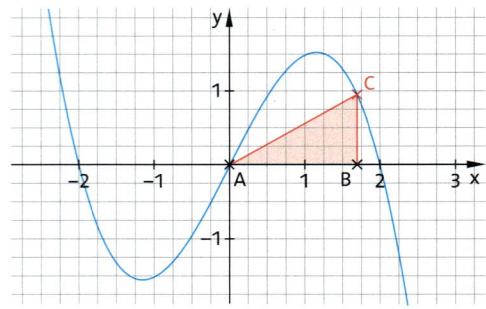
a) Stellen Sie eine Zielfunktion für den Flächeninhalt des Dreiecks auf und geben Sie einen sinnvollen Definitionsbereich an.
b) Ermitteln Sie, für welchen Wert von a der Flächeninhalt des Dreiecks maximal wird, und geben Sie den maximalen Flächeninhalt an.

7 Dem Graphen der Funktion f mit $f(x) = -\frac{1}{2}x^2 + 6$ wird oberhalb der x-Achse ein gleichschenkliges Dreieck wie in der Abbildung einbeschrieben. Bestimmen Sie den maximalen Flächeninhalt des Dreiecks.

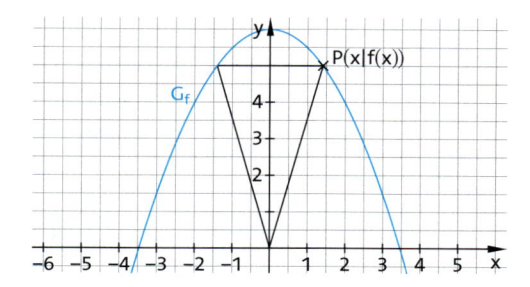

8 Dem Graphen der Funktion $a: x \mapsto -\frac{1}{2}x^2 + 6$ wird ein Rechteck oberhalb der x-Achse einbeschrieben.
a) Fertigen Sie eine Skizze an und stellen Sie einen Term für den Flächeninhalt auf.
b) Bestimmen Sie den maximalen Flächeninhalt des Rechtecks.

Erinnerung

Flächeninhalt eines Trapezes

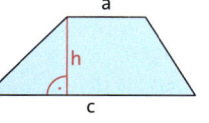

$A_{Trapez} = \frac{a+c}{2} \cdot h$

9 Dem Graphen der Funktion f mit $f(x) = -\frac{1}{2}x^2 + 2$ wird ein symmetrisches Trapez wie in der Abbildung einbeschrieben. Bestimmen Sie den größtmöglichen Flächeninhalt des Trapezes.

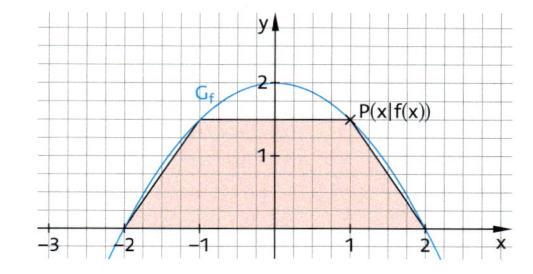

Weiterführende Aufgaben

Zwischentest

10 Für ein öffentliches Kunstwerk soll aus 36 m Stahlrohr das Kantenmodell eines Quaders mit quadratischer Grundfläche hergestellt werden.
a) Bestimmen Sie die Abmessungen des Quaders, sodass sein Volumen maximal wird.
b) Bestimmen Sie das maximale Volumen, wenn die Kantenlänge der Grundfläche nicht größer als 2,5 m sein darf.
c) Bestimmen Sie das maximale Volumen, wenn die Höhe auf maximal 2 m beschränkt ist.

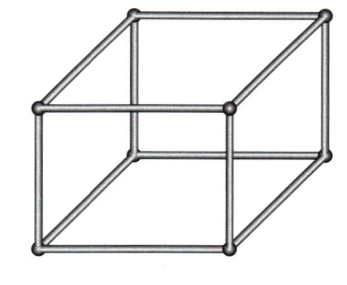

11 Eine Firma stellt Fertigsuppen her und möchte diese in Dosen mit dem Volumen 550 mℓ abfüllen. Aus ökologischen Gründen soll der Materialbedarf möglich gering gehalten werden. Ermitteln Sie den Radius und die Höhe einer zylinderförmigen Dose mit möglichst geringem Oberflächeninhalt. Diskutieren Sie, ob diese Dosen automatisch auch den geringsten Materialverbrauch verursachen.

12 Dem Graphen der Funktion $f: x \mapsto \sqrt{-x^2 + 4}$ wird ein Rechteck PQRS so einbeschrieben, dass die Ecken P und S mit $x_P > x_S$ auf der x-Achse und die Ecken R und Q auf dem Graphen liegen. Fertigen Sie eine Skizze an und bestimmen Sie die x-Koordinate von P, sodass der Flächeninhalt maximal wird. Geben Sie diesen maximalen Wert an.

13 Die Graphen der Funktionenschar f_t mit $f_t(x) = -t(x^2 - t^2) + 5$ schließen für $t \geq -\sqrt[3]{5}$ mit der x-Achse und den Geraden $x = -1$ und $x = 1$ eine Fläche ein. Bestimmen Sie den Wert von t, für den der Inhalt dieser Fläche minimal wird.

14 Stolperstelle: Aus einem rechteckigen Blechstück mit den Maßen 20 cm x 15 cm soll eine oben offene, zylindrische Dose mit möglichst großem Volumen hergestellt werden. Tom bestimmt den Radius der Dose:
Zielfunktion: $V(r) = -2\pi r^3 + 20\pi r^2$
lokales Maximum: $r \approx 6{,}67$ cm
Die Dose mit dem Radius $r \approx 6{,}67$ cm hat das größte Volumen.
Nehmen Sie zu dem Ergebnis im Sachzusammenhang Stellung und ermitteln Sie das größtmögliche Volumen der Dose.

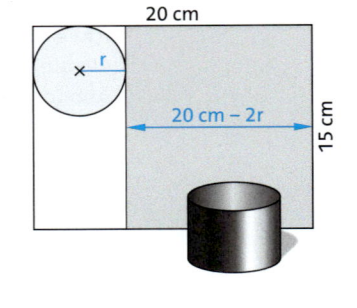

15 Aus zwei Brettern der Breite b soll eine Rinne gebaut werden, mit der man möglichst viel Wasser ableiten kann. Bestimmen Sie den Neigungswinkel α der Seitenflächen, sodass der Flächeninhalt A(α) des Querschnitts der Rinne maximal ist.

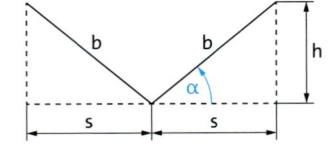

16 Gegeben ist die in ℝ definierte Funktion f mit $f(x) = \frac{1}{x^2 + 1}$.
a) Skizzieren Sie den Graphen von f.
b) Der Ursprung O ist die Spitze eines zur y-Achse symmetrischen gleichschenkligen Dreiecks OAB, dessen Ecken A und B auf dem Graphen von f liegen. Bestimmen Sie die Koordinaten von A und B, sodass der Flächeninhalt des Dreiecks maximal wird.

17 Den Körper eines liegenden Kaiserpinguins kann man als Rotationskörper modellieren, indem man den Graphen von p mit $p(x) = \frac{1}{30}\sqrt{x^3 - 360x^2 + 28800x}$ mit dem Definitionsbereich D = [0; 120] um die x-Achse rotieren lässt (x, p(x) in cm). 
a) Geben Sie die Höhe dieses Pinguins von Kopf bis Fuß an. Berechnen Sie mithilfe des Modells den maximalen Taillenumfang des Pinguins.
b) Plotten Sie den Graphen von p und den Graphen der Funktion q, die man durch Spiegelung von p an der x-Achse erhält, um die Gestalt des Pinguins zu veranschaulichen. Berechnen Sie dann das Volumen des Pinguins.
c) Schätzen Sie den Oberflächeninhalt des Pinguins ab, indem Sie den Körper durch einen Zylinder mit dem Radius r = 20 cm annähern. Berechnen Sie das Verhältnis aus Oberflächeninhalt und Volumen des Pinguins mit dieser Schätzung.
d) Der tatsächliche Oberflächeninhalt des Pinguins beträgt rund 16 360 cm². Geben Sie das Verhältnis aus Oberflächeninhalt und Volumen des Pinguins an und vergleichen Sie mit Ihrem Ergebnis aus c).
e) Beim Galapagos-Pinguin beträgt das Verhältnis aus Oberflächeninhalt und Volumen 0,2. Erläutern Sie anhand der Auswirkungen dieses Verhältnisses auf den Wärmeverlust des Körpers, welche der beiden Pinguinarten vermutlich in kälteren Regionen lebt.

18 In ein gleichschenkliges Dreieck mit der Basis g = 3 cm und der Höhe h = 7 cm wird ein Rechteck einbeschrieben.
a) Berechnen Sie die Maße des Rechtecks mit maximalem Flächeninhalt.
b) Nun soll in eine quadratische Pyramide mit der Grundseite g = 3 cm und Höhe h = 7 cm ein Quader mit maximalem Volumen einbeschrieben werden. Bestimmen Sie die Maße und das Volumen dieses Quaders.

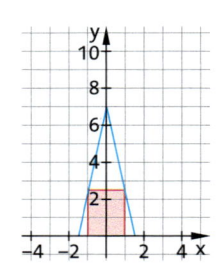

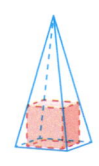

Hilfe

Anwendungen der Differenzial- und Integralrechnung 4

19 Emre und Luisa spielen Tischtennis. Wer zuerst zwei Sätze gewonnen hat, gewinnt das Match. Emre gewinnt jeden Satz mit der Wahrscheinlichkeit p. Bestimmen Sie p so, dass die Wahrscheinlichkeit, dass Emre das Spiel in 3 Sätzen gewinnt, maximal wird.

20 Eine Firma produziert Schoko-Osterhasen. Hasen aus Edelschokolade werden für 3,50 € pro 100 g verkauft, Hasen aus billiger Schokolade für 0,49 € pro 100 g. Bei der Produktion können beide Schokoladensorten gemischt werden. Der Verkaufspreis richtet sich dann nach den Anteilen beider Sorten. 
a) Berechnen Sie, wie teuer ein 100-g-Schokohase mit einem Anteil von 65 % Edelschokolade ist.

In den letzten Jahren wurde festgestellt: Erhöht man den Anteil der Edelschokolade, dann werden wegen des steigenden Preises weniger Schokohasen gekauft. Allerdings bleibt die Nachfrage ab einem Anteil von 40 % Edelschokolade konstant, obwohl der Preis steigt. Die Nachfrage n kann mit der folgenden Funktion beschrieben werden:

$$n(x) = \begin{cases} -165x + 8000, & 0 \leq x < 40 \\ 1400, & 40 \leq x \leq 100 \end{cases}, \text{ wobei x den Prozentanteil von Edelschokolade und}$$

n(x) die verkaufte Anzahl an Schokohasen angibt.
b) Berechnen Sie, wie viel Umsatz die Firma macht, wenn sie Schokohasen mit einem Anteil von 65 % Edelschokolade herstellt.
c) Ermitteln Sie, wie hoch der Anteil der Edelschokolade bei den Schokohasen sein sollte, damit der Umsatz der Firma maximal wird.

Erinnerung

Für den Abstand zwischen zwei Punkten $P(x_1|y_1)$ und $Q(x_2|y_2)$ gilt: $d = \sqrt{(x_2 - x_1)^2 + (y_2 - y_1)^2}$

21 Abgebildet ist der Graph der Funktion f mit $f(x) = -x^2 + 3$. Der Punkt B liegt auf dem Graphen der Funktion f im 1. Quadranten.
Berechnen Sie die Koordinaten des Punktes B, sodass der Abstand d(A; B) zwischen den Punkten A(0|1) und B minimal wird.
Geben Sie den minimalen Abstand an.

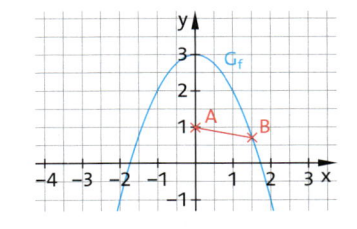

22 Ein Becken wird gefüllt. Der Wasserzufluss kann für $t \in [0; 5]$ durch die Funktion f mit $f(t) = t^3 - 24t^2 + 94t$ beschrieben werden, wobei t die seit Beginn des Füllvorgangs vergangene Zeit in Minuten und f(t) die Zuflussrate in dm³/min beschreibt.
Bestimmen Sie den Zeitpunkt T, ab dem innerhalb der folgenden 2 Minuten die größte Wassermenge zufließt.

23 Ausblick: Ein Spielautomat ist so eingestellt, dass Spieler im Durchschnitt in 1 % der Fälle das 10-Fache ihres Einsatzes ausbezahlt bekommen und in 10 % der Fälle ihren Einsatz zurückbekommen. Der Einsatz pro Spiel beträgt 50 Cent. Im Durchschnitt werden an einem Tag 200 Spiele durchgeführt. 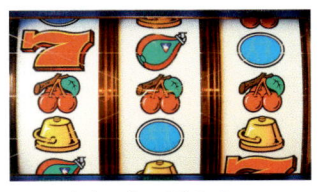
a) Begründen Sie, dass der Term $200 \cdot (-4{,}5 \cdot 0{,}01 + 0 \cdot 0{,}1 + 0{,}5 \cdot 0{,}89)$ den im Mittel zu erwartenden Tagesgewinn des Automaten angibt. Berechnen Sie diesen.
b) Der Automat lässt sich so einstellen, dass die Wahrscheinlichkeit p für die Erstattung des Einsatzes verändert wird. Erklären Sie die Bedeutung der Funktion f mit
$f(x, p) = x \cdot (-4{,}5 \cdot 0{,}01 + 0 \cdot p + 0{,}5 \cdot (0{,}99 - p))$.
c) Aus Erfahrung ist bekannt: Erhöht man die Wahrscheinlichkeit p um jeweils 0,01, so erhöht sich die Anzahl der Spiele pro Tag um jeweils 15. Berechnen Sie die optimale Einstellung des Automaten, um den Tagesgewinn zu maximieren.

4.3 Extremwertprobleme

4.4 Klausur- und Abiturtraining

Aufgaben ohne Hilfsmittel

1 Der Graph einer quadratischen Funktion f hat an der Stelle x = 2 die gleiche Steigung wie die Gerade g mit g(x) = −6x + 5. Der Punkt H(−1|2) ist ein Hochpunkt des Graphen von f. Beim Ermitteln einer Funktionsgleichung ergibt sich das lineare Gleichungssystem:

$$\begin{vmatrix} a - b + c = 2 \\ -2a + b = 0 \\ 4a + b = -6 \end{vmatrix}$$

a) Erläutern Sie, wie sich das lineare Gleichungssystem aus den Eigenschaften des Graphen von f ergibt.
b) Lösen Sie das Gleichungssystem und bestimmen Sie eine Funktionsgleichung von f.

2 Der Graph einer achsensymmetrischen Funktion vierten Grades soll bei x = 2 eine Wendestelle haben.
Ermitteln Sie, welche Beziehung in diesem Fall zwischen den Parametern a und b in der Funktionsgleichung $f(x) = ax^4 + bx^2 + c$ gelten muss.

3 Der Graph einer ganzrationalen Funktion vierten Grades ist achsensymmetrisch zur y-Achse und besitzt den lokalen Tiefpunkt T(2|8). Er schneidet die y-Achse im Punkt P(0|16). Ermitteln Sie eine passende Funktionsgleichung zum Graphen.

4 Bestimmen Sie die maximale Definitionsmenge sowie die Nullstelle der Funktion f.
a) $f(x) = \sqrt{2 - e^x}$
b) $f(x) = \sqrt{\ln(x) - 2}$

5 In einem Koordinatensystem werden alle Rechtecke betrachtet, bei denen zwei Seiten auf den Koordinatenachsen liegen und zudem ein Eckpunkt im 1. Quadranten auf dem Graphen der Funktion f liegt. Unter den betrachteten Rechtecken gibt es eines mit größtem Flächeninhalt. Berechnen Sie die Seitenlängen dieses Rechtecks für die Funktion f.
a) $f(x) = 4{,}5 - 0{,}5x^2$
b) $f(x) = -\ln(x)$

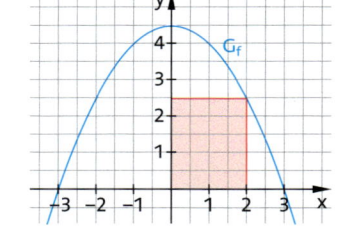

6 Gegeben ist die in $\mathbb{R}$ definierte Funktion $z: x \mapsto x^2 \cdot e^{-x}$.
a) Geben Sie die Nullstelle sowie die Wertemenge von z an und begründen Sie damit, dass der Graph von z im Koordinatenursprung einen Tiefpunkt hat.
b) Der Graph von z hat einen Hochpunkt H. Bestimmen Sie dessen Koordinaten und begründen Sie damit, welcher der beiden abgebildeten Graphen zur Funktion z gehört. 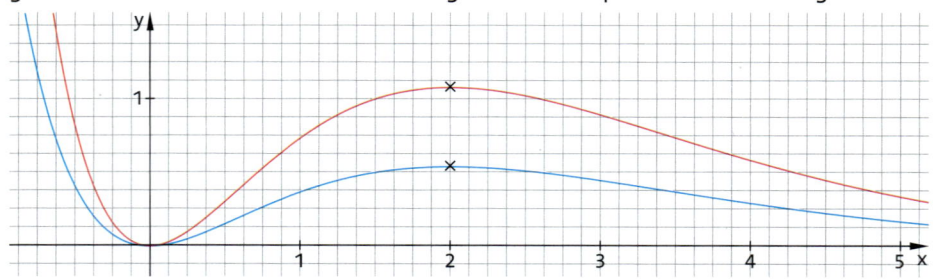
c) Erläutern Sie mithilfe des Funktionsterms, wie der Graph von z für $x \to +\infty$ verläuft, und begründen Sie damit, wie viele Wendepunkte der Graph von z hat.

Aufgaben mit Hilfsmitteln

7 Gegeben ist die Funktion f mit $f(x) = \frac{2 + \ln(x)}{x}$.
  a) Bestimmen Sie den Definitionsbereich und die Nullstellen von f.
  b) Untersuchen Sie das Verhalten von f(x) an den Rändern des Definitionsbereichs.
  c) Bestimmen Sie die Koordinaten der Extrem- und Wendepunkte.
  d) Ermitteln Sie eine Gleichung der Wendetangente.
  e) Zeigen Sie, dass F mit $F(x) = \frac{1}{2}(\ln(x))^2 + 2\ln(x)$ eine Stammfunktion von f ist.
  f) Der Graph von f schließt mit der x-Achse über dem Intervall [1; e] ein Flächenstück ein. Berechnen Sie seinen Flächeninhalt.

8 Der Graph einer ganzrationalen Funktion dritten Grades hat im Ursprung einen lokalen Tiefpunkt. Der Wendepunkt des Graphen liegt im Punkt P(−5 | 250).
  a) Bestimmen Sie die Funktionsgleichung.
  b) Der Graph gehört zur Funktionenschar f_a mit $f_a(x) = x^3 + (12 - 0{,}75a)x^2 - (60 + 15a)x$. Bestimmen Sie den Scharparameter a zur Funktionsgleichung aus a).
  c) Bestimmen Sie, für welchen Wert von a der Graph von f_a punktsymmetrisch zum Ursprung ist.
  d) Berechnen Sie die Wendestelle der Graphen der Funktionenschar f_a.

9 Die Abbildung zeigt schematisch eine Anschlussstelle, die eine Autobahn mit einer Bundesstraße verbindet.
Im eingezeichneten Koordinatensystem entspricht eine Längeneinheit 20 m.
Die Autobahn kann dabei durch die Gerade mit der Gleichung y = 2,4x + 18 und die Bundesstraße durch die Gerade mit der Gleichung $y = -\frac{5}{16}x + \frac{105}{8}$ modelliert werden. 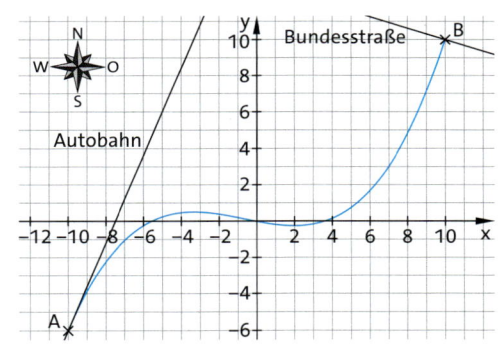
Fährt man aus dem Süden kommend von der Autobahn ab, so beginnt die Ausfahrt knickfrei im Punkt A(−10 | −6) und mündet im Punkt B(10 | 10) senkrecht in die Bundesstraße. Der Verlauf dieser Ausfahrt kann durch eine ganzrationale Funktion f dritten Grades beschrieben werden.
Stellen Sie ein Gleichungssystem auf und ermitteln Sie damit einen Funktionsterm der Funktion f.

10 Das aus Weißblech ausgestanzte Logo einer Firma kann mithilfe des Graphen der Funktion $f: x \mapsto x \cdot e^{1 - 4x^2}$ im Bereich $-1 \leq x \leq 1$ modelliert werden (1 LE entspricht 1 m). 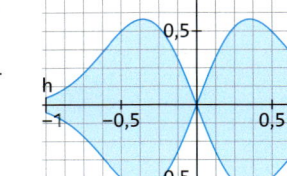
  a) Geben Sie an, welche Begrenzungslinie durch den Graphen von f beschrieben wird, und geben Sie die Funktionsgleichung für die andere Begrenzungslinie an.
  b) Berechnen Sie die Höhe h des Blechs am linken bzw. rechten Rand.
  c) Ermitteln Sie rechnerisch die Mindestmaße eines rechteckigen Blechstreifens, sodass man daraus dieses Logo ausstanzen kann.
  d) Berechnen Sie den Flächeninhalt des Logos auf Quadratzentimeter genau.
  e) Die Firma fertigt Konservendosen mit einem Oberflächeninhalt von $120\pi\,cm^2$ an. Bestimmen Sie rechnerisch, für welchen Radius das Volumen dieser Dosen maximal wird.

4 Prüfen Sie Ihr neues Fundament

Lösungen → S. 179

1. Die Funktion f mit $f(t) = (t-3)^2 \cdot e^{-\frac{t}{4}}$ sei für $0 \leq t \leq 15$ ein Modell für die Wachstumsgeschwindigkeit einer Bakterienkultur. Dabei beschreibt t die Zeit in Stunden. Die Wachstumsgeschwindigkeit wird in Tausend pro Stunde angegeben. Zum Beobachtungsbeginn (Zeitpunkt t = 0) waren 2000 Bakterien vorhanden.
   a) Ermitteln Sie die Extrem- und Wendepunkte des Graphen von f im Intervall $0 \leq t \leq 15$.
   b) Zeichnen Sie den Graphen von f im angegebenen Intervall.
   c) Untersuchen Sie den Wahrheitsgehalt folgender Aussagen.
      A: Im Zeitraum $0 \leq t \leq 3$ nimmt die Anzahl der Bakterien ab.
      B: Für t = 3 ist die Bakterienanzahl gleich null.
      C: Zum Zeitpunkt t = 11 ist die Bakterienanzahl am größten.
   d) Weisen Sie nach, dass F mit $F(t) = (-4t^2 - 8t - 68)e^{-\frac{t}{4}}$ eine Stammfunktion von f ist.
   e) Ermitteln Sie näherungsweise die Bakterienanzahl fünf Stunden nach Beobachtungsbeginn.

2. Gegeben ist die Funktion $f: x \mapsto 1 - (\ln(x))^2$.
   a) Berechnen Sie die Nullstellen von f. Untersuchen Sie den Graphen von f auf Extrempunkte. Geben Sie ggf. deren Art und Lage an.
   b) Zeigen Sie, dass F mit $F(x) = 2x\ln(x) - x(\ln(x))^2 - x$ eine Stammfunktion von f ist. Berechnen Sie den Flächeninhalt, den der Graph von f mit der x-Achse einschließt.
   c) Betrachten Sie die Funktion g mit $g(x) = f(x) + x$. Bestimmen Sie die Wendestelle des Graphen von g und begründen Sie, dass der Graph von f an dieser Stelle ebenfalls einen Wendepunkt hat.

3. Formulieren Sie die Bedingungen als Gleichungen.
   a) Eine ganzrationale Funktion dritten Grades hat an der Stelle x = 5 den Wert 18.
   b) Der Graph einer ganzrationalen Funktion dritten Grades schneidet die y-Achse bei 3.
   c) Der Graph einer ganzrationalen Funktion vierten Grades berührt die x-Achse an der Stelle x = 5.
   d) Der Graph einer ganzrationalen Funktion dritten Grades hat im Punkt A(3|−1) die Steigung 4.
   e) Der Graph der Ableitungsfunktion einer ganzrationalen Funktion vierten Grades hat im Punkt B(2|1) eine waagerechte Tangente.

4. Bestimmen Sie eine passende Funktionsgleichung der ganzrationalen Funktion.

   ① Der Graph einer Funktion dritten Grades durchläuft den Ursprung mit der Steigung −1 und schneidet die x-Achse im Punkt P(1|0) mit der Steigung 2.

   ② Der Graph einer Funktion dritten Grades berührt die x-Achse im Ursprung. Die Tangente am Graphen im Punkt A(3|0) ist parallel zur Gerade mit der Gleichung y = 5x.

   ③ Der Graph einer Funktion vierten Grades hat im Ursprung einen Wendepunkt mit einer waagerechten Tangente und im Punkt P(5|5) einen Extrempunkt.

   ④ Der Graph einer Funktion vierten Grades ist symmetrisch zur y-Achse, verläuft durch den Punkt P(0|3) und hat im Punkt Q(3|0) ein lokales Minimum.

5. Bei einem Indoor-Leichtathletikwettkampf wird eine Kugel aus einer Höhe von 2,20 m unter einem Winkel von 45° abgeworfen und landet 20,52 m entfernt.
   Modellieren Sie die Flugbahn mit einer quadratischen Funktion. Bestimmen Sie die minimale Höhe der Halle.

6. Bestimmen Sie eine ganzrationale Funktion dritten Grades, deren Graph durch den Punkt P(0|5) verläuft, dort die Steigung 2 und im Punkt Q(1|11) einen Wendepunkt hat.

7 Ein Unternehmen verkauft neue Modelle seiner beliebten Bluetooth-Kopfhörer. Bei den letzten Modellen wurde beobachtet, dass die Anzahl der Bestellungen vom Verkaufspreis abhängt. Bei einem Preis von 20 € war die Anzahl der Bestellungen minimal. Bei einem Preis von 65 € war die Zunahme der Bestellungen am höchsten.
   a) Ermitteln Sie b und c, sodass die Funktion f mit $f(x) = -\frac{1}{60}x^3 + bx^2 + cx + \frac{3601}{3}$ die Anzahl der Bestellungen in Abhängigkeit vom Verkaufspreis im Intervall [20; 150] modelliert.
   b) Berechnen Sie, bei welchem Preis x die Anzahl der Bestellungen am größten ist. Geben Sie die maximale Anzahl an Bestellungen an.

8 Der Graph der Funktion f mit $f(x) = e^{ax^2 - x} + b$ hat im Punkt $P(0,5 | e^{-0,25})$ einen Tiefpunkt. Bestimmen Sie die Werte von a und b.

9 Eine Funktion f hat die Funktionsgleichung $f(x) = \sqrt{ax^2 + bx + c}$. Bestimmen Sie die Parameter a, b und c, sodass der Graph von f durch P(0 | 1) verläuft, einen Tiefpunkt an der Stelle x = 0,25 hat und an der Stelle x = 0,5 die Steigung 1 hat.

10 Die Zahl 10 soll so in zwei Summanden zerlegt werden, dass
   a) das Produkt,
   b) die Summe der Quadrate,
   c) die Differenz der Quadrate,
   d) die Differenz der dritten Potenzen
   der beiden Summanden einen maximalen oder minimalen Wert annimmt. Ermitteln Sie die Summanden, falls möglich.

11 Ein quaderförmiges Bassin soll eine rechteckige Grundfläche mit einem Seitenlängenverhältnis von 2 : 1 und ein Fassungsvermögen von 32 m³ haben. Die Abmessungen sollten so gewählt werden, dass beim Auskleiden des Bassins innen möglichst wenig Folie benötigt wird.
   a) Fertigen Sie eine Skizze des Bassins an, tragen Sie die gegebenen Informationen mithilfe von Variablen ein und stellen Sie eine Zielfunktion auf.
   b) Ermitteln Sie die Abmessungen.

12 Die Abbildung zeigt den Graphen der Funktion f mit $f(x) = -\frac{1}{8}x^3 + 2x$.
Der Punkt A(a | f(a)) des Graphen bildet mit dem Koordinatenursprung und dem Punkt B(a | 0) im ersten Quadranten ein rechtwinkliges Dreieck.
   a) Stellen Sie eine Zielfunktion auf, die den Flächeninhalt des Dreiecks in Abhängigkeit von a bestimmt. Geben Sie einen sinnvollen Definitionsbereich an.
   b) Bestimmen Sie den Wert von a, für den der Flächeninhalt maximal wird, und geben Sie den maximalen Flächeninhalt an.

Wo stehe ich?

	Ich kann...	Aufgabe	Nachschlagen
4.1	... verknüpfte Funktionen, auch im Sachzusammenhang, untersuchen.	1, 2	S. 132 Beispiel 1
4.2	... Funktionsterme ganzrationaler und verknüpfter Funktionen aus ihren Eigenschaften rekonstruieren.	3, 4, 5, 6, 7, 8, 9	S. 138 Beispiel 1, S. 140 Beispiel 2
4.3	... Extremwertprobleme lösen.	10, 11, 12	S. 146 Beispiel 1, S. 148 Beispiel 2

4 Zusammenfassung

Rekonstruktion von Funktionstermen

Schritte zur Bestimmung des Funktionsterms einer **ganzrationalen Funktion**:
1. Eigenschaften in Bedingungen an die Funktion/Ableitungen übersetzen
2. Bedingungen in die allgemeine Form einsetzen und ein lineares Gleichungssystem aufstellen
3. Lineares Gleichungssystem lösen und den Funktionsterm angeben
4. Prüfen, ob der Funktionsterm die Eigenschaften erfüllt

Auch den Term einer **verknüpften Funktion** kann man aus bekannten Eigenschaften ermitteln. Dabei entstehen häufig keine linearen Gleichungssysteme, sodass man verschiedene Lösungsmethoden nutzen muss.

Gesucht ist die quadratische Funktion f mit y-Achsenabschnitt 2 und lokalem Extremum bei x = 3, deren Graph den Punkt (2|6) enthält.
1. $f(0) = 2$; $\quad f(2) = 6$; $\quad f'(3) = 0$
2. $f(x) = ax^2 + bx + c$; $\quad f'(x) = 2ax + b$
   $f(0) = 2 \Rightarrow \quad\quad\quad\quad\quad c = 2$
   $f(2) = 6 \Rightarrow \quad\quad 4a + 2b + c = 6$
   $f'(3) = 0 \Rightarrow \quad\quad\quad\quad 6a + b = 0$
3. Lösung: $a = -0{,}5$; $\quad b = 3$; $\quad c = 2$
   $f(x) = -0{,}5x^2 + 3x + 2$
4. $f''(3) = -1 \neq 0 \Rightarrow$ lok. Extremum bei 3

Gesucht ist die Funktion f mit einer Gleichung der Form $f(x) = ax \cdot e^{-bx}$, deren Graph durch den Punkt (1|2) mit der Steigung m = −1 verläuft.
Ansatz:
$f(x) = ax \cdot e^{-bx}$; $\quad f'(x) = (1 - bx)ae^{-bx}$
Gleichungen:
$f(1) = 2 \Rightarrow a \cdot e^{-b} = 2$
$f'(1) = -1 \Rightarrow (1 - b)ae^{-b} = -1$
Parameter bestimmen:
$\frac{ae^{-b}}{(1-b) \cdot ae^{-b}} = \frac{2}{-1} \Leftrightarrow \frac{1}{1-b} = -2 \Leftrightarrow b = \frac{3}{2}$
$ae^{-\frac{3}{2}} = 2 \Leftrightarrow a = 2e^{\frac{3}{2}}$
$f(x) = 2e^{\frac{3}{2}} \cdot x \cdot e^{-\frac{3}{2}x}$

Extremwertprobleme

Lösungsstrategie:
1. Gleichung für die gesuchte Größe aufstellen
2. Nebenbedingungen finden
3. Zielfunktion aufstellen und Definitionsbereich angeben
4. Lokale Extrema der Zielfunktion im Definitionsbereich bestimmen
5. Randwerte berechnen und die globalen Extrema bestimmen
6. Lösung im Kontext interpretieren

$f(x) = -\frac{1}{3}x^2 + 3$
Gesucht ist a, sodass der Flächeninhalt des Rechtecks ABCD mit Eckpunkt C(a|f(a)) im 1. Quadranten maximal wird.
1. $A = b \cdot h$ (Breite · Höhe)
2. $b = a$; $h = f(a)$
3. $A(a) = a \cdot f(a) = -\frac{1}{3}a^3 + 3a$; $0 \leq a \leq 3$
4. Lokales Maximum von A bei $a = \sqrt{3}$
5. Randwerte: $A(0) = A(3) = 0 < A(\sqrt{3})$
6. Flächeninhalt ist maximal für $a = \sqrt{3}$

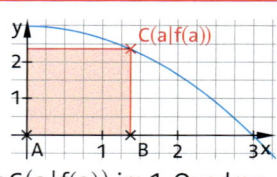

5 Abiturtraining

In diesem Kapitel finden Sie
→ Hinweise zur Abiturprüfung,
→ abiturähnliche Aufgaben zur Vorbereitung auf die schriftliche Prüfung.

5.1 Hinweise zur Abiturprüfung

Eine schriftliche Abiturprüfung in Mathematik besteht aus einem Prüfungsteil A ohne Hilfsmittel und einem Prüfungsteil B mit Hilfsmitteln (Taschenrechner und Formeldokument). Insgesamt dauert die Prüfung 300 Minuten.

Aufgabenteil A ist maximal 110 Minuten lang und enthält einen Pflichtteil mit zwei Analysis- und je einer Stochastik- und Geometrie-Aufgabe. Zudem enthält er einen Wahlteil mit je zwei anspruchsvolleren Aufgaben aus den drei Themengebieten, von denen Sie zwei auswählen müssen.

Aufgabenteil B enthält je eine umfangreiche Aufgabe aus jedem der drei Themengebiete und umfasst mehr Bewertungseinheiten.

	Prüfungsteil A – hilfsmittelfrei (max. 110 min)				Prüfungsteil B – mit TR und Formeldokument
	Pflichtteil		Wahlteil		
Analysis	A1 (5 BE)	A2 (5 BE)	A5 (5 BE)	A6 (5 BE)	B1 (30 BE)
Stochastik	A3 (5 BE)		A7 (5 BE)	A8 (5 BE)	B2 (20 BE)
Geometrie	A4 (5 BE)		A9 (5 BE)	A10 (5 BE)	B3 (20 BE)

Übersicht der Themen:

Thema	Teilaspekte	Klasse
Spezielle Eigenschaften von Funktionen	• Verhalten im Unendlichen, Symmetrie • Verschieben, Strecken und Spiegeln, Stetigkeit	11
Gebrochen-rationale Funktionen	• Definitionslücken, Nullstellen, Polstellen • Verhalten im Unendlichen und Asymptoten	11
Grundlagen der Differenzialrechnung	• Änderungsraten, Differenzierbarkeit • Ableitungsfunktion, Tangenten, Steigungswinkel	11
Anwendung der Differenzialrechnung	• Monotonie, lokale Extrem- und Terrassenpunkte • Krümmung, Wendepunkte, Newton-Verfahren	11
Ganzrationale und trigonometrische Funktionen	• Funktionenscharen und Stammfunktionen • Ableitung der Sinus- und Kosinusfunktion	12
Natürliche Exponentialfunktionen	• Ketten- und Produktregel • natürlicher Logarithmus und Wachstumsvorgänge	12
Quotientenregel und Umkehrfunktionen	• Quotientenregel, Umkehrfunktion, Wurzelfunktion • natürliche Logarithmusfunktion, Verknüpfungen	12
Integralrechnung	• (Un-)Bestimmtes Integral, Integralfunktion • Hauptsatz der Differenzial- und Integralrechnung • Flächen zwischen Graphen, uneigentliches Integral	13
Anwendungen der Differenzialrechnung	• Rekonstruktion von Funktionstermen • Extremwertprobleme	13
Bedingte Wahrscheinlichkeit und stochastische Unabhängigkeit	• (umgekehrte) bedingte Wahrscheinlichkeiten • stochastische Unabhängigkeit	11
Zufallsgrößen und Binomialverteilung	• Wahrscheinlichkeitsverteilungen, Zufallsgrößen • Erwartungswert, Varianz, Standardabweichung • Bernoulli-Ketten, Binomialverteilung	12
Einseitige Signifikanztests	• Signifikanztests, Fehlentscheidungen beim Testen • Bestimmung des Ablehnungsbereichs	12
Normalverteilung	• Histogramme, stetige Zufallsgrößen • Normalverteilung, σ-Regeln, Prognosen	13
Koordinatengeometrie im Raum	• Punkte, Vektoren, Addition und Vielfache • Skalarprodukt, Winkelberechnung, Vektorprodukt	12
Geraden und Ebenen im Raum	• Geraden und Ebenen • Lagebeziehungen, Schnittwinkel, Abstände • Kugeln	13

5.2 Prüfungsteil A – hilfsmittelfrei

Lösungen
→ S. 181

Pflichtteil

1 A1 (Analysis)

Gegeben ist die auf ihrem maximalen Definitionsbereich D definierte Funktion g mit $g(x) = \frac{\ln(x)}{x-2}$.

1 BE a) Geben Sie D an.

4 BE b) Bestimmen Sie eine Gleichung der Tangente an den Graphen von g im Punkt $(1 | g(1))$.

2 A2 (Analysis)

Geben Sie einen möglichen Wert für die reelle Zahl r an und begründen Sie Ihre Lösung mithilfe einer Skizze.

2 BE + 3 BE a) $\int_0^r \cos(x)\,dx = 0$ b) $\int_r^3 (x-1)^3\,dx = 0$

3 A3 (Stochastik)

Beim Spiel „Mensch ärgere dich nicht" braucht man eine Sechs, um anfangen zu können. Dazu wird von jedem Mitspieler ein Laplace-Würfel so lange geworfen, bis die Augenzahl 6 erscheint, höchstens aber dreimal. X sei die Anzahl der Würfe einer Person in der ersten Runde.

2 BE a) Zeichnen Sie ein vollständig beschriftetes Baumdiagramm.

3 BE b) Bestimmen Sie die Anzahl der Würfe, die eine Person in der ersten Runde im langfristigen Mittel macht.

5 BE **4 A4 (Geometrie)**

Die Ebenen E: $3x_1 + 4x_2 + 8x_3 - 24 = 0$ und F: $x_1 + 2x_2 + 2x_3 - 12 = 0$ sind gegeben. Begründen Sie, dass sich die beiden Ebenen schneiden, und berechnen Sie eine Gleichung ihrer Schnittgerade.

Wahlteil

Wählen Sie zwei der folgenden sechs Aufgaben aus.

5 A5 (Analysis)

Die Abbildung zeigt den Graphen G_f einer Funktion f und den Graphen G_F einer zugehörigen Stammfunktion F.

2 BE a) Begründen Sie, welcher Graph zu welcher Funktion gehört.

3 BE b) Erläutern Sie, wie man am Graphen von F den Flächeninhalt, den G_f im Bereich [0; 2] mit der x-Achse einschließt, ablesen kann. Bestimmen Sie damit einen Näherungswert für diesen Flächeninhalt.

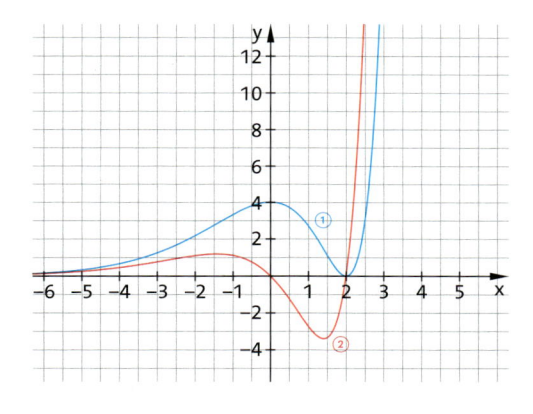

Lösungen
→ S. 181

6 A6 (Analysis)

Die Abbildung zeigt die Graphen der beiden in ihrem maximalen Definitionsbereich definierten Funktionen f und g mit $f(x) = \sqrt{7-x}$ und $g(x) = \sqrt{7} - \sqrt{x}$.

1 BE a) Begründen Sie, welcher Graph zu welcher Funktion gehört.

4 BE b) Weisen Sie nach, dass der Inhalt der Fläche, die die beiden Graphen miteinander einschließen, $\frac{1}{3} \cdot 7^{\frac{3}{2}}$ beträgt.

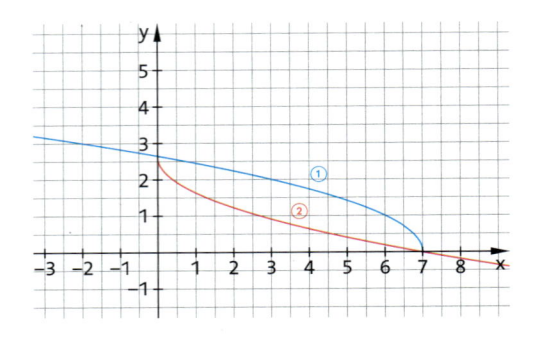

7 A7 (Stochastik)

Ein Glücksrad besteht aus zwei Sektoren. Einer enthält die Zahl 5, der andere die Zahl 3. Die Zahl 5 wird beim Drehen des Glücksrads mit der Wahrscheinlichkeit p erzielt. Ein Spiel besteht aus dem zweimaligen Drehen dieses Glücksrads. Bei einem Einsatz von 12 € bekommt man anschließend das Produkt der beiden Zahlen, die man dabei erzielt hat, in Euro ausgezahlt.

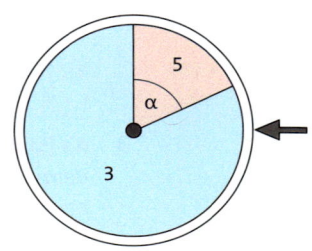

2 BE a) Berechnen Sie die Wahrscheinlichkeit in Abhängigkeit von p, 3 Euro zu gewinnen.
[zur Kontrolle: $2p - 2p^2$]

3 BE b) Die Zufallsgröße X beschreibt den Gewinn des Spielers. Ermitteln Sie einen Term für den Erwartungswert E(X) in Abhängigkeit von p.

8 A8 (Stochastik)

Karl hat zehn weiße Socken, von denen drei ein Loch haben. Die Socken sind ansonsten nicht unterscheidbar.

2 BE a) Nach dem Waschen hängt Karl die 10 Socken auf die Leine. Bestimmen Sie die Anzahl der Möglichkeiten für die Anordnung der Socken auf der Leine, wenn man nur zwischen Socken mit und Socken ohne Loch unterscheidet.

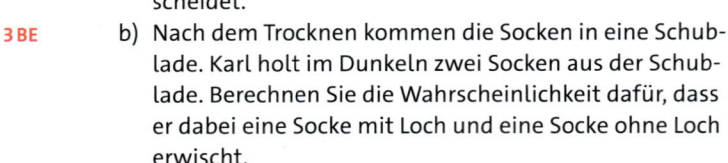

3 BE b) Nach dem Trocknen kommen die Socken in eine Schublade. Karl holt im Dunkeln zwei Socken aus der Schublade. Berechnen Sie die Wahrscheinlichkeit dafür, dass er dabei eine Socke mit Loch und eine Socke ohne Loch erwischt.

9 A9 (Geometrie)

Bestimmen Sie die Gleichung

2 BE a) einer Ebene E, die die Gerade $g: \vec{x} = \begin{pmatrix} 0 \\ -2 \\ -4 \end{pmatrix} + r \cdot \begin{pmatrix} 1 \\ 0 \\ 1 \end{pmatrix}$ im Punkt $(0|-2|-4)$ schneidet,

3 BE b) einer Ebene F, die die Kugel K: $(x_1 - 3)^2 + (x_2 + 1)^2 + (x_3 - 2)^2 = 25$ berührt.

5 BE ## 10 A10 (Geometrie)

Die Ebene E: $2x_1 + 2x_2 + x_3 - 6 = 0$ hat die Spurpunkte $S(3|0|0)$, $P(0|3|0)$ und $Q(0|0|6)$. Sie bilden die Grundfläche der Pyramide SPQR, deren Spitze R auf der Geraden

$g: \vec{x} = \begin{pmatrix} 5 \\ 1 \\ 0 \end{pmatrix} + r \cdot \begin{pmatrix} 2 \\ 1 \\ 0 \end{pmatrix}$ liegt. Berechnen Sie die Koordinaten von R unter der Voraussetzung, dass die Pyramide ein Volumen von 27 VE hat.

5.3 Prüfungsteil B – Hilfsmittel: Taschenrechner und Formeldokument

Lösungen → S. 182

1 B1 (Analysis)

Gegeben ist die in $\mathbb{R}$ definierte Funktion $f: x \mapsto x \cdot e^{-0,02x^2}$. Die Abbildung zeigt den zugehörigen Graphen G_f für $x \geq 0$.

4 BE a) Begründen Sie mithilfe des Funktionsterms, dass der Graph G_f punktsymmetrisch zum Koordinatenursprung verläuft, und untersuchen Sie das Grenzverhalten von f für $x \to \pm\infty$.

5 BE b) Berechnen Sie die x-Koordinaten der Extrempunkte von G_f und bestimmen Sie ihre Art.
[Zur Kontrolle: Hochpunkt bei x = 5]

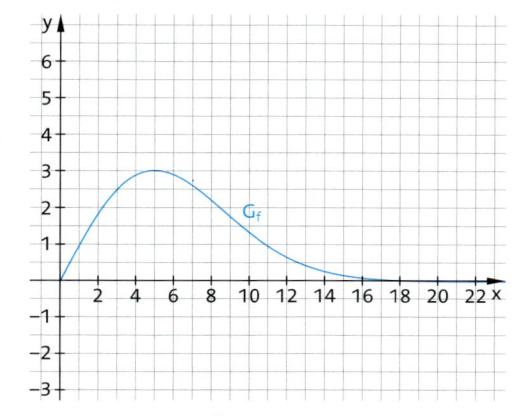

Betrachtet wird nun die in $\mathbb{R}$ definierte Integralfunktion $F: x \mapsto \int_0^x f(t)\,dt$.

4 BE c) Begründen Sie ohne Ausführung der Integration, dass der Graph von F durch den Koordinatenursprung verläuft und dort einen Tiefpunkt besitzt.

4 BE d) Bestimmen Sie einen integralfreien Term für die Integralfunktion F. Geben Sie den Grenzwert $\lim_{x \to \infty} F(x)$ an.

3 BE e) Betrachtet wird nun die in $\mathbb{R}$ definierte Funktion $g: x \mapsto f(x+1) - 1$ im Intervall [0;10]. Beschreiben Sie, wie man das Integral von g in diesem Bereich mithilfe der Integralfunktion F berechnen kann. Begründen Sie, dass dies nicht dem Flächeninhalt entspricht, den der Graph von g mit der x-Achse im Intervall [0;10] einschließt.

Funktionen der Schar $f_a: x \mapsto ax \cdot e^{-0,02x^2}$ mit $a \in \mathbb{R}^+$ beschreiben für $x \geq 0$ die Geschwindigkeit, mit der sich ein zylinderförmiges Becken (Radius r = 0,5 m) während einer Regenphase mit Wasser füllt. Dabei gibt x die nach Beginn des Regens um 7:00 Uhr vergangene Zeit in Stunden und $f_a(x)$ die momentane Änderungsrate der Füllmenge des Beckens in Liter pro Stunde an. Zu Beginn des Regens ist das Becken leer.

2 BE f) Begründen Sie, dass der Parameter a ein Maß für die Intensität des Regens darstellt, indem Sie beschreiben, welche Auswirkungen a auf die Graphen der Schar hat.

3 BE g) Bestimmen Sie den Parameter a, wenn die maximale Änderungsrate der Regenmenge 50 Liter pro Stunde beträgt.

5 BE h) Berechnen Sie für a = 15 die Höhe des Wasserstands im Becken um 19:00 Uhr.

2 B2 (Stochastik)

Eine Firma stellt Solarmodule her. Dabei wurden 20 % der in großer Stückzahl hergestellten Module mit einer fehlerhaften Software ausgestattet. Zudem hat im Mittel eines von 20 hergestellten Solarmodulen eine fehlerhafte Elektronik. Für eine Untersuchung werden zufällig 50 Module ausgewählt.

6 BE a) Begründen Sie, warum im Folgenden das Urnenmodell „Ziehen mit Zurücklegen" verwendet werden kann, und bestimmen Sie die Wahrscheinlichkeit folgender Ereignisse:
A: Unter den ausgewählten Modulen weisen mindestens drei eine fehlerhafte Elektronik auf.
B: Unter den ausgewählten Modulen ist die Software der ersten zehn einwandfrei und von den restlichen 40 weisen höchstens acht eine fehlerhafte Software auf.

Lösungen
→ S. 183

1 BE b) Geben Sie im Sachzusammenhang ein Ereignis an, dessen Wahrscheinlichkeit mit dem Term $\sum_{i=5}^{10} \binom{50}{i} \cdot 0{,}05^i \cdot 0{,}95^{50-i}$ berechnet werden kann.

2 BE c) Der Herstellungsprozess im Bereich der fehlerhaften Elektronik soll so verbessert werden, dass die Wahrscheinlichkeit dafür, dass bei 50 hergestellten Solarmodulen kein einziges eine fehlerhafte Elektronik aufweist, mindestens 30 % beträgt. Weisen Sie nach, dass der Anteil der Solarmodule mit fehlerhafter Elektronik auf ganze Prozent gerundet höchstens 2 % betragen darf, um die oben genannte Vorgabe zu erfüllen.

2 BE d) Die Abbildung zeigt das Histogramm der Binomialverteilung B(50; 0,2). Bestimmen Sie die Werte, die bei A und B an den Koordinatenachsen stehen.

5 BE e) Die Firma behauptet, den bisherigen Software-Fehler beseitigt zu haben. Dazu soll im Anschluss die Nullhypothese H_0: p ≥ 0,2 zum Signifikanzniveau 5 % bei einem Stichprobenumfang von 100 getestet werden. Formulieren Sie den Fehler 1. Art im Sachzusammenhang und bestimmen Sie die zugehörige Entscheidungsregel.

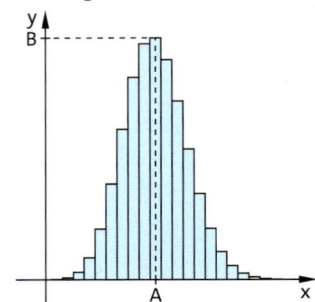

4 BE f) Die Zufallsgröße X beschreibt die Anzahl der fehlerhaften Module unter den ausgewählten 50 Solarmodulen. Dabei wird ein Modul als fehlerhaft bezeichnet, wenn es eine fehlerhafte Software oder eine fehlerhafte Elektronik enthält. Es kann davon ausgegangen werden, dass die beiden beschriebenen Fehler unabhängig voneinander auftreten. Berechnen Sie den Erwartungswert von X.

3 B3 (Geometrie)
Gegeben sind die Punkte A(2|−2|6), B(2|6|6) und C(0|6|9), die in der Ebene E liegen.

3 BE a) Weisen Sie nach, dass das Dreieck ABC rechtwinklig ist, und ermitteln Sie die Koordinaten des Punktes D, sodass das Viereck ABCD ein Rechteck ist.

3 BE b) Ermitteln Sie eine Gleichung der Ebene E in Koordinatenform.
[mögliches Ergebnis: E: $3x_1 + 2x_3 - 18 = 0$]

3 BE c) Geben Sie die Koordinaten der Spurpunkte (Schnittpunkte mit den Koordinatenachsen) sowie die besondere Lage der Ebene E im Koordinatensystem an.

3 BE d) Berechnen Sie, unter welchem Winkel φ die Gerade BC gegenüber der x_1x_2-Ebene geneigt ist. [zur Kontrolle: φ ≈ 56,31°]

In einem räumlichen Koordinatensystem mit der Einheit Meter wird ein ebenes Grundstück durch die x_1x_2-Ebene dargestellt, auf welchem sich das abgebildete Einfamilienhaus befindet. Dabei wird die rechteckige Vorderseite des Dachs durch die Eckpunkte A, B, C und D begrenzt. In der Mitte dieser Dachfläche befindet sich ein rundes Dachfenster mit einem Durchmesser von 1,5 m.

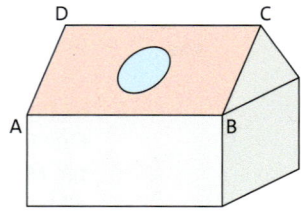

3 BE e) Bestimmen Sie das Volumen des Dachs unter der Annahme, dass Dachvorder- und Dachrückseite symmetrisch liegen und das Giebeldreieck senkrecht zum Boden steht. (Hinweis: Der Fußpunkt des Lots von C auf die Grundseite des Giebeldreiecks ist F(0|6|6).)

5 BE f) Von einem Baum aus leuchtet ein Laserpointer auf die Vorderseite des Dachs. Der Lichtstrahl verläuft entlang der Gerade g mit g: $\vec{x} = \begin{pmatrix} 5{,}5 \\ 7{,}5 \\ 3 \end{pmatrix} + s \cdot \begin{pmatrix} -3 \\ -4 \\ 3 \end{pmatrix}$.

Untersuchen Sie rechnerisch, ob der Laserstrahl in das runde Dachfenster trifft.

6
Methoden

Kopieren Sie die Seiten in diesem Abschnitt und schneiden Sie die Methodenkarten aus. Dann können Sie die Karten länger verwenden und mit eigenen Notizen ergänzen.

Methodenkarte 13 A — Kontinuierliche Abiturvorbereitung

Damit Sie sich zur Abiturprüfung in allen Themengebieten sicher fühlen, ist eine langfristige Vorbereitung während der gesamten Oberstufe empfehlenswert. Die folgenden Hinweise können Ihnen dabei helfen.

- **Regelmäßige Klausurvorbereitung:** Nutzen Sie die Aufgaben aus dem „Klausur- und Abiturtraining" im Lehrbuch, um sich auf Klausuren vorzubereiten. Dadurch üben Sie bereits typische Aufgabenformate aus dem Abitur und gewöhnen sich frühzeitig an die Anforderungen der Prüfung.

- **Das Medium wechseln:** Eine digitale Mathematik-Software, Erklärvideos und auch eine digitale Mitschrift des Unterrichts können Ihnen das Lernen erleichtern. Arbeiten Sie bei der direkten Prüfungsvorbereitung dennoch auf Papier, so wie Sie es auch in der Prüfung tun müssen. Karteikarten oder Übersichten auf größeren Blättern können Ihnen außerdem helfen, Lerninhalte in kleinen Portionen oder auf einen Blick zu erfassen. Deaktivieren Sie die Benachrichtigungen Ihres Smartphones, vor allem beim digitalen Lernen, um nicht abgelenkt zu werden.

- **Wissenslücken kontinuierlich schließen:** Nutzen Sie beim Start in ein neues Thema die Doppelseite „Ihr Fundament", um mögliche Lücken in Ihrem Vorwissen aufzudecken. Wiederholen Sie Themen, die Ihnen Probleme bereiten, und lösen Sie weitere Aufgaben dazu, bis Sie sich sicher fühlen.
  Bleiben Sie dabei konsequent am Ball: Täglich eine halbe Stunde zu lernen, ist viel effektiver, als am Tag vor der Prüfung mehrere Stunden am Stück zu arbeiten. Durch regelmäßige Wiederholungen behalten Sie die gelernten Inhalte besser und können vor dem Abitur auf einen großen Wissensschatz zurückgreifen.

- **Strukturiert lernen:** Planen Sie im Voraus, wann Sie sich mit welchen Themen befassen wollen und welches Material Sie dazu benötigen. Greifen Sie zum Beispiel auf das Lehrbuch, das Trainingsheft oder Erklärvideos zurück.
  Bereiten Sie das Material rechtzeitig vor, damit Sie die geplante Zeit vollständig zum Lernen nutzen können. Notieren Sie anschließend auch Ihre Erfolge, um sich selbst zu vergegenwärtigen, was Sie bereits alles geschafft haben.

- **Seien Sie positiv:** Reden Sie sich nicht ein, dass Sie nie wieder brauchen werden, was Sie in Mathematik lernen. Nicht nur in naturwissenschaftlichen Studiengängen, sondern auch in z. B. Wirtschafts-, Kommunikations-, Ingenieurswissenschaften, Architektur, Informatik, Psychologie und vielen anderen Studiengängen werden Ihnen mathematische Vorlesungen begegnen. (Auch in kaufmännischen oder handwerklich-technischen Berufen sind mathematische Kenntnisse wichtig.)

- **Direkte Prüfungsvorbereitung:** Beginnen Sie rechtzeitig vor der Prüfung mit der intensiveren Prüfungsvorbereitung. Wiederholen Sie länger zurückliegenden Stoff. Bearbeiten Sie dann alte Abituraufgaben und nutzen Sie das Kapitel zur Abiturvorbereitung im Lehrbuch. Formulieren Sie Ihre Lösungen und Lösungswege vollständig und stoppen Sie dabei die Zeit, um auch ein Gefühl für die Länge der Abiturprüfung zu bekommen.

Methodenkarte 13 B — Zeitmanagement in Klausuren

Ein gutes Zeitmanagement hilft, Klausuren gezielter zu bearbeiten und effizienter Punkte zu erreichen. Hier sind einige Tipps, die Ihnen helfen können.

- **Haben Sie alles, was Sie brauchen, griffbereit:** Vergewissern Sie sich vorher, dass Sie Stifte, Geodreieck, Taschenrechner etc. sofort einsatzbereit haben und nicht lange danach suchen müssen.

- **Verschaffen Sie sich einen Überblick:** Auch wenn es widersprüchlich klingt: Fangen Sie nicht sofort mit der Bearbeitung der ersten Aufgabe an. Nehmen Sie sich kurz Zeit, alle Aufgaben der Klausur zu überfliegen. Dadurch erhalten Sie einen Eindruck, welche Themen Gegenstand der Klausur sind und was von Ihnen verlangt wird. Das wird Ihnen helfen, sich die Zeit besser einzuteilen.

- **Setzen Sie Prioritäten:** Achten Sie darauf, welche Aufgaben Ihnen liegen und wie viele Punkte die einzelnen Aufgaben bringen. Konzentrieren Sie sich vor allem auf die Aufgaben, die Ihnen leichtfallen, sowie auf die mit einer hohen Punktzahl. Beachten Sie dabei, dass Aufgaben, die mehr Punkte bringen, in der Regel auch komplexer sind bzw. umfangreichere Lösungen erfordern. Wenn eine Aufgabe Ihnen Schwierigkeiten bereitet und wenige Punkte liefert, sollten Sie die Bearbeitung dieser Aufgabe erst am Schluss angehen – oder ganz weglassen, falls die Zeit nicht reicht.

- **Stellen Sie Fragen und hören Sie zu:** Manchmal sind Aufgaben missverständlich formuliert. Fragen Sie möglichst konkret nach – Ihre Lehrkraft wird eher auf eine Frage wie „Ist damit die Änderungsrate gemeint?" eingehen als auf etwas Allgemeines wie „Was ist damit gemeint?"

- **Halten Sie sich nicht zu lange auf, wenn Sie nicht weiterkommen:** Es kann immer passieren, dass Sie an einer Stelle nicht weiterkommen. Halten Sie sich nicht zu lange auf, wenn Ihnen das passiert. Markieren Sie die Stelle und machen Sie mit einer anderen (Teil-)Aufgabe weiter. Wenn Sie am Ende noch Zeit haben, können Sie an diese Stelle zurückkehren und weiter nach einer Lösung suchen.

- **Machen Sie sich Notizen:** Halten Sie Gedanken, Ideen und Lösungsansätze in kurzen Notizen fest, damit Sie sie nicht vergessen.

- **Seien Sie nicht zu perfektionistisch:** Ihre Lösung muss nicht die Schönste sein, es reicht, wenn sie korrekt ist.

- **Interpretieren Sie Ihre Ergebnisse richtig:** Wenn eine Interpretation gefragt und Ihr Ergebnis unrealistisch ist, Sie aber keinen Fehler finden, benennen Sie dies. Wenn Sie kein Ergebnis haben, halten Sie zumindest fest, was Sie ablesen könnten (z. B. „Ein positives Vorzeichen würde dies, ein negatives jenes bedeuten.")

- **Behalten Sie die Uhr im Blick:** Schauen Sie regelmäßig auf die Uhr, um abschätzen zu können, wie Sie in der Zeit liegen. Dadurch bekommen Sie ein besseres Gefühl dafür, welche Aufgaben Sie in welcher Intensität bearbeiten sollten.

Methodenkarte 13 C — Größere Mengen an Stoff lernen

Für die Abiturprüfungen werden Sie mehr Stoff lernen müssen als für alle anderen bisherigen Prüfungen. Hier finden Sie einige Tipps dazu, wie Sie diese Stoffmenge bewältigen können:

- Machen Sie sich einen **Zeitplan**. Planen Sie dabei regelmäßige Wiederholungen ein.
- Überprüfen Sie Ihren Zeitplan regelmäßig, z. B. alle drei Tage. Passen Sie ihn gegebenenfalls an.
- **Strukturieren** Sie Ihre **Notizen** so, dass sie gut lesbar sind und Sie schnell finden, was Sie suchen.
- Lernen Sie nicht nur Inhalte wie z. B. die Quotientenregel auswendig, sondern verstehen Sie den Hintergrund. Dadurch werden Sie in der Lage sein, sich eine Formel notfalls selbst herleiten zu können.
- **Üben** Sie das Gelernte und wenden Sie es an, um es zu verinnerlichen. Lösen Sie mehrere passende Aufgaben zum gelernten Stoff.
- Schreiben Sie alles, was Sie nicht verstehen, auf kleine Zettel. Im Laufe des Lernprozesses werden Sie immer mehr dieser Zettel entsorgen können, und Sie können Ihren Fortschritt beobachten – das motiviert zusätzlich!
- **Verknüpfen** Sie den Lernstoff **mit der Umgebung**. Sie können z. B. in jedem Zimmer einen Zettel mit einer anderen Ableitungsregel aufhängen. Dadurch werden Sie z. B. beim Betreten der Küche an die entsprechende Regel sowie passende Aufgaben denken. Wenn Ihnen dann eine ähnliche Aufgabe begegnet, werden Sie an die Küche und damit an die richtige Regel denken.

Methodenkarte 13 D — Wissenslücken richtig schließen

Nicht nur in den Sprachen, sondern auch in Mathematik braucht man ständig das Wissen vergangener Schuljahre. Doch wie schließt man Wissenslücken effektiv?

- **Identifizieren und akzeptieren Sie Ihre Wissenslücken:** Der erste und wichtigste Schritt ist, dass Sie sich selbst klarmachen, wo Sie Schwierigkeiten haben. Haben Sie keine Angst davor, sich Ihre Wissenslücken einzugestehen, denn nur so können Sie sie schließen. Achten Sie beim Lösen von Aufgaben darauf, was Ihnen schwerfällt oder wo Sie viele Fehler machen, z. B. Bruchrechnung, Umformen von Termen, Potenzgesetze, Kombinatorik etc. Sprechen Sie mit Ihren Mitschülerinnen und Mitschülern oder Ihrer Lehrkraft, wenn Sie Schwierigkeiten haben, Ihre Lücken zu benennen.

- **Schauen Sie sich die Theorie an:** Versuchen Sie, die entsprechenden Definitionen und Sätze zu verstehen und Beispiele dazu nachzuvollziehen. Schauen Sie dazu in Schulbücher und Ihre Aufzeichnungen der vergangenen Schuljahre. Neben Büchern können Ihnen auch Lernvideos helfen, aber Achtung – manchmal sind dort die Bezeichnungen anders.

- **Üben, üben, üben:** Insbesondere bei vielen „handwerklichen" Fähigkeiten wie z. B. Addieren von Brüchen, Ausklammern, Terme umformen etc. macht Übung den Meister. Besorgen Sie sich dazu entsprechende Aufgabensammlungen mit Lösungen, um sich selbst kontrollieren zu können. Auch wenn Sie nach 5 Aufgaben das Gefühl haben, alles verstanden zu haben: Rechnen Sie weitere Aufgaben. Nur so setzt sich das Verständnis langfristig fest.

7 Anhang

Lösungen zu
→ Ihr Fundament
→ Prüfen Sie Ihr neues Fundament
Bildnachweis
Stichwortverzeichnis

Lösungen

Lösungen zu Kapitel 1: Integralrechnung

Ihr Fundament (S. 6/7)

S. 6, 1.
a) $x_1 = -\frac{1}{2}$; $x_2 = \frac{5}{2}$
b) $x_1 = -\frac{\pi}{4}$; $x_2 = 2$
c) $a_1 = -\frac{4}{3}$; $a_2 = 0$
d) $x = 0$
e) $x_1 = -2$; $x_2 = -1$; $x_3 = 1$; $x_4 = 2$
f) $c_1 = -1$; $c_2 = 1$

S. 6, 2.
a) $f(x) = -x^2 + 4x + 4 = -x + 4 = g(x)$
$x_1 = 0$; $x_2 = 5$; $g(0) = 4$; $g(5) = -1$
Die Schnittpunkte sind $P(0|4)$ und $Q(5|-1)$.
b) [Graph mit G_f (Parabel) und G_g (Gerade)]

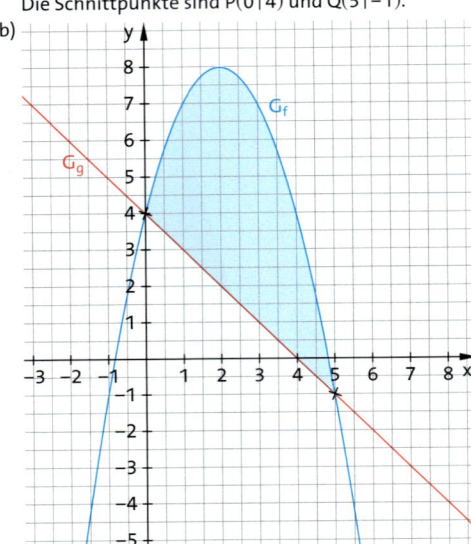

S. 6, 3.
a) $f'(x) = 2x + 2$
b) $f'(x) = 4x - 16$
c) $f'(x) = 50x$
d) $f'(x) = 2 + x^{-2} = 2 + \frac{1}{x^2}$
e) $f'(x) = \frac{1}{2}x^{-\frac{1}{2}} = \frac{1}{2\sqrt{x}}$
f) $f'(x) = \frac{1}{3}x^{-\frac{2}{3}}$
g) $f'(u) = 2 + \frac{1}{3}u^{-\frac{2}{3}}$
h) $f'(x) = 5ax^4 + 3ax^2$
i) $f'(a) = x^5 + x^3$

S. 6, 4.
a) $f'(x) = 2 \cdot \sin(x) \cdot \cos(x)$, $D_f = \mathbb{R}$, $D_{f'} = \mathbb{R}$
b) $g'(x) 2 = -\frac{1}{(3x^2+4)^2} \cdot 6x$, $D_g = \mathbb{R}$, $D_{g'} = \mathbb{R}$
c) $h'(x) = \frac{-\sin(x) \cdot x - \cos(x)}{x^2}$, $D_h = \mathbb{R}\setminus\{0\}$, $D_{h'} = \mathbb{R}\setminus\{0\}$
d) $f'(t) = 3 \cdot e^{3t+1}$, $D_f = \mathbb{R}$, $D_{f'} = \mathbb{R}$
e) $k'(x) = 3 \cdot \frac{1}{x+2}$, $D_k = \,]-2; \infty[$, $D_{k'} = \mathbb{R}\setminus\{-2\}$
Der Definitionsbereich von k' ist größer als der von k. Für $x < -2$ ist k' daher nicht die Ableitung von k.
f) $p'(x) = \cos(x) \cdot e^{\cos(x)} - e^{\cos(x)} \cdot (\sin(x))^2$,
$D_p = \mathbb{R}$, $D_{p'} = \mathbb{R}$

S. 6, 5.
Die Funktion g_1 ist die Ableitung der Funktion f_3, da der Graph von f_3 auf dem gesamten Intervall eine negative Steigung hat und f_3 bei $x = 1$ eine Definitionslücke hat. Die Funktion g_2 ist die Ableitung der Funktion f_5, da die Steigung des Graphen von f_5 links von $x = 2$ positiv, bei $x = 2$ null und rechts von $x = 2$ negativ ist.
Die Funktion g_3 ist die Ableitung der Funktion f_4, da der Graph von f_4 bei $x = 2$ einen Tiefpunkt hat und die Steigung links von $x = 2$ negativ, bei $x = 2$ null und rechts von $x = 2$ positiv ist.
Die Funktion g_4 ist die Ableitung der Funktion f_2, da f_2 eine lineare Funktion ist und ihre Ableitung damit eine konstante Funktion.
Die Funktion g_5 ist die Ableitung der Funktion f_1, da die Steigung von f_1 bei $x = 1$ null und sonst für alle x positiv ist.

S. 6, 6.
a) $f'(x)$ gibt die Geschwindigkeit in m/s an.
b) $f'(x)$ gibt die Beschleunigung in m/s^2 an.
c) $f'(x)$ gibt die Änderung der Bevölkerung in Personen pro Jahr an.
d) $f'(x)$ gibt den Kraftstoffverbrauch in ℓ/km an.

S. 6, 7.
$f'(x) = \lim\limits_{h \to 0} \frac{f(x+h) - f(x)}{h} = \lim\limits_{h \to 0} \frac{(x+h)^2 - x^2}{h}$
$= \lim\limits_{h \to 0} \frac{x^2 + 2xh + h^2 - x^2}{h} = \lim\limits_{h \to 0} \frac{2xh + h^2}{h} = \lim\limits_{h \to 0} (2x + h) = 2x$

S. 6, 8.
a) z. B. $F(x) = \frac{3}{2}x^2$
b) z. B. $F(x) = -\cos(x)$
c) z. B. $F(x) = \ln(x) + e^x$

S. 6, 9.
$F(x) = \frac{1}{4}x^4 - \frac{1}{4}$

S. 7, 10.
a) [Graph mit Punkten A, B, C, D, E, F auf G_f]
10 Uhr: 22 °C; 20 Uhr: 23 °C

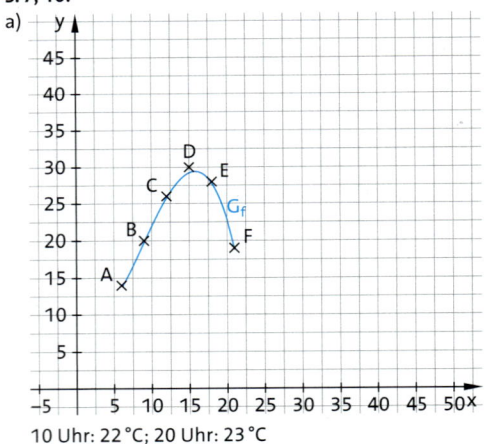

b) 6 Uhr bis 9 Uhr: $\frac{20\,°C - 14\,°C}{3h} = 2\frac{°C}{h}$
9 Uhr bis 12 Uhr: $\frac{26\,°C - 20\,°C}{3h} = 2\frac{°C}{h}$
12 Uhr bis 15 Uhr: $\frac{30\,°C - 26\,°C}{3h} = \frac{4}{3}\frac{°C}{h}$
15 Uhr bis 18 Uhr: $\frac{28\,°C - 30\,°C}{3h} = -\frac{2}{3}\frac{°C}{h}$
18 Uhr bis 21 Uhr: $\frac{19\,°C - 28\,°C}{3h} = -3\frac{°C}{h}$

c) Die Funktion modelliert den tatsächlichen Temperaturverlauf an den Rändern des Definitionsbereichs gut. Allerdings wird der Bereich am Nachmittag nicht gut modelliert, die Funktion erreicht keinen Funktionswert von 30 °C, obwohl diese um 15 Uhr gemessen wurden.

S. 7, 11.
a) $A = (1 + 2 + 3 + 4 + 5)(15\,\text{cm} \cdot 25\,\text{cm})$
b) $A = 15 \cdot 375\,\text{cm}^2 = 5625\,\text{cm}^2 = 0{,}5625\,\text{m}^2$

S. 7, 12.
① $A_1 = \frac{1}{2}\pi\left(\frac{\pi}{2}\right)^2 = \frac{\pi^3}{8} \approx 3{,}88$
② $A_2 = 2 \cdot \left(\frac{1}{2} \cdot \frac{\pi}{2} \cdot f\left(\frac{\pi}{2}\right)\right) = \frac{\pi^2}{4} \approx 2{,}47$
③ $A_3 = 2 \cdot \left(\frac{1}{2} \cdot \frac{\pi}{4} \cdot f\left(\frac{\pi}{4}\right)\right) + 2 \cdot \left(\frac{1}{2}\left(f\left(\frac{\pi}{4}\right) + f\left(\frac{\pi}{2}\right)\right) \cdot \frac{\pi}{4}\right)$
$= \frac{\pi}{4} \cdot \left(2 \cdot f\left(\frac{\pi}{4}\right) + f\left(\frac{\pi}{2}\right)\right)$
$= \frac{\pi}{4} \cdot \left(\frac{1}{\sqrt{2}}\pi + \frac{1}{2}\pi\right) \approx 2{,}98$
Hinweis: $f\left(\frac{\pi}{4}\right) = f\left(\frac{3\pi}{4}\right)$

S. 7, 13.
a) $A = 27{,}5\,\text{cm}^2$ b) $A = 1{,}6\,\text{m}^2$

S. 7, 14.
a) z. B. $1 + 2 = 3 = \frac{2 \cdot 3}{2}$
$1 + 2 + 3 + 4 + 5 = 15 = \frac{5 \cdot 6}{2}$
$1 + 2 + 3 + 4 + 5 + 6 = 21 = \frac{6 \cdot 7}{2}$
b) z. B. $1^2 + 2^2 = 5 = \frac{2 \cdot 3 \cdot 5}{6}$
$1^2 + 2^2 + 3^2 = 14 = \frac{3 \cdot 4 \cdot 7}{6}$
$1^2 + 2^2 + 3^2 + 4^2 + 5^2 = 55 = \frac{5 \cdot 6 \cdot 11}{6}$

S. 7, 15.
a) 3   b) $\frac{4}{5}$ c) 0
d) $\to \infty$ e) $\frac{1}{2}$, da $\frac{x^2 - x + 6}{2x^2} = \frac{1}{2} - \frac{1}{2x} + \frac{3}{x^2}$
f) $\frac{1}{2}$ g) $\to \infty$ h) 0

S. 7, 16.
$V = V_{\text{Halbzylinder}} - V_{\text{Quader}}$
$V = \frac{1}{2} \cdot \pi \cdot 3{,}5^2 \cdot 20 - 1 \cdot 1 \cdot 20 \approx 364{,}85$

Prüfen Sie Ihr neues Fundament (S. 46/47)

S. 46, 1.
a) $O_5 = 2 + 3 + 4 + 5 + 6 = 20\,(\text{FE})$
b) $O_n = \frac{5}{n}\left(\left(1 \cdot \frac{5}{n} + 1\right) + \dots + \left(n \cdot \frac{5}{n} + 1\right)\right)$
$= \frac{5}{n} \cdot \frac{5}{n}(1 + \dots + n) + \frac{5}{n} \cdot n = \frac{25}{n^2} \cdot \frac{n(n+1)}{2} + 5$
$= \frac{25(n+1)}{2n} + 5$
c) $\lim\limits_{n \to \infty}\left(\frac{25(n+1)}{2n} + 5\right) = \lim\limits_{n \to \infty}\left(\frac{25}{2} + \frac{25}{2n} + 5\right) = \frac{35}{2}(\text{FE})$
Trapezfläche: $A = (f(0) + f(5)) \cdot \frac{5}{2} = (1 + 6) \cdot \frac{5}{2}$
$= \frac{35}{2}(\text{FE})$

S. 46, 2.
a)

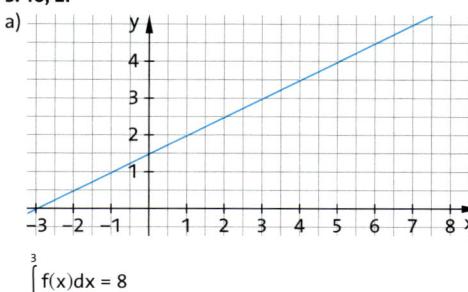

$\int_{-1}^{3} f(x)\,dx = 8$

b)

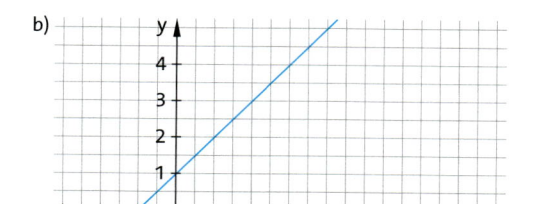

$\int_{-1}^{3} f(x)\,dx = 8$

c)

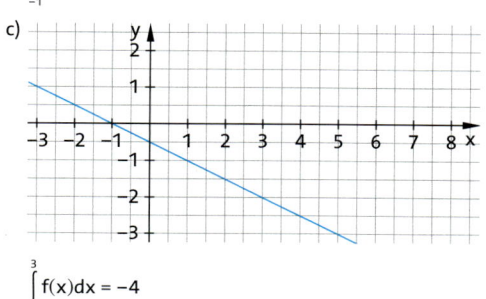

$\int_{-1}^{3} f(x)\,dx = -4$

S. 46, 3.
a)

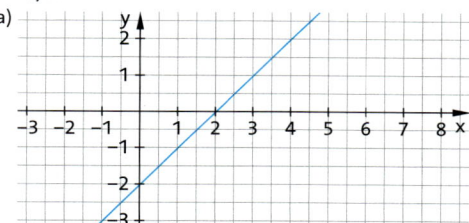

Flächenbilanz in [0; 1]: $-1{,}5$ FE
Flächenbilanz in [0; 2]: -2 FE
Flächenbilanz in [0; 3]: $-1{,}5$ FE

b) $I_0(x) = \frac{1}{2}x^2 - 2x$
c) $I_a(x) = \int_{a}^{x}(t - 2)\,dt = \frac{1}{2}x^2 - 2x - \frac{1}{2}a^2 + 2a$
Aus $-\frac{1}{2}a^2 + 2a = -6$ folgt $a_1 = 6$ und $a_2 = -2$.

S. 46, 4.
a) $[2x - x^2]_5^{-1} = -12$ b) $[2x^3 - 2x]_{-3}^{0} = 48$
c) $\left[\frac{1}{2}x^4 - x^2\right]_1^2 = \frac{9}{2}$ d) $\left[2\sqrt{x} - \frac{1}{x}\right]_1^4 = 2{,}75$
e) $\left[e^x + \frac{3}{2}x^2\right]_3^6 \approx 423{,}84$
f) $\left[x \cdot \ln(x) - \frac{2}{3}x^3 - x\right]_{0,5}^{1,5} \approx -2{,}21$
g) $[\sin(x) + 3e^x]_0^2 \approx 20{,}08$
h) $\left[2^x t - \frac{1}{2}t^2\right]_{-3}^{2} = 2{,}5 + 5 \cdot 2^x$

S. 46, 5.
a) $\int(x^2 + 3x - 2)\,dx = \frac{1}{3}x^3 + \frac{3}{2}x^2 - 2x + c$
b) $\int(3\ln(t))\,dt = 3(t \cdot \ln(t) - t) + c$
c) $\int(z + e^z)\,dz = \frac{1}{2}z^2 + e^z + c$
d) $\int(\sqrt{x} + \cos(x))\,dx = \frac{2}{3}\sqrt{x^3} + \sin(x) + c$
e) $\int\left(\frac{3x^2 + 4x}{x^3 + 2x^2 - 1}\right)dx = \ln(|x^3 + 2x^2 - 1|) + c$
f) $\int 6t^2 e^{2t^3}\,dt = e^{2t^3} + c$

Lösungen

S. 46, 6.

$$A = \int_0^5 (f(x) - g(x))\, dx = \int_0^5 (-0{,}2x^3 + 0{,}4x^2 + 3x)\, dx$$
$$= \left[-0{,}05x^4 + \frac{0{,}4}{3}x^3 + 1{,}5x^2\right]_0^5 \approx 22{,}92$$

Wassermenge im Teich:
$V \approx 22{,}92\,m^2 \cdot 0{,}8\,m \approx 18{,}34\,m^3$

S. 46, 7.

a) $\lim\limits_{u \to \infty} \left[-\frac{2}{3x^3}\right]_2^u = \frac{1}{12}$

b) $\lim\limits_{u \to -\infty} \left[\frac{1}{2}e^{2x}\right]_u^{-1} = \frac{1}{2}e^{-2}$

c) Für $u > 0$: $\lim\limits_{u \to 0} \left[-\frac{1}{2x^2}\right]_u^3$ existiert nicht.

d) Für $u > 0$: $\lim\limits_{u \to 0} \left[\frac{1}{3}x^3 - 2\sqrt{x}\right]_u^3 = 9 - 2\sqrt{3}$

S. 47, 8.

a) $5\,W \cdot 24\,h \cdot 7 = 840\,Wh$

b) $\left[-\frac{3}{256\,000}t^5 + \frac{11}{12\,800}t^4 - \frac{53}{2400}t^3 + \frac{21}{100}t^2 + \frac{1}{10}t\right]_0^{24}$

= 9,888. Während eines Tages (24 Stunden) werden 9,888 kWh Energie entnommen.

c) Ein Stromzähler addiert die in einem Zeitraum entnommene Leistung. Er gibt also die Fläche unterhalb des Graphen von P (und damit das Integral) an.

S. 47, 9.

a) Die Fläche ist ein Maß für die zurückgelegte Strecke.

b) $\int_0^4 v(t)\, dt = 80$

Das Objekt hat nach 4 Zeiteinheiten 80 Streckeneinheiten zurückgelegt.

c) $\int_3^5 v(t)\, dt = 80$

S. 47, 10.

a) $V = \pi \cdot \int_{-3}^{0} \left(\frac{1}{3}x^2 + 1\right)^2 dx = \pi \cdot \left[\frac{1}{45}x^5 + \frac{2}{9}x^3 + x\right]_{-3}^{0}$
$\approx 45{,}24\,VE$

b) $V = \pi \cdot \int_{-2}^{2} (\sqrt{x+2})^2\, dx = \pi \cdot \int_{-2}^{2} (x+2)\, dx$
$= \pi \cdot \left[\frac{1}{2}x^2 + 2x\right]_{-2}^{2} \approx 25{,}13\,VE$

Lösungen zu Kapitel 2: Normalverteilung

Ihr Fundament (S. 50/51)

S. 50, 1.

a) 5; 7; 8; <u>9</u>; 12; 13; 14; Median: 9

arithmetisches Mittel: $\frac{5 + 7 + 8 + 9 + 12 + 13 + 14}{7} \approx 9{,}71$

Da die drei kleinsten Werte näher am Median liegen als die drei größten Werte, ist das arithmetische Mittel größer als der Median.

b) 40 cm; 65 cm; <u>115 cm</u>; <u>145 cm</u>; 150 cm; 180 cm

Median in cm: $\frac{115 + 145}{2} = 130$

arithmetisches Mittel in cm:
$\frac{40 + 65 + 115 + 145 + 150 + 180}{6} \approx 115{,}83$

Da die beiden kleinsten Werte einen größeren Abstand zu den mittleren beiden Werten haben als die größten Werte, ist das arithmetische Mittel kleiner als der Median.

c) 17 g; 18 g; <u>25 g</u>; <u>35 g</u>; 67 g; 93 g

Median: $\frac{25\,g + 35\,g}{2} = 30\,g$

arithmetisches Mittel in g:
$\frac{17 + 18 + 25 + 35 + 67 + 93}{6} = 42{,}5$

Da die beiden größten Werte einen größeren Abstand zu den mittleren beiden Werten haben als die kleinsten Werte, ist das arithmetische Mittel größer als der Median.

d) 13; 14; 14; <u>15</u>; 15; 16; 18; Median: 15

arithmetisches Mittel:
$\frac{13 + 14 + 14 + 15 + 15 + 16 + 18}{7} = 15$

Da die Summe der Abweichungen der kleineren Werte vom Median betragsmäßig der Summe der Abweichungen der größeren Werte entspricht, sind arithmetisches Mittel und Median identisch.

S. 50, 2.

a) arithmetisches Mittel: 33,4, Median: 33
b) arithmetisches Mittel: $22{,}8\overline{3}\,m$, Median: 23 m
c) arithmetisches Mittel: 19°, Median: 19°
d) arithmetisches Mittel: $\approx 3{,}57$, Median: 4

S. 50, 3.

a) arithmetisches Mittel:

Kurs A: $\frac{1 \cdot 1 + 3 \cdot 2 + 4 \cdot 3 + 2 \cdot 4 + 1 \cdot 5}{1 + 3 + 4 + 2 + 1} = \frac{32}{11} \approx 2{,}91$

Kurs B: $\frac{2 \cdot 2 + 5 \cdot 3 + 1 \cdot 5 + 1 \cdot 6}{2 + 5 + 1 + 1} = \frac{10}{3} \approx 3{,}33$

Spannweite:
Kurs A: 5, Kurs B: 5

Die Spannweite war in beiden Kursen gleich, das arithmetische Mittel war in Kurs A kleiner.

b) Kurs A:

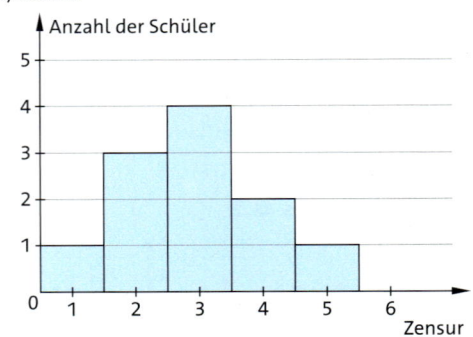

Kurs B:

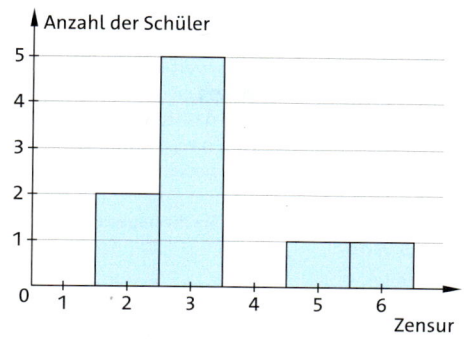

Anzahl der Schüler (Histogramm mit Balken bei Zensur 2: Höhe 2; Zensur 3: Höhe 5; Zensur 5: Höhe 1; Zensur 6: Höhe 1)

Das arithmetische Mittel liegt bei diesen Diagrammen beim höchsten Balken. Der Wert, für den die aufsummierten Flächeninhalte im Histogramm links und rechts des Wertes gleich groß sind, ist das arithmetische Mittel.
Die Spannweite ist der Abstand zwischen dem ganz links und dem ganz rechts stehenden Balken.

S. 50, 4.
a) arithmetisches Mittel (in g): 3577,05
   Median (in g): 3631
   Spannweite (in g): 1334
b) Boxplot von 2800 bis 4200

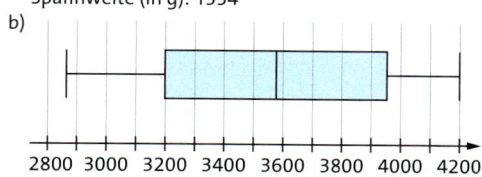

S. 50, 5.
a) Angebot A:

x	1	3
P(X = x)	$\frac{3}{4}$	$\frac{1}{4}$

Angebot B:

x	0	1	3
P(X = x)	$\frac{3}{8}$	$\frac{9}{16}$	$\frac{1}{16}$

b) Angebot A:
$E(X) = 1 \cdot \frac{3}{4} + 3 \cdot \frac{1}{4} = 1,5$
$\sigma(X) = \sqrt{\frac{3}{4} \cdot (-0,5)^2 + \frac{1}{4} \cdot (1,5)^2} \approx 0,866$

Angebot B:
$E(X) = 0 \cdot \frac{3}{8} + 1 \cdot \frac{9}{16} + 3 \cdot \frac{1}{16} = 0,75$
$\sigma(X) = \sqrt{\frac{3}{8} \cdot (-0,75)^2 + \frac{9}{16} \cdot 0,25^2 + \frac{1}{16} \cdot 2,25^2} = 0,75$

Beide Spieleangebote sind nicht zu empfehlen, da die durchschnittliche Auszahlung unter dem Einsatz liegt.
Müsste man sich für ein Angebot entscheiden, wäre bei Angebot A mit weniger Verlust zu rechnen.

S. 50, 6.
a) ① P(X = 6) = 0,2
   ② P(X < 5) = 0,1 + 0,15 = 0,25
   ③ P(X > 5) = 1 − P(X ≤ 5) = 1 − 0,25 = 0,75
   ④ P(X ≤ 8) = 0,1 + 0,15 + 0,2 + 0,3 = 0,75

b) Da X = 7 nicht als Ergebnis vorkommt, ist P(X = 7) = 0, also werden für P(X > 6) und P(X > 7) die gleichen Wahrscheinlichkeiten (nämlich P(X = 8), P(X = 10) und P(X = 12)) addiert.

c) Erwartungswert:
$E(X) = 0,2 + 0,6 + 1,2 + 2,4 + 1,5 + 1,2 = 7,1$
Varianz:
$V(X) = 0,1 \cdot (-5,1)^2 + 0,15 \cdot (-3,1)^2 + 0,2 \cdot (-1,1)^2$
$+ 0,3 \cdot (0,9)^2 + 0,15 \cdot (2,9)^2 + 0,1 \cdot (4,9)^2 = 8,19$
Standardabweichung: $\sigma(X) = \sqrt{8,19} \approx 2,86$

S. 51, 7.
a)

x	1	2	3	4	5
P(X = x)	0,2	0,25	0,3	0,15	0,1

b) ① P(X ≤ 3) ist die Wahrscheinlichkeit, 3 oder weniger Treffer zu erzielen.
P(X ≤ 3) = 0,2 + 0,25 + 0,3 = 0,75
② P(X > 1) ist die Wahrscheinlichkeit, mehr als einen Treffer zu erzielen. P(X > 1) = 1 − 0,2 = 0,8
③ P(2 < X < 5) ist die Wahrscheinlichkeit, mehr als 2 und weniger als 5 Treffer zu erzielen.
P(2 < X < 5) = 0,3 + 0,15 = 0,45
④ P(1 < X ≤ 4) ist die Wahrscheinlichkeit, mehr als 1 und höchstens 4 Treffer zu erzielen.
P(1 < X ≤ 4) = 0,25 + 0,3 + 0,15 = 0,7

S. 51, 8.
a)

x	−1€	1€	2€
P(X = x)	$\frac{25}{36}$	$\frac{10}{36}$	$\frac{1}{36}$

$E(X) = -1€ \cdot \frac{25}{36} + 1€ \cdot \frac{10}{36} + 2€ \cdot \frac{1}{36} = -\frac{13}{36}€ \approx -0,36€$

b) Säulendiagramm P(X = x) mit Werten bei x = −1: ca. 0,7; x = 1: ca. 0,28; x = 2: ca. 0,03

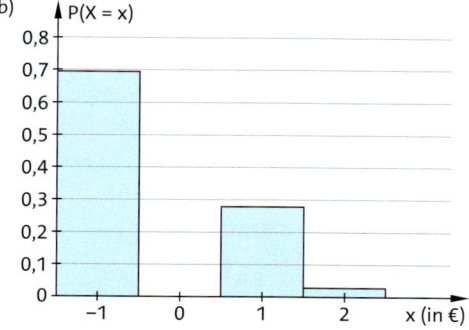

c) Der Erwartungswert ist negativ, bei einem fairen Spiel müsste er 0 sein.
d) $0 = E(X) = (-x€) \cdot \frac{25}{36} + 1€ \cdot \frac{10}{36} + 2€ \cdot \frac{1}{36}$
$x = \frac{12}{25} = 0,48$
Das Spiel ist fair, wenn man 0,48 € zahlt, falls man keine „6" würfelt.

S. 51, 9.
a) $P(A) = \left(\frac{1}{6}\right)^2 \cdot \left(\frac{5}{6}\right)^6 \approx 0,930\%$
$P(B) = 7 \cdot \left(\frac{1}{6}\right)^2 \cdot \left(\frac{5}{6}\right)^6 \approx 6,51\%$
$P(C) = \binom{8}{2} \cdot \left(\frac{1}{6}\right)^2 \cdot \left(\frac{5}{6}\right)^6 \approx 26,05\%$

b) $P(A) = \left(\frac{1}{2}\right)^2 \cdot \left(\frac{1}{2}\right)^3 = 3,125\%$
$P(B) = \left(\frac{1}{2}\right)^2 \cdot \left(\frac{1}{2}\right)^3 = 3,125\%$
$P(C) = \binom{5}{2} \cdot \left(\frac{1}{2}\right)^2 \cdot \left(\frac{1}{2}\right)^3 \approx 31,25\%$
$P(D) = \binom{5}{3} \cdot \left(\frac{1}{2}\right)^2 \cdot \left(\frac{1}{2}\right)^3 \approx 31,25\%$

Lösungen

S. 51, 10.

a) $P_{0,4}^{10}(X = 10)$ ist die Wahrscheinlichkeit, bei 10 Versuchen mit Trefferwahrscheinlichkeit 0,4 genau 10 Treffer zu erzielen.
$P_{0,4}^{10}(X = 10) \approx 0,01\%$

b) $P_{0,3}^{20}(X = 0)$ ist die Wahrscheinlichkeit, bei 20 Versuchen mit Trefferwahrscheinlichkeit 0,3 genau 0 Treffer zu erzielen.
$P_{0,3}^{20}(X = 0) \approx 0,08\%$

c) $P_{0,8}^{15}(X = 2)$ ist die Wahrscheinlichkeit, bei 15 Versuchen mit Trefferwahrscheinlichkeit 0,8 genau 2 Treffer zu erzielen.
$P_{0,8}^{15}(X = 2) \approx 0\%$

d) $P_{0,9}^{5}(X < 3)$ ist die Wahrscheinlichkeit, bei 5 Versuchen mit Trefferwahrscheinlichkeit 0,9 weniger als 3 Treffer zu erzielen.
$P_{0,9}^{5}(X < 3) \approx 0,86\%$

e) $P_{0,02}^{100}(X \leq 3)$ ist die Wahrscheinlichkeit, bei 100 Versuchen mit Trefferwahrscheinlichkeit 0,02 höchstens 3 Treffer zu erzielen.
$P_{0,02}^{100}(X \leq 3) \approx 85,90\%$

f) $P_{0,75}^{25}(X > 4)$ ist die Wahrscheinlichkeit, bei 25 Versuchen mit Trefferwahrscheinlichkeit 0,75 mehr als 4 Treffer zu erzielen.
$P_{0,75}^{25}(X > 4) \approx 100\%$

g) $\sum_{k=1}^{8} B(8; 0,35; k)$ ist die Wahrscheinlichkeit, bei 8 Versuchen mit Trefferwahrscheinlichkeit 0,35 mindestens 1 und höchstens 8 Treffer zu erzielen.
$\sum_{k=1}^{8} B(8; 0,35; k) \approx 96,81\%$

h) $\sum_{k=2}^{8} B(10; 0,5; k)$ ist die Wahrscheinlichkeit, bei 10 Versuchen mit Trefferwahrscheinlichkeit 0,5 mindestens 2 und höchstens 8 Treffer zu erzielen.
$\sum_{k=2}^{8} B(10; 0,5; k) \approx 97,86\%$

S. 51, 11.

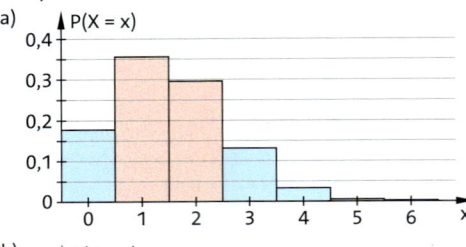

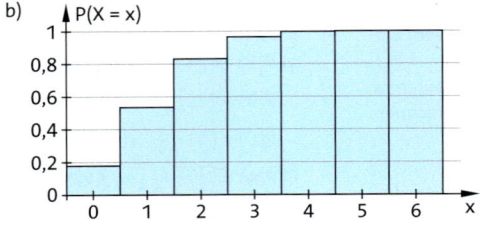

a) [Histogramm $P(X = x)$ mit hervorgehobenen Säulen bei x = 1 und x = 2]

b) [Histogramm $P(X = x)$ kumuliert]

Man erhält $P(1 \leq X < 3)$, indem man die Höhe der Säule 0 von der Höhe der Säule 2 abzieht.

S. 51, 12.

a) Das Histogramm enthält k-Werte von 0 bis 10 und die höchste Säule liegt bei X = 7, was dem Erwartungswert entspricht.

b) Durch Spiegeln des Histogramms an X = 5 erhält man das Histogramm zu B(10; 0,3).

c) Wird n vergrößert, so wird das Histogramm breiter und die Säulen werden flacher.

Prüfen Sie Ihr neues Fundament (S. 76/77)

S. 76, 1.

a) Beispiel für eine mögliche Klasseneinteilung (in m):
①

Klasse	absolute Häufigkeit	relative Häufigkeit	Säulenhöhe
3,50 m ≤ x < 3,80 m	3	$\frac{3}{20} = 0,15$	$\frac{0,15}{0,3} = 0,5$
3,80 m ≤ x < 4,10 m	2	$\frac{2}{20} = 0,1$	$\frac{0,1}{0,3} \approx 0,33$
4,10 m ≤ x < 4,40 m	3	$\frac{3}{20} = 0,15$	$\frac{0,15}{0,3} = 0,5$
4,40 m ≤ x < 4,70 m	3	$\frac{3}{20} = 0,15$	$\frac{0,15}{0,3} = 0,5$
4,70 m ≤ x < 5,00 m	2	$\frac{2}{20} = 0,1$	$\frac{0,1}{0,3} \approx 0,33$
5,00 m ≤ x < 5,30 m	2	$\frac{2}{20} = 0,1$	$\frac{0,1}{0,3} \approx 0,33$
5,30 m ≤ x < 5,60 m	0	0	0
5,60 m ≤ x < 5,90 m	2	$\frac{2}{20} = 0,1$	$\frac{0,05}{0,3} \approx 0,17$
5,90 m ≤ x < 6,20 m	1	$\frac{1}{20} = 0,05$	$\frac{0,15}{0,3} = 0,5$
6,20 m ≤ x < 6,50 m	2	$\frac{2}{20} = 0,1$	$\frac{0,1}{0,3} \approx 0,33$

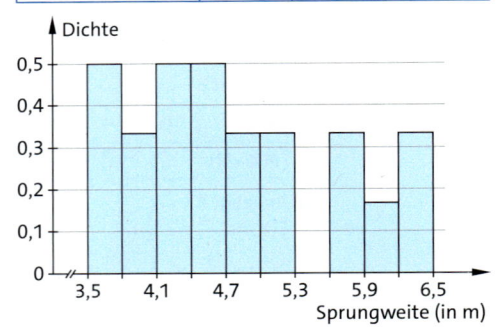

[Histogramm: Dichte gegen Sprungweite (in m)]

②

Klasse	absolute Häufigkeit	relative Häufigkeit	Säulenhöhe
3,50 m ≤ x < 4,10 m	5	$\frac{5}{20} = 0{,}25$	$\frac{0{,}25}{0{,}6} \approx 0{,}42$
4,10 m ≤ x < 4,70 m	6	$\frac{6}{20} = 0{,}3$	$\frac{0{,}3}{0{,}6} = 0{,}5$
4,70 m ≤ x < 5,30 m	4	$\frac{4}{20} = 0{,}2$	$\frac{0{,}2}{0{,}6} \approx 0{,}33$
5,30 m ≤ x < 5,90 m	2	$\frac{2}{20} = 0{,}1$	$\frac{0{,}1}{0{,}6} \approx 0{,}17$
5,90 m ≤ x < 6,50 m	3	$\frac{3}{20} = 0{,}15$	$\frac{0{,}15}{0{,}6} = 0{,}25$

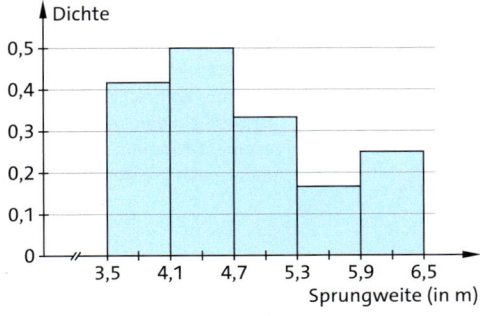

b) Individuelle Lösungen; z. B. kann bei der beispielhaften Einteilung aus a) eine stärkere Häufung von Sprungweiten zwischen 350 und 470 cm beobachtet werden.

c) arithmetisches Mittel: $\bar{x} = 4{,}7125\,(m)$
Beispiel für einen geschätzten Mittelwert:
$\frac{5 \cdot 3{,}80 + 6 \cdot 4{,}40 + 4 \cdot 5{,}00 + 2 \cdot 5{,}60 + 3 \cdot 6{,}20}{20} = 4{,}76$

S. 76, 2.

a) f ist eine Dichtefunktion, wenn $\int_{-\infty}^{\infty} f(x)\,dx = 1$ und $f(x) \geq 0$ gilt.

$\int_{-\infty}^{\infty} f(x)\,dx = \int_{-\infty}^{0} 0\,dx + \int_{0}^{1}\left(\frac{1}{5} + b \cdot x^2\right)dx + \int_{1}^{\infty} 0\,dx$

$= \int_{0}^{1}\left(\frac{1}{5} + b \cdot x^2\right)dx = \left[\frac{1}{5}x + \frac{b}{3}x^3\right]_{0}^{1} = \frac{1}{5} + \frac{b}{3}$

$\frac{1}{5} + \frac{b}{3} = 1$

$b = \frac{12}{5} = 2{,}4$

Da f nur auf dem Intervall [0; 1] von 0 verschieden ist und auf dem Intervall beide Summanden größer sind als 0, ist $f(x) \geq 0$ und f ist für $b = 2{,}4$ eine Dichtefunktion.

b) $F(x) = \int_{-\infty}^{x} f(t)\,dt$

$\int_{0}^{x}\left(\frac{1}{5} + \frac{12}{5}t^2\right)dt = \left[\frac{1}{5}t + \frac{12}{15}t^3\right]_{0}^{x} = \frac{1}{5}x + \frac{12}{15}x^3$

$F(x) = \begin{cases} 0 & \text{für } x \leq 0 \\ \frac{1}{5}x + \frac{4}{5}x^3 & \text{für } 0 < x < 1 \\ 1 & \text{für } x \geq 1 \end{cases}$

S. 76, 3.

X ist gleichverteilt und hat damit die Dichtefunktion

$f(x) = \begin{cases} \frac{1}{60} & \text{für } 0 \leq x \leq 60 \\ 0 & \text{sonst} \end{cases}$

und die Verteilungsfunktion

$F(x) = \begin{cases} 0 & \text{für } x < 0 \\ \frac{1}{60}x & \text{für } 0 \leq x \leq 60 \\ 1 & \text{für } x > 60 \end{cases}$

Cheng hat recht. Die Wahrscheinlichkeit für jeden exakten Zeitpunkt ist gleich 0, da f die Dichtefunktion einer stetigen Zufallsgröße ist. Maya hat hingegen nicht recht, denn auch für jeden anderen Zeitpunkt ist die Wahrscheinlichkeit, dass sie genau so lange warten müssen, 0. Maya bezieht nur die diskreten Werte 0, 1, ..., 59 ein und übersieht die Stetigkeit der Zufallsgröße.

S. 76, 4.

X: diskrete Zufallsgröße mit gleichmäßiger Verteilung wird tabellarisch dargestellt

Wert x	1	2	3	4	5	6
P(X = x)	$\frac{1}{6}$	$\frac{1}{6}$	$\frac{1}{6}$	$\frac{1}{6}$	$\frac{1}{6}$	$\frac{1}{6}$
P(X ≤ x)	$\frac{1}{6}$	$\frac{2}{6}$	$\frac{3}{6}$	$\frac{4}{6}$	$\frac{5}{6}$	$\frac{6}{6}$

Y: stetige Zufallsgröße
Die Verteilung wird mit einer Dichtefunktion f und einer Verteilungsfunktion F beschrieben. Y ist gleichverteilt und hat damit die Dichtefunktion f mit

$f(y) = \begin{cases} \frac{1}{6} & \text{für } 0 \leq y \leq 6 \\ 0 & \text{sonst} \end{cases}$

und die Verteilungsfunktion F mit

$F(y) = \begin{cases} 0 & \text{für } y < 0 \\ \frac{1}{6}y & \text{für } 0 \leq y \leq 6 \\ 1 & \text{für } y > 6 \end{cases}$

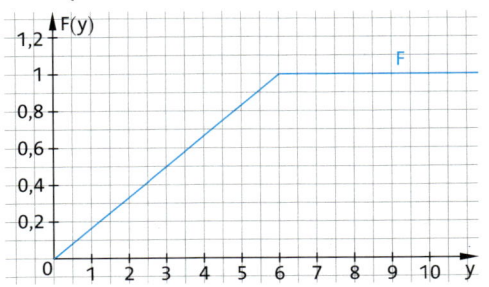

Für die Werte 1, 2, 3, 4, 5 und 6 hat X die Wahrscheinlichkeit $\frac{1}{6}$, während Y für jede Zahl die Wahrscheinlichkeit 0 hat. Allerdings beträgt der Wert der Dichtefunktion von Y für 1, 2, 3, 4, 5 und 6 jeweils $\frac{1}{6}$.
Für diese ganzzahligen Werte von X bzw. Y sind die kumulierten Wahrscheinlichkeiten bzw. die Werte der Verteilungsfunktion gleich. Y ist im Gegensatz zu X auch für andere Zahlen definiert, gleiches gilt für die Verteilungsfunktion von Y und die kumulierten Wahrscheinlichkeiten von X.

S. 76, 5.
a) Der Graph von f ist achsensymmetrisch zur y-Achse, der einzige Hochpunkt ist (0|1).
Für x → ±∞ ist die x-Achse Asymptote des Graphen.
Auch die Gauß'sche Glockenkurve ist symmetrisch zur y-Achse, hat ihren einzigen Hochpunkt auf der y-Achse und die x-Achse als Asymptote für x → ±∞.

b) Für die Dichtefunktion einer normalverteilten Zufallsgröße gilt:
① f(x) ≥ 0 für alle x ∈ ℝ und ② $\int_{-\infty}^{\infty} f(x)\,dx = 1$

Bedingung ② ist nicht erfüllt, da das Dreieck mit den Eckpunkten (−1|0), (0|1) und (1|0) vollständig unter dem Graphen liegt und eine Fläche von $\frac{1}{2} \cdot 1 \cdot 2 = 1$ hat. Somit ist die Fläche unter dem Graphen größer als 1.
Also kommt f nicht als Dichtefunktion einer normalverteilten Zufallsgröße in Frage.

S. 76, 6.
a) ① P(1 ≤ X ≤ 2) ≈ $\frac{1}{2}$(0,06 + 0,12) · 1 = 0,09
② P(3 ≤ X ≤ 6) = P(3 ≤ X ≤ 4) + P(4 ≤ X ≤ 6)
≈ $\frac{1}{2}$(0,18 + 0,2) · 1 + $\frac{1}{2}$(0,2 + 0,12) · 2 = 0,51
    (2,5)

b) P(X = 2,5) = $\int_{2,5}^{2,5} \varphi(x)\,dx = 0$
Eine Punktwahrscheinlichkeit ist bei normalverteilter Zufallsgröße immer 0.

S. 77, 7.
a) Das gesuchte Intervall ist [90; 150].
b) Nach den σ-Regeln gilt:
① P(μ − 2σ ≤ X ≤ μ + 2σ) ≈ 0,955
② P(μ − 3σ ≤ X ≤ μ + 3σ) ≈ 0,997
③ P(X ≤ μ + σ) ≈ 0,5 + 0,5 · 0,683 = 0,8415

S. 77, 8.
a) Aus der Dichtefunktion lässt sich ablesen:
μ = 5; σ = 1,5
Der Hochpunkt der Dichtefunktion liegt bei x = μ = 5, somit passt Graph ① nicht.
Die Standardabweichung beschreibt, wie stark der Graph gestaucht ist. Aus der 2σ-Regel folgt, dass im Intervall [μ − 2σ; μ + 2σ] = [2; 8] über 95 % der Ergebnisse liegen. Beim Graphen ② liegen zu viele Ergebnisse außerhalb dieses Intervalls.
Der Graph ③ ist der Graph der Dichtefunktion.

b) $\int_{-\infty}^{\infty} \varphi_{\mu;\sigma}(x)\,dx = P(-\infty < X < \infty) = 1$

$\int_{-\infty}^{\mu} \varphi_{\mu;\sigma}(x)\,dx = P(X \leq \mu) = 0,5$

$\int_{\mu-\sigma}^{\mu+2\sigma} \varphi_{\mu;\sigma}(x)\,dx = P(\mu - \sigma \leq X \leq \mu + 2\sigma)$
= P(μ − σ ≤ X ≤ μ) + P(μ ≤ X ≤ μ + 2σ)
≈ $\frac{1}{2} \cdot 0{,}683 + \frac{1}{2} \cdot 0{,}955 = 0{,}819$

S. 77, 9.
a) Der Flächeninhalt unter der Dichtefunktion beschreibt die Wahrscheinlichkeit, dass ein Patient nicht mehr als 30 Minuten warten muss.
P(X ≤ 30) = 0,1585

b) A: P(X ≥ 50) ≈ 0,1585;
B: Wegen μ = 40 und σ = 10 gilt nach der 1σ-Regel P(30 ≤ X ≤ 50) ≈ 0,683.

c) Man hat nach etwa 52,82 ≈ 53 Minuten das Wartezimmer mit einer Wahrscheinlichkeit von 90 % wieder verlassen.

S. 77, 10.
a) Laut den σ-Regeln gilt:
P(μ − 1,96σ ≤ X ≤ μ + 1,96σ) ≈ 0,95
μ − 1,96σ = 165 cm − 1,96 · 7 cm = 151,28 cm
μ + 1,96σ = 165 cm + 1,96 · 7 cm = 178,72 cm
Mit einer Wahrscheinlichkeit von rund 95 % liegt die Größe in dem Intervall [151,28 cm; 178,72 cm].

b) Laut den σ-Regeln gilt:
P(μ − 1,64σ ≤ X ≤ μ + 1,64σ) ≈ 0,90
μ − 1,64σ = 165 cm − 1,64 · 7 cm = 153,52 cm
μ + 1,64σ = 165 cm + 1,64 · 7 cm = 176,48 cm
Mit einer Wahrscheinlichkeit von rund 90 % liegt die Größe in dem Intervall [153,52 cm; 176,48 cm].

c) Ab einer Größe von etwa 173,97 ≈ 174 cm gehört man zu den größten 10 % der Frauen.

Lösungen zu Kapitel 3: Geraden und Ebenen im Raum

Ihr Fundament (S. 80/81)

S. 80, 1.
a) x = −1; y = 3
b) x = 3; y = −2
c) x = 0; y = 2; z = −1
d) x = 1; y = 2; z = 3

S. 80, 2.
Beispiellösungen:

a) eindeutig lösbar:
$\begin{vmatrix} x + 2y + 3z = 4 \\ 2x + 3y + z = -2 \\ 3x + 4y + 0z = 8 \end{vmatrix}$

keine Lösung:
$\begin{vmatrix} x + 2y + 3z = 4 \\ 2x + 3y + z = -2 \\ 3x + 6y + 9z = 8 \end{vmatrix}$

unendlich viele Lösungen:
$\begin{vmatrix} x + 2y + 3z = 4 \\ 2x + 3y + z = -2 \\ 3x + 6y + 9z = 12 \end{vmatrix}$

b) eindeutig lösbar:
$\begin{vmatrix} 2x + 3y + 3z = 2 \\ 2x + 2y + z = 0 \\ 0x + 0y + 2z = 4 \end{vmatrix}$

keine Lösung:
$\begin{vmatrix} 2x + 3y + 3z = 2 \\ 2x + 2y + z = 0 \\ 0x + 1y + 2z = 4 \end{vmatrix}$

unendlich viele Lösungen:
$\begin{vmatrix} 2x + 3y + 3z = 2 \\ 2x + 2y + z = 0 \\ 0x + 2y + 4z = 4 \end{vmatrix}$

c) Durch die Gleichung 0 = 2, die sich aus der zweiten Zeile ergibt, hat das Gleichungssystem keine Lösung, unabhängig davon, welche Koeffizienten man in der dritten Zeile ergänzt.

S. 80, 3.
a) $\vec{AB} = \vec{OB} - \vec{OA} = \begin{pmatrix} 6-3 \\ 7-2 \\ 9-1 \end{pmatrix} = \begin{pmatrix} 3 \\ 5 \\ 8 \end{pmatrix}$

b) $\vec{AB} = \vec{OB} - \vec{OA} = \begin{pmatrix} 7-2 \\ 6-1 \\ 8-1 \end{pmatrix} = \begin{pmatrix} 5 \\ 5 \\ 7 \end{pmatrix}$

c) $\vec{AB} = \vec{OB} - \vec{OA} = \begin{pmatrix} 7-(-2) \\ 8-(-4) \\ 5-(-2) \end{pmatrix} = \begin{pmatrix} 9 \\ 12 \\ 7 \end{pmatrix}$

d) $\vec{AB} = \vec{OB} - \vec{OA} = \begin{pmatrix} -6-(-2) \\ -5-(-1) \\ -7-(-2) \end{pmatrix} = \begin{pmatrix} -4 \\ -4 \\ -5 \end{pmatrix}$

S. 80, 4.
a) $|\vec{v}| = \sqrt{2^2 + 4^2 + 5^2} = \sqrt{45} \approx 6{,}71$
b) $|\vec{v}| = \sqrt{3^2 + 0^2 + 4^2} = \sqrt{25} = 5$
c) $|\vec{v}| = \sqrt{2^2 + (-4)^2 + 3^2} = \sqrt{29} \approx 5{,}39$
d) $|\vec{v}| = \sqrt{(-2)^2 + (-4)^2 + (-5)^2} = \sqrt{45} \approx 6{,}71$

S. 80, 5.
a) $\vec{v}$ und $\vec{w}$ sind kollinear, $\begin{pmatrix} 2 \\ 4 \\ 5 \end{pmatrix} \cdot 2 = \begin{pmatrix} 4 \\ 8 \\ 10 \end{pmatrix}$
b) $\vec{v}$ und $\vec{w}$ sind nicht kollinear.
c) $\vec{v}$ und $\vec{w}$ sind kollinear, $\begin{pmatrix} 3 \\ 2 \\ 4 \end{pmatrix} \cdot (-3) = \begin{pmatrix} -9 \\ -6 \\ -12 \end{pmatrix}$

S. 80, 6.
a) $\begin{pmatrix} 3 \\ 2 \\ -1 \end{pmatrix} + \begin{pmatrix} -5 \\ 0 \\ 2 \end{pmatrix} = \begin{pmatrix} -2 \\ 2 \\ 1 \end{pmatrix}$ b) $\frac{1}{4} \cdot \begin{pmatrix} 4 \\ -16 \\ 0 \end{pmatrix} = \begin{pmatrix} 1 \\ -4 \\ 0 \end{pmatrix}$

c) $(-7) \cdot \begin{pmatrix} -11 \\ -3 \\ 5 \end{pmatrix} + (-7) \cdot \begin{pmatrix} 9 \\ 3 \\ -4 \end{pmatrix} = \begin{pmatrix} 14 \\ 0 \\ -7 \end{pmatrix}$

S. 80, 7.
a) $\vec{b} = \vec{v} + \vec{w} = \begin{pmatrix} 150 \\ -100 \\ 0 \end{pmatrix} + \begin{pmatrix} -100 \\ -50 \\ 0 \end{pmatrix} = \begin{pmatrix} 50 \\ -150 \\ 0 \end{pmatrix}$
b) $|\vec{b}| = \sqrt{50^2 + 150^2 + 0^2} = \sqrt{25\,000} \approx 158{,}11$
Die Fähre fährt mit 158,11 m/min = 9,487 km/h.
c) $\vec{OB} = \vec{OA} + n \cdot \vec{b} \Leftrightarrow \begin{pmatrix} 100 \\ -100 \\ 0 \end{pmatrix} = \begin{pmatrix} -100 \\ 500 \\ 0 \end{pmatrix} + n \cdot \begin{pmatrix} 50 \\ -150 \\ 0 \end{pmatrix}$
Man erhält n = 4, also erreicht die Fähre nach 4 Minuten den Punkt B.

S. 80, 8.
a) A(2|0|0); B(2|5|0); C(0|5|0); D(0|0|0)
E(2|0|2); F(2|5|2); G(0|5|2); H(0|0|2)
b) $\vec{AB} = \vec{OB} - \vec{OA} = \begin{pmatrix} 2-2 \\ 5-0 \\ 0-0 \end{pmatrix} = \begin{pmatrix} 0 \\ 5 \\ 0 \end{pmatrix}$

$\vec{FG} = \vec{OG} - \vec{OF} = \begin{pmatrix} 0-2 \\ 5-5 \\ 2-2 \end{pmatrix} = \begin{pmatrix} -2 \\ 0 \\ 0 \end{pmatrix}$

c) $\vec{EF} = \vec{OF} - \vec{OE} = \begin{pmatrix} 2-2 \\ 5-0 \\ 2-2 \end{pmatrix} = \begin{pmatrix} 0 \\ 5 \\ 0 \end{pmatrix}$

$\vec{AB}$ und $\vec{EF}$ sind kollinear (Faktor 1), somit verlaufen die zugehörigen Kanten parallel zueinander.

S. 81, 9.
a) $|\vec{AB}| = \sqrt{49 + 36 + 9} = \sqrt{94} \approx 9{,}70$ LE
$|\vec{AC}| = \sqrt{4 + 9 + 1} = \sqrt{14} \approx 3{,}74$ LE
$|\vec{BC}| = \sqrt{81 + 9 + 4} = \sqrt{94} \approx 9{,}70$ LE
Die Strecken $\vec{AB}$ und $\vec{BC}$ sind gleich lang und bilden die Schenkel des Dreiecks, $\vec{AC}$ ist die Basis.
b) Seitenmittelpunkt von $\vec{AC}$: M(3|−2,5|0,5)
$|\vec{BM}| = \sqrt{64 + 20{,}25 + 6{,}25} = \sqrt{90{,}5} \approx 9{,}51$ LE
Flächeninhalt: $A = \frac{1}{2} \cdot \sqrt{90{,}5} \cdot \sqrt{14} \approx 17{,}80$ FE

S. 81, 10.
a) $\begin{pmatrix} 2 \\ 1 \\ 0 \end{pmatrix} \times \begin{pmatrix} 3 \\ 5 \\ 1 \end{pmatrix} = \begin{pmatrix} 1 \\ -2 \\ 7 \end{pmatrix}; \begin{pmatrix} 2 \\ 1 \\ 0 \end{pmatrix} \circ \begin{pmatrix} 1 \\ -2 \\ 7 \end{pmatrix} = 0;$

$\begin{pmatrix} 3 \\ 5 \\ 1 \end{pmatrix} \circ \begin{pmatrix} 1 \\ -2 \\ 7 \end{pmatrix} = 0$

b) $\begin{pmatrix} -2 \\ 1 \\ 0 \end{pmatrix} \times \begin{pmatrix} 3 \\ -5 \\ -1 \end{pmatrix} = \begin{pmatrix} -1 \\ -2 \\ 7 \end{pmatrix}; \begin{pmatrix} -2 \\ 1 \\ 0 \end{pmatrix} \circ \begin{pmatrix} -1 \\ -2 \\ 7 \end{pmatrix} = 0;$

$\begin{pmatrix} 3 \\ -5 \\ -1 \end{pmatrix} \circ \begin{pmatrix} -1 \\ -2 \\ 7 \end{pmatrix} = 0$

c) $\begin{pmatrix} 4{,}5 \\ 2 \\ 1{,}5 \end{pmatrix} \times \begin{pmatrix} 8 \\ -6 \\ 0{,}5 \end{pmatrix} = \begin{pmatrix} 10 \\ 9{,}75 \\ -43 \end{pmatrix}; \begin{pmatrix} 4{,}5 \\ 2 \\ 1{,}5 \end{pmatrix} \circ \begin{pmatrix} 10 \\ 9{,}75 \\ -43 \end{pmatrix} = 0;$

$\begin{pmatrix} 8 \\ -6 \\ 0{,}5 \end{pmatrix} \circ \begin{pmatrix} 10 \\ 9{,}75 \\ -43 \end{pmatrix} = 0$

d) $\begin{pmatrix} -8{,}5 \\ 5{,}2 \\ 5 \end{pmatrix} \times \begin{pmatrix} -1{,}5 \\ 4 \\ -1{,}8 \end{pmatrix} = \begin{pmatrix} -29{,}36 \\ -22{,}8 \\ -26{,}2 \end{pmatrix};$

$\begin{pmatrix} -8{,}5 \\ 5{,}2 \\ 5 \end{pmatrix} \circ \begin{pmatrix} -29{,}36 \\ -22{,}8 \\ -26{,}2 \end{pmatrix} = 0; \begin{pmatrix} -1{,}5 \\ 4 \\ -1{,}8 \end{pmatrix} \circ \begin{pmatrix} -29{,}36 \\ -22{,}8 \\ -26{,}2 \end{pmatrix} = 0$

S. 81, 11.
a) $A = \left| \begin{pmatrix} 3 \\ 0 \\ 2 \end{pmatrix} \times \begin{pmatrix} 5 \\ 4 \\ 8 \end{pmatrix} \right| = \left| \begin{pmatrix} -8 \\ -14 \\ 12 \end{pmatrix} \right| \approx 20{,}10$ FE

b) $A = \left| \begin{pmatrix} 2 \\ 3 \\ 0{,}5 \end{pmatrix} \times \begin{pmatrix} -4 \\ 5 \\ 6 \end{pmatrix} \right| = \left| \begin{pmatrix} 15{,}5 \\ -14 \\ 22 \end{pmatrix} \right| \approx 30{,}34$ FE

c) $A = \left| \begin{pmatrix} 4{,}5 \\ 7 \\ -2 \end{pmatrix} \times \begin{pmatrix} 5{,}8 \\ -1 \\ 5 \end{pmatrix} \right| = \left| \begin{pmatrix} 33 \\ -34{,}1 \\ -45{,}1 \end{pmatrix} \right| \approx 65{,}47$ FE

S. 81, 12.
Man bestimmt zwei Verbindungsvektoren der Eckpunkte und berechnet den Betrag ihres Vektorprodukts. Die Hälfte davon ist der Flächeninhalt des Dreiecks.

S. 81, 13.
a) $\sin(\alpha) = \frac{a}{c}$; $\sin(\beta) = \frac{b}{c}$; $\cos(\alpha) = \frac{b}{c}$; $\cos(\beta) = \frac{a}{c}$
b) $a = \sin(\alpha) \cdot c = \sin(35°) \cdot 5\,\text{cm} \approx 2{,}87\,\text{cm}$
$b = \sin(\beta) \cdot c = \sin(180° - (35° + 90°)) \cdot 5\,\text{cm}$
$= \sin(55°) \cdot 5\,\text{cm} \approx 4{,}10\,\text{cm}$
c) $c = \frac{b}{\cos(\alpha)} = \frac{3\,\text{cm}}{\cos(60°)} = 6\,\text{cm}$
$a = \cos(\beta) \cdot c = \cos(180° - (60° + 90°)) \cdot 6\,\text{cm}$
$= \cos(30°) \cdot 6\,\text{cm} \approx 5{,}20\,\text{cm}$

S. 81, 14.
a) Der x-Wert des Punktes, der durch Abtragen von α am Einheitskreis entsteht, entspricht cos(α). Der y-Wert des Punktes entspricht sin(α). In diesem Fall ist cos(α) = −0,6 und sin(α) = 0,8.

b) Ist der y-Wert von P positiv, so ist sin(α) ebenfalls positiv, sonst negativ. Ist der x-Wert von P positiv, so ist cos(α) ebenfalls positiv, sonst negativ.
Für die Werte in den vier Quadranten gilt:

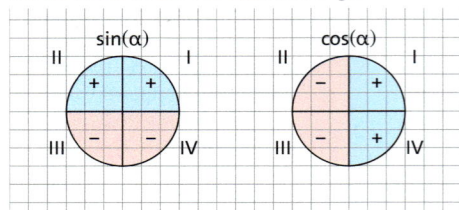

S. 81, 15.
a) Zahlenpaar einsetzen:
$f(-6) = m \cdot (-6) + 1 = 4$
$-6m + 1 = 4;$ $m = -\frac{1}{2};$ $f(x) = -\frac{1}{2}x + 1$
b) Da die Graphen von f und g parallel verlaufen, haben sie dieselbe Steigung: $g(x) = -\frac{1}{2}x + t$
Koordinaten von Punkt P einsetzen:
$g(1) = -\frac{1}{2} \cdot 1 + t = 1{,}5$
$-\frac{1}{2} + t = 1{,}5;$ $t = 2;$ $g(x) = -\frac{1}{2}x + 2$

S. 81, 16.
Oberflächeninhalt:
$O = a^2 + 2 \cdot a \cdot \sqrt{h^2 + \left(\frac{a}{2}\right)^2}$
$= 25 + 10 \cdot \sqrt{31{,}25} \approx 80{,}90\,cm^2$
Volumen:
$V = \frac{1}{3} \cdot h \cdot a^2 = \frac{1}{3} \cdot 5 \cdot 5^2 = \frac{1}{3} \cdot 125 \approx 41{,}67\,cm^3$

Prüfen Sie Ihr neues Fundament (S. 126/127)

S. 126, 1.
a) $\vec{x} = \overrightarrow{OA} + r \cdot \overrightarrow{AB} = \begin{pmatrix}1\\2\\1\end{pmatrix} + r \cdot \begin{pmatrix}1\\2\\5\end{pmatrix}, r \in \mathbb{R}$
b) $\begin{pmatrix}0\\0\\0\end{pmatrix} = \begin{pmatrix}1\\2\\1\end{pmatrix} + r \cdot \begin{pmatrix}1\\2\\5\end{pmatrix} = \begin{pmatrix}1+r\\2+2r\\1+5r\end{pmatrix}$,
$r = -1$ und $r = -\frac{1}{5}$ (Widerspruch)
Der Punkt O liegt nicht auf der Gerade g.
c) Die Gleichung $\vec{x} = \overrightarrow{OA} + r \cdot \overrightarrow{AB}$ mit $r \in \mathbb{R}$ und $0 \leq r \leq 2$ beschreibt eine Strecke. Die Strecke verläuft von Punkt A (r = 0), über den Punkt B (r = 1) zu einem Punkt auf der Gerade g, der doppelt so weit von A entfernt ist wie B (r = 2).
d) Da der Punkt C von Punkt B so weit entfernt ist wie von Punkt A, erreicht man ihn, indem man von Punkt A einmal den Vektor von A nach B abträgt. Dieser Vektor liegt entgegengesetzt der Richtung, in der sich B befindet. Das entspricht dem Parameter r = −1.
Somit lässt sich C berechnen durch die Gleichung $\overrightarrow{OC} = \overrightarrow{OA} + (-1) \cdot \overrightarrow{AB}$.
Es gibt noch eine zweite Möglichkeit: C kann zwischen A und B liegen. Der Abstand von A zu C entspricht in diesem Fall $\frac{1}{3}$ der Länge des Richtungsvektors, der Abstand von B zu C entspricht $\frac{2}{3}$ der Länge des Richtungsvektors. Man erhält den Ortsvektor von C also durch Einsetzen von $\frac{1}{3}$ in die Geradengleichung.
e) $h: \vec{x} = \begin{pmatrix}2\\3\\4\end{pmatrix} + r \cdot \begin{pmatrix}1\\2\\5\end{pmatrix}$

S. 126, 2.
a) g und h haben einen Schnittpunkt: $S(7|0|4)$
($r = 2, s = -1$)
Der Schnittwinkel beträgt etwa 58,91°.
b) g und h sind windschief (kein Schnittpunkt, nicht parallel).
c) g und h sind echt parallel (Richtungsvektoren sind kollinear, es gibt keinen Schnittpunkt).

S. 126, 3.
a) Da jeder Punkt auf einer der Koordinatenachsen liegt (und keiner im Ursprung liegt), liegen die drei Punkte nicht auf einer Gerade und legen damit eine Ebene fest.
b) ① beschreibt eine Parametergleichung von E. Der Ortsvektor zu P ist Stützvektor und $\overrightarrow{PQ}$ und $\overrightarrow{PR}$ sind die beiden Richtungsvektoren.
② beschreibt keine Parametergleichung von E, da z. B. Q nicht in der von ② beschriebenen Ebene liegt.
c) z. B.
$\vec{x} = \overrightarrow{OQ} + s \cdot \overrightarrow{QP} + t \cdot \overrightarrow{QR} = \begin{pmatrix}0\\3\\0\end{pmatrix} + s \cdot \begin{pmatrix}-1\\-3\\0\end{pmatrix} + t \cdot \begin{pmatrix}0\\-3\\2\end{pmatrix}$
d) Normalengleichung:
z. B. $\left[\vec{x} - \begin{pmatrix}-1\\0\\0\end{pmatrix}\right] \circ \begin{pmatrix}6\\-2\\-3\end{pmatrix} = 0$

Koordinatengleichung:
z. B. $6x_1 - 2x_2 - 3x_3 + 6 = 0$

S. 126, 4.
a) E und g schneiden sich im Punkt $P(-1|2|1)$.
Der Schnittwinkel beträgt 90°.
b) E und g sind echt parallel zueinander.
c) g liegt in E.

S. 126, 5.
a) E_1 und E_2 sind echt parallel zueinander.
b) E_1 und E_2 schneiden sich in der Gerade
$g: \vec{x} = t \cdot \begin{pmatrix}0\\1\\1\end{pmatrix}$.
c) E_1 und E_2 sind identisch.
d) E_1 und E_2 schneiden sich in der Gerade
$g: \vec{x} = \begin{pmatrix}1\\0\\1\end{pmatrix} + t \cdot \begin{pmatrix}0\\1\\1\end{pmatrix}$.
e) E_1 und E_2 sind echt parallel zueinander.
f) E_1 und E_2 schneiden sich in der Gerade
$g: \vec{x} = t \cdot \begin{pmatrix}0\\1\\1\end{pmatrix}$.

S. 126, 6.
a) $\alpha = \cos^{-1}\left(\dfrac{\begin{pmatrix}4\\0\\0\end{pmatrix} \circ \begin{pmatrix}5\\1\\3\end{pmatrix}}{\sqrt{4^2 + 0^2 + 0^2} \cdot \sqrt{5^2 + 1^2 + 3^2}}\right) \approx 32{,}31°$

b) $\alpha = \cos^{-1}\left(\dfrac{\begin{pmatrix}1\\2\\1\end{pmatrix} \circ \begin{pmatrix}1\\1\\0\end{pmatrix}}{\sqrt{1^2 + 2^2 + 1^2} \cdot \sqrt{1^2 + 1^2 + 0^2}}\right) = 30°$

c) $\alpha = \cos^{-1}\left(\dfrac{\begin{pmatrix}1\\-6\\-2\end{pmatrix} \circ \begin{pmatrix}6\\-3\\4\end{pmatrix}}{\sqrt{1^2 + (-6)^2 + (-2)^2} \cdot \sqrt{6^2 + (-3)^2 + 4^2}}\right) \approx 71{,}34°$

d) $\alpha = \cos^{-1}\left(\dfrac{\begin{pmatrix}-16\\-7\\6\end{pmatrix} \circ \begin{pmatrix}-2\\8\\1\end{pmatrix}}{\sqrt{(-16)^2 + (-7)^2 + 6^2} \cdot \sqrt{(-2)^2 + 8^2 + 1^2}}\right) \approx 96{,}74°$

S. 127, 7.

a) Lotgerade: $g: \vec{x} = \begin{pmatrix} 1 \\ 1 \\ 1 \end{pmatrix} + t \begin{pmatrix} 1 \\ 1 \\ 0 \end{pmatrix}$

Lotfußpunkt (Schnittpunkt von g und E):
$F(0,5 | 0,5 | 1)$
$d(P; E) = |\overrightarrow{PF}| = \sqrt{(-0,5)^2 + (-0,5)^2 + 0^2} \approx 0,71$

b) Lotgerade: $g: \vec{x} = \begin{pmatrix} 1 \\ -1 \\ 2 \end{pmatrix} + t \begin{pmatrix} 2 \\ 1 \\ -3 \end{pmatrix}$

Lotfußpunkt (Schnittpunkt von g und E):
$F(2,43 | -0,29 | -0,14)$
$d(P; E) = |\overrightarrow{PF}| = \sqrt{1,43^2 + 0,71^2 + (-2,14)^2} \approx 2,67$

c) Lotgerade: $g: \vec{x} = \begin{pmatrix} 2 \\ 1 \\ -1 \end{pmatrix} + t \begin{pmatrix} 0 \\ 0 \\ 1 \end{pmatrix}$

Lotfußpunkt (Schnittpunkt von g und E): $F(2|1|-1)$
Der Punkt P liegt in der Ebene E, also $d(P; E) = 0$.

S. 127, 8.

a) Parameter t ermitteln, sodass der allgemeine Verbindungsvektor $\overrightarrow{PX_t}$ senkrecht zu g ist:

$\overrightarrow{PX_t} = \begin{pmatrix} 1 \\ 1 \\ 3 \end{pmatrix} + t\begin{pmatrix} 0 \\ 1 \\ 0 \end{pmatrix} - \begin{pmatrix} 1 \\ 0 \\ -1 \end{pmatrix} = \begin{pmatrix} 0 \\ 1+t \\ 4 \end{pmatrix}$

$\begin{pmatrix} 0 \\ 1+t \\ 4 \end{pmatrix} \circ \begin{pmatrix} 0 \\ 1 \\ 0 \end{pmatrix} = 0 \Rightarrow t = -1$

Lotvektor und Fußpunkt ermitteln:

$\overrightarrow{PX_{-1}} = \begin{pmatrix} 0 \\ 1-1 \\ 4 \end{pmatrix} = \begin{pmatrix} 0 \\ 0 \\ 4 \end{pmatrix}$

$\overrightarrow{OF} = \overrightarrow{OP} + \overrightarrow{PX_{-1}} = \begin{pmatrix} 1 \\ 0 \\ -1+4 \end{pmatrix} = \begin{pmatrix} 1 \\ 0 \\ 3 \end{pmatrix}$;

Lotfußpunkt: $F(1|0|3)$

$d(P, g) = \left| \begin{pmatrix} 0 \\ 0 \\ 4 \end{pmatrix} \right| = 4$

b) Parameter t ermitteln, sodass der allgemeine Verbindungsvektor $\overrightarrow{PX_t}$ senkrecht zu g ist:

$\overrightarrow{PX_t} = \begin{pmatrix} 3 \\ 5 \\ -1 \end{pmatrix} + t\begin{pmatrix} 2 \\ -1 \\ -4 \end{pmatrix} - \begin{pmatrix} 5 \\ 4 \\ -1 \end{pmatrix} = \begin{pmatrix} -2+2t \\ 1-t \\ -2-4t \end{pmatrix}$

$\begin{pmatrix} -2+2t \\ 1-t \\ -2-4t \end{pmatrix} \circ \begin{pmatrix} 2 \\ -1 \\ -4 \end{pmatrix} = 0 \Rightarrow t = -\frac{1}{7}$

Lotvektor und Fußpunkt ermitteln:

$\overrightarrow{PX_{-\frac{1}{7}}} = \begin{pmatrix} -2-\frac{2}{7} \\ 1+\frac{1}{7} \\ -2+\frac{4}{7} \end{pmatrix} = \frac{1}{7} \cdot \begin{pmatrix} -16 \\ 8 \\ -10 \end{pmatrix}$

$\overrightarrow{OF} = \overrightarrow{OP} + \overrightarrow{PX_{-\frac{1}{7}}} = \begin{pmatrix} 5-\frac{16}{7} \\ 4+\frac{8}{7} \\ 1-\frac{10}{7} \end{pmatrix} = \frac{1}{7} \begin{pmatrix} 19 \\ 36 \\ -3 \end{pmatrix}$;

Lotfußpunkt: $F\left(\frac{19}{7} \Big| \frac{36}{7} \Big| -\frac{3}{7}\right)$

$d(P, g) = \left| \frac{1}{7} \cdot \begin{pmatrix} -16 \\ 8 \\ -10 \end{pmatrix} \right| \approx 2,93$

S. 127, 9.

a) Parameter s und t ermitteln, sodass Verbindungsvektor $\overrightarrow{X_s X_t}$ senkrecht zu g und h steht:

$\overrightarrow{X_s X_t} = \begin{pmatrix} -2-4s+3t \\ 1+4s-t \\ -2+s \end{pmatrix}$

$\begin{pmatrix} -2-4s+3t \\ 1+4s-t \\ -2+s \end{pmatrix} \circ \begin{pmatrix} 4 \\ -4 \\ -1 \end{pmatrix} = 0 \Rightarrow -10 - 33s + 16t = 0$

$\begin{pmatrix} -2-4s+3t \\ 1+4s-t \\ -2+s \end{pmatrix} \circ \begin{pmatrix} 3 \\ -1 \\ 0 \end{pmatrix} = 0 \Rightarrow -7 - 16s + 10t = 0$

$s = \frac{6}{37}$ und $t = \frac{71}{74}$

s und t in $\overrightarrow{X_s X_t}$ einsetzen:

$\overrightarrow{X_{\frac{6}{37}} X_{\frac{71}{74}}} = \frac{1}{74} \begin{pmatrix} 17 \\ 51 \\ -136 \end{pmatrix}$

$d(g, h) = \left| \frac{1}{74} \begin{pmatrix} 17 \\ 51 \\ -136 \end{pmatrix} \right| \approx 1,98$

b) Parameter s und t ermitteln, sodass Verbindungsvektor $\overrightarrow{X_s X_t}$ senkrecht zu g und h steht:

$\overrightarrow{X_s X_t} = \begin{pmatrix} 12-13s+t \\ 1+4s+5t \\ 2+s+4t \end{pmatrix}$

$\begin{pmatrix} 12-13s+t \\ 1+4s+5t \\ 2+s+4t \end{pmatrix} \circ \begin{pmatrix} 13 \\ -4 \\ -1 \end{pmatrix} = 0 \Rightarrow 150 - 186s - 11t = 0$

$\begin{pmatrix} 12-13s+t \\ 1+4s+5t \\ 2+s+4t \end{pmatrix} \circ \begin{pmatrix} 1 \\ 5 \\ 4 \end{pmatrix} = 0 \Rightarrow 25 + 11s + 42t = 0$

$s = \frac{6575}{7691} \approx 0,855$ und $t = -\frac{6300}{7691} \approx -0,819$

s und t in $\overrightarrow{X_s X_t}$ einsetzen:

$\overrightarrow{X_{\frac{6575}{7691}} X_{-\frac{6300}{7691}}} = \begin{pmatrix} \frac{517}{7691} \\ \frac{2491}{7691} \\ -\frac{3243}{7691} \end{pmatrix}$

$d(g, h) = \left| \begin{pmatrix} \frac{517}{7691} \\ \frac{2491}{7691} \\ -\frac{3243}{7691} \end{pmatrix} \right| \approx 0,54$

S. 127, 10.

a) $K: (x_1 - 6)^2 + (x_2 - 1)^2 + (x_3 + 5)^2 = 25$
$(5-6)^2 + (-3-1)^2 + (-3+5)^2 = 21 < 25$, also liegt A innerhalb der Kugel K.

b) $(2-6)^2 + (1-1)^2 + (x+5)^2$
$= 16 + x^2 + 10x + 25 = 25$
Also muss gelten: $x^2 + 10x + 16 = 0$, also $x = -8$ oder $x = -2$

c) $\overrightarrow{MC} = \begin{pmatrix} 0 \\ 3 \\ 4 \end{pmatrix}$

$E: \left(\vec{x} - \begin{pmatrix} 6 \\ 4 \\ -1 \end{pmatrix} \right) \circ \begin{pmatrix} 0 \\ 3 \\ 4 \end{pmatrix} = 0$

d) $d(M; g) \approx 14,11$
g ist Passante von K.

Lösungen zu Kapitel 4: Anwendungen der Differenzial- und Integralrechnung

Ihr Fundament (S. 130/131)

S. 130, 1.
a) Es gilt $\lim\limits_{x \to \infty} f(x) = \infty$ und $\lim\limits_{x \to -\infty} f(x) = -\infty$.
   Der Graph ist punktsymmetrisch zum Ursprung.
b) Es gilt $\lim\limits_{x \to \infty} f(x) = -\infty$ und $\lim\limits_{x \to -\infty} f(x) = \infty$.
   Der Graph ist weder punktsymmetrisch zum Ursprung noch achsensymmetrisch zur y-Achse.
c) Es gilt $\lim\limits_{x \to \infty} f(x) = \lim\limits_{x \to -\infty} f(x) = \infty$.
   Der Graph ist achsensymmetrisch zur y-Achse.

S. 130, 2.
a) $x_1 = 4$; $x_2 = -5$
b) $x_1 = 0$; $x_2 = -1$; $x_3 = 0{,}5$
c) $x_1 = 0$; $x_2 = 0{,}5$
d) $x_1 = 0$; $x_2 = 4$
e) $x_1 = 0$; $x_2 = 2$; $x_3 = -3$
f) $x_1 = 0$; $x_2 = -\frac{4}{3}$
g) $x_1 = 2$; $x_2 = -2$; $x_3 = 1$; $x_4 = -1$
h) $x_1 = 3$; $x_2 = -3$; $x_3 = 1$; $x_4 = -1$
i) $x_1 = \sqrt{5}$; $x_2 = -\sqrt{5}$

S. 130, 3.
a) $f'(x) = 6x^2 + 8x - 1$
b) $f'(x) = 7x^6 - 15x^4 + 24x^3 - x$
c) $f'(x) = 6(x^4 - 2x^3) \cdot (4x^3 - 6x^2) - 5x^4$
d) $f'(x) = (x^2 + 6x + 2) + (x - 1)(2x + 6)$

S. 130, 4.
a) $F(x) = \frac{1}{3}x^3 + \frac{1}{2}x^2 + x + c$
b) $F(x) = \frac{1}{7}x^7 - \frac{2}{5}x^5 + 2x^4 - \frac{4}{3}x^3 + c$
c) $F(x) = \frac{4}{3}x^3 - 2x^2 - 24x + c$
d) $F(x) = 2x^5 + \frac{160}{3}x^3 + 640x + c$

S. 130, 5.
a) $f'(x) = \frac{1}{5}x^3 + 2x^2 + 5x$
   $f''(x) = \frac{3}{5}x^2 + 4x + 5$
   $f'(x) = 0 \Rightarrow x = 0$ oder $\frac{1}{5}x^2 + 2x + 5 = 0$
   $\frac{1}{5}x^2 + 2x + 5 = 0$ hat die Lösung $x = -5$.
   $f''(0) = 5 > 0$, also Tiefpunkt bei $x = 0$
   $f(0) = 2$, also Tiefpunkt $T(0|2)$
   $f''(-5) = 0$; f' wechselt in der Umgebung von $x = -5$ nicht das Vorzeichen, also liegt dort kein Extrempunkt vor.
b) Aus a) folgt, dass bei $x = -5$ ein Terrassenpunkt liegen könnte.
   $f'''(x) = \frac{6}{5}x + 4$
   $f'''(-5) \neq 0$, also Terrassenpunkt
   $f(-5) = \frac{149}{12}$, also $S\left(-5 \middle| \frac{149}{12}\right)$
   $f''(x) = 0$ hat neben $x = -5$ noch die zweite Lösung $x = -\frac{5}{3}$.
   $f'''\left(-\frac{5}{3}\right) \neq 0$, also Wendepunkt
   $f\left(-\frac{5}{3}\right) \approx 6{,}24$, also $W\left(-\frac{5}{3} \middle| 6{,}24\right)$

c) Es gilt $\lim\limits_{x \to \infty} f(x) = \lim\limits_{x \to -\infty} f(x) = \infty$.

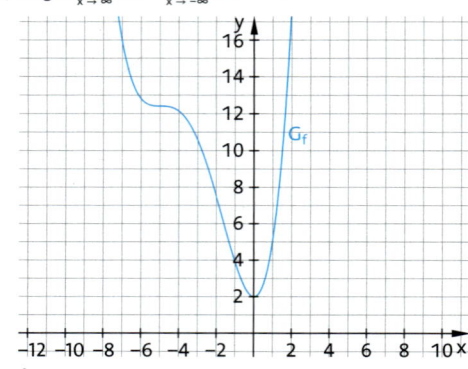

d) $\int\limits_{-5}^{0} f(x)\,dx = \left[\frac{1}{100}x^5 + \frac{1}{6}x^4 + \frac{5}{6}x^3 + 2x\right]_{-5}^{0} = 41{,}25$ FE

S. 130, 6.
a) $f'(x) = 2e^x + 2xe^x$
b) $f'(x) = 2x\cos(x^2 + 1)$
c) $f'(x) = (3x^2 + 2) \cdot \frac{1}{2\sqrt{x^3 + 2x + 1}}$
d) $f'(x) = \frac{1}{x} + \frac{3}{2\sqrt{3x}}$
e) $f'(x) = \frac{\frac{1}{x}(x^2 + 1) - \ln(x) \cdot 2x}{(x^2 + 1)^2}$
f) $f'(x) = \frac{2x}{2\sqrt{x^2 + 4}} \cdot \sin(x - 5) + \sqrt{x^2 + 4} \cdot \cos(x - 5)$

S. 130, 7.
z. B. $F(x) = xe^x - e^x + \frac{1}{2}x^2$

S. 130, 8.
$\int\limits_{0}^{1} f(x)\,dx = \left[e^{x^2-1}\right]_{0}^{1} \approx 0{,}63$ FE

S. 130, 9.
①: Graph von f ②: Graph von i
③: Graph von h ④: Graph von g

S. 131, 10.
a) $L = \{(10|-5)\}$
b) $L = \left\{\left(-\frac{11}{3} \middle| -\frac{41}{6}\right)\right\}$
c) $L = \{(3|16)\}$
d) $L = \left\{\left(-\frac{2}{3} \middle| 4\right)\right\}$

S. 131, 11.
a) $L = \{(5|5)\}$
b) $L = \left\{\left(\frac{1}{8} \middle| \frac{1}{2}\right)\right\}$
c) $L = \{(3|16)\}$
d) $L = \{\ \}$

S. 131, 12.
a) $L = \left\{(x|y) \middle| y = \frac{1}{2}x + \frac{15}{8}\right\}$
b) $L = \left\{(x|y) \middle| y = \frac{9}{2}x\right\}$
c) $L = \{(1|4)\}$
d) $L = \{\ \}$

S. 131, 13.
a) Die beiden Zahlen lauten 46 und 4.
b) Die beiden Zahlen lauten 8 und 17.
c) Alle Zahlen x und y, deren Summe 23 ist.
   Also $L = \{(x|y) | x + y = 23\}$.

S. 131, 14.
a) $L = \{(1|2|3)\}$
b) $L = \{(-13|3|-2)\}$
c) $L = \left\{\left(\frac{24}{7} \middle| \frac{22}{7} \middle| \frac{26}{7}\right)\right\}$

S. 131, 15.
a) $L = \{(0|-3|-5)\}$
b) $L = \{(-9|-5|7)\}$
c) $L = \{(-13|-1|-4)\}$

S. 131, 16.
a) $u = 10\,cm$; $A \approx 3{,}87\,cm^2$
b) $u = 24\,cm$; $A = 24\,cm^2$
c) $b \approx 2{,}89\,cm$; $u \approx 17{,}78\,cm$; $A = 15\,cm^2$
d) $u = 15{,}08\,cm$; $A \approx 18{,}10\,cm^2$

S. 131, 17.
a) $a = \sqrt{\frac{150\,cm^2}{6}} = 5\,cm$; $V = a^3 = 125\,cm^3$
b) $V = \left(\sqrt{\frac{O}{6}}\right)^3$

S. 131, 18.
a) $V \approx 197{,}92\,m^3$; $O \approx 188{,}50\,m^2$
b) $V \approx 904{,}78\,cm^3$; $O \approx 527{,}79\,cm^2$
c) $V \approx 269{,}39\,dm^3$; $O \approx 230{,}91\,dm^2$
d) $V \approx 540\,746{,}64\,mm^3 \approx 540{,}75\,cm^3$; $O \approx 367{,}57\,cm^2$

S. 131, 19.
$O \approx 104{,}98\,cm^2$, $V \approx 63{,}31\,cm^3$

Prüfen Sie Ihr neues Fundament (S. 154/155)

S. 154, 1.
a) $f'(t) = \left(-\frac{1}{4}t^2 + \frac{7}{2}t - \frac{33}{4}\right)e^{-\frac{t}{4}}$;
$f''(t) = \left(\frac{1}{16}t^2 - \frac{11}{8}t + \frac{89}{16}\right)e^{-\frac{t}{4}}$

Tiefpunkt $T(3|0)$; Hochpunkt $H(11|4{,}09)$;
Wendepunkt im Intervall $[0;\,15]$: $W(5{,}34|1{,}44)$

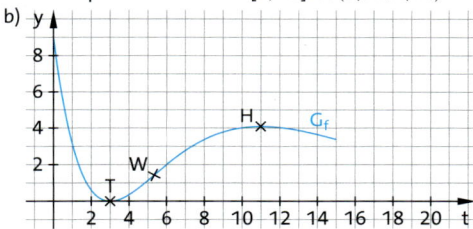

b)

c) f beschreibt die Wachstumsgeschwindigkeit und nicht den Bestand. Alle Aussagen sind falsch.
A: Für $0 \leq t \leq 3$ ist $f(t) \geq 0$, und damit nimmt die Bakterienzahl nicht ab.
B: Für $t = 3$ ist die Wachstumsgeschwindigkeit gleich null, aber nicht die Bakterienzahl. Die Bakterienanzahl ist größer als zu Beginn.
C: Die Wachstumsgeschwindigkeit ist für $t > 3$ immer größer als null. Damit nimmt die Zahl der Bakterien stets zu.

d) $F'(t) = (-8t - 8)e^{-\frac{t}{4}} + (-4t^2 - 8t - 68)\left(-\frac{1}{4}\right)e^{-\frac{t}{4}}$
$= (-8t - 8 + t^2 + 2t + 17)e^{-\frac{t}{4}} = (t^2 - 6t + 9)e^{-\frac{t}{4}} = f(t)$

e) Zunahme der Bakterienanzahl in den ersten 5 Stunden in 1000:
$\int_0^5 f(t)\,dt = F(5) - F(0) \approx 8{,}41$
Fünf Stunden nach Beobachtungsbeginn sind es etwa $2000 + 8410 = 10\,410$ Bakterien.

S. 154, 2.
a) Nullstellen: $x_1 = e$, $x_2 = \frac{1}{e}$
$f'(x) = -2 \cdot \frac{\ln(x)}{x}$, $f''(x) = \frac{2\ln(x) - 2}{x^2}$
Extrempunkte:
$f'(x) = 0 \Rightarrow x = 1$, $f''(1) = -2 < 0$, also Hochpunkt
$f(1) = 1$, also $H(1|1)$

b) $F'(x) = 2\ln(x) + \frac{2x}{x} - \left((\ln(x))^2 + 2x(\ln(x)) \cdot \frac{1}{x}\right) - 1$
$= 2\ln(x) + 2 - (\ln(x))^2 - 2\ln(x) - 1$
$= 1 - (\ln(x))^2 = f(x)$
$\int_{\frac{1}{e}}^{e} f(x)\,dx = \left[2x\ln(x) - x(\ln(x))^2\right]_{\frac{1}{e}}^{e} \approx 1{,}47\,FE$

c) $g'(x) = f'(x) + 1$, $g''(x) = f''(x)$
$g''(x) = \frac{2\ln(x) - 2}{x^2} = 0 \Rightarrow x = e$
$g'''(e) = \frac{-4\ln(e) + 6}{e^3} \neq 0$
Da die zweite Ableitung von g mit der zweiten Ableitung von f identisch ist, hat auch f bei $x = e$ einen Wendepunkt.

S. 154, 3.
a) $f(x) = ax^3 + bx^2 + cx + d$
$f(5) = 18$, also $a \cdot 5^3 + b \cdot 5^2 + c \cdot 5 + d = 18$ bzw.
$125a + 25b + 5c + d = 18$
b) $f(x) = ax^3 + bx^2 + cx + d$
$f(0) = 3$, also $a \cdot 0^3 + b \cdot 0^2 + c \cdot 0 + d = 3$ bzw. $d = 3$
c) $f(x) = ax^4 + bx^3 + cx^2 + dx + e$
$f'(x) = 4ax^3 + 3bx^2 + 2cx + d$
$f(5) = 0$, also $a \cdot 5^4 + b \cdot 5^3 + c \cdot 5^2 + d \cdot 5 + e = 0$ bzw.
$625a + 125b + 25c + 5d + e = 0$
$f'(5) = 0$, also $4a \cdot 5^3 + 3b \cdot 5^2 + 2c \cdot 5 + d = 0$ bzw.
$500a + 75b + 10c + d = 0$
d) $f(x) = ax^3 + bx^2 + cx + d$
$f'(x) = 3ax^2 + 2bx + c$
$f(3) = -1$, also $a \cdot 3^3 + b \cdot 3^2 + c \cdot 3 + d = -1$ bzw.
$27a + 9b + 3c + d = -1$
$f'(3) = 4$, also $3a \cdot 3^2 + 2b \cdot 3 + c = 4$ bzw.
$27a + 6b + c = 4$
e) $f(x) = ax^4 + bx^3 + cx^2 + dx + e$
$f'(x) = 4ax^3 + 3bx^2 + 2cx + d$
$f(2) = 1$, also $a \cdot 2^4 + b \cdot 2^3 + c \cdot 2^2 + d \cdot 2 + e = 1$ bzw.
$16a + 8b + 4c + 2d + e = 1$
$f'(2) = 0$, also $4a \cdot 2^3 + 3b \cdot 2^2 + 2c \cdot 2 + d = 0$ bzw.
$32a + 12b + 4c + d = 0$

S. 154, 4.
① $f(x) = ax^3 + bx^2 + cx + d$, $f'(x) = 3ax^2 + 2bx + c$
Bedingungen:
$f(0) = 0$; $f'(0) = -1$; $f(1) = 0$; $f'(1) = 2$
Funktionsgleichung: $f(x) = x^3 - x$
② $f(x) = ax^3 + bx^2 + cx + d$, $f'(x) = 3ax^2 + 2bx + c$
Bedingungen:
$f(0) = 0$; $f'(0) = 0$; $f(3) = 0$; $f'(3) = 5$
Funktionsgleichung: $f(x) = \frac{5}{9}x^3 - \frac{5}{3}x^2$
③ $f(x) = ax^4 + bx^3 + cx^2 + dx + e$,
$f'(x) = 4ax^3 + 3bx^2 + 2cx + d$
Bedingungen:
$f(0) = 0$; $f'(0) = 0$; $f''(0) = 0$; $f(5) = 5$; $f'(5) = 0$
Funktionsgleichung: $f(x) = -\frac{3}{125}x^4 + \frac{4}{25}x^3$
④ $f(x) = ax^4 + bx^3 + cx^2 + dx + e$,
$f'(x) = 4ax^3 + 3bx^2 + 2cx + d$
Bedingungen: $f(0) = 3$; $f(3) = 0$; $f'(3) = 0$
Aufgrund der Achsensymmetrie gilt $b = d = 0$.
Funktionsgleichung: $f(x) = \frac{1}{27}x^4 - \frac{2}{3}x^2 + 3$

S. 154, 5.
$f(x) = ax^2 + bx + c$, $f'(x) = 2ax + b$
Bedingungen:
$f(0) = 2{,}2$; $f(20{,}52) = 0$; $f'(0) = 1$
Die Flugbahn lässt sich modellieren mithilfe der Funktion f mit $f(x) = -0{,}054x^2 + x + 2{,}2$ (Werte gerundet). Der Graph von f hat den Hochpunkt $H(9{,}26 | 6{,}83)$. Die Halle muss für den Wurf mindestens 6,83 m hoch sein. Hinzu kommt noch der Durchmesser der Kugel, die Halle sollte also rund 7 m hoch sein.

S. 154, 6.
$f(x) = ax^3 + bx^2 + cx + d$, $f'(x) = 3ax^2 + 2bx + c$
Bedingungen:
$f(0) = 5$; $f'(0) = 2$; $f(1) = 11$; $f''(1) = 0$
$f(x) = -2x^3 + 6x^2 + 2x + 5$

S. 155, 7.
a) $f'(x) = -\frac{1}{20}x^2 + 2bx + c$
$f''(x) = -\frac{1}{10}x + 2b$
$f''(65) = 0 = -\frac{1}{10} \cdot 65 + 2b \Rightarrow b = \frac{65}{20}$
$f'(20) = 0 = -\frac{1}{20} \cdot 20^2 + 2 \cdot \frac{65}{20} \cdot 20 + c \Rightarrow c = -110$
$f(x) = -\frac{1}{60}x^3 + \frac{65}{20}x^2 - 110x + \frac{3601}{3}$
b) $f'(x) = 0$ liefert $x = 20$ oder $x = 110$.
$f''(110) = -4{,}5 < 0$, also Hochpunkt
$f(110) = 6242$
Bei einem Preis von 110 € war die Anzahl der Bestellungen mit 6242 am größten.

S. 155, 8.
$f'(x) = (2ax - 1)e^{ax^2 - x}$
$f(0{,}5) = e^{-0{,}25}$
$f'(0{,}5) = 0$
$a = 1$, $b = 0$, also $f(x) = e^{x^2 - x}$

S. 155, 9.
$f'(x) = \frac{2ax + b}{2\sqrt{ax^2 + bx + c}}$
$f(0) = 1 = c$
$f'(0{,}25) = 0 = \frac{0{,}5a + b}{2\sqrt{\frac{1}{16}a + \frac{1}{4}b + 1}} \Rightarrow b = -0{,}5a$
$f'(0{,}5) = 1 = \frac{a + b}{2\sqrt{\frac{1}{4}a + \frac{1}{2}b + 1}}$
Es folgt $a = 4$ und $b = -2$, also $f(x) = \sqrt{4x^2 - 2x + 1}$.

S. 155, 10.
x und y sind beliebige positive reelle Zahlen mit $x + y = 10$ bzw. $y = 10 - x$.
a) $p(x) = x \cdot y = 10x - x^2$
$p'(x) = 10 - 2x$
$p'(x) = 0 \Rightarrow x = 5$
$p''(x) = -2 < 0$
Das Produkt ist für die Summanden 5 und 5 am größten.
b) $s(x) = x^2 + (10 - x)^2 = 2x^2 - 20x + 100$
$s'(x) = 4x - 20$
$s'(x) = 0 \Rightarrow x = 5$
$s''(x) = 4 > 0$
Die Summe der Quadrate ist für die Summanden 5 und 5 am kleinsten.
c) $d(x) = x^2 - (10 - x)^2 = 20x - 100$
$d'(x) = 20 > 0$
Es gibt keinen Extremwert.

d) $d(x) = x^3 - (10 - x)^3 = 2x^3 - 30x^2 + 300x - 1000$
$d'(x) = 6x^2 - 60x + 300$
$d'(x) = 0$ hat keine Lösung.
Es gibt keinen Extremwert.

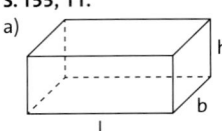

S. 155, 11.
a)

b: Länge der kürzeren Grundseite (in m)
l: Länge der längeren Grundseite (in m); $l = 2b$
h: Höhe des Bassins (in m)
Nebenbedingung:
$V = b \cdot l \cdot h = 32 \Rightarrow 32 = 2b^2 \cdot h \Rightarrow h = \frac{16}{b^2}$
Zielfunktion:
$A = 4b^2 + 6bh$
$A(b) = 4b^2 + \frac{96}{b}$ $(b > 0)$

b) $A'(b) = 8b - \frac{96}{b^2}$
Aus $A'(b) = 0$ folgt $b^3 = 12$ und damit $b = \sqrt[3]{12} \approx 2{,}29$.
$A''(b) = 8 + \frac{192}{b^3}$
$A''(\sqrt[3]{12}) = 24 > 0 \Rightarrow b = \sqrt[3]{12}$ ist lokale Minimalstelle.
Da $A(b) \to \infty$ für $b \to 0$ mit $b > 0$ und für $b \to \infty$ gilt, ist das einzige lokale Minimum an der Stelle $b = \sqrt[3]{12}$ auch das globale Minimum.
Das Bassin ist ca. 2,29 m breit, 4,58 m lang und 3,05 m hoch.

S. 155, 12.
a) Flächeninhalt: $A = \frac{1}{2}g \cdot h$
Nebenbedingungen: $g = a - 0 = a$ und $h = f(a)$
Zielfunktion: $A(a) = \frac{1}{2}a \cdot f(a) = -\frac{1}{16}a^4 + a^2$
a liegt zwischen der y-Achse und der positiven Nullstelle von f.
$f(x) = -\frac{1}{8}x(x^2 - 16) = 0$ ergibt $x_1 = 0$; $x_2 = 4$ und $x_3 = -4$.
Definitionsbereich von A: $0 < a < 4$
b) $A'(a) = -\frac{1}{4}a^3 + 2a$
$A'(a) = -\frac{1}{4}a(a^2 - 8) = 0$ ergibt $a_1 = 0$; $a_2 = \sqrt{8} \approx 2{,}83$ und $a_3 = -\sqrt{8}$.
$A''(a) = -\frac{3}{4}a^2 + 2$
$A''(0) = 2 > 0$, also lokales Minimum bei 0
$A''(\sqrt{8}) = -4 < 0$, also lokales Maximum bei $\sqrt{8}$;
$A(\sqrt{8}) = 4$
Das lokale Maximum 4 bei $a = \sqrt{8}$ ist auch globales Maximum.
Der Flächeninhalt wird für $a = \sqrt{8} \approx 2{,}83$ mit 4 FE maximal.

Lösungen zu Kapitel 5: Abiturtraining

Prüfungsteil A – hilfsmittelfrei

Pflichtteil

S. 159, 1.
a) $D = \mathbb{R}^+ \setminus \{2\}$
b) $g'(x) = \dfrac{\frac{x-2}{x} - \ln(x)}{(x-2)^2}$; Tangentengleichung: $y = mx + t$
$g'(1) = -1$, also $m = -1$
$g(1) = 0$; Einsetzen von $(1 | 0)$ und $m = -1$ liefert $t = 1$
Tangentengleichung: $y = -x + 1$

S. 159, 2.
a) z. B. $r = \pi$

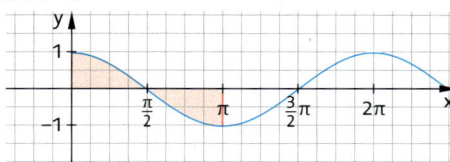

Allgemeine Lösung: $r = k\pi$ mit $k \in \mathbb{Z}$
b) z. B. $r = -1$; einzige andere mögliche Lösung: $r = 3$

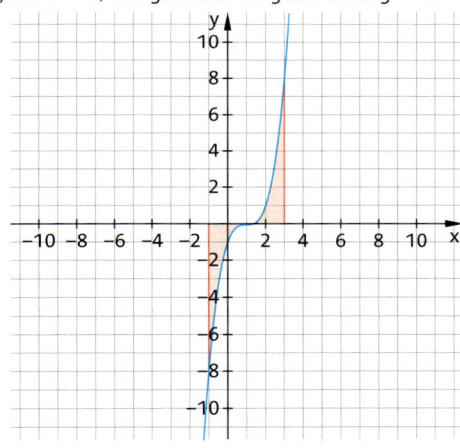

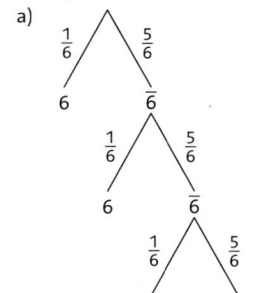

S. 159, 3.
a)

b)
x	1	2	3
P(X = x)	$\frac{1}{6}$	$\frac{1}{6} \cdot \frac{5}{6}$	$\frac{5}{6} \cdot \frac{5}{6}$

$E(X) = 1 \cdot \frac{1}{6} + 2 \cdot \frac{1}{6} \cdot \frac{5}{6} + 3 \cdot \frac{5}{6} \cdot \frac{5}{6} = \frac{91}{36} \approx 2{,}53$
In der ersten Runde wird man im langfristigen Mittel 2,53, also entweder 2 oder 3, Würfe machen, um mit der ersten Figur beginnen zu können.

S. 159, 4.
Die Normalenvektoren $\vec{n_E} = \begin{pmatrix} 3 \\ 4 \\ 8 \end{pmatrix}$ und $\vec{n_F} = \begin{pmatrix} 1 \\ 2 \\ 2 \end{pmatrix}$ sind nicht kollinear, deshalb schneiden sich die Ebenen.
Umformen von E in die Parameterform:
Die Vektoren $\vec{u} = \begin{pmatrix} 4 \\ -3 \\ 0 \end{pmatrix}$ und $\vec{v} = \begin{pmatrix} 8 \\ 0 \\ -3 \end{pmatrix}$ sind mögliche Richtungsvektoren, da sie senkrecht auf dem Normalenvektor stehen. Der Punkt $A(8|0|0)$ liegt in E.

$E: \vec{x} = \begin{pmatrix} 8 \\ 0 \\ 0 \end{pmatrix} + r \cdot \begin{pmatrix} 4 \\ -3 \\ 0 \end{pmatrix} + s \cdot \begin{pmatrix} 8 \\ 0 \\ -3 \end{pmatrix}$

Einsetzen in F:
$8 + 4r + 8s + 2 \cdot (-3r) + 2 \cdot (-3s) - 12 = 0$
$r = s - 2$
Einsetzen in die Parametergleichung von E:

$g: \vec{x} = \begin{pmatrix} 8 \\ 0 \\ 0 \end{pmatrix} + (s-2) \cdot \begin{pmatrix} 4 \\ -3 \\ 0 \end{pmatrix} + s \cdot \begin{pmatrix} 8 \\ 0 \\ -3 \end{pmatrix} = \begin{pmatrix} 0 \\ 6 \\ 0 \end{pmatrix} + s \cdot \begin{pmatrix} 12 \\ -3 \\ -3 \end{pmatrix}$

Wahlteil

S. 159, 5.
a) Graph ① hat bei $x = 0$ die Steigung 0, was dem Funktionswert von Graph ② bei $x = 0$ entspricht. Also ist ① der Graph von F und ② der Graph von f.
b) Da f zwischen 0 und 2 keine Nullstellen hat, entspricht der gesuchte Flächeninhalt dem Betrag der Differenz der Funktionswerte von F bei 2 und bei 0. Mit $F(2) = 0$ und $F(0) = 4$ folgt, dass der Flächeninhalt zwischen dem Graphen von f und der x-Achse im Bereich [0; 2] 4 FE beträgt.

S. 160, 6.
a) Da f für $x > 7$ und g für $x < 0$ nicht definiert ist, gehört Graph ① zu f und Graph ② zu g.
b) Die Schnittstellen der beiden Graphen sind bei $x = 0$ und bei $x = 7$.
$A = \int_0^7 (f(x) - g(x)) \, dx = \int_0^7 (\sqrt{7-x} - (\sqrt{7} - \sqrt{x})) \, dx =$
$\left[-\frac{2}{3}(7-x)^{\frac{3}{2}} - \sqrt{7} x + \frac{2}{3} x^{\frac{3}{2}} \right]_0^7 = -\sqrt{7} \cdot 7 + \frac{2}{3} \cdot 7^{\frac{3}{2}} + \frac{2}{3} \cdot 7^{\frac{3}{2}}$
$= \frac{1}{3} \cdot 7^{\frac{3}{2}}$

S. 160, 7.
a) Da der Einsatz 12 € beträgt, gewinnt man 3 € bei einer Auszahlung von 15 €, also bei einer 3 und einer 5. Es gilt:
$P(X = 3) = 2p(1 - p) = 2p - 2p^2$
b) Es gilt:

x	−3	3	13
P(X = x)	$(1-p)^2$	$2p - 2p^2$	p^2

$E(X) = -3(1-p)^2 + 3(2p - 2p^2) + 13p^2$
$= -3 + 6p - 3p^2 + 6p - 6p^2 + 13p^2 = 4p^2 + 12p - 3$

S. 160, 8.

a) $\binom{10}{3} = \frac{10!}{7! \cdot 3!} = \frac{10 \cdot 9 \cdot 8}{3 \cdot 2 \cdot 1} = 120$

b) P(„zwei unterschiedliche Socken")
$= \frac{3}{10} \cdot \frac{7}{9} + \frac{7}{10} \cdot \frac{2}{9} = \frac{7}{15}$

S. 160, 9.

a) Der Richtungsvektor $\begin{pmatrix} 1 \\ 0 \\ 1 \end{pmatrix}$ der Geraden entspricht dem Normalenvektor der Ebene.
Mögliche Gleichung: E: $x_1 + x_3 + 4 = 0$

b) F hat von M(3|−1|2) den Abstand 5. Der Berührpunkt kann z. B. P(8|−1|2) sein, da sich P von M nur um 5 LE in der x_1-Koordinate unterscheidet. Damit die Ebene die Kugel dort nur berührt und nicht schneidet, muss sie orthogonal zur Strecke $\overline{MP}$ sein.
Also kann $\overrightarrow{MP}$ bzw. ein Vielfaches wie $\begin{pmatrix} 1 \\ 0 \\ 0 \end{pmatrix}$ der Normalenvektor von F sein.
Damit ist F: $x_1 - 8 = 0$ eine beispielhafte Lösung.

S. 160, 10.

$V = \frac{1}{6}|(\vec{a} \times \vec{b}) \circ \vec{c}|$ beschreibt das Volumen der von $\vec{a}, \vec{b}$ und $\vec{c}$ aufgespannten Pyramide.
Mit $\vec{a} = \overrightarrow{SP}, \vec{b} = \overrightarrow{SQ}$ und $\vec{c} = \overrightarrow{SR}$ sowie V = 27 folgt:

$27 = \frac{1}{6}\left|\left(\begin{pmatrix} -3 \\ 3 \\ 0 \end{pmatrix} \times \begin{pmatrix} -3 \\ 0 \\ 6 \end{pmatrix}\right) \circ \left(\begin{pmatrix} 2 \\ 1 \\ 0 \end{pmatrix} + r \cdot \begin{pmatrix} 2 \\ 1 \\ 0 \end{pmatrix}\right)\right|$

$= \frac{1}{6}\left|\begin{pmatrix} 18 \\ 18 \\ 9 \end{pmatrix} \circ \begin{pmatrix} 2+2r \\ 1+r \\ 0 \end{pmatrix}\right| = |9r + 9|$

r = 2 oder r = −4

Einsetzen in die Gleichung von g liefert R(9|3|0) bzw. R(−3|−3|0.)

Prüfungsteil B – Hilfsmittel: Taschenrechner und Formeldokument

S. 161, 1.

a) $f(-x) = (-x) \cdot e^{-0{,}02(-x)^2} = -x \cdot e^{-0{,}02x^2} = -f(x)$
Also ist der Graph von f punktsymmetrisch zum Ursprung.
Es gilt $\lim_{x \to \infty} f(x) = 0 = \lim_{x \to -\infty} f(x)$, da die Exponentialfunktion dominant ist.

b) $f'(x) = e^{-0{,}02x^2} - 0{,}04x^2 \cdot e^{-0{,}02x^2}$
$= (1 - 0{,}04x^2) \cdot e^{-0{,}02x^2}$
$f''(x) = -0{,}08x \cdot e^{-0{,}02x^2} - 0{,}04x \cdot (1 - 0{,}04x^2) \cdot e^{-0{,}02x^2}$
$= -0{,}04x \cdot e^{-0{,}02x^2}(3 - 0{,}04x^2)$
Nullstellen von f': x = 5 und x = −5
$f''(5) \approx -0{,}24 < 0$, also Hochpunkt bei x = 5
Aufgrund der Punktsymmetrie liegt bei x = −5 ein Tiefpunkt vor.

c) Das Integral $\int_0^x f(t)\,dt$ hat für x > 0 einen positiven Wert, wie am Graphen von f zu erkennen ist. Für x < 0 ist der orientierte Flächeninhalt negativ, da aber in diesem Fall „von rechts nach links" integriert wird, kehrt sich das Vorzeichen wieder um. Also ist das Integral auch für x < 0 positiv. Da F(0) = 0 ist, hat F damit bei x = 0 einen Tiefpunkt.

d) $F(x) = \int_0^x (t \cdot e^{-0{,}02t^2})\,dt = [-25 \cdot e^{-0{,}02t^2}]_0^x$
$= -25 \cdot e^{-0{,}02x^2} + 25$
$\lim_{x \to \infty} F(x) = 25$

e) Der Graph von g ist gegenüber dem von f um eine Einheit nach links und eine Einheit nach unten verschoben. Das gesuchte Integral entspricht damit dem Integral von f im Intervall [1;11] abzüglich des Integrals der konstanten Funktion y = 1 in diesem Intervall. Es gilt also
$\int_0^{10} g(x)\,dx = F(11) - F(1) - 1 \cdot 10.$
Dies entspricht nicht dem Flächeninhalt, den g im Intervall [0;10] mit der x-Achse einschließt, da g eine Nullstelle bei x ≈ 0,02 hat und somit das Integral im Bereich [0;0,02] negativ in die Flächenbilanz einfließt.

f) a ist der Streckfaktor der Schar. Je größer a wird, desto stärker wird der Graph in y-Richtung gestreckt, desto größer ist also die Änderungsrate des Regens.

g) Der Hochpunkt liegt nach b) bei x = 5. Gesucht ist also a mit $f_a(5) = 50$.
$5a \cdot e^{-0{,}02 \cdot 25} = 50$
$a = 10 \cdot e^{0{,}5} \approx 16{,}49$

h) Um die Füllhöhe zu ermitteln, wird zunächst die Menge an Regenwasser im Becken ermittelt. Gesucht ist $F_{15}(12)$.
$F_{15}(12) = 15 \cdot (-25 \cdot e^{-0{,}02 \cdot 144} + 25) \approx 353{,}95$
Um 19 Uhr befinden sich rund 353,95 ℓ Wasser im Becken.
Volumen des Beckens: $V = \pi \cdot r^2 \cdot h$ mit r = 5 dm
$h = \frac{V}{\pi \cdot r^2} = \frac{353{,}95}{\pi \cdot 5^2} \approx 4{,}51 \text{ dm} = 45{,}1 \text{ cm}$
Das Wasser steht um 19 Uhr etwa 45,1 cm hoch im Becken.

S. 161, 2.

a) Da die Module in großer Stückzahl produziert werden, kann man davon ausgehen, dass „Ziehen mit Zurücklegen" für 50 zufällig ausgewählte Module das passende Modell ist, da es bei großen Stückzahlen keinen nennenswerten Unterschied macht, wenn ein oder mehrere Teile fehlen.
Betrachtet werden die Zufallsgrößen
V: „Anzahl der Module mit defekter Elektronik" und
W: „Anzahl der Module mit fehlerhafter Software".
$P(A) = P_{0{,}05}^{50}(V \geq 3) \approx 0{,}4595 = 45{,}95\%$
$P(B) = 0{,}8^{10} \cdot P_{0{,}2}^{40}(W \leq 8) \approx 0{,}0637 = 6{,}37\%$

b) Z. B.: Unter 50 zufällig ausgewählten Solarmodulen weisen mindestens 5 und höchstens 10 eine fehlerhafte Elektronik auf.

c) Für p soll gelten $P_p^{50}(X = 0) \geq 0{,}3$.
$(1 - p)^{50} \geq 0{,}3$, also $p \leq 0{,}0238 = 2{,}38\%$
Auf ganze Prozent genau darf p höchstens 2 % groß sein.

d) $A = 50 \cdot 0{,}2 = 10$
$B = P_{0{,}2}^{50}(X = 10) \approx 0{,}1398$

e) Der Fehler 1. Art liegt vor, wenn die Nullhypothese irrtümlich abgelehnt wird, wenn also die Wahrscheinlichkeit für einen Softwarefehler noch immer (mindestens) 20 % beträgt, man aber nach dem Test von einer geringeren Wahrscheinlichkeit ausgeht.
Die Nullhypothese H_0: $p \geq 0{,}2$ wird mit $n = 100$ und dem Signifikanzniveau $\alpha = 5\,\%$ getestet.
Gesucht ist das größtmögliche k, sodass
$A = \{0; 1; ...; k\}$ der Ablehnungsbereich zur Nullhypothese H_0 mit $p \geq 0{,}2$, $n = 100$ und $\alpha = 5\,\%$ ist, dass also gilt $P^{100}_{0{,}2}(X \leq k) \leq 0{,}05$.
$P^{100}_{0{,}2}(X \leq 13) \approx 0{,}0469$
$P^{100}_{0{,}2}(X \leq 14) \approx 0{,}0804$

Ist $k \in \{0; 1; ...; 13\}$, so kann die Nullhypothese zum Signifikanzniveau 5 % nicht abgelehnt werden.

f) Es werden die Ereignisse S: „Die Software ist fehlerhaft.", E: „Die Elektronik ist fehlerhaft." und F: „Das Modul ist fehlerhaft." betrachtet.
Für jedes Modul gilt $P(S) = 0{,}2$ und $P(E) = 0{,}05$.
Da S und E unabhängig sind, gilt
$P(F) = P(S \cup E) = P(S) + P(E) - P(S \cap E)$
$= P(S) + P(E) - P(S) \cdot P(E) = 0{,}2 + 0{,}05 - 0{,}01 = 0{,}24$
bzw. $P(F) = 1 - P(\overline{E}) \cdot P(\overline{S}) = 1 - 0{,}95 \cdot 0{,}8 = 0{,}24$.
$E(X) = 50 \cdot 0{,}24 = 12$

S. 162, 3.

a) $\overrightarrow{AB} = \begin{pmatrix} 0 \\ 8 \\ 0 \end{pmatrix}$, $\overrightarrow{BC} = \begin{pmatrix} -2 \\ 0 \\ 3 \end{pmatrix}$; $\overrightarrow{AB} \circ \overrightarrow{BC} = 0$

Also ist ABC ein rechtwinkliges Dreieck mit dem rechten Winkel bei B.

Bestimmung der Koordinaten von D:

$\overrightarrow{OD} = \overrightarrow{OA} + \overrightarrow{BC} = \begin{pmatrix} 2 \\ -2 \\ 6 \end{pmatrix} + \begin{pmatrix} -2 \\ 0 \\ 3 \end{pmatrix} = \begin{pmatrix} 0 \\ -2 \\ 9 \end{pmatrix}$

Mit $D(0|-2|9)$ ist ABCD ein Rechteck.

b) $\overrightarrow{AB} \times \overrightarrow{BC} = \begin{pmatrix} 0 \\ 8 \\ 0 \end{pmatrix} \times \begin{pmatrix} -2 \\ 0 \\ 3 \end{pmatrix} = \begin{pmatrix} 24 \\ 0 \\ 16 \end{pmatrix}$

Damit ist auch $\begin{pmatrix} 3 \\ 0 \\ 2 \end{pmatrix}$ ein Normalenvektor der Ebene E.

Setzt man die Koordinaten von A in
$3x_1 + 2x_3 - d = 0$ ein, ergibt sich
$E: 3x_1 + 2x_3 - 18 = 0$.

c) $S_1(6|0|0)$, $S_3(0|0|9)$
E verläuft parallel zur x_2-Achse, es gibt daher keinen Schnittpunkt von E und der x_2-Achse.

d) $\sin(\alpha) = \frac{|\vec{n} \circ \vec{u}|}{|\vec{n}| \cdot |\vec{u}|}$ beschreibt den Schnittwinkel α zwischen einer Gerade mit dem Normalenvektor $\vec{n}$ und einer Gerade mit dem Richtungsvektor $\vec{u}$.

$\sin(\alpha) = \frac{\left|\begin{pmatrix} 0 \\ 0 \\ 1 \end{pmatrix} \circ \begin{pmatrix} -2 \\ 0 \\ 3 \end{pmatrix}\right|}{\left|\begin{pmatrix} 0 \\ 0 \\ 1 \end{pmatrix}\right| \cdot \left|\begin{pmatrix} -2 \\ 0 \\ 3 \end{pmatrix}\right|} = \frac{3}{\sqrt{13}}$, also $\alpha \approx 56{,}31°$

e) Fußpunkt F von C im Giebeldreieck: $F(0|6|6)$
Länge der Grundseite des Giebeldreiecks: 4 m
Höhe des Giebeldreiecks: 3 m
Volumen des Dachs: $V = \frac{1}{2} \cdot 4 \cdot 3 \cdot 8 = 48 \text{ m}^3$

f) Schnittpunkt von g und E:
$3(5{,}5 - 3s) + 2(3 + 3s) - 18 = 0$
$16{,}5 - 9s + 6 + 6s - 18 = 0$
$s = 1{,}5$
Einsetzen in g ergibt den Schnittpunkt S
$(1|1{,}5|7{,}5)$.
Mittelpunkt M der Dachfläche: $M(1|2|7{,}5)$
Der Abstand von S und M beträgt 0,5 m. Da das Fenster einen Radius von 0,75 m hat, trifft der Laserstrahl das Fenster.

Stichwortverzeichnis

A

Abiturprüfung 158 ff.
Abstand Ebene-Ebene 113
Abstand Gerade-Ebene 113
Abstand paralleler Ebenen 113
Abstand paralleler Geraden 116
Abstand Punkt-Ebene 111, 128
Abstand Punkt-Gerade 115, 116, 128
Abstand windschiefer Geraden 116, 117, 128
Achsenabschnittsgleichung 99

B

bestimmtes Integral 10, 11, 48
– Rechenregeln 22

D

Dichtefunktion 56, 78
Differenzfunktion 27, 48
diskrete Zufallsgröße 55

E

Ebene
– Koordinatenform einer 97
– Koordinatengleichung einer 97, 128
– Normalenform einer 97
– Normalengleichung einer 97, 128
– Parameterform einer 93
– Parametergleichung einer 93, 128
Ebenenscharen 110, 114
Einheitsvektor 109
empirische Standardabweichung 64
Extremwertproblem 146, 156

F

Flächen zwischen Funktionsgraphen 27 ff., 48
Flächenbilanz 11, 19, 48

G

Gaußsche Glockenfunktion 60, 78
Gaußsche Glockenkurve 60
Gaußsche Integralfunktion 60
Gerade
– im Raum 82
– Parametergleichung einer 82, 128
– Lagebeziehungen 87
– Winkel zwischen zwei 89
gleichverteilte Zufallsgröße 58
Glockenfunktion 60
Grundintegrale 24

H

Häufigkeitsdichte 52
Hauptsatz der Differenzial- und Integralrechnung 18, 19, 48
Hesse'sche Normalform 111
Histogramm 52
– mit Wahrscheinlichkeiten 54

I

Integral
– Additivität 13
– bei Wurzelfunktionen 23
– bestimmtes 10, 48
– Eigenschaften 13
– Grund- 24
– mit Parametern 22
– Rechenregeln 22
– unbestimmtes 24, 48
– uneigentliches (1. Art) 31, 48
– uneigentliches (2. Art) 32, 48
Integralfunktion 14, 48
– Eigenschaften 22
– und Stammfunktion 23
– Gaußsche 60
Integrand 10
Integrandenfunktion 14
Integration
– partielle 26
– mit Substitution 30
Integrationsgrenze 10, 33, 34
Integrationsregeln 22
– Sonderfälle 25
Integrationsvariable 10
integrierbar 10

K

Klasse 52
Klassenbreite 52
Klasseneinteilung 52
knickfrei 143
kollinear 87
Koordinatenform einer Ebene 97
Koordinatengleichung einer Ebene 97, 128
Kugelgleichung 120, 128
kumulative Verteilungsfunktion 57, 60

L

Lagebeziehung zweier Kugeln 120
Lagebeziehung zwischen Kugeln und Ebenen 122
Lagebeziehung zwischen Kugeln und Geraden 121, 128
Lagebeziehungen von Geraden 87, 128
Lagebeziehungen zwischen Ebene und Gerade 101, 128
Lagebeziehungen zwischen Ebenen 105 f., 128
linear abhängig 95
Linearkombination 95
Lotfußpunkt 112
Lotfußpunktverfahren 115

N

Nebenbedingung 146, 156
Normaleneinheitsvektor 111
Normalenform einer Ebene 97
Normalengleichung einer Ebene 97, 128
Normalengleichung einer Gerade im $\mathbb{R}^2$ 100
Normalenvektor einer Ebene 97, 128
normalverteilt 60, 78
Normalverteilung 60, 78
– Standard- 65

O

Obersumme 8

P

Paraboloid 40
Parameterform einer Ebene 93
Parametergleichung einer Ebene 93, 128
Parametergleichung einer Gerade 82, 128
partielle Integration 26
Passante 121
Poisson-Verteilung 66
Prognose 67
Punktprobe
– für eine Ebene 94
– für eine Gerade 83

R

Richtungsvektor
– einer Gerade 82, 128
– einer Ebene 93, 128
Rotationskörper 40, 48
ruckfrei 143

S

Sekante 121
σ-Regeln 67, 78
σ-Umgebung 67, 78
Spiegelung an einer Ebene 114
sprungfrei 143
Spurgerade 99
Spurpunkte
– einer Gerade 84
– einer Ebene 99
Standardabweichung
– empirische 64
Standardnormalverteilung 65
stetige Zufallsgröße 55, 56, 78
Strecke
– im Raum 84
Stützpunkt
– einer Gerade 82
– einer Ebene 93
Stützvektor
– einer Gerade 82, 128
– einer Ebene 82, 128
Substitution bei Integralen 30
Summenformel für Quadratzahlen 10

T

Tangente 121
Tangentialebene 122
Trassierung 143

U

unbestimmtes Integral 24, 48
uneigentliches Integral
– 1. Art 31, 48
– 2. Art 32, 48
Untersumme 8

W

Winkel
– zwischen Ebene und Gerade 103
– zwischen zwei Ebenen 106
– zwischen zwei Geraden 89

Z

Zielfunktion 146, 156
Zufallsgröße
– diskrete 55
– stetige 55, 56, 78
– Dichtefunktion einer 56
– gleichverteilte 58

Bildquellenverzeichnis

Technische Zeichnungen:
Cornelsen/Christian Böhning

Illustrationen:
Cornelsen/Stefan Bachmann

Abbildungen:
Cover stock.adobe.com/phonlamaiphoto; **2 o.** Shutterstock.com/Bertrand Godfroid; **2 u.** Shutterstock.com/Daria_vg; **3 o.** Shutterstock.com/IgorZh; **3 u.** Shutterstock.com/ozkan ulucam; **4 o.** Shutterstock.com/Robert Kneschke; **4 Mi.** Shutterstock.com/LilKar; **4 u.** Shutterstock.com/shisu_ka; **5** Shutterstock.com/Bertrand Godfroid; **23** Shutterstock.com/G-Stock Studio; **30** stock.adobe.com/dietwalther; **36** stock.adobe.com/storm; **38 o.** stock.adobe.com/animaflora; **38 Mi.** Shutterstock.com/Mark Medcalf; **38 u.** Shutterstock.com/anakul; **39** Shutterstock.com/captureandcompose; **42 o.** Shutterstock.com/Kodda; **42 u.** Shutterstock.com/Butsaya; **47** Fotolia/euthymia; **49** Shutterstock.com/Daria_vg; **51 o.** Shutterstock/Stock Up; **51 u.** Shutterstock.com/FabrikaSimf; **59** Shutterstock.com/Perekotypole; **64** Shutterstock.com/Utekhina Anna; **68 o.** Shutterstock.com/Kosorukov Dmitr; **68 u.** Shutterstock.com/STEKLO; **70 o.** Shutterstock.com/Jan Martin Will; **70 u.** Shutterstock.com/Elnur; **73 o.** Shutterstock.com/New Africa; **73 Mi.** Shutterstock.com/BY-_-BY; **73 u.** Shutterstock.com/xtremesk; **75** Shutterstock.com/FamVeld; **79** Shutterstock.com/IgorZh; **85** Shutterstock.com/Kojin; **86** Shutterstock.com/frank_peters; **90** Shutterstock.com/aappp; **118** Shutterstock.com/IgorZh; **125** Shutterstock.com/motive56; **129** Shutterstock.com/ozkan ulucam; **134 o.** stock.adobe.com/Petra Steinkuehler-Nitschke/dispicture; **134 u.** Shutterstock.com/unpict; **135** Shutterstock/Africa Studio; **136 o.** Shutterstock.com/Tanja Esser; **136 u.** Shutterstock.com/Romolo Tavani; **137** Shutterstock.com/ozkan ulucam; **143** Shutterstock.com/photo.ua; **147** Shutterstock.com/olko1975; **150** Shutterstock.com/Vyshnivskyy; **151 o.** Shutterstock.com/Pixel-Shot; **151 u.** Shutterstock.com/W. Scott McGill; **153** Shutterstock.com/Arcansel; **157** Shutterstock.com/Robert Kneschke; **159** Shutterstock.com/Christian Nieke; **163** Shutterstock.com/LilKar; **164** Shutterstock.com/fizkes; **165** Shutterstock.com/New Africa; **166** Shutterstock.com/alphaspirit.it; **167** Shutterstock.com/shisu_ka; **188** PEFC Deutschland e. V.

Fundamente
der Mathematik

Autoren: Jan Block, Brigitte Distel, Dr. Lothar Flade †, Sabine Fischer, Carina Freytag, Katharina Hammer-Schneider, Fritz Kammermeyer, Roman Knost, Markus Krysmalski, Nina Kühn, Dr. Hubert Langlotz, Renatus Lütticken, Thorsten Niemann, Reinhard Oselies, Dr. habil. Manfred Pruzina, Dr. Annalisa Steinecke, Ugur Yasar, Dr. Wilfried Zappe

Beratung: Sabine Fischer, Carina Freytag, Marco Grees, Katharina Hammer-Schneider, Fritz Kammermeyer, Dr. Annalisa Steinecke
Herausgeber: Brigitte Distel
Redaktion: Henning Knoff, Antonia Kraus
Rechteprüfung: Kai Mehnert
Gesamtgestaltung: Golnar Mehboubi Nejati †
Illustration: Stefan Bachmann
Grafik: Christian Böhning
Umschlaggestaltung: Studio SYBERG, Berlin
Layoutkonzept: klein & halm GbR
Technische Umsetzung: PER MEDIEN & MARKETING GmbH, Braunschweig

Begleitmaterialien zum Lehrwerk

für Schülerinnen und Schüler
Trainingsheft mit Medien   978-3-06-042803-8
Trainingsheft mit Medien und Online-Abiturvorbereitung 978-3-06-041948-7

für Lehrerinnen und Lehrer
Unterrichtsmanager Plus   978-3-06-042804-5
Lösungsheft Jahrgangsstufe 13   978-3-06-042802-1

www.cornelsen.de

1. Auflage, 1. Druck 2025

Alle Drucke dieser Auflage sind inhaltlich unverändert und können im Unterricht nebeneinander verwendet werden.

© 2025 Cornelsen Verlag GmbH, Mecklenburgische Str. 53, 14197 Berlin, E-Mail: service@cornelsen.de

Das Werk und seine Teile sind urheberrechtlich geschützt. Jede Nutzung in anderen als den gesetzlich zugelassenen Fällen bedarf der vorherigen schriftlichen Einwilligung des Verlages. Hinweis zu §§ 60 a, 60 b UrhG: Weder das Werk noch seine Teile dürfen ohne eine solche Einwilligung an Schulen oder in Unterrichts- und Lehrmedien (§ 60 b Abs. 3 UrhG) vervielfältigt, insbesondere kopiert oder eingescannt, verbreitet oder in ein Netzwerk eingestellt oder sonst öffentlich zugänglich gemacht oder wiedergegeben werden. Dies gilt auch für Intranets von Schulen und anderen Bildungseinrichtungen.

Der Anbieter behält sich eine Nutzung der Inhalte für Text- und Data-Mining im Sinne § 44 b UrhG ausdrücklich vor.

Allgemeiner Hinweis zu den in diesem Lehrwerk abgebildeten Personen:
Soweit in diesem Buch Personen fotografisch abgebildet sind und ihnen von der Redaktion fiktive Namen, Berufe, Dialoge und Ähnliches zugeordnet oder diese Personen in bestimmte Kontexte gesetzt werden, dienen diese Zuordnungen und Darstellungen ausschließlich der Veranschaulichung und dem besseren Verständnis des Buchinhalts.

Die enthaltenen Links verweisen auf digitale Inhalte, die der Verlag bei verlagsseitigen Angeboten in eigener Verantwortung zur Verfügung stellt. Links auf Angebote Dritter wurden nach den gleichen Qualitätskriterien wie die verlagsseitigen Angebote ausgewählt und bei Erstellung des Lernmittels sorgfältig geprüft. Für spätere Änderungen der verknüpften Inhalte kann keine Verantwortung übernommen werden.

Druck und Bindung: Mohn Media Mohndruck, Gütersloh

ISBN 978-3-06-042800-7 **(Schulbuch)**
ISBN 978-3-06-042801-4 **(E-Book)**

PEFC-zertifiziert
Dieses Produkt stammt aus nachhaltig bewirtschafteten Wäldern und kontrollierten Quellen
PEFC/04-31-1033 www.pefc.de